本书为作者承担的中共中央宣传部文化名家暨"四个一批"人才科研资助项目《中国文化的现代魅力》书系（项目编号：中宣干字【2020】118 号）的阶段性研究成果

本书为作者承担的国家社会科学基金重点项目"新时代文化创新的内在逻辑和实践路径研究"（项目批号：18AKS011）的阶段性研究成果

本书为作者承担的由北京大学《儒藏》编纂与研究中心首席专家汤一介教授主持的国家社会科学基金重大项目"《儒藏》精华编"（项目批号：04＆ZD041）、教育部哲学社会科学研究重大攻关项目"《儒藏》整理与研究"（项目批号：03＆JZD008）子项目"礼部之属"结项成果《儒藏》精华编》197 册（北京大学出版社，2014 年）的后续深化研究成果

张艳国 著

中华
家训 讲读

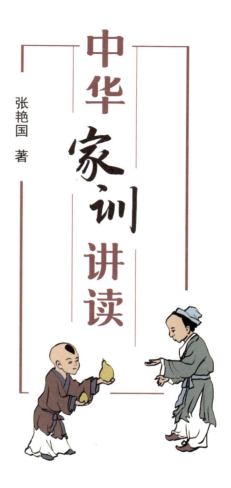

人民出版社

目 录

中华家训概览

序言　家训与家国情怀

陈　锋

家训，或称家规、家范、内范、家则、家诫、宗教、世训，是中国传统社会治家教子、修身处世的规条，既是家庭、家族良好规矩养成的重要载体，也是中国传统文化的重要组成部分。先秦时期，虽然没有家训的文本传世，但在孔子、孟子等先贤的有关论述中，有家训的内容是没有疑义的，孔子提出的尊礼、处恭、有信、敬事、俭用，孟子强调的仁、义、正、礼、恭、俭等修身要义，无不映现着"修身为本""修己以敬"的旨规。诸葛亮的《诫子书》，颜之推的《颜氏家训》是最早以文本新式呈现的家训文和家训著作，特别是颜之推的《颜氏家训》由于内容宏阔，被视为"古今家训，以此为祖"，反复刊刻，几至家喻户晓。此后历朝历代，家训著作延绵不绝，除了耳熟能详的《朱子家训》《钱氏家训》等外，不太著名的家训著作也连绵不绝，如《千顷堂书目》卷一一《儒家类》著录的家训著作有《周自修家训》《曹端家规辑略》《徐氏家规》《李裕归田训》《杨廉家规》《张巙世训》《顾谅家范》《孙简肃公家训》《史氏内范》《忠愍家训》《周凯家规》《端肃公家训》《袁氏家训》《万氏家训》《家庭庸言》《杨氏塾训》《家儿私语》等。《明史》卷九十六《艺文志一》则著录有郑绮《家范》二卷，王士觉《家则》一卷，程达道《家教辑录》一卷，周是修《家训》十二卷，杨荣《训子编》一卷，曹端《家规辑略》一卷，杨廉《家规》一卷，何瑭《家训》一卷，程敏政《贻范录》三十卷，周思兼《家训》一卷，孙植《家训》一卷，吴性《宗约》一卷，《家训》一卷，杨继盛《家训》一卷，王祖嫡《家庭庸言》二卷等。在地方志中，家训也作为各地方的重要著作予以著录，如乾隆《浙江通志》卷二百四十五《经籍志》记载的宋明以来浙江的主要家训有孙景修《古今家诫》、叶梦得《石林家训》、吴叔元《家训四诫》、章樵《章氏家训》、杨子祥《家范》、李珂《传家龟鉴》、郑绮《家范》、周凯《家规》、吴宗元《王氏宗

1

教》、徐履诚《徐氏家规》、袁颢《袁氏家训》、石懋《家训类编》、薛厚《教家类纂》、王士觉《家则》、孙植《孙简肃公家训》、郦洙《教家辑略》、孙枝《家训》、叶树声《家训》、张伯枢《家训》、顾谅《家范》、张一琳《家范》、董汉策《苏庵家诫》、沈异《思永堂家训》。另外在族谱家谱中，家训也是谱牒的重要组成部分，被代代传承，即如明人杨荣《文敏集》卷一五《戴氏族谱序》所云，"立祠堂，定家规，又皆具载诸谱"，为子孙者"世守而弗坠"。

除了单独刊刻的家训外，各种文献典籍之所以不断著录各种家训，一方面正说明中国人对家训的关注，可以认为，家训是中国人的传家宝典，只有传习家训，才能立身处世，才能延续家族的繁盛。另一方面，家训又是"家国一体"的重要体现，也许正是家训的"家国一体"化，才更被统治者重视和提倡。

中国传统社会的"家国一体"化，在《孟子·离娄上》中已经说得很清楚，即所谓："天下之本在国，国之本在家，家之本在身。"只有修身，才能"齐家治国平天下"。而修身的前提，又在于"心正"，即《礼记·大学》说的"心正而后身修，身修而后家齐，家齐而后国治，国治而后天下平"。明人徐有贞《武功集》卷三《史馆稿·序海虞徐氏家规》也说："父由父道，子由子道，而父子正矣。兄由兄道，弟由弟道，而兄弟正矣。夫由夫道，妇由妇道，而夫妇正矣。……家正而余无不正，故曰正家而天下定矣。是以圣人之经王业，于天下立法制治，必自家始。"心正—修身—齐家—治国—平天下的价值体系，正是以《颜氏家训》为代表的传统家训的终极关怀，也是中国传统文化中"家国情怀"的凝练表达。

传统家训，有的可称为巨制，像《颜氏家训》全书二十篇，包括教子、兄弟、治家、风操、慕贤、勉学、名实、涉务、省事、养心等诸多内容，有的只有寥寥数十字或数条，有的耳熟能详，有的只在家族中流传。不论篇幅长短，不论是否彰显，大都从细微处着眼，其精华都与遵礼守法、报效国家、乡邻和睦、交接友朋、孝顺父母、长幼有序、修身齐家等关联。即使览观不太彰显的家训，也颇有意味。如明人曹端《曹月川集·家规辑略》载："子孙年未三十者，酒不许入唇，壮者惟许少饮，亦不宜沈酗，杯酌喧呶，鼓舞不顾尊长，违者棰之。若奉筵宾客，惟务诚实，不必强人以酒。"这是就饮酒、待客而言。"牛之耕田，狗之防寇，有功于人，深所当念。吾家所畜牛狗，有三年以上之功者，死则埋之。"这是就善待牛狗而言。又如桐城怀义堂《义门陈氏宗谱》所载家规，有修宗谱、立宗长、严家训、重祖坟、供赋税、敬师长、谨名讳诸条，其"供赋税"条云："凡有产业，必有税粮，务必依期急纳。谚云：公税完，心便宽。"岳阳颍川堂《义门陈氏宗谱》载有家训二十二条，其"急公税"条云："公赋乃朝廷军国所急需，义当乐输者。故凡我子姓，于差粮开限追征，及时上纳，不惟省吏胥追呼之扰，而家室亦享凝谧之福。"这是就纳税而言。长沙雍睦堂《石岭陈氏族谱》更是将家训直接分为"孝、弟（悌）、忠、信、礼、义、廉、节"八字，其"孝"云："父母生我，罔极恩深，提携捧负，哺乳成人，教读婚配，煞费苦心，粉身碎骨，报有不能。"其"忠"云："大哉忠字，日月齐明，尽忠报国，万古名存。"其"信"云："人生处世，信字为先，格鱼贯石，誓日指天。"其"廉"云："凡人洁身，以廉为本，一念贪污，身名俱损。"可谓谆谆告诫。

也正是由于传统家训的丰富内涵及其在中国传统文化上的重要意义，所以受到历朝历代的重视，广泛传播。时至当下，学者门不断对家训进行总结、汇编、解读，以期发挥其应有的作用和价值。张艳国教授撰著的《中华家训讲读》有其鲜明的特色，在笔者看来，其主要特色，可以归结为以下三端：

第一，对家训的历史演变和文化内涵有很好的归纳。作者认为，中国传统家训的发展经历了三个历史时期，一是先秦到两汉时期，二是三国两晋到隋唐时期，三是宋元明清时期。三个时期各有不同的特点和发展路径，从而构成完整的家训肇始、发展、演变的历史全景。家训的文化内涵，从本质上讲，以儒家文化作为价值轴、理想轴和参照系，是中国传统文化的具象体现，并通过家训的具象体现，使家庭—家族—社会成员顺畅地接受儒家伦理道德、价值体系的教化，从而构筑儒家"修身齐家治国平天下"和"家国一体"的理想模式。

第二，谋篇布局精当，在通俗化的外表下阐释深刻的学术识见。该著分为两大部分，一是家训名言选萃，二是家训概览。体会著者的本意，在第一部分，是想在有限的篇幅内把数千年间上起周公、下至章学诚的家训精华予以集中展示。除原文、注释和译文外，重在"讲读"。注释和译文当然也反映着著者的学术功力，但"讲读"更能体现作者的见解。在第二部分，则是把家训的主要内容分门别类地进行归纳和论述。这一部分，共分为五章，分别是家庭（包括夫妻观、兄弟观、长幼观）、家政（包括齐家之道、理财之道、教子之道）、修身养性（包括立志为要、修身为本、养生为基）、勉学（包括学习志趣、学习内容、学习之道）、经世应务（包括为政以德、交友得贤、涉世周全），基本上涵盖了家训的重要内容。除阐释各个具体部分的思想内涵外，每一部分的引言，可以视作著者对相关问题的论述。

第三，资料选取审慎，资料来源广博。第一部分，主要选取历代的名家、名篇、名句，如周公对其子伯禽尊贤的训诫，刘邦劝诫其子刘盈勤学的敕文，马援对其侄谦约节俭、不可妄行的训导，诸葛亮对其子静以修身、俭以养德的告诫等等，大多属于立志、勤学、修身的范畴。资料来源除家训著作外，主要是文集和纪传体史书。第二部分，涵盖的内容更为广泛，资料来源也更加多样化，除家训、文集、纪传体史书外，也包括了《国语》《左传》《吕氏春秋》《晏子春秋》《礼记》《大戴礼记》《世说新语》《说苑》《十六国春秋》《资治通鉴》《太平御览》《艺文类聚》《明太祖实录》《潜书》《文史通义》等各类著作。资料来源的广博意味着资料梳理的艰辛和选材的多样化，有些资料也因此有首发之功，对家训的进一步深入研究，多有助益。当然，如果再进一步扩大选材范围，如家谱中有关家训的选取，则会更上层楼。

可以期待，张艳国教授这部著作的出版，对传统家训的普及，对家国情怀的人格塑造，将会有积极的意义。

笔者对传统家训没有多少研究，只是一个热心的读者，在有幸读过艳国教授这部著作的样稿后，有所体会，略叙数语以为序。希望作者、读者指教。未能感悟和概括者，读者诸君也可以各各领略。

作者为著名历史学家，武汉大学历史学院"珞珈杰出学者"特聘教授。

前言　中国传统家训的文化学意义及其现代价值

一

　　传统家训，是指在中国传统社会里形成和繁盛起来的关于治家教子的训诫，是以一定时代社会占主导地位的文化内容作为教育内涵的一种家庭教育形式。传统家训，不仅在中国宗法—专制社会是一种占主导地位的家庭教育形式，而且在中国传统社会步入世界化、近代化的历史过程中，仍然有极强的影响，如晚清"中兴名臣"曾国藩、左宗棠、李鸿章、张之洞等人，虽然所处的历史时代有别于中国古代社会，但是，就其家训的内容而言，仍不逾传统家训的轨范。中国传统家训，就其内容而言，是用宗法—专制社会的礼法制度、伦理道德规范、行为准则指导人们处理家庭关系，教育子女成长的训诫；就其表现形式而言，主要是对话，训诫者对被训示者的言谈。这种言谈有两种方式：一种是对话记录，一种是书信。根据中国传统家训所表达的内容，可将它们归为五大门类：家庭、家政、修身养性、勉学、经世应务。家庭和家政，讲的是处理家庭关系；修身养性、勉学和经世应务，讲的是教育子女成长问题。关于前者，主要包括如何处理夫妻关系、兄弟关系，如何处理长辈和少辈关系，如何妥善处理家庭诸关系而达致家庭的团结、和睦、和谐，如何处理家庭的经济利益关系，等等；关涉后者，它主要包括：如何使个人适应社会的发展而成长，如立志问题、修身问题、养生问题，都有一套完整的说教；在个人成长中如何求学成才，如何做官谋政，如何择友交友，如何处世为人等等，这些都是家训中十分重要的内容。中国传统家训的社会意义，是按照以儒家文化为主轴的社会文化要求，使作为社会细胞的家庭合乎宗法—专制社会礼法的要

1

求，做到家庭稳定，和睦协调；使家庭成员按照传统社会的伦理道德标准、行为规范而设计自我，勤奋学习，刻苦自砺，成为一个有德行的人，成为一个有理想有抱负的人，从而是一个对社会有所作为的人。中国传统家训，作为宗法—专制社会意识形态的组成部分，作为一种深入到家庭内部的社会意识形态形式，它不能超越中国传统社会意识形态的主题，而须服从这个主题，并以此为根本和依据，为建立合乎社会统治阶级利益需要的社会秩序服务。因此，中国传统家训所表达的理想人格图式，个人同社会对接的普遍模式，仍然是人们世代遵循的"修身—齐家—治国、平天下"。

二

中国传统家训的发展，经历了三个历史时期：

第一个时期，是先秦到两汉时期。它以先秦儒家经典为源，以两汉时期人们依据儒家经典阐发治家做人道理作为其流。在先秦儒家经典那里，以孔子、孟子为代表的儒家圣贤，从他们所设计的社会理想和伦理道德标准、行为举止规范出发，对那个时期具有普遍意义的家训所进行的提炼，反映在《易》《礼》《诗》《书》《春秋》和《论语》《孟子》《孝》《大戴礼》等典籍中。通过儒家圣贤对话这种形式所反映出来的先秦家训，又成为中国传统家训中的经典，直接成为两汉及其以后人们作为治家教子的价值标准而被效法并得到阐扬。两汉时期家训作为先秦家训的发展，反映在当时人的家庭对话中，直接引用先秦圣贤的语录，在阐释中体现自己的看法和见解。这在当时是十分普遍的。例如，西汉人孔藏在《与子琳书》中反复引用儒家经典训子："训曰：'徒学知之未可多，履而行之乃足佳。'""《诗》不云乎？'毋念尔祖，聿修厥德。'又曰：'操斧伐柯，其则不远。'"[①] 司马谈在《命子迁》中引《孝经》训子："且夫孝，始于事亲，中于事君，终于立身；扬名于后世，以显父母，此孝之大者。"[②] 刘向在《戒子

---

① 《戒子通录》。
② 司马迁：《史记·太史公自序》。

歈》中，引用《春秋》里的郤克救鲁魏的故事，教育他戒骄戒躁，所谓："贺者在门，吊者在闾。"① 张奂在《诫兄子书》中说："经言'孔子于乡党，恂恂如也。'"② 郑玄在《戒子益恩书》中，结合自己所走过的道路，鼓励儿子努力学习"六艺"③。总之，两汉时期，人们在家训中，是将儒家经典作为格言、准则、信条来看待的。它反映了先秦两汉时期作为中国传统文化发展和形成时期的文化特征。

第二个时期，是三国两晋南北朝到隋唐时期。中国宗法—专制社会经过几百年的发展，已经形成指导传统社会发展的理论；另方面，在社会发展中，已经建立起全社会所普遍遵循的伦理道德体系、行为规范标准、理想追求价值、社会体制，以及深蕴于中华子民心中的文化心理结构。因此，在家训中，一方面以作为文化主轴的儒家文化为指导；另一方面以社会既存的文化价值体系和尺度作为家训的内容，如宣扬已经在社会生活中建立起来的人生哲学和处世哲学，宣扬儒家文化所崇尚的理想人格和文化信念，宣扬宗法—专制社会所认同的伦理道德风尚、节操，鼓吹传统社会的家庭观，鼓励人们依照时代的价值标准进行自我完善，勤奋好学，立志成才。这就意味着，由先秦两汉以来迄于魏晋隋唐，人们由主要遵循儒家经典进行家庭教育，转而以儒家文化价值观念为依据，主要以现实社会体制及其文化内涵作为家训的主要内容。这样，魏晋隋唐时期的家训就具有更为广阔的文化意蕴和深厚的文化现实感。它也反映出那时人们已进入到自觉的家庭文化建设阶段。当然，这种家庭文化建设依然是以传统社会统治阶级所张扬的文化观念和人生信念为主轴的。作为魏晋隋唐时期反映家训的文化内容的典型和代表之作，就是南朝北齐人颜之推所撰的《颜氏家训》。

《颜氏家训》由二十篇文章构成，它是我国传统社会里第一部家训著作。在论述教育的目的时，它强调通过教育使受教育者"多知明达"，"开心明目，利于行尔"。④"多知"，是指增长知识，启发愚昧，达到"开心明目"的效用；"明达"，是指提高能力，"利于行"。由于它将人分为上智、中庸和下愚三品，

① 《艺文类聚》卷二。
② 《全后汉文》卷六四。
③ 范晔：《后汉书·郑玄列传》。
④ 《诸子集成·颜氏家训·勉学》。

而上智者是天才，下愚者是白痴，因此，教育的对象自然只是"中庸之人"："上智不教而成，下愚虽教无益；中庸之人，不教不知也。"① 学习什么呢？作为儒家文化的积极传播者和张扬者，颜之推突出地主张学习儒家经典，所谓："夫文章者，原出五经。绍命策檄，生于《书》者也。序述论议，生于《易》者也。歌咏赋诵，生于《诗》者也。祭祀哀诔，生于《礼》者也。书奏箴铭，生于《春秋》者也。"② 只有学通了儒家经典，做人才会"厚重"，达到"忠君""孝顺""谦恭""礼让""慎交"的道德境界，进入儒家人生哲学所宣扬的"穷则独善其身，达则兼济天下"的人生境界，处世为人，进退自如。为了学好知识，提高能力，它主张学习书本和学习实践的两种方法：前者是强调"遍观天下之书"，即"博学"③；后者是强调对于"郡国山川，官位姓族，衣服饮食，器皿制度，皆欲根寻，得其原本"④。此外，它还鼓励受教育者乐观向上，同时又强调少欲知足，修身无为；它强调学习的极端重要性，又重视受教育者了解"贵谷务本之道"⑤ 的不可忽视性。《颜氏家训》关于家庭教育的丰富论述，不仅饱含着儒家伦理的基本精神和文化内核，而且融会着深刻的生活真谛和人生体味。它是中国传统社会里家庭教育的奠基之作、开山之作，对后世影响巨大。

《颜氏家训》以其恳切周详的说理、委婉生动的述事、独具匠心的写作和凝重朴实的内涵，深受后世文人褒奖，对中国传统家庭教育影响甚大。如袁衷在《庭帏杂录》下中说："六朝颜之推家法最正，相传最远"；王钺在《读书丛残》中说："北齐黄门颜之推《家训》二十篇，篇篇药言，言言龟鉴，凡为人子弟者，可家置一册，奉为明训"；清人卢文弨在《注〈颜氏家训〉序》中说，儒家"六经"虽然了不起，但论及"委曲近情，纤悉周备，立身之要，处世之宜，为学之方，盖莫善于是书"。就是在近世，学者们也十分重视《颜氏家训》的不凡价值，如范文澜评论道："《颜氏家训》的佳处在于立论平实。平而不流于凡庸，实而多异于世俗，在南方浮华北方粗野的气氛中，《颜氏家训》保持平实的作风，自成一家言，所以被看作处世的良轨，广泛地流传在士

---

① 《诸子集成·颜氏家训·教子》。
② 《诸子集成·颜氏家训·文章》。
③ 《诸子集成·颜氏家训·勉学》。
④ 《诸子集成·颜氏家训·勉学》。
⑤ 《诸子集成·颜氏家训·涉务》。

人群中。"① 作为中国传统社会"家训"始祖与家庭教育的典范教材，《颜氏家训》直接开启后世"家训"之作的先河。据《中国丛书综录》所列书目记载，自魏晋以后，迄于民国初年，历朝历代都有"家训"一类的著作出版，总计达 117 种之多②。由此可见颜之推所著《颜氏家训》的文化价值及其巨大文化影响力。

总之，魏晋隋唐时期的家训，反映了传统文化欣欣发展的景象，反映了中国文化在那个时期一体多元化发展的体貌。在那时，文化的内涵虽以儒家文化为主体，但其他文化内涵或勃兴一时，或渗透其间，或交互影响而互相吸纳，呈现出一种开放的文化态势。这种文化走向也自然反映到那时的家训中。

第三个时期，是宋元明清时期。经过第二个时期对孔孟圣贤重视家庭教育的弘扬，在这时，对家庭教育的重视，对于家庭文化的建设，已经成为一种自觉的文化活动。它虽继续张扬作为文化主体精神的儒家文化，但它也以每一时代的文化内容作为家训的依据。因此，在这个时期的每一时代，家训著作层出不穷。对后世卓有影响者，如袁采的《袁氏世范》、司马光的《居家杂仪》、陆九韶的《居家正本制用篇》、朱熹的《蒙学须知》、陆游的《放翁家训》、倪思的《经锄堂杂志》、温璜的《温氏母训》、许衡的《许鲁斋语录》、吕本中的《童蒙家训》、高攀龙的《忠宪公家训》、张履祥的《训子语》、霍韬的《渭涯家训》、焦循的《里堂家训》、曾国藩的《曾文正公家训》、邓浮的《家范辑要》等逾百种。它是在中国传统社会由盛世向衰世发展过程中产生的，反映了一种定型形态和臻于完善的文化形式和内容。因此，它所宣扬的文化内容更为精细，涉及忠孝节义、礼义廉耻、信爱和平、经世应务、为人处世的各个方面，涉及个人、家庭、国家和社会的各个领域，涉及自我、人我、物我关系的各个环节。总之，它反映的是在一种社会发展已经处于鼎盛并向衰世发展的文化状态，社会体制已经定型和完善以后，人们如何修身，如何齐家，如何治国平天下的问题。

中国传统家训，是中国传统社会发展的产物，是传统社会中社会意识形态

---

① 范文澜：《中国通史简编》修订本第二编，人民出版社 1979 年版，第 525 页。

② 参阅周积明、张艳国主编：《影响中国文化的 100 人》，武汉出版社 1994 年版，第 201 页。

在家庭领域和家庭关系里的体现，它是中国传统文化的构成和体现。所谓中国传统文化，要对它下一个学术界所公认的定义，并不是一件容易的事。因为目前对它所下的定义不下百种，但其内涵，对它主要精神的概括，学术界还是多所近似的。在笔者看来，所谓中国传统文化，是指以自给自足的小农经济为基础，以家族血缘关系为纽带，以家族政治为模板而始于孔孟，流变于汉宋，吸收了释、道思想的儒家文化，它表现为大自然、小人事的宇宙图式，自我反省、积极入世的人生态度，重义轻利、重理节欲的道德规范，中庸平和、外圆内方的处世准则，精神超越、深入意境的审美情趣，血亲伦常、等级有序的社会管理，它是中国传统社会的理论基础、精神支柱①。说传统家训是中国传统文化的构成，是从体现文化的形态上讲，中国传统文化的核质——儒家文化及其经典，就是一种文化形态，而与中国传统文化同质同构的传统家训，也是表达中国传统文化的一种形态。说传统家训是中国传统文化的一种体现，主要是从文化精神和文化意蕴上讲的。中国传统家训是以占主导地位的儒家文化作为价值轴、理想轴和参照系的，因此，它的文化内容是对中国传统文化精神的阐扬，是一种转换了文化领域的价值宣扬。中国传统家训体现中国传统文化，将社会文化价值观念灌输到家庭，经过家庭的吸收和加工，改造制作，又传递给社会，使每一社会时代具有新的、现实的文化精神和文化内容。这样一种特有的文化现象，只是在类似亚细亚生产方式的古代中国才可能产生。在亚细亚生产方式中，社会成员以农业为生活的依靠，所谓"食为民天，民非食不生矣。三日不粒，父子不能相存"②，以农业为本，贵本轻末，重农轻商，把"耕稼之艰难"作为全体社会成员的共识和信念，并积淀于社会心理结构的底层，而以血缘关系为纽带，聚族而居，围绕着农业生产而同自然发生关系，在生活中总结提炼经验，依循经验，尊重经验，因而以老者长者尊者为本位，作为家庭和家族的核心。在这种血缘宗法式的农业社会里，老者长者尊者具有绝对的文化权威，因而他们最具有从事文化教化的资格（涉世的经历与经验、家族中的权威地位），因此，他们最有资格、最有权威从事家庭教育。这就是中国传统家训产生和发展的浓厚文化基础。

---

① 参见张艳国：《论中华文化播射的方式及其途径》，《光明日报》1996 年 8 月 6 日。

② 《诸子集成·颜氏家训·涉务》。

三

作为中国传统社会的家训，作为一种传统的文化形态，它具有巨大的文化功能和突出的文化特点。

首先，传统家训是传统社会中社会意识形态的家庭化，是社会意识形态内化为个人意识的中介。

在社会领域，社会意识形态是根据统治阶级的意识而对社会意识进行的加工和提炼，它集中地反映了占统治地位的阶级意志和社会利益，它对社会成员具有普遍的约束力和规范性，但对每个社会成员并不直接具有有效的渗透力。这就是说，社会成员既可能遵循普遍的社会意识规范自己，约束自己，完善自己，也可能仅仅依据自我意识（当然在某些方面也反映社会意识）而设计自我和塑造自我，这种自我设计往往会同普遍的社会意识所规范的社会发生冲突。而解决这种冲突的最好的方法，则是将社会意识形态家庭化。只要家训的内容反映和体现社会意识形态，它就可以担负解决这种冲突的重任。作为中国传统文化组成和体现的传统家训，正肩负着这种重大文化使命，较好地解决了这种冲突，使社会普遍的社会意识内化为个人的意识，成为个人意识的灵魂和主宰。这样，社会意识和个人意识的冲突就消融了，就浑然融合为一体了。因此，在传统社会里，每个人就可能自觉地顺从中国传统文化的精神要求和价值取向，并依此来磨砺自我，完善自我，使个人的修为体现出一种文化精神的内在品质。通过传统家训这种形式的文化陶冶，个人的修养、节操、理想、奋斗的足迹，就同儒家理想人格模式——修齐治平同构起来了。

其次，作为中国传统文化组成和体现的传统家训，它在文化的播射力中体现了一种伦理的巨大力量，通过这种伦理的超常力量，使社会成员自觉地接受传统文化的教化，接受以统治阶级的思想、意志占主导地位的社会意识形态的统治。

中国传统家训在教育上的一个主要特征，是老者长者对少辈幼辈的耳提面命，透过这种教育与被教育的关系，其中又贯连着或者说是包容着一种血亲伦常关系。中国传统家训所反映的教育关系，不是一般意义上的教育与受教育的关系，在这里，是先有血亲关系，而后才有教育关系；教育意义从属于或者说是依附于血缘关系。中国传统家训所张扬的父慈子孝、长幼有序、兄友弟恭，就是关于血亲伦常的教化，在此基础上所张扬的君臣关系，为君主者勤政严正，为人臣者忠节清廉；长少关系，"老吾老以及人之老，幼吾幼以及人之幼"，由此放大到社会生活领域里的等级关系，敬老爱幼，尊上友下，等等，也耦合着家庭血亲性的伦理意义。可以这样认为，它是家庭模板的放大，是家庭关系的社会化。正是这种伦理关系，长辈对幼辈的约束力和绝对影响力，家训中所贯彻的关于立志、勉学、修身、养性、经世、应务等原则要求，规范约束，才具有可付诸实践的动力。血亲伦常关系，在人际上，既有威严，更有亲善；在教育上，既有直接的灌输，又有间接的潜移默化的影响。因此，家训作为一种文化传播的形式，与官方教化如刑法、政令、学校等等形式相比较，是极为有效的；就其文化影响力和透射力来说，同官方所凭借的行政力量相比较，也是最为巨大有力的。

再次，传统家训是中国传统文化的通俗化，它以一种通俗易懂的传播形式，将博大精深、玄奥缜密的中国传统文化传递给社会成员，并影响他们的行为规范。

集中地、主要地体现中国传统文化意蕴和精神的文化载体，是一系列的文化典籍，其中居于主导地位的是儒家经典。姑且不论作为中华原典的"六艺"（《诗》、《书》、《礼》、《易》、《乐》、《春秋》），即便是春秋战国时代的百家著述，魏晋时期对儒、释、道的演绎，两宋对文化典籍的祖述……都囿于一种高雅的表现形式，又具有经典性，其思想的深刻性、论证的周密性、文辞的华彩性，都是一般社会成员所具备的有限文化水平所难以诵读和领悟的。要将中国文化的基本精神普及到民间，深入到社会底层，尤其是将居于中国文化主导的儒家文化的基本内容传递给社会成员，就需要一种通俗易懂的形式将丰富玄奥的道理寓教于乐之中，并成为一种日常的文化活动。而传统家训，则是对中国传统文化精神和内涵的通俗化表达，运用长辈对少辈的谈话方式，通过浅显易懂的语言，表达中国传统文化的深刻精神和宏伟的文化感染力。口语对话，言谈心交，有别于书面语言，它是一种俗文化类别，而典籍，则是一种雅文化存在。通过俗文化形式表达雅文化内容，它是文化传播上的一种突破和创造。很难想象，如果离开了中国传统家训，中国传统文化有如此巨大深远的播射力和幅员广阔的影响力。仅此一斑，就足可透视到中国传统家训的文化魅力。研究中国传统文化如何由官方走向民间，如何由书斋而成为全民族的文化认同，如何积淀于民族文化心理结构的深层，忽视了中国传统家训的文化意义，显然是不可思议的。

四

任何一种文化形态，反映任何一种内容的文化类型，它都是时代的产物，都总要从属于或者服务于那一时代占统治地位的统治阶级的文化。作为中国传统文化组成和体现的中国传统家训，同样如此。它是在中国宗法—专制社会中成长和发展起来的，它以中国传统文化的基本内核为文化沃壤，因而它不能不反映中国传统社会里地主阶级的思想和意志，不能不是统治阶级对于人民群众进行思想控制的工具。这是中国传统家训所映现的鲜明时代内容和阶级特征。对于中国传统家训，我们应该采取马克思主义的文化态度，区别良莠，剔除其中在今天没有用场的文化内容，吸取其中在今天仍然有生命力或有益的文化内容，并把它同建设中国特色社会主义先进文化联系起来。从事社会主义现代化建设，建设社会主义精神文明，不可能在沙滩上进行，也不能在空白地带上进行，而应该以本国本民族丰厚的历史文化为基础，批判地继承中国传统文化，创造性地发展中国传统文化。文化的发展具有传承性，我们不能割断历史，不能斩断文化发展的连续性。恩格斯曾经指出，对于任何历史文化，"问题决不在于简单地抛弃这两千多年的全部思想内容，而是要批判它，要从这个暂时的形式中，剥取那在错误的，但为时代和发展过程本身所不可避免的唯心主义形式中获得的成果"。① 列宁也认为，我们应该明确地认识到，"只有确切地了解人类全部发展过程所创造的文化，只有对这种文化加以改造，才能建设无产阶级的文化，没有这样的认识，我们就不能完成这项任务。无产阶级文化并不是从天上掉下来的……无产阶级文化应当是人类在资本主义社会，地主社会和官

---

① 《马克思恩格斯选集》第 3 卷，人民出版社 1972 年版，第 527—528 页。

僚社会压迫下创造出来的全部知识合乎规律的发展。所有这些大大小小的途径，无论过去、现在或将来，都通向无产阶级文化"。① 由此看来，在建设中国特色社会主义先进文化的时代条件下，批判地分析中国传统家训，完全是毋庸置疑的。

按照马克思主义科学的文化态度和方法，吸取传统家训中对今天有益的文化内容，是大有可为的。通过批判和扬弃，中国传统家训在如下几方面所体现的内容可以为中国特色社会主义先进文化所包容和吸收。

1. 关于修身做人。中国传统家训认为，人生在世，总要有所作为；如果糊里糊涂，三心二意，就会虚度年华，无所作为。人生须有志，用正确的目标引领人生历程。因此要强调人生中立志的重要作用。三国时诸葛亮说："夫君子之行，静以修身，俭以养德，非淡泊无以明志，非宁静无以致远。"② 晋人嵇康说："人无志，非人也。"③ 宋人张耒说："并无高卑志当坚，男儿有求安得闲！"④ 明人杨继盛说："人须要立志。"⑤ 立志，对于修身是十分重要的。要做一个有德行的人，还要志在圣贤，矢志不渝地追求远大理想，砥砺人格，提升自己。譬如立志报国，言行谦逊忍让，与友忠信，与人笃敬，慎独修心，刻苦自砺。如晋人王祥说："夫言行可覆，信之至也；推美引过，德之至也；扬名显亲，孝之至也；兄弟怡怡，宗族欣欣，悌之至也；临财莫过乎让。此五者，立身之本也。"⑥ 明人高攀龙说："吾人立身天地间，只思量作得一个人，是第一义，余事都没要紧。"⑦ 庞尚鹏说："孝、友、勤、俭，最为立身第一义，必真知力行，奉此心为严师。"⑧ 这些训诫，都有合理的文化内核，在现时代，可以经过扬弃后，成为人生修养的基本信念之一。

2. 关于勉学成才。中国传统家训认为，人非生而知之，人非生而圣贤，所谓知之和圣贤，都是勤学的结果。人必须向社会实践学习，向古人学习，向书

---

① 《列宁选集》第 4 卷，人民出版社 1972 年版，第 348 页。

② 《诸葛亮集·诫子书》。

③ 《嵇康集·家诫》。

④ 《柯山集·示儿》。

⑤ 《杨忠愍集·给子应尾、应箕书》。

⑥ 《晋书·王祥传》。

⑦ 《高子遗书·家训》。

⑧ 《庞氏家训·务本业》。

本学习。如果离开了学习，是不可能立身处世的。他们认为，知识只属于那些勤奋学习的人，学习的志趣越高，学习的动力就越大，取得的成就也就越突出。宋人欧阳修说："玉不琢，不成器；人不学，不知道。"① 关于学习方法，强调勤、恒、苦、知、行、终身不渝，可谓精妙至极，如颜之推说："幼而学者，如日出之光；老而学者，如秉烛夜行，犹贤乎瞑目而无见者也。"② 唐人韩愈说："诗书乃勤有，不勤腹中空。"③ 宋人王应麟说："勤有功，戏无益，戒之哉，宜勉。"④ 陆游认为："古人学问无遗力，少壮工夫老始成。纸上得来终觉浅，绝知此事要躬行。"⑤ 清人章学诚说："夫学贵专门，识须坚定。"⑥ 张之洞说："求学宜刻苦。"⑦ 这些传统的学习方法，至今仍然是有旺盛的生命力的。

3. 关于处世交友。中国传统家训认为，人生在世，难免同人打交道，发生社会联系，有时还少不了有交友的需求。交友，是社会关系的产物。在交友中，人与人是互相影响的，所谓"近朱者赤，近墨者黑"，因此要慎交、择友务贤。三国时人刘廙说："交友之美，在于得贤，不可不详。"⑧ 颜之推认为："与善人居，如入芝兰之室，久而自芳也；与恶人居，如入鲍鱼之肆，久而自臭也。"⑨ 宋人江端友说："与人交游，宜择端雅之士。"⑩ 朱熹则说："交游之间，尤当审择。"⑪ 清人纪昀认为，"择交宜慎，友直友谅友多闻益矣。误交真小人，其害犹浅；误交伪君子，其祸为烈矣。盖伪君子之心，百无一同：有拗戾者，有黑如漆者，有曲如钩者，有如荆棘者，有如刀剑者，有如蜂虿者，有如狼虎者，有现冠盖形者，有现金银气者。业镜高悬，亦难照彻。缘其包藏不测，起灭无端，而回顾其形，则皆岸然道貌，非若真小人之一望可知也"。⑫ 他们将

① 《欧阳永叔集·诲学说》。
② 《诸子集成·颜氏家训·勉学》。
③ 《韩愈集·符读书城南》。
④ 王应麟：《三字经》。
⑤ 《剑南诗稿·冬夜读书示子聿》。
⑥ 《文史通议·家书四》。
⑦ 《张文襄公全集·家书·复子书》。
⑧ 《三国志·刘虞传》。
⑨ 《诸子集成·颜氏家训·慕贤》。
⑩ 《戒子通录·家训》。
⑪ 《朱文公文集·与长子受之》。
⑫ 《纪晓岚家书·训大儿》。

交友看成人生中的大事，所以强调慎重对待，切不可随意结交。在为人处世上，传统家训认为，要谦和诚实，以礼相待，要戒除骄狂傲慢的作风，要善于扬人之长，戒己之短，要设身处地，善于留有余地，灵活机智，等等。如宋人袁采说："处己接物，常怀慢心，伪心，妒心，疑心者，皆自取轻辱于人，君子不为也。"① 明人杨继盛说："与人相处之道，第一要谦下诚实。"② 清人尹会一则说："待亲族，须以敬老济贫为主；待下人，须以宽为主；待多事小人，须以让为主。"③ 这些看法，对于人们增强自我修养，在处世为人上树立好的德行，是有积极的启发性的。

4.关于处理家庭关系。家庭，是社会的基本单位，是社会细胞，处理好家庭关系，对于社会稳定和社会发展具有重要意义。中国传统家训认为，在家庭里，首先要处理好夫妻关系，做到夫妻和顺，夫唱妇随，相敬如宾；其次要处理兄弟关系，做到兄友弟恭，兄弟恺恺；再次要处理好长少关系，做到父慈子孝，为人父持家要宽严有度，有家主风范，而为人子则要恪尽孝道；家主要善于持家，要勤勉、节俭、仁厚，家庭要和睦友爱，齐心协力，等等。如宋人司马光认为："夫妇之道，天地之大义，风化之本原也，不可重与？"④ 颜之推则强调："夫不义，则妇不顺也。"⑤ 三国时人向朗说："天地和则万物生，君臣和则国家平，九族和则动得所求，静得所安。"⑥ 颜之推还说："父子之严，不可以狎；骨肉之爱，不可以简。"⑦ 这些思想都有一定的合理性成分，对于现代家庭关系的调适，是有一定借鉴意义的。

此外，中国传统家训关于为政，关于养生，关于从事家教等方面，都有很多十分精彩的内容，可供我们批判地借鉴、吸收，将它们转化为时代文化的精华。建设和谐社会和和谐文化，也可以从中华家训中得到深厚有益的文化滋养，促成中华文化的现代化，构建中华家训与和谐社会、和谐文化的良性互动

---

① 袁采：《袁氏家范》。
② 《杨忠愍集·给子应尾、应箕书》。
③ 《健馀先生文集·示启铨》。
④ 司马光：《家范·夫》。
⑤ 《诸子集成·颜氏家训·治家》。
⑥ 《三国志·向朗传》。
⑦ 《诸子集成·颜氏家训·教子》。

关系。这是很有积极意义和现实价值的。

对于中国传统家训的研究，应该是中国传统文化研究的重要内容。但以往人们偏重于研究传统文化的其他门类，如饮食、服饰、政治等，而忽视了对中国传统家训展开系统研究的重要性。近年来，已有学者对此有所注目，并整理了若干种传统家训的书籍出版。但在笔者看来，对它展开有分量的研究，并把它纳入到中国传统文化大系中予以确认，尚待学者们投入大量的劳动。我相信学术界重视研究中国传统家训，并取得若干有分量的成果，为期不会太远！

尊贤

周 公

我，文王①之子，武王②之弟，成王③之叔父，我于天下亦不贱矣。然我一沐三捉发，一饭三吐哺，起以待士，犹恐失天下之贤人。子之④鲁⑤，慎无以国骄人。

（西汉）司马迁：《史记·鲁周公世家》

注 释

① 文王：即周文王（？—前1033），姓姬，名昌，是中国古代商末周初的领袖，受商王封，称西伯，亦称西伯昌，在位五十年。相传他被商王拘禁在羑里时，推演八卦，成《周易》奇书。

② 武王：即周武王，文王之子，名发，是周王朝的建立者。他继承父志，奋发有为，终于灭商。号称"宗周"，定国都于镐（今陕西省西安市西）。

③ 成王，即周成王，武王之子，名诵。周武王死时，成王年幼，由周公旦辅政，周王朝逐渐强大起来。

④ 之：至，到。

⑤ 鲁：周王朝的封国，在胶东半岛。

译 文

我是谁？我是周文王的儿子，周武王的弟弟，当今成王的叔叔，可谓身份高贵。但是，我在沐浴时尚且多次握着头发接待贤能之士，一顿饭中多次吐出食物起身招呼贤达之人，即使这样，还担心有不周到的地方而得罪贤士，生怕他们背离我。你到了鲁国主政，不要摆国君的威风，不要骄傲自大。

讲　读

这是周公在他儿子伯禽到封地鲁国前夕时给予的训诫。文章的思想很明确，周公担心伯禽年少气盛，骄傲自大，提醒他要像父亲那样尊贤敬贤。文中对儿子的训诫十分诚恳，列举自己尊贤的事例也很生动形象，动作跃然纸上，很能感染人。文中"一沐三捉发，一饭三吐哺"成为后人衡量统治者尊贤敬能的一种道德要求，流传千古。周公也因此而成为这种道德的典范，千百年来受到人们的传颂。三国时魏武帝曹操在他的名作《短歌行》中称颂道："周公吐哺，天下归心。"此后，这一典故被引用开来。由此可见，这篇家训的文化价值与教育功能是非常重要和明显的。

周公，姓姬，名旦，因是武王之弟，又称叔旦。周武王死，成王年幼。周公担心发生动乱，于是代成王摄政。成王立，还政于成王。周公摄政，委派长子伯禽代替他到封国鲁就职。于是，周公有了文中这番嘱咐。如同前述周公尊贤敬能、勤于国政受到人们世世代代颂扬一样，周公摄政而不窃国，为后世儒家推崇备至，被誉为人臣的政治楷模和道德榜样。从春秋开始，由于受到孔子的表彰颂扬，周公开始受到学者和统治者的重视。孟子将周公推为"古圣人"，并与孔子并论。到了唐代，周孔并称，已成为一种固定的文化概念。譬如，唐太宗就说："朕今所好者，惟有尧舜之道，周孔之教，以为如鸟有翼，如鱼依水，失之必死，不可暂无耳。"稍后，韩愈鼓吹儒家道统，编制了一个尧、舜、禹、汤、文、武、周公、孔子、孟子圣人相传的统序。从此，周公、孔子并称有了理论依据，并广泛地流传开来。周公是中国文化发展中有重要影响的杰出历史人物。

戒淫逸，防懈怠

敬 姜

鲁其亡乎！使僮子^①备官而未之闻耶？居^②，吾语女^③。

昔圣王之处民也，择瘠土而处之，劳其民而用之，故长王^④天下。夫民劳则思，思则善心生。逸则淫，淫则忘善，忘善则恶心生。沃土之民不材^⑤，逸也；瘠土之民莫不向义，劳也。是故天子大采朝日，与三公、九卿祖识^⑥地德；日中考政，与百官之政事，师尹、惟旅、牧、相宣序^⑦民事；少采夕月，与大史、司载纠虔天刑^⑧；日入监九御^⑨，使洁奉禘、效之粢盛，而后即安。诸侯朝修天子之业命，昼考其国职，夕省其典^⑩刑，夜儆百工，使无慆^⑪淫，而后即安。卿大夫朝考其职，昼讲其庶政，夕序其业，夜庀^⑫其家事，而后即安。士朝受业，昼而讲贯，夕而习复，夜而计过无憾^⑬，而后即安。自庶人以下，明而动，晦^⑭而休，无日以怠。

王后亲织玄纨，公侯之夫人加之以纮、綖，卿之内子为大带，命妇成祭服，列士之妻加之以朝服，自庶士^⑮以下，皆衣其夫。社而赋事，蒸^⑯而献功，男女效绩，愆则有辟^⑰，古之制也。君子劳心，小人劳力，先王之训也。自上以下，谁敢淫心舍力？今我，寡也，尔又在下位^⑱，朝夕处事，犹恐忘先人之业。况有怠惰，其何以避辟！吾冀而朝夕修^⑲我曰："必无废先人。"尔今曰："胡不自安。"以是承君之官，余惧穆伯之绝嗣也^⑳。

《国语·鲁语下》

注 释

① 僮子：糊涂蛋。

② 居：坐。

③ 女：汝，你。

④ 王：用作动词，称王。

⑤ 材：用作动词，成器。

⑥ 祖：效法；识：知。

⑦ 相：国相；宣：遍；序：次序。

⑧ 纠：恭；虔：敬；刑：法。

⑨ 九御：九嫔之官，主管粢盛、祭服。

⑩ 典：常。

⑪ 儆：惩戒；工：官；慆：慢。

⑫ 庀：读音同"治"。

⑬ 贯：习；复：覆；憾：恨。

⑭ 晦：暗。

⑮ 玄：黑色。纮、紞、綖：都是帽子上的饰物。结纮，读音同"胆"；紞，读音同"红"；綖，读音同"线"。内子：卿之嫡妻；命妇：大夫之妻；列士：元士；庶士：下士。

⑯ 社：春分而祭社；蒸：冬祭曰蒸。

⑰ 绩：功；辟：罪。

⑱ 下位：大夫。

⑲ 冀：希望。而：尔，你。修：做。

⑳ "承君"句：以怠惰之心供职君之职位，无以避辟，必被诛绝。

译 文

鲁国快要完了！你这个糊涂蛋做了高官，难道没有学到为官之道吗？坐下来，我讲道理给你听。

古时候贤明的君王治理天下，让老百姓在贫瘠的地方安居下来，鼓励他们勤劳不辍，从而赢得了他们的爱戴，这样就长久地拥有王位。老百姓不停地劳作，就会思考人生的道理，从而产生善心；否则，就会产生歹念。如果老百姓住在肥沃的地方而不成器，肯定是因为懒惰；居住在贫瘠地方的人们都有生活的信念，则是由于他们热爱劳动。因此，天子在春分时节要穿着五彩衣服去祭日，并同三公、九卿一道去回味大地哺育万物的恩德；中午的时候就考察国政，同百官商议国家大事，师尹、众士、州牧、相国纷纷宣达政教民事。秋分时节，天子则要穿三彩衣服去祭月，并同掌管天文的太史、司载恭敬地观察天象，分辨凶吉之兆。到了晚上，则要督促九嫔之官把大祭和祭天的祭品弄干净，而后才能休息。至于诸侯，早上要研究天子的命令和思考应办的事，白天要考察国家大事，傍晚要掂量国家的常法，夜里要告诫百官，督促他们就就业业，勤奋工作，然后才能休息。卿大夫早上则要反思他承担的职责，理清白天所要办的事情，傍晚要进行梳理、检查，夜里要料理家务，然后才能休息。读书人晨起即读，白天练习，傍晚复习，夜里还要反省一天所学究竟有多少收获，而后才能休息。老百姓呢？天亮就起床劳作，天黑才能停下来休息，没有一天敢懈怠的。

王后也要亲自编织挂在帽子上的黑带子，公侯夫人要加做系帽子的小丝带和冕上的方版，卿的妻子要做大带，大夫的妻子要做祭服，元士的妻子要做朝服。老百姓的妻子呢？她们要为丈夫做衣服。春祭，祷告神明之后，开始农耕；冬祭，感谢上苍赐福，五谷丰登。男女各尽其力，有了过失要予以责罚，这就是古代的制度。君子劳心，小人劳力，这是先王的教导。从上层到老百姓，谁敢好逸恶劳？如今，我是个寡妇了。但你身处高位，就是早晚勤奋辛劳，犹恐误了先人的事业，要是惰怠淫逸，怎能逃脱责罚呢？我希望你早晚都要用"一定不要废弃先人的事业"的话来勉励自己，你怎么可以说"为什么不自求安逸呢"？凭着懈怠之心去做官，我担心你免不了要受到国君的怪罪，这样，你们的祖先就要绝嗣了。

讲　读

《国语》中保存了若干篇先秦时代的家训，但篇幅较短。这是其中文字最长，内容最完整、思想最深刻的一篇，也最为有名。因为孔子很欣赏这篇家训，对它评价很高，并将它推荐给他的学生们。据史载，孔子听说这件事后，很感慨地说："弟子志之，季氏之妇不淫矣。"意思是说："学生们要记住这些话呵，敬姜她不放纵自己。"本文的作者敬姜也因此成为中国历史上有名的贤母，这篇文章也因此成为家训中的名篇。

文章阐述了一个深刻的思想：勤劳能使人心向善，好逸恶劳会使身家性命不保。文章紧扣主题，思想鲜明，语气严厉，很有感染力。在论述方法上，从常理入手，如"民劳则思，思则善心生；逸则淫，淫则忘善，忘善则恶心生"。

从大处着眼，如讲述"古之制""先王遗训"，最后落实到很具体的人和事上，如批评的对象"以是承君之官，余惧穆伯之绝嗣也"，针对性强，有很强的警醒意义和教育作用。文章在论述手法上是很高明的。

　　敬姜是春秋时期鲁国大夫公父文伯的母亲，公父穆伯的妻子。本文被训者是文伯，文伯与季康子是叔侄，敬姜则是季康子的叔祖母。当时，季康子任鲁国正卿，因而文伯害怕因母亲织麻而受到季康子的责斥。这篇家训的背景是这样的：一天，公父文伯朝见完鲁君后回家，见到母亲正在织麻，他担心引起侄儿、鲁国正卿季康子的责怪，因而劝母罢织。而敬姜则很不以为然，认为儿子不懂得治国做人的道理，因而狠狠地训斥了一顿。文中所反映的敬姜的思想，是一贯的，并不是一时心血来潮或空言虚辞，在另外的场合，她还说过："君子能劳，后世有继。"意思是说，贵而能劳，必定会后继有人。她又说："天子及诸侯合民事于外朝，合神事于内朝；自卿以下，合官职于外朝，合家事于内朝；寝门之内，妇人治其业焉。"她认为，妇人应该治理家务，而不能尊养懈怠。

学《诗》学《礼》，能言能立

孔 子

陈亢①问于伯鱼②曰："子亦有异闻乎?"对③曰："未也。尝④独立，鲤趋⑤而过庭，曰:'学《诗》⑥乎?'对曰:'未也。''不学《诗》，无以言。'鲤退而学《诗》。他日，又独立，鲤趋而过庭，曰:'学《礼》⑦乎?'对曰:'未也。''不学《礼》，无以立⑧。'鲤退而学《礼》。闻斯⑨二者。"陈亢退而喜曰："问一得三。闻《诗》，闻《礼》，又闻君子之远其子⑩也。"

《论语·季氏》

注 释

① 陈亢：字子禽，孔子的学生。

② 伯鱼：名鲤，孔子的儿子。伯鱼生时，恰逢鲁昭公派人送来一条鲤鱼，故命鲤为名。伯，排行为长者。

③ 对：回答。

④ 尝：曾经。

⑤ 趋：小跑，或快步走。

⑥ 《诗》：又名《诗经》，是中国古代经典之一，由孔子删订。它是我国上古时代的诗歌总集。司马迁说:"《诗》三百篇，大抵圣贤发愤之所为作。"诗，也就是古时候的歌。

⑦ 《礼》：是中国古代经典之一，由孔子删订。它讲述了上古时候人们的礼仪规范。今不存全本。后有清人整理的《大戴礼》《小戴礼》。《诗》《礼》与《易》《尚书》《春秋》《乐》都是儒家经典。在西汉合称"六艺"，是儒生的必修课目。

⑧ 立：站立，指在社会中能立于不败之地。孔子说:"三十而立。"就是指一个人能在三十岁有所作为，立于不败。孔子在后文《尧曰》篇(即《论语》末篇)

中还强调了学礼与立身的重要性，他说："不知礼，无以立也。"可见礼在孔子的思想中占有重要地位。

⑨ 斯：这。

⑩ 远其子：古时候人们"易子而教"。孔子远其子，意指非私亲其子，给学生们教一样的知识。这里是表彰孔子的师德。

译　文

陈亢问伯鱼："你在你父亲那儿得到了不同寻常的教诲吧？"伯鱼答道："没有啊！有一次，我父亲独自站在院中，我从庭中快步走过，被我父亲叫住，他问道：'你读过《诗》吗？'我回答说：'还没有。'老人家严肃地说：'不学习《诗》，就不善于言谈。'我回来后就开始学习《诗》。又有一次，我父亲独自站在院中，我从庭中快步走过，又被我父亲叫住，他问道：'你学过《礼》吗？'我回答道：'也还没有。'老人家认真地说：'不学习《礼》，就不懂得如何立身做人。'我回来后又开始学习《礼》了。我私下就听到了我父亲的这两番教诲。"陈亢离开伯鱼后十分高兴，他说："我问一件事，得到了三样收获：一是应该学习《诗》；二是要学习《礼》；三是君子不应对自己的儿子有私厚，对人要一视同仁。"

讲　读

本文讲述了学习经典著作的重要意义。它告诉人们这样一个道理：读书，要读好书；要读知识丰富、思想深刻的书；读能够帮助人提高思想、净化心灵，有益于立身做人的书。孔子（前551—前479）对《诗》,《礼》如此重视，提倡人们认真地学习，为后世人们将《诗》《礼》列为儒家经典，乃至于列为中国文化的重要经典提供了依据。由于它出自于《论语》这一儒家经典，因而其权威性是很大的。它为后世儒家攻读《诗》《礼》起到了导向的作用，也为历代统治者遵奉儒家经典，鼓励读书人攻读研习，提供了依据。因而这篇家训在中国文化史上占有极其重要的地位，有十分珍贵的价值。

当然，作为中国文化重要奠基者的孔子提倡读书人攻读《诗》《礼》，本身就反映了这两本书所具有的不同凡响的文化价值和应该受到充分重视的文化内涵。事实上也是如此。《诗》是我国最早的一部诗歌总集，反映了当时的社会面貌，表现了人民生活。在孔子以前，《诗》就已经广泛流传并为各国卿大夫所引用，用《诗》来证明自己的观点。在先秦古籍中，有许多"《诗》不云乎""《诗》云""《诗》有言"等记载，这成为后世人们引用《诗》的习惯句法。由于《诗》有丰富的社会内容和深刻的生活哲理，又能配乐歌唱，使人心平气和，因而深受人们喜爱，这正是孔子听说的"不学《诗》，无以言"之意旨所在。宋代大儒朱熹注释这句话时说："事理通达，而心平气和，故能言。"朱熹说的是有道理的。《礼》则概述了人们的仪礼规范，它是调节人们社会关系的准绳，因而应当被人们理解并得到遵奉。孔子强调"不学《礼》，无以立"，正是以此为立足点的。朱熹对此解释道："品节详明，而德性坚定，故能立。"朱熹说的是很准确的。在那时，孔子强调学习经典，对后人也是有启发意义的。

勤学有益

刘　邦

　　吾遭乱世，当秦禁学①，自喜，谓读书无益。泊践祚②以来，时方省书，乃使人知作者之意，追思昔所行，多不是。

　　吾生不学书③，但读书问字遂知耳④。以此故，不大工⑤，然亦足自辞解⑥今视汝⑦书，犹不如我，汝可勤学习，每上疏⑧，宜自书，勿使人也？

《古文苑》卷一

注　释

①　禁学：指秦始皇三十四年（前213）焚书禁学之事。丞相李斯上奏："今皇帝并有天下，别黑白而定一尊。私学而相与非法教，人闻令下，则各以其学议之，入则心非，出则巷议，夸主以为名，异取以为高，率群下以造谤。如此弗禁，则主势降乎上，党与成乎下。禁之便。臣请史官非秦记皆烧之。非博士官所职，天下敢有藏《诗》《书》、百家语者，悉诣守、尉杂烧之。有敢偶语《诗》《书》者弃市。以占非今者族。吏见之不举者与同罪。令下三十日不烧，黥为城旦。所不去者，医药、卜筮、种树之书。若欲有学法令，以吏为师。"这一严厉的禁私学、焚百家之书的建议，得到了秦始皇的采纳。

②　泊：及，到达。践祚：天子即位时升宗庙东阶以主祭，后称天子即位为践祚。

③　书：写字，书法。

④　但：只，仅仅；遂：于是，就；耳：语气词，罢了，而已。

⑤　工：工整，美好。

⑥　辞解：语句通畅。

⑦　汝：你。用于长辈、上级对晚辈、下级的人称代词。

⑧ 疏：文体，臣子写给皇帝的奏章。分条陈述，谓之疏。后来亲朋间的书信往来也叫疏。

译 文

我不幸遭遇乱世，秦始皇下令焚书禁学，于是暗自高兴，觉得不读书也罢，反正读了也没用处。自从登上皇帝的宝座以来，才开始看些书，才知道作者的原意。回想过去的所作所为，有许多是不对的。

我平生不学习书法，只是在读书释义时懂得一点书法的道理，因此写得不工整，但是还说得过去。如今看你写的字，还比不上我。你应该勤奋学习呵。每次上奏章宁可自己动手写，切不要让人代劳。

讲 读

这是汉高祖刘邦（前256—前195）教育太子刘盈（汉惠帝）的一篇敕文。作者联想到自己由不学习文化到重视读书的变化过程，语重心长地教育儿子要勤奋学习。殷殷期望，扣人肺腑，他认为注意练习书法、字迹工整是提高学习兴趣的重要渠道，不可忽视。这是很有见地的。汉高祖重视考察皇太子学习文化的举措，对后世帝王影响很大。此后，历代帝王都有重视皇储学习文化的言行，史不绝书。

刘邦，字季，沛县（今属江苏）丰邑人。曾任泗水亭长，喜欢结交豪杰。秦二世元年（前209），陈胜、吴广起兵抗秦，他在故乡起兵响应，号称沛公。开始时力量并不大，后在同西楚霸王项羽的争斗中不断壮大实力，夺取天下，建国号为汉，定都长安（今陕西省西安市西），成为西汉王朝的开国皇帝。刘邦在位七年，他实行中央集权统治，轻徭薄赋，与民休息，发展生产，为西汉王朝的巩固打下了基础。年轻时的刘邦，不爱学习，轻视儒生。即使在戎马倥偬之中，他也没有认识到文化对于治国安邦、教化风俗、安定人心的重要性，还干过在儒冠里撒尿，边洗脚边会见儒生的荒唐事。他称帝后，大臣陆贾、叔孙通建议他重视知识文化，"在马上得天下，不能在马上守天下"，"儒者难与进取，但可守成"，这些远见卓识，终于打通了刘邦的思想。从此，他重视学习文化，喜欢读书起来。

继承父志，显亲扬名

司马谈

余先①，周室之太史也。自上世尝显功名于虞②、夏，典天官事。后世中衰，绝于予③乎？汝复为太史，则续吾祖矣。今天子接千岁之统，封泰山④，而余不得从行，是命也夫，命也夫！余死，汝必为太史；为太史，无忘吾所欲论著矣。且夫孝，始于事⑤亲，中于事⑥君，终于立身。扬名于后世，以显父母，此孝之大者，夫天下称颂周公⑦，言其能论歌文、武⑧之德，宣周、邵⑨之风，达太王、王季⑩之思虑，爰及公刘，以尊后稷⑪也。幽、厉⑫之后，王道缺，礼乐衰，孔子⑬修旧起废，论《诗》《书》⑭，作《春秋》⑮，则学者至今则⑯之。自获麟⑰以来四百有余岁，而诸侯相兼，史记放绝。今汉兴，海内一统，明主贤君忠臣死义之士，余为太史而弗⑱记载，废天下之史文，予甚⑲惧焉，汝其⑳念哉！

（西汉）司马迁：《史记·太史公自序》

注　释

① 先：先人，祖先。

② 虞：上古传说时代的有虞氏，在今山西境内，舜是其领袖。

③ 予：我。

④ 封泰山：一种祭祀活动。始于秦始皇，盛于西汉武帝。在泰山积土以增其高，以此还报天命庇佑。

⑤ 事：伺"奉"的意思。

⑥ 事：服务的意思。

⑦ 周公：姬旦，周文王之子，周武王之弟，周成王之叔。

⑧ 文、武：文，即周文王姬昌；武，即周武王姬发。

⑨ 周、邵：周，即周公旦；邵：即邵公，亦作召公、召康公，名奭（读音同"是"），因其采邑在召（今陕西省岐山西南），称为召公或召伯。因佐武王灭商，封于燕。因而他是春秋时期燕国的始祖。周成王时任太保，与周公分陕而治，陕以西由他治理。其言论见于《尚书·召诰》。

⑩ 太王：即古公亶（读音同"但"）父。上古周族领袖，周文王的祖父。因戎、狄族威逼，由豳（今陕西彬县东北）迁到岐山下的周（今陕西岐山北），建筑城堡，开垦荒地，发展农业，设立官制，改革戎狄风习，周族逐渐强盛起来。武王灭商，追尊为太王。王季：周文王的父亲，太王季子；太王卒，季历嗣位，修太王之业，传位于文王。周武下灭商，追尊为王季。

⑪ 公刘：周后稷的曾孙，恢复后稷的事业，迁周于邠。周室由此兴旺起来，后稷：传说为古代周族始祖。神话传说有邰氏之女姜嫄踏巨人脚迹，怀孕而生，因曾被遗弃，又名弃。因善于种植各种粮食作物，曾在尧、舜时代做过农官，封于邰。周族认为他是开始种稷和麦的人。周武王为其第十二世孙。

⑫ 幽、厉：幽，周幽王宫湦（？—前771）。周宣王子，在位十年。统治期间，昏聩腐败，人民怨声载道。因宠爱褒姒，废掉申后和太子宜臼，招致申侯联合曾、犬戎等攻周，被杀于骊山脚下，西周灭亡。厉，周厉王胡（？—前828），实行残暴统治，引起人民反抗。公元前841年，国人暴动，被迫逃奔到彘（今山西霍县），十四年后死于此。后世人们将周幽王、周厉王作为暴君的代表。

⑬ 孔子：名丘，字仲尼，春秋时期鲁国人。我国古代的思想家、教育家、儒家学派的创始人。

⑭ 《诗》《书》：《诗》，即《诗经》，我国古代第一部诗歌总集，共三百篇；《书》，即《尚书》，我国上古历史文件和部分追述古代事迹著作的汇编。相传为孔子选编。今传有两种版本：古文《尚书》和今文《尚书》。《诗》《书》从汉代开始，被官方定为儒家经典。

⑮ 《春秋》：相传孔子依据鲁国史官的记录整理、删订而成。它按年、月、日编排史事，上起鲁隐公元年（前722），下至鲁哀公十四年（前481），共计三百四十二年。它开创编年体史书的先河。《春秋》文辞简练，每述一事，少则一字，多则数字，最长不过四十余字，但寓意深刻，有"《春秋》笔法"之称。汉代开始列为儒家经典，并有五种解释本，称为"传"：《左氏传》三十卷，《公

羊传》《谷梁传》《邹氏传》《夹氏传》各十一卷。《邹氏传》《夹氏传》今已不存。

⑯ 则：用作动词，以……为准则。

⑰ 获麟：事出《春秋》鲁哀公十四年春："西狩获麟。"其时流传着"麟为圣人而出现"的说法。在人们看来，获麟有象征天命的意义。其时至汉元封元年封泰山，相距三百七十一年。文中四百年之说，系略数。

⑱ 弗：不。

⑲ 甚：很。

⑳ 其：虚词。

译　文

我家的祖先在周朝任太史官。在舜时、夏代，是功名显赫之家，任天官。难道在我手上要失去这个家传的职位吗？如果你继任太史，就是担任了祖先曾经执掌的官职。如今天子继承古已有之的传统，到泰山去举行祭祀天地的典礼，而我不能随行，这是命啊！我死后，你一定会担任太史；做太史官，不要忘记我想要修史书这件事。孝，从服侍亲人开始，经历做臣子，最后做一个完完全全的人，使自己名扬后世，使父母英名显赫，这是孝道中最大的事。人们称颂周公，是因为他能播扬文王、武王的功德，宣扬周、召遗风，表达文王祖先太王和父亲王季的思想，直到祖父公刘和始祖后稷。经历暴君周幽王、周厉王，王道受到损害，礼乐遭到破坏，孔子为了振兴王道，振作礼乐，于是整理《诗经》《尚书》，编写《春秋》，后世学者至今还在效法他。从获麟到现在，已经接近四百年了，诸侯兼并，历史记载被迫中断。如今汉朝兴盛，全国得到统一，对于开明的君主，贤能的大臣，舍生取义的士人，我作为太史而未能记载他们的事迹，让国家废弃了这么多史文，我感到十分内疚，你应该牢记我的缺憾啊！

讲　读

西汉元封元年（前110），汉武帝刘彻到泰山封禅，太史令司马谈随文武大臣同行。到了周南（今河南洛阳），司马谈病重，不能前往。当时司马迁作为郎中出使西南刚刚归来，便急匆匆地赶往周南探视父亲。在父子诀别的关头，司马谈说了如上这些话。说完不久，司马谈就辞世了。从这篇遗训里可以看出，司马谈对于太史令的官职和地位是十分重视的，从他的祖先谈起，他是充溢着骄傲之情的。谈到他自己，则十分遗憾，天不假年，他没有能够完成著述历史的任务，因而恳切地期望司马迁继承父业，完成修史重任。司马谈是动了真情的，他将司马迁继承这一事业上升到了"孝"这一人情伦常的高度，以至于司马迁不能推辞。在诀别之际，司马迁泪流满面地承诺："小子不敏，请悉论先人所次旧闻，弗敢缺。"这一年，司马迁三十六岁，已进入壮年。这篇遗训影响了司马迁一生的事业，一辈子的命运。因此，这篇训示在司马迁著述《史记》的人生历程上，具有标志性文化意义。

司马迁在四十八岁时（天汉三年，前98）遭李陵之祸，被下狱受宫刑，痛不欲生，正是他父亲的这篇遗训，鼓励他生活了下去。为了事业，为了父亲的嘱托，他实现了人生的辉煌，奏响了不屈服厄运打击的凯歌。由此可见，这篇家训不仅仅是对司马迁的嘱托，而已经内化为司马迁的精神动力，成为他事业的支撑点。如果将这篇家训同司马迁撰写《史记》的伟大事业联系起来看，其文化价值是显而易见的。即使从人生的视角来看，其价值也是不可低估的。

司马谈（？—前110），西汉夏阳（今陕西省韩城市）人，司马迁的父亲，在汉武帝建元至元封年间任太史令，俸禄为六百石，掌管天文、历算、图书，兼修国史。他是西汉前期有名的史学家、思想家，今存有《论六家之要指》名篇，论述了阴阳、儒、墨、名、法、道六家思想的主张，并评述优劣。他本人推崇道家思想。

司马迁（前145—前89），字子长。自幼受到良好的家庭教育，养成了勤奋好学的品格。他天资聪颖，"十岁能诵古文（秦汉以前的文章，当时称为古文）"。此后，他立志在历史著述方面做出成就，实地调查，搜集资料，考察遗迹，阅读古籍，检索档案，十分刻苦。在父亲遗训的鼓励下，他克服下狱宫刑的惨重打击，忍辱负重，历时十五载，终于写成了光耀古今，影响中国文化发展的不朽巨著《史记》。《史记》开创了述史的新体裁：纪传体通史体裁。《史记》使中国历史学成为一门独立的学问，因而他如郭沫若先生所说，是"这种学问之开山的祖师"。

谦受益，满招损

刘　向

　　汝有^①厚德，蒙恩甚厚，将何以^②报？董生^③有云："吊在者门，贺在者闾^④。"言有忧则恐惧敬事^⑤，敬事则必有善功^⑥，而福至也。又曰："贺者在门，吊者在闾。"言^⑦受福则骄奢，骄奢则祸至，故吊随而来。齐顷公^⑧之始，藉霸者^⑨之余威，轻侮诸侯，亏^⑩跛蹇之容，故被鞍之祸^⑪，遁服^⑫而亡。所谓"贺者在门，吊者在闾"也。兵败师破，人皆吊之，恐惧自新，百姓爱之，诸侯皆归其所夺邑。所谓："吊者在门，贺者在闾。"

（唐）欧阳询：《艺文类聚》卷二三

注　释

① 有：疑为"何"之误。

② 何以："以何"的倒装句，凭什么。

③ 董生：即董仲舒（前179—前104），两汉大儒，广川（今河北省枣强县东）人氏，历汉文、景、武三朝。著有《春秋繁露》，《董子文集》。董仲舒把儒家学说推进到了一个新的历史阶段，使之为统治阶级接受，成为统治阶级的政治思想，因而他的思想对后世影响甚大。

④ 吊：慰问，哀悼。闾（lú）：街巷的门。

⑤ 敬事：以严肃认真的态度对待职守。

⑥ 善功：良好的成绩。

⑦ 言：意思是。

⑧ 齐顷公：春秋时期齐国国君，齐桓公之孙，齐惠公之子，姓姜，名无野，在位十七年（前598—前582）。顷公六年（前592），晋国大夫郤克出使齐国，夫人叔子从帷帐中偷看并讥笑郤克。郤克因之发誓报仇雪耻。十年（前

589），齐军进攻鲁、卫，鲁、卫战败，向晋国求援。晋派郤克为统帅，以兵车八百辆与齐军交战。会战于鞍，因齐顷公恃强自大，骄傲轻敌，终遭惨败。

⑨ 藉：凭借，依仗。霸者：指齐桓公（？—前643），姜姓，名小白，齐国国君，公元前685年至公元前643年在位。任用管仲，称霸诸侯，为春秋"五霸"之一。

⑩ 亏：轻亏。

⑪ 被鞍之祸：被，招受；鞍之祸，即鞍之战，周定王十八年（前589），晋国军队在鞍（今山东济南西北）击败齐国车队的战役，这是中国古代史上著名的战役。

⑫ 遁服：遁，隐藏。改换服装。鞍之战中，晋军追上齐顷公战车，卫士恐国君被俘，和他交换位置，又让他下车取水，齐顷公因而逃脱。

译 文

你并没有什么超乎常人的德行，而蒙受皇上赐予深厚的恩惠，将怎样回报呢？董仲舒说过："吊哀的人上了家门，贺喜的人就会到门里了。"这是说人有忧患，则心怀恐惧，处事谨慎小心，因而取得好的事功，福惠也就随之降临了。他又说："贺喜的人上了家门，吊哀的人就会到门里了。"这是说，享福容易导致骄傲、奢侈，而由此招致祸事，这样，致哀的人也随之到来。春秋时期，齐顷公起初凭着霸主的余威，藐视和侮辱邻国，齐国太夫人戏笑晋国使臣郤克跛脚，后来晋国派郤克率师救鲁、卫，攻打齐国，在鞍会战，大败齐军。顷公只得下车换衣服才得以逃脱。这就是所谓贺喜的人上了家门，吊哀的人就到了门里。齐顷公损兵折将，人们都去慰问他，使他恐惧自新，因此得到了老百姓的拥护，诸侯把侵夺齐国的土地归还给他。这就是所说的吊哀的人还在家门，贺喜的人已到了里门。

讲 读

这是西汉名儒刘向（前77—前6）写给他的小儿子刘歆的训诫。其时，刘歆少年得志，得到皇上的赏识和重用。刘向担心儿子因此得意扬扬，忘乎所以，引出灾祸，因而语重心长地讲述了"福中有祸，祸里藏福""谦受益，满招损"的道理，提醒他恭谨处事，戒骄戒躁。文章引经据典，结合事例，险峻而不乏生动，机智而又深刻。他讲述的祸福变易的辩证法，来自于老子的"福祸相倚"智慧，在文中很有意味，表露了一颗慈父之心，给人以启迪和策励。

刘向，字子政，西汉宗室，汉高祖刘邦之弟刘交四世孙。原名更生，汉成帝时更名刘向。汉元帝时位至九卿，很受重用。他是西汉著名的经学家、目录学家，著作有《洪范五行传》《新序》《说苑》《列女传》等。刘向继承了董仲舒的学说，经常用天人感应、阴阳灾异推论政治得失，提出治国主张。

刘歆（？—23），刘向最小的儿子。他从小受到严格的家庭教育，少时即通儒家经典《诗》《书》，善作文。成帝河平年间，刘歆奉皇帝之命，与父亲一起领校秘书，凡国家所藏的儒家经典、诸子百家、诗歌赋文、天文地理、术算方技之书，无不涉猎。每校一书，均拟定篇目，写成提要。其父去世后，由他一人独立承担，终于校完所有图书，写成了我国第一部图书分类著作《七略》，创立了中国文献目录学。刘歆对于中国文化史的另一重大贡献是，创立了古文经学，从而使儒家经学分成两家：今文经学和古文经学。经学在中国历史上成为居于统治地位的学说，应当从公元前2世纪晚期算起。当时是今文经学派的天下。然而到了西汉末年，由于刘歆拉起一面古文经学的旗帜，就将中国经学分裂成今文经学与古文经学相对立的两大派别。西汉末期以后，今文经学、古文经学在中国文化史上激烈争论了两千余年。

谦约慎行

马　援

吾欲汝曹闻① 人过失，如闻父母之名，耳可得闻，口不可得言也。好议论人长短，妄是非正法② ，此吾所大恶③ 也。宁死不愿闻子孙有此行也。

汝曹知吾恶之甚矣，所以复言者，施衿结褵④ ，申父母之戒⑤ ，欲使汝曹不忘之耳。

龙伯高敦厚周慎⑥ ，口无择言⑦ ，谦约节俭，廉公有威。吾爱之重之，愿汝曹效⑧ 之。杜季良⑨ 豪侠好义，忧人之忧⑩ ，乐人之乐⑪ ，清浊无所失，父丧致客，数郡毕⑫ 至。吾爱之重之，不愿汝曹效也。效伯高不得，犹为谨敕⑬ 之士，所谓刻鹄不成尚类鹜⑭ 购者也；效季良不得，陷为天下轻薄子⑮ ，所谓画虎不成反类狗⑯ 者也。迄今⑰ 季良尚未可知，郡将下车⑱ 辄切齿，州郡以为言⑲ ，吾常为寒心⑳ ，是以不愿子孙效也。

（南朝·宋）范晔：《后汉书·马援列传》

注　释

① 汝曹：你们。文中指马严、马敦兄弟俩。马严，字威卿，官至五官中郎将、太中大夫、将作大匠；马敦，字儒乡，官至虎贲中郎将：两人均为东汉名将马援侄子。本文是写给他们的。闻：听说。

② 是非正法：是非，用作动词，肯定什么与否定什么；正法，正，通"政"，指政治法令。

③ 恶：读音同"务"，憎恶，痛恨。

④ 施衿结褵：衿，读音同"晋"，系；褵，读音同"离"，佩巾。古代女子许婚，有衿缨的仪式，母亲为女儿系上香袋，表示已经定婚，并对女儿有所嘱告；古代女子出嫁，有结褵的仪式，母亲为女儿系上佩巾，并对女儿有所嘱

告。这里是比喻，指长辈对子女的反复告诫。

⑤ 申：申明，反复说明；戒：通"诫"，嘱咐。

⑥ 龙伯高：名述，字伯高。东汉京兆（今陕西长安县）人，曾为山都县长，因马援的这篇家训被皇帝知道，擢升龙伯高为零陵太守。敦厚：纯朴厚道。周慎：严谨慎重。

⑦ 口无择言：语出《孝经》："口无择言，身无择行。"指语言合乎法度。

⑧ 效：效法，以……为榜样。

⑨ 杜季良：东汉京兆人，曾任越骑司马，因仇人上书告他"为行浮薄，乱群惑众，伏波将军万里还书以诫兄子，而梁松、窦固以之交结，将扇其轻伪，败乱诸夏"等，并携马援本文，皇帝因之下诏免其官。

⑩ 忧人之忧：前一个"忧"用作动词，以……为忧；后一个"忧"用作名词，忧愁。

⑪ 乐人之乐：句法与上文"忧人之忧"同。

⑫ 毕：尽，全都。

⑬ 谨敕：敕，通"饬"。恭谨整肃，严肃约束。

⑭ 刻鹄不成尚类鹜：鹄，读音同"胡"，天鹅；鹜，读音同"务"，鸭子；类，像……。这是古时成语，意思是说，求不到上乘，尚可居其次。

⑮ 轻薄子：轻浮放荡者。

⑯ 画虎不成反类狗：这是古时成语，意思是说，求不到上乘，反而居于末流。

⑰ 迄今：迄，到。到如今。

⑱ 郡将下车：郡将，郡守。因为汉代郡守既是行政首长，又是军事长官，故也可称为郡将。下车：新官到任。因为汉代官员的选拔采用征辟推举制，凡被选中均由朝廷派公车征召。下车，即为新官上任之意。

⑲ 以为言：将某人的话当作判断是非善恶的依据。

⑳ 寒心：恐惧，害怕。

译 文

我希望你们听到别人的过失时，就像听到父母的名字一样，耳朵可以听，但嘴里不要说。喜欢议论别人的长短是非，随意评论国家的政策法令，这是我最反感的。我宁死也不要听到子孙有这种行为。

我现在重复这些话，就像女子出嫁，母亲为她系上彩带，结上佩巾，反复叮咛应该注意的一些事一样，让你们牢记不忘，并让你们知道我平生最讨厌的事是什么。

龙伯高这个人，为人厚道，周密谨慎，口中没有褒贬他人的话，谦虚节俭，廉洁奉公，威望很高。我很喜爱他的人品，并很敬重他，希望你们以他为榜样。杜季良这个人，豪侠讲义气，忧他人之忧，乐他人之乐，不辨善恶，随意结交人；他父亲死的时候，附近几个郡的人都来吊丧，排场很大。我也很喜爱他豪爽讲义气的品性，并很敬重他，但不希望你们向他学习。学龙伯高不成，还可以做一个恭谨严正的君子，这就是所谓求乎上，成乎次；学杜季良不成，就会变成一个臭名远扬的轻薄放荡子弟，这就是所谓求乎上，反得其末。如今杜季良的结局尚不可知，但郡守到任，对他总是咬牙切齿的，把州郡人们的议论作为对待他的口实。我因此常常为他担心，因而不愿子孙中有人效法他。

讲　读

这是马援（前14—49）在紧张的军旅中写给他的侄子的一篇家训。建武十六年（40），交趾（今越南永富省安浪县）贵族雒将的女儿征侧、征贰姐妹同交趾太守苏定发生矛盾，于是起兵反汉，自立为王。东汉王朝为了维护统一，制止分裂，汉光武帝刘秀于次年冬诏令马援为伏波将军，率兵南下，远在千里之外的马援，听说两个侄儿喜欢讥议朝政，轻率地与侠客交结，十分生气，在战火纷飞中写下了这封家信。这封家书在古代颇负盛名，获得很高评价。南朝宋人裴松之就说：“臣松之以为援之此诫，可谓切至之言，不刊之训也。凡道人过失，盖谓居室之惩，人未之知，则由己而发者也。若乃行事，得失已暴于世，因其善恶，即以为诫，方之于彼，则有愈焉。”不仅如此，这篇家训历来被认为是书信的典范之作，被选入古代各种课本及古文范本中。在后代家训中，不少文章或提到它，或引用其中的句子，我们在后面的篇章中可以发现这一点。这一方面因为家训的作者很有名，是儒家学说所规范的圣贤人物，他身上体现着修身齐家治国平天下的典范人格；另一方面，这篇家训的思想深刻，很有文化透射力。

    本文首先针对马严、马敦两人喜好讥议、轻通侠客的缺点，提出了严厉的警告：这是马援平生最憎恶的，现在申明家诫，希望两人改正。然后循循善诱，列举典型，以龙伯高、杜季良两人的言行、人品为例，剖析利害，区别善恶，教导他们要向龙伯高学习，忠厚谨慎，谦约节俭，慎于交友。语气严峻，感情浓烈，文字不多而切中肯綮。从历史来看，这篇家训是收到了教育效果的：马严兄弟后来发愤苦读，成为朝廷的有用之才，累官至太中大夫和虎贲中郎将；受这种家风的影响，马严的儿子马融成为东汉著名的经学家。马援、马融，一武一文，都是中国历史上的杰出人物。

    马援，字文渊，扶风茂陵（今陕西省兴平县东北）人，东汉初年著名的军事家。他本姓赵，是战国时名将赵奢之后，因受赵惠文王赐号"马服君"，后人以马为姓。马援早孤，由兄马况抚养成人，学文不成，转而习武，成为东汉初年的名将，封新息侯。他为人慷慨有大节，恭谨慎行，在当世有口碑。他的豪言壮语："丈夫立志，穷当益坚，老当益壮。""男儿要当死于边野，以马革裹尸还。"成为流传于后世的名言。譬如，唐代诗人王勃在《滕王阁序》中写道："老当益壮，宁移白首之心；穷且益坚，不坠青云之志。"掷地有声。今人的诗句："青山处处埋忠骨，男儿马革裹尸还。"为一时绝响。马援一生报国，在六十三岁那年死于今湖南沅陵县壶头山的军帐之中。从马援的个人品格和业绩来看，他写出这篇有名的家训，不是偶然的。

薄　葬

赵　咨

　　夫含气之伦①，有生必终，盖天地之常期，自然之至数②。是以通人达士，鉴兹性命，以存亡为晦明，死生为朝夕，故其生也不为娱，亡也不知戚③。夫亡者，元气去体，贞魂游散，反素④复始，归于无端。既已消仆，还合粪土。土为弃物，岂有性情，而欲制其厚薄，调⑤其燥湿邪？但以生者之情，不忍见形之毁，乃有掩骸埋窆⑥之制。《易》曰："古之葬者，衣以薪，葬之中野，然后圣人易之以棺椁⑦"棺椁之造，自黄帝⑧始。爰自陶唐⑨，逮于虞、夏⑩，犹尚简朴，或瓦或木，及至殷人而有加焉⑪。周室因之，兼制二代⑫。复重以墙翣之饰，表以旌铭⑬之仪，招复含敛⑭之礼，殡葬宅兆之期⑮，棺椁周重之制⑯。衣衾称袭之数⑰，其事烦而害实，品物碎而难备。然而秩爵异级，贵贱殊等。自成、康⑱以下，其典稍乖。至于战国，渐至穨陵，法度衰毁，上下僭⑲杂。终使晋侯请隧⑳，秦伯殉葬㉑，陈大夫设参门之木，宋司马造石椁之奢㉒。爰暨暴秦，违道废德，灭三代㉓之制，兴淫邪之法，国赀㉔糜于三泉，人力单于郦墓㉕，玩好穷㉖于粪土，伎巧费于窀穸㉗。自生民以来，厚终之敝，未有若此者。虽有仲尼㉘重明周礼，墨子㉙勉以古道，犹不能御也。是以华夏㉚之士，争相陵㉛尚，违礼之本，事礼之末，务礼之华，弃礼之实，单㉜家竭财，以相营赴。废事生而营终亡，替㉝所养而为厚葬，岂云圣人制礼之意乎？记曰："丧虽有礼，哀为主矣。"又曰："丧与其易也宁戚㉞。"今则不然，并棺合椁，以为孝恺，丰赀重遂，以昭㉟恻隐，吾所不取也。昔舜葬苍梧，二妃㊱不从。岂有匹配之会，守常之所乎？圣主明王，其犹若斯，况于品庶㊲，礼所不及。古人时同则会㊳，时乖则别㊴，动静应礼，临事合宜。王孙裸葬，墨夷㊵露骸，皆达于性理，贵于速变，梁伯鸾父没，卷席而葬，身亡不反㊶其尸。彼数子岂薄至亲之恩，亡⁴²忠孝之道邪？况我鄙暗⁴³。不德不敏，薄⁴⁴意内昭，志有所慕，上同古人，下不为咎。果必行之，勿生疑异。恐尔等目眩⁴⁵所见，耳讳所议，必欲改殡，以乖⁴⁶吾志，故远采古圣，近揆⁴⁷行事，以悟尔心。但欲制坎，令容棺椁，棺归⁴⁸即葬，平地无坟。勿卜时日，葬无设奠，勿留墓侧，无起封树。于戏小子，其勉之哉，吾蔑复有言矣！

（南朝·宋）范晔：《后汉书·赵咨传》

注　释

①伦：类。

②至数：法则。至，极，顶点；数，定数。与前文"常期"相对应，是同义词。

③戚：通"慽"，悲慽忧伤。

④元气：天地之气。反素：太始，天地之初。

⑤调：读音同"条"，调整。

⑥窆：读音同"贬"，落葬。

⑦"古之葬者"句：出自《易经·系辞》。衣以薪：以薪为衣。薪，柴禾。

⑧黄帝：传说中的历史人物。据说他是中原各族的共同祖先。姬姓，号轩辕氏、有熊氏。少典之子。相传炎帝扰乱各部落，他得到各部落的拥戴，在阪泉（今河北涿鹿东南）打败炎帝。后蚩尤扰乱，他又率领各部落住涿鹿（今河北省涿鹿东南）击杀蚩尤。从此，他被各部落首领共同拥戴为部落联盟首领。

⑨爰：句首语气词。陶唐：陶唐氏，名放勋，史称唐尧，即尧帝。传说中的历史人物。

⑩虞、夏：虞，有虞氏，姚姓，名重华，史称虞舜，即舜帝。传说中的历史人物。相传在父系氏族社会后期，尧作为部落联盟领袖，咨询四岳，推选舜为继承人。夏，夏禹，亦称大禹、戎禹。传说中的历史人物。原为夏后氏部落领袖，奉舜之命治理洪水。因治水有功，被舜选为继承人。舜死后即为部落联盟领袖，传说铸造九鼎，后世以九鼎比喻王位和王权。其子启，建立了中国历史上第一个奴隶制国家夏朝。

⑪据《古史考》载："禹作土墼（读音同"即"，土砖的意思）以周棺。"

⑫二代：指夏代、商（殷）代。时间在周代之前。

⑬墙翣：装饰灵柩的布帐等。翣，读音同"厦"。《礼记》："周人墙置翣。"卢植说："墙，载棺车箱也。"《三礼图》解释道："翣，以竹为之，高二尺四寸，广三尺，衣以白布，柄长五尺，葬时令人执之于枢车傍。"旌铭：古时灵柩前的旗幡，上写死者姓名官衔，以表哀思。《礼记》说："铭，明旌也。以死者为不可别，故以其旗识之。"

⑭招复：招魂复魄。含：以玉珠装满口腔。敛：以衣服敛尸。

⑮宅兆：葬之茔域。期：古时之制，诸侯五日而殡，五月而葬；大夫三日而殡，三月而葬；士二日而殡，逾月而葬。

⑯椁棺周重之制：古代有关棺椁的使用规则。棺，天子的棺四重，诸公三重，诸侯两重，大夫一重，士不重。椁，君用松椁，大夫用柏椁，士用杂木椁。

⑰衣衾称袭之数：古代有关死者衣衾的规则。称，衣单複具叫称。天子袭十二称，诸公九称，诸侯七称，大夫五称，士三称。小敛，同尊卑，十九称。大敛，天子百称，上公九十称，侯伯七十称，大夫五十称，士三十称。衾，凡小敛，诸侯、大夫、士皆用複衾，君锦衣，大夫缟衾，士缁衾。

⑱成、康：周成王、周康王。周成王依靠叔父周公摄政，巩固了西周王朝的统治。成年后，周公归政成王；周康王继续推行成王的政策，加强了西周王朝的统治。史称成康之治。

⑲僭：越份。指超越身份，冒用上级的职权行事。

⑳请隧：隧，掘地而为涵道，王的葬礼。诸侯则用悬柩。晋侯要用王礼，故须向周王请示。事见《左传·僖公二十五年》、《国语·周语中》，晋文公朝于襄王，请隧，不许。

㉑秦伯殉葬：秦缪公死，以子车氏奄息、仲行、鍼虎殉葬，国人为之哀，作《黄鸟》之诗。

㉒"宋司马"句：宋司马，指桓魋（读音同"颓"），自作石椁，三年不成。孔子在《礼记》中评论道："若是其靡也，死不如速朽之愈也。"

㉓三代：夏、商、周，史称为三代。

㉔国帑：国家的财富。

㉕郦墓：秦始皇为死后修建墓穴，工程浩大，遗址在陕西省郦山脚下，即今秦始皇兵马俑。

㉖ 穷：尽。

㉗ 窀穸：墓穴，长埋谓之窀，长夜谓之穸。《左传·襄十三年》："唯是春秋窀穸之事。所以从先君于祢庙者，请为灵若厉，大夫择焉。"

㉘ 仲尼：孔子，名丘，字仲尼。我国春秋时期著名的思想家、教育家、政治家，儒家学派的创始人。

㉙ 墨子：名翟（约前468—前376)，宋国人。春秋战国时期的思想家，墨家学派的创始人。墨子主张"兼爱"、"非政"、"交相利"、"节俭薄葬"、"尚贤"、"尚同"。墨子学说对当时的思想界影响很大，与儒家并称"显学"。现存《墨子》五十三篇，是研究墨子和墨家学说的基本材料。

㉚ 华夏：生活在中原地区的中华民族。华，通"花"。东汉许慎《说文解字》释为荣。清人段玉裁注："木谓之华，草谓之荣。荣而实者谓之秀，荣而不实者谓之英。"夏，《说文解字》考察其造形结构，认为是用繁笔大写的"人"字，释意为"中国人"。段玉裁注："以别于北方狄，东为貉，南方蛮，西方羌，西南焦侥，东方夷也。夏引申之意为大也，"

㉛ 陵：通"凌"，凌驾。

㉜ 单：通"殚"，尽，竭尽。

㉝ 替：废。

㉞ 戚：通"慽"，悲慽忧愁。

㉟ 昭：表明。

㊱ 二妃：指娥皇、女英。据《礼记》载：舜死葬于苍梧，二妃未陪葬。

㊲ 品庶：众人；《史记·贾生列传》："夸者死权兮，品庶冯生。"

㊳ 时同则会：指姜太公吕望死葬于周，其子封于齐事。

㊴ 时乖则别：指舜帝二妃不陪葬事。

㊵ 王孙裸葬：王孙，即杨王孙。临终令其子曰："吾死，可为布囊盛尸，入地七尺。既下，从足脱其囊，以身亲土。"这就是所说的裸葬。墨夷：墨子。

㊶ 反：通"返"

㊷ 亡：无。梁伯鸾父譲（读音同"户"）寓于北地而卒，卷席而葬。鸿后出关到吴，死后，葬于吴要离冢旁。

㊸ 鄙：自谦之词。《战国策·齐》："客曰：鄙臣不敢以死为戏。"暗：昏昧。《战国策·赵》："愚者暗于成事，智者见于未萌。"

㊹薄：微小。

㊺敧：读音同"厌"，欺骗。《淮南子·主术》："上操约省之分，下效易为之功，是以君臣弥久而不相敧。"

㊻乖：违背。

㊼揆：尺度，准则。《孟子·离娄》："先圣后圣，其揆一也。"

㊽归：归于东郡，即赵咨的老家。

译 文

生命之物，有生就有死，这是自然规律，不可抗拒。因此，在贤哲之士看来，生死存亡如同日月星光一样，有明就会有暗；如同日夜交替一样，有早就有晚，因而不因生而喜，也不因亡而哀。所谓死亡，就是指元气离开了躯体，魂魄散离，在天地之间消失。既然生命已经消失，躯体也就成为一堆粪土。粪土是人们所抛弃的废物，哪里有什么性情啊？他怎么知道亲属为他安排的葬礼是隆重还是简陋，放置的地方是干燥还是潮湿啊？可是依照生者的感情，不忍心亲属的尸骨被毁，于是就产生了安葬尸体的礼仪。《易经·系辞》上说："上古时代的葬礼是这样的，用柴禾将尸体裹着埋在近郊，后来圣人用棺椁埋葬尸体。"制造棺椁，是从黄帝时代开始的。从唐尧起，止于虞舜、夏禹，葬礼还是很简朴的，有的用瓦，有的用木。到了殷商时代，葬礼就变得复杂起来。夏商时代的葬礼，一直延袭到周代。这时，在葬礼中又增加了一些仪式，如墙翣之饰、旌铭之仪、含敛之礼、殡葬之期、周重之制、称袭之制，礼仪烦琐而不实在，物件零散而不易准备。虽然如此，但它还能起到区别官爵高下，门第贵贱的作用。从周成王、周康王往后起，这些繁杂的礼仪稍稍有些简化。到了战国时期，礼仪逐渐废弛，法度残破，上下僭越，最后出现了一系列荒唐的事例：晋侯向周室请隧、秦缪公制定殉葬制度、陈国大夫使用参门之木、宋国司马制造石椁，极为奢侈。经历暴秦，背离儒家礼仪，毁坏道德人伦，废弃夏商周三代制度，兴起淫邪之法，国家的财富被糟踏在地下，人力被消耗在郦山墓上，修建秦始皇陵极尽奢华浪费。从古至今，在葬礼上所显现的弊端，没有超过秦始皇的。即使有孔子、墨子这样的贤能之人重申周礼，教导薄葬，也还不能阻止这种奢侈浪费之风漫延。因此，华夏子孙，在葬礼上，极尽铺张，华而不实，甚至搞得倾家荡产。经营葬礼而耽误生计，追求厚葬而破家败产，难道不是违背了圣人制葬之礼的本意吗？《礼记》上说："即使有丧葬之礼，还是要以哀伤为主。"又说："丧事与其简陋，不如悲哀。"如今人们可不是按照儒家教导来办丧事的。并棺合椁，他们认为是孝顺；浪费财物，他们认为是表示哀悼。我却不赞成这种做法。古时候，舜帝死了葬在苍梧，没有让娥皇、女英陪葬。活着的时候，他们是夫妻，死后他们哪里可能厮守在一起啊！像舜帝这样的圣王，他有这么高明的作为和见识，何况是一般的老百姓，怎么赶得上他呢？古时候人们处理事情，合情合理，一动一静都合乎理数，并没有受到葬礼的约束，如姜太公死后，其子封于齐；舜帝葬于苍梧，不让二妃殉葬。杨王孙遗嘱裸葬，墨子主张薄葬。他们都通达情理，懂得因情势而变化。梁伯鸾父死后，卷席入葬。还有人客死他乡，就地埋葬，并没有将尸体运回老家举行隆重的葬礼。这些人难道是没有顾念骨肉亲情，背离了忠孝伦常吗？况且我只是一个平常人，无德无能，薄葬之意已决，倾慕古人之心已定，按照我的想法去做，你们就没有什么过错了。我担心你们违背我的心意，一定要厚葬我，因此，列举了古代一些例子，定下了薄葬的尺度，让你们明白节俭的道理。我死后，一切从简，葬于老家东郡，不要起什么坟，不要占卜时辰，不要设置奠礼，不要修建侧墓，不要摆设封树。孩子们，你们要努力做到啊！如果是这样，那我就没有什么好讲的了。

讲　读

这是东汉名士赵咨在临终前留给儿子的一篇遗训。文章分析了上古以来丧葬制度与礼俗的演变轨迹，对厚葬与薄葬两种思想行为进行了评价。作者是主张薄葬、节俭的，并列举了一些名人薄葬的事迹，很有说服力。为了证明薄葬与亲情无关，作者站在唯物论的立场上分析道，人死归于自然，就没有意识知觉了，因此，人们在葬礼上铺张浪费，这实在是不应该的。在那个时代作者有如此深刻的识见，这是十分可贵的。在古代社会，有关人身后事，历来反映为厚葬与薄葬这两种礼俗与思想观念。在厚葬论看来，人死灵魂未灭，进入另外一个世界，陪葬品可以继续体现死者的身份和地位，可供继续享用，因而人死后要厚葬；同时，这也体现着生者对于死者孝顺的程度与感情的厚薄之分。在古代重孝道、讲尊卑的社会生活中，厚葬论是很有市场和影响力的。在这种文化氛围中，文章所论，具有很强的针对性。总之，文章对于人们认识生死、体察薄葬与厚葬利弊、考究上古以来中华丧葬礼俗变迁，是有启发性和重要的学术价值的。

赵咨，生卒年代不详，生活于东汉中期。字文楚，东汉东郡燕人。曾任博士、敦煌太守、议郎、东海相等职，为官清廉简约，为当世名士。一日，窃贼夜入赵咨家，被赵咨发现。赵咨惟恐母亲受到惊吓，于是将贼请入家中，说："我的老母年已八十，疾病在身，需要疗养。我家贫穷，没有什么储备。你拿一些东西走吧，希望留下一些衣服和粮食。"贼环顾四周，发现他家的确没有什么值钱之物，感到十分惭愧，于是跪下说："我今天有眼不识泰山，冲撞了贤士。"说罢就走。赵咨追出去，要送给他一些东西，但终于没有追上。这在当时被传为佳话。这就是"赵咨追贼"的典故。赵咨被拜为东海相后，在赴任途中经过敦煌治境。一日，敦煌令曹暠在路旁迎候，以为可以将当朝名士留下来小憩，一述衷肠。但赵咨很廉洁，不忍心打扰，过境而去。曹暠尾随他追到驿站，望尘不及，对着主簿叹道："赵君名重当世，今日过境而不见我，我日后必定会被天下人耻笑！"于是放下官印，追随至东海。拜谒赵咨后，辞官回家。这就是"望尘不及"的典故。由此可见，赵咨在当时是极受人们推崇的。赵咨为子至孝，为官清正，视死如归。在病重时，他向故吏朱祗、萧建等交待后事道："薄敛素棺，籍以黄壤，欲令速朽，早归后土，不听子孙改之。"史书上称赞他"薄终，丧朽惟速"的行为。

恭谦笃敬

张　奂

　　汝曹薄祐①，早失贤父，财单艺②尽，今适喘息。闻仲祉轻傲耆老③，侮狎同年④，极口恣意⑤，当崇⑥长幼，以礼自持⑦。闻敦煌有人来，同声相道，皆称叔时⑧宽仁，闻之喜而且⑨悲。喜叔时得美称，悲汝得恶论。经⑩言："孔[子]于乡党，恂恂如也。"⑪恂恂者，恭谦之貌也。经难知，且⑫自以汝资父为师，汝父宁⑬轻乡里耶？年少多失，改之为贵。蘧伯玉⑭年五十，见四十九年非⑮。但⑯能改之，不可不思吾言。不自克责⑰，反云："张甲谤我，李乙怨我，我无是过尔。"亦已矣⑱。

（唐）欧阳询：《艺文类聚》卷二三

注　释

　　①汝曹：你，你们。曹，辈。薄：用作动词，缺乏。祐：保佑，迷信的人指"神"的帮助。

　　②单：通"殚"，尽，完了。艺：才能。

　　③仲祉：本文作者张奂的侄儿。早年丧父，家境略好，便滋长了一种傲慢的习气，在乡里名声不太好。耆老：老年人。耆，读音同"齐"，古时称六十岁以上的老人为耆。

　　④侮狎：侮辱，戏弄。狎，读音同"霞"，对人轻侮。同年：同辈人，同龄人。

　　⑤极口：夸口。极，极点，顶点；口，用作动词，说。恣意：随意放纵自己，无所拘束。恣，音同字。

　　⑥崇：用作动词，尊重，敬重。

　　⑦自持：自我约束。

⑧ 叔时，人名，仲祉之父。

⑨ 而且：又。

⑩ 经：汉代尊儒，自汉武帝"罢黜百家，独尊儒术"后，儒家学说被定为一尊。官方认定儒家著作《诗》《书》《礼》《易》《春秋》《乐》为经典。合为"六经"。东汉又将《论语》增补为经典，列为"七经"之一。

⑪ 孔子于乡党，恂恂如也：语出《论语·乡党》："孔子于乡党，恂恂如也，似不能言者。其在宗庙朝廷，便便言，唯谨尔。"意思是说：孔子在乡里间，其貌温恭谦逊，好像不能说话一样。他在宗庙朝廷时，说话极明白，不含糊，只是十分恭谨而已。恂恂如也：恂恂，恭敬谨慎；如也，像这样。

⑫ 且：姑且，暂且。

⑬ 宁：难道；一般用作反诘句。

⑭ 蘧伯玉：名瑗，字伯玉，谥成子。春秋时期卫国贤臣。卫国大夫史鰌知其贤能，屡次向灵公推荐，不被任用。典出《淮南子·原道》："蘧伯玉年五十而知四十九非。"

⑮ 非：过错。

⑯ 但：不过，尚且。

⑰ 克责：反省。

⑱ 亦已矣：亦，也；已，罢了；矣，语气词。

译 文

你的福气浅啊，很早就失去了可爱的父亲。家中财力单薄，又没有什么特别的才干，家道困难。听说仲祉对老年人傲慢无礼，对同辈人戏谑放肆，说话随意。以后要注意尊重别人，按照礼法来约束自己。听说有人从敦煌老家来，异口同声地夸奖你的父亲叔时宽厚仁爱，我听后又喜又悲。高兴的是，你的父亲有这么好的名声；忧虑的是，你的名声这么糟糕。《论语·乡党》中说："孔子对他家乡的人，总是很恭敬的样子。"经典上的事难以确知，姑且以你父亲为榜样吧！你的父亲难道轻视过别人吗？年轻的时候总免不了犯错误，改了就好。春秋时期的贤人蘧伯玉在五十岁时，反思了自己在四十九岁以前的过错，予以改正，你应该好好想一想我所说的话。自己不作检讨，反而归咎别人苛待自己，就不好了。就说这些吧。

讲　读

这是东汉名臣张奂（104—181）写给他侄子的一封家书。张奂从进京探望他的同乡口中得知，侄子仲祉在乡里目无尊长，轻侮同辈，就写下了这篇著名的家训。张奂要求侄儿牢记《论语》中记载孔子的楷模风范，并以自己的父亲为榜样，恭谦笃敬，敦厚仁爱，友善乡里。并教导他，人非生而圣贤，错误是难免的，尤其在年轻时更容易出错。可贵的是，知错能改。这可谓语重心长，殷切的期望与严格的要求跃然纸上。文字不长，但却引用了两个典故，以此来说明主题，恰到好处。典故本身的寓意，就耐人寻味。尤其是蘧伯玉五十而知四十九年之非的典故，经过张奂的引用，受到人们的喜爱，以后传扬开来。这篇家训广为流传并为世人所推崇，有两个原因：一是它宣传儒家学说所强调的尊卑有序、尊老敬贤、恭廉守礼的文化主张，态度鲜明，言辞恳切，同人们以儒家文化学说塑造自己的文化性格十分一致；二是它极力推崇孔子的文化人格。在古代社会，孔子是社会的精神领袖，有巨大的心理认同性和文化感召力，用孔子的文化人格来教育人，影响人，有说服力，能够赢得人们的认同。

张奂，字然明，东汉敦煌郡酒泉县(今甘肃酒泉县) 人，后迁弘农华阴(今陕西省华阴县)。官宦出身。少时举贤良第一，拜为议郎。曾拜太尉朱宠为师，学欧阳生《尚书》。桓帝永寿元年（155）被拜为安定属国都尉，抗击匈奴有功。先后任官匈奴中郎将、武威太守、大司农、太常等，多次统兵与匈奴、鲜卑、乌桓作战，为巩固西北边防，屡建战功。张奂少有志节，曾立下誓言，"大丈夫处世，当为国家立功边境"，为世人所推重。他因得罪宦官曹节等人，久被压抑，终以"朋党"获罪，被禁锢于乡里。在罢官期间，研治《尚书》，开门授徒，史书上说他"养徒千人"，可见他是一位有名望的学者，著有《尚书记难》三十余万言，及铭、颂、书、教、诚述、志、对策、章表二十四篇。张奂可谓是中国历史上的文武全才。

张奂为人正直，家风谨束。长子张芝，次子张昶，善草书，在东汉有盛名，张芝被人称为"草圣"。

德行立于己志

郑　玄

　　吾家旧贫，[不]为父母群弟所容①，去斯②役之吏，游学③周、秦之都，往来幽、并、兖、豫④之域，获觐⑤乎在位通人，处逸⑥大儒，得意者咸从捧手⑦，有所受焉。遂博稽六艺⑧，粗览传记⑨，时睹祕书纬术⑩之奥。年过四十，乃归供养⑪，假⑫田播殖，以娱朝夕。遇阉尹⑬擅执，坐党禁锢⑭，十有⑮四年，而蒙赦令⑯，举贤良、方正、有道⑰，辟大将军三司府⑱，公车再召⑲，比牒⑳并名，早为宰相。惟彼数公，懿德大雅㉑，克堪王臣㉒，故宜式序㉓。吾自忖度，无任于此，但念述先圣之元意㉔，思整百家㉕之不齐，亦庶几以竭㉖吾才，故闻命罔㉗从。而黄巾㉘为害，萍浮㉙南北，复归邦乡。入此岁㉚来，已七十矣。宿素㉛衰落，仍㉜有失误，案之礼典㉝，便合传家㉞。

　　今我告尔㉟以老，归尔以事，将闲居以安性，覃思以终业㊱。自非㊲拜国君之命，问族亲之忧㊳，展敬㊴坟墓，观省野物㊵，胡尝㊶扶杖出门乎！家事大小，汝一㊷承之。咨尔茕茕㊸一夫，曾无同生㊹相依。其勖㊺求君子之道，研钻勿替㊻，敬慎威仪㊼，以近有德。显誉㊽成于僚友㊾，德行立于己志。若致声称㊿，亦有荣于所生[51]，可不深念邪[52]！可不深念邪！

　　吾虽无绂冕之绪[53]，颇有让爵[54]之高。自乐以论赞[55]之功，庶不遗[56]后人之羞。末所愤愤[57]者，徒以亡亲坟垄[58]未成，所好群书率皆腐敝[59]，不得于礼堂[60]写定，传与[61]其人。日西方暮[62]，其可图乎！

　　家今差[63]多于昔，勤力务时，无恤[64]饥寒。菲[65]饮食，薄[66]衣服，节夫[67]二者，尚令吾寡[68]恨。若忽忘不识[69]，亦已[70]焉哉！

（南朝·宋）范晔：《后汉书·郑玄列传》

注　释

① 容：宽容。据史载，作者本人年轻时在乡里做掌管听讼赋税的小吏，但不热心于为官。闲时常去学校旁听，经常惹他父亲生气。尽管如此，他仍然一心向学。后来进入太学深造，得名师弟五元先指点，精通《京氏易》《公羊春秋》《三统历》《九章算术》。

② 去：辞掉。厮：贱。

③ 游学：求学。

④ 幽、并、兖、豫：汉代州名。幽州在今河北省北部，并州在今山西省中部，兖州在今山东省中西部，豫州在今河南省。

⑤ 觐：读音同"尽"，古代诸侯拜见天子称为觐见。这里是谦称，拜见。

⑥ 处逸：隐居不仕。

⑦ 得意：明了经书含义。咸：全，都。捧手：捧握尊长之手。这是古代拜见时常用的礼节。

⑧ 博：广。稽：考究。六艺：西汉定《诗》《书》《礼》《乐》《易》《春秋》为儒家经典。共六部，故称为六艺。

⑨ 传记：书传。

⑩ 睹：看。秘书：朝廷秘府所藏之书。纬术：纬书之学。汉代将儒家经典与迷信学说加以穿凿附会，预测祸福兴废。纬术，其实是一种宣扬迷信的学说。纬说，相对经书而言，有《易纬》《书纬》。

⑪ 供养：侍奉父母。

⑫ 假：通"借"，租赁。

⑬ 阉尹：宦官；其时宦官曹节、王甫等人，杀害大将军窦武、太傅陈蕃等，独揽朝政，滥施淫威。曹节死后，又有张让、赵忠等十常侍把持朝政。

⑭ 坐：获罪。禁锢：勒令不准做官。东汉有禁锢的罪名，因朋党获罪。东汉桓帝、灵帝时期，有党锢之祸。以在朝部分官吏、在野的士大夫及太学生、郡国生徒为一方，称为党人；以宦官集团及其爪牙为一方，在东汉末期展开了你死我活的斗争，一直延续到黄巾起义。

⑮ 有：通"又"。

⑯ 赦令：汉灵帝中平元年（184），黄巾农民起义风起云涌，波澜壮阔，汉

朝廷为了维护统治，缓和内部矛盾，下令大赦党人。

⑰ 贤良、方正、有道：汉代推荐官吏的科名。

⑱ 辟：读音同"避"，征召。大将军，三司府：大将军，武官，位在三公之上，东汉多由贵戚担任。文中所指为何进(? —189)，字遂高，东汉宛县(今河南省南阳市)人，其妹为汉灵帝后，因任大将军。灵帝死，立少帝，专制朝政。后与袁绍等谋诛宦官，事败被杀。三司府，东汉太尉、司徒、司空并称三公，也称三司。三司官署为三司府。

⑲ 公车：汉代征召官员，多由官府派车迎接就任，称为公车。公车，又指做官。再召：两次被征召。

⑳ 比牒：连牒，同时被授官。牒，授官的文件。

㉑ 懿德：美好的品德。懿，读音同"意"，美好。大雅：才德高尚。

㉒ 克堪王臣：能够胜任辅臣的责职。克，能；堪，胜任。

㉓ 式序：任用。

㉔ 元意：本意。元，原来，当初。

㉕ 整：统一。百家：这里指经学诸家。由于汉代经学讲究师承关系，各家渊源不同，因而有关文字、章句、释义就有差异。如《春秋》有左氏传、公羊传、谷梁传，《尚书》有夏侯传、欧阳传，等等。

㉖ 庶几：几乎；竭：尽。

㉗ 罔：不，没有。

㉘ 黄巾：黄巾军。东汉灵帝中平元年(184)，张角等用太平道组织发动农民起义，起义军以黄巾包头，称黄巾军。

㉙ 萍浮：像萍一样漂流，指流离失所。

㉚ 此岁：这年，指作者写信之年，即建安元年，作者年届孔子所说的随心所欲之年(七十岁)。

㉛ 宿素：一向。

㉜ 仍：通"乃"。于是，就。

㉝ 案之：查考。礼典：《礼》经。《礼》被儒家奉为经典。文中指《礼记·典礼上》："七十曰老，传。"

㉞ 合：应当。传家：托付家事。

㉟ 尔：你，指作者的儿子郑益恩。

㊱覃思：深入思考。覃，读音同"谭"，深入。终业：指完成著述事业。

㊲自非：如果不是。

㊳忧：疾病。

㊴展敬：祭祀。

㊵观省：观看。省，读音同"醒"，察看。野物：指庄稼。

㊶胡尝：何尝。

㊷一：完全。

㊸咨：感叹词。茕茕：孤单的样子。茕，读音同"穷"。

㊹同生：同父母生，指兄弟姐妹。

㊺其：虚词。勖：读音同"续"，努力，勉励。

㊻勿替：不要放弃。替，废弃。

㊼威仪：庄严的仪态。

㊽显誉：显赫的声名。

㊾僚友：同僚和朋友。

㊿声称：声誉。

51所生：由……生。指父母。

52邪：通"邪"，语气词。

53绂冕：古时官服。绂，读音同"服"，系官印的绶带；冕，官员戴的帽子。绪：功绩。

54让爵：不肯接受官爵。

55论赞：品议。

56遗：留下。

57末：最后；愤愤：愤懑不平。

58垄：上冈，土丘。

59率：大，都。腐敝：朽坏。

60礼堂：讲习仪礼之所，如古时的名堂、太学等。

61与：予，给。

62方暮：正处于晚年。方，正；暮，傍晚。

63差：读音同"叉"，略微。

64恤：顾惜。

⑥ 菲：用作动问，俭省。

⑥ 薄：用作动问，节俭。

⑥ 节：节制。夫：虚词。

⑥ 寡：用作动词，减少。

⑥ 识：通"志"，记。

⑦ 已：算了。

译 文

从前，我家很穷，在家里没有得到应有的温暖，于是我就辞掉了在乡里做役吏的差事，到长安一带求学问师，往来于幽、并、兖、豫诸州，得到了在位的和在野的硕学鸿儒的传授，获得了许多知识。于是我广泛地探索《诗》《书》《礼》《乐》《易》《春秋》等儒家经典，粗略地查阅有关历史记载，有时候也思考一下秘府所藏之书、纬书的奥秘。四十岁以后，才回到家乡供养父母，租田耕作，以度时日。遭逢宦官擅政，背上党人的罪名被禁锢了十四年。赦免后，朝廷两次征召我做官，都被我拒绝了，而同榜征召的人，早已当上宰相了。只有像周公、孔子那些品德高尚、才能出众的人，才能担当辅助王业的大任，因而不应当推辞官职。我衡量自己，不具备周公、孔子他们那样的品德和才能，只想论述他们关于天地万物、人理伦常的基本思想，整理经学诸家流派的学术思想，这样也就可以表现我的才干了。这就是我谢绝朝廷召辟的原因。黄巾起义，天下大乱，我在外漂泊了好些年，后来又回到了家乡。到今年，不知不觉已有七十岁了。我的体质一向较弱，因而在照顾家庭方面难免有不周之处，但我对学术的追求和业绩，正好可以作为传家之宝。

如今我老了，把家里的事托付给你，以便安闲地生活。我将颐养性情，深思熟虑，完成著述。如果不是接受皇帝的委托，过问亲族的大事，祭祀墓坟，察看庄稼，我是不会轻易走动的。家中之事，无论大小，全凭你处理。唉，你没有兄弟姐妹作依靠，力量单薄。但是，你要勤勉地追求道德高尚的人关于为人处世的道理，不间断地研究学术，注意自己的行为仪表，努力接近品德高尚的境界。赞誉从同僚和朋友那里出发，良好的德行通过自己的追求得到确立。如果你能得到别人所称颂的好名声，显亲扬名；那么，我这一辈子也就感到光荣了。你可要牢记啊！你可要牢记啊！

即便是我没有做大官、居高位的功业，但有辞官不做的高行。自己乐于钻研学术，这样大概也不会被后人羞辱了。我最后所牵挂的是，亡亲的坟墓未得到修缮，我喜好的儒家经典大都已经破损，我的传世之作可能来不及完成了。我已经垂垂老矣，难道这些是可以希冀的吗？

讲　读

这是东汉大儒郑玄（127—200）教育他的独生子益恩的一篇家书。因为在当时就有盛名，因而被后人修史时录入，流传下来。这封信写于建安元年（196），其时，郑玄七十岁。郑玄估计自己来日不多，便将自己一生的历程简要地进行了回顾：他说明自己的家世清贫，而自己求学上进，无志于做官；他突出了一个主题思想，即使遭逢乱世，仕途坎坷，而一生追求学术，表达了皓首穷经，力图改变众说纷纭、门派壁垒的沉闷局面这样一种宏图大志，具有一种强大的榜样力量。文章在尽力感染读者的同时，又恳切地期望儿子正己修心，积德修行，获得良好的社会声誉。其子郑益恩没有辜负父亲的期望，死得其所。郑益恩被名士孔融推举为孝廉，后来孔融被黄巾军围困，郑益恩为救孔融而死。真所谓"士为知己者死"。在这篇家训中，郑玄弘扬了学问高于仕宦、精神追求优于物质享受这样一种价值取向，这对后世一代又一代的知识精英有着非常深远的影响。在以官为价值本位的传统社会，郑玄能够推崇这种价值尺度，崇尚学问的力量，是难能可贵的。

郑玄，字康成，北海高密（今山东省高密县）人。是东汉著名的语言文字学家、经学家和教育家。他一生特立独行，不慕荣华，甘居清苦，是一个崇尚操守、献身学术、勤于著述的"纯儒"。他毕生倾力遍注群经，整合今文经和古文经，创立了集经学之大成的"郑学"。如今传世的著作只是他庞大著述成果的一小部分——《毛诗笺》《周礼注》《仪礼注》《礼记注》。

郑玄的崇高品德、端庄行践，在当时就颇有魅力和人格的感召力。郑玄晚年，更是声闻海内。北海相国孔融是孔子的后裔，也是当时著名的学者，他十分敬重郑玄，曾亲自步行到郑玄家中，并且要高密县令为郑玄特立一乡，名为"郑公乡"。在孔融看来，战国时齐曾置士乡，越有君子军，都是为了给知识分子以特殊的礼遇。西汉的司马谈称为太史公，廷尉吴公也称公，谒者仆射邓公也称公，隐士有园公、夏黄公，皆称为公，因而只要是仁者贤者都可称公，不必官至大司徒、大司马、大司空才可称公。孔融命名郑玄所居之乡为郑公乡，并广开门衢，令能容高车驷马，命其门为通德门，以表彰郑公。由此可见，郑玄既是汉代文化运动的领袖人物，又是人格与道德的楷模。

交友之美，在于得贤

刘廙

夫交友之美①，在于得贤，不可不详②。而世之交者，不审③择人，务合党众，违先圣交友之义，此非厚己辅仁④之谓也。吾观魏讽⑤，不修德行，而专以鸠合为务，华而不实，此直搅世沽名⑥者也。卿其慎之，勿复与通⑦。

（晋）陈寿：《三国志·魏书·刘廙传注引刘廙别传》

注　释

① 美：好。这里是指一种崇高的境界。

② 详：周详。引申为慎重。

③ 审：察看。

④ 厚己：对自己有帮助。厚，用作动词，使……厚。辅仁：对别人有帮助。辅，对……辅。

⑤ 魏讽：济阴人魏讽。见《孝敬仁爱，百行之首》注释。

⑥ 华：通"花"，开花。直：通"只"。搅世：招摇过市。沽名：骗取名声。

⑦ 卿：对亲友的客气称谓，即你，阁下。通：来往。

译　文

交友的可贵，在于同贤能的人结为朋友，对此不能不慎重。可是现在有的人不是慎重选择交友对象，只是结党营私，违背了圣人所说的交友原则，对人对己都没有什么益处和帮助。我观察魏讽这个人，没有品德修养，没有原则地同一些人纠合在一起，华而不实，简直是一个沽名钓誉、招摇过市的人。你可要谨慎呵，不要再同他交往了。

讲　读

这是三国时期魏国黄门侍郎刘廙（179—221）写给他的弟弟刘伟的一封家信。文字很短，不足一百字，但情真意切，体现了很强的原则性。在信中，刘廙劝其弟与魏讽绝交，要同贤能的人交朋友。事实证明，他的眼力是准确的，判断是正确的。可惜的是，刘伟未听劝告，最后还是受魏讽牵连被杀。

公元 219 年，即建安二十四年，魏王曹操率领大军西拒刘备，屯兵长安，由太子曹丕留守邺城。这时，在邺城发生了以相国西曹掾魏讽为首的谋反事件，旋即被镇压了下去，"魏讽谋反案"牵连到曹魏政权中许多显要人物。如相国钟繇被免职，邺都守备司令官杨俊被放外任，而许多人则丢了脑袋；如著名的"建安七子"之一的王粲在这一事件中失去了两个儿子，因极度悲伤，写下了流传千古的《登楼赋》。由于"魏讽谋反案"牵连到曹魏谯沛集团中许多重臣、亲信，因而曹操对此事的处置还是比较宽容的。正是在这样的背景下，黄门侍郎刘廙才没有被株连，只是降职做了丞相仓曹属。由此看来，刘廙此训的确不乏先见之明。

这篇家训立意弘远，旨趣崇高，开篇之言："交友之美，在于得贤。"已成为千古名言，很有启发性。文章既从原则（"先圣交友之义"）出发，讲述了交贤友的重要性，又有很强的针对性和原则性，针对魏讽的品行，认为魏氏非贤人，不能够交往下去。对于人们品论人物、择友交游具有启发性和借鉴性。文章流传后世，一方面是因为它观察问题、预测事物发展过程的准确性，很能令人折服；另一方面，它表达了儒家文化的交友观，很有实践的指导性。孔子认为："益者三友，损者三友。友直，友谅，友多闻，益矣；友便辟，友善柔，友便佞，损矣。"（《论语·季氏》）意思是说：有益的朋友有三类，有害的朋友也分为三类。与正直的人交友，与守信的人交友，与多闻并有广博知识的人交友，便有益了；反之，同惯于装饰外貌的人交友，同工于媚悦、面善态柔之人为友，同能巧言善辩之人交友，便受害了。因此，他主张："友其士之仁者。"（《论语·卫灵公》）一句"交友之美，在于得贤"，可谓道出了儒家交友观的精义。

刘廙，字恭嗣，三国时期魏臣，初与其兄望之居荆州。其兄被刘表所害后，又投奔曹操，初为丞相掾属，后转任五官中郎将文学。曹丕立，官侍中，封关内侯。

澹泊明志，宁静致远

诸葛亮

夫君子①之行，静以修身，俭以养德，非澹泊无以明志②，非宁静无以致远③。夫学，须静也；才，须学也。非学无以广才④，非志无以成学。慆慢⑤则不能励精⑥，险躁⑦则不能治性⑧。年与时驰⑨，意与岁去⑩，遂成枯落⑪，[多不接世]⑫，悲叹穷庐⑬，将复何及！

（唐）欧阳询：《艺文类聚》卷二三

注 释

① 君子：沿于儒家关于君子的界定。在儒家经典《论语》中，孔子对于君子有很丰富的说明。总体上讲，君子是有德行、走正道、高尚的人。

② 澹泊明志：胸怀恬淡，安于贫贱，表明志向。

③ 宁静致远：沉稳冷静，实现远大理想。

④ 广才：广，用作动词，增长。即增长才干之意。

⑤ 慆慢：放任懈怠。慆，读音同"涛"。

⑥ 励精：振奋精神。

⑦ 险躁：奸邪浮躁。

⑧ 治性：陶冶性情。

⑨ 驰：指年月随着时间一道流逝。

⑩ 意与岁去：意志随日月一起消磨。

⑪ 枯落：枯枝落叶。

⑫ 接世：应付时务。

⑬ 庐：房屋。

译 文

品德高尚者的作为，通过宁静加强自身修养，通过节俭培养良好的德行。不恬淡寡欲，不能表明志趣；没有宁静的心境，不能确立高远的志向。求学，一定要专心；取得才干，一定要通过学习。不学习，就不能增长才干；不立志，就不能完成学业。轻浮怠惰是不能钻研学问的，偏傲浮躁是不能陶冶性情的，年华易逝，意志消磨，就会成为枯叶一般，不合世用，悲守穷舍，后悔莫及！

讲 读

这篇家训是诸葛亮（181—234）写给儿子的。究竟是写给哪个儿子，有不同说法。一说是写给大儿子诸葛乔的。诸葛乔，字伯松，曾任蜀汉驸马都尉。他本是诸葛亮之兄诸葛瑾的长子，因亮早年无子，故过继为子。诸葛亮北伐曹魏，他受命在山谷中押送粮草及其他军用物资，备尝艰辛，不幸早夭。一说是写给二儿子诸葛瞻的。诸葛瞻，字思远，官至尚书仆射。瞻年少聪达，很得父亲喜爱，诸葛亮关心他的教育是理所当然的。诸葛亮在写给其兄的信中就说过："瞻今已八岁，聪慧可爱，嫌其早成，恐不为重器耳。"在诸葛亮细心而严格的教育下，瞻成大才。后来魏国大将邓艾伐蜀，他拒绝诱降，战死于绵竹。当然，本文究竟是为哪一个儿子而写，并不十分重要，人们所关心的是在文章中作者立意深远的教育思想。

全文只有八十六个字，文句紧凑，一气呵成。文章很短，但有着很强的文化魅力，千古流传。至今仍家喻户晓的名句："澹泊以明志，宁静以致远。"就蕴于文中。文章所张扬的是传统儒家的人生价值，"君子之行"，通过"静"来修身，通过"俭"来养德。文章鼓励它的教育对象成为儒家所赞誉的"君子"，有所作为。服务于这一主题，文章论述了学习、才能、志向三者之间的互动关系，很有哲理，因而受到后世读者的认同和喜爱。

志当存高远

诸葛亮

　　夫志当存高远。慕^①先贤，绝^②情欲，弃疑滞^③，使庶几^④之志，揭然^⑤有所存，恻然^⑥有所感；忍屈伸^⑦，去细碎，广咨问^⑧，除嫌吝^⑨，虽有淹留^⑩，何损于美趣^⑪，何患于不济^⑫？若志不强毅，意不慷慨，徒碌碌滞于俗^⑬，默默束于情^⑭，永窜伏于凡庸，不免于下流矣！

《太平御览》卷四五九

注　释

① 慕：向往。

② 绝：摒弃。

③ 疑滞：疑惑，阻碍。

④ 庶几：期望，可能。

⑤ 揭然：高而突出的样子。

⑥ 恻然：伤痛的样子。

⑦ 屈伸：穷困和得志。儒家所追求的理想人格是："修身、齐家、治国、平天下。"但人有不得志与得志之分，故又说："穷则独善其身，达则兼济天下。"屈伸，与穷达同意。

⑧ 咨问：征询。

⑨ 嫌吝：厌恶，怜惜。

⑩ 虽：即使。淹留：滞留。这里是指人才被埋没，有德才而不被任用。

⑪ 美趣：美好的志趣。

⑫ 何：哪里。患：担心，害怕。济：成功。

⑬ 徒：白白地；碌碌：平庸无能；滞于俗：被世俗所困。

⑭ 束于情：被情欲束缚住。

译 文

人生在世，应该树立远大的理想。追慕先贤，节制情欲，去掉疑惑，无所畏缩，确立好学上进的志向；能屈能伸，豁达大度，不局限于琐屑的事务，虚心广泛地学习，去掉狭隘悭吝。即使未能得到任用，也不要损害自己美好的志趣，何愁理想不能得到实现？如果自己意志不坚强，意气不昂扬，沉溺于儿女私情，碌碌无为，就将永远处于平庸的地位，甚至会沦落到下流社会，不可不警惕啊！

讲 读

这是诸葛亮写给他的外甥庞涣的一封训示。诸葛亮有两个姐姐。大姐嫁中庐县蒯祺为妻，二姐嫁襄阳名士庞德公之子庞山人为妻。蒯、庞都是襄阳一带的大族，有广泛的社会影响。庞德公更是声名在外、德高望重的隐士，是三国时期"荆州之学"的代表人物。刘表多次征聘，均被他谢绝。庞德公称诸葛亮为"卧龙"，称他自己的堂侄庞统为"凤雏"。后来他们都被刘备尊为军师。诸葛亮的二姐夫庞山人在当地也很有名声，后来在魏国任黄门吏部郎。儿子庞涣，即诸葛亮的外甥，晋武帝司马炎太康年间为牂牁太守。

文章很短，不到一百字，但寓意深远，很有气势。文章阐明了树立远大理想、修炼高尚品德的极端重要性。文中虽然没有明说，但实际上是以自己成长的道路作为参照来教育外甥的。因为诸葛亮自己就有过"慕先贤""忍屈伸""志强毅""意慷慨"的经历和作为，所以文章以自己的成长经验和体会作为立论之基。诸葛亮不得志时，"躬耕于南亩，好为《梁父吟》，每自比于管仲、乐毅"。他昼耕夜读，但不随俗丧志，冷静观察社会变迁，分析发展趋势，以天下为己任，树立"光复汉室，一统天下"的政治理想。诸葛亮得志后，不辞劳苦，顽强而坚定地朝着远大志向奋斗。这些确实是十分感人的，也很有借鉴和教育意义。文章以写实为背景，以说理为中心，增强了思想的感染力。这篇文章的主题不仅深受后人喜爱，而且文中的一些句子，如"志当存高远"也成为名言名句而被流传下来，成为激励人们成长、奋进的座右铭。

孝敬仁义，百行之首

王 昶

夫人为子之道①，莫大于宝身，全行②，以显父母③。此三者，人知其善，而或危身破家④，陷于灭亡之祸者，何也？由所祖习⑤非其道也。夫孝敬仁义，百行之首⑥，行之⑦而立，身之本也。孝敬则宗族安之，仁义则乡党⑧重之，此行成于内⑨，名著于外⑩者矣。人若不笃于至行⑪，而背本逐末⑫，以陷浮华⑬焉，以成朋党⑭焉。浮华则有虚伪之累⑮，朋党则有彼此⑯之患。此二者之戒⑰，昭然著名⑱。而覆车滋众⑲，逐末弥甚⑳，皆由惑㉑当时之誉，昧㉒目前之利故也。

夫富贵声名，人情所乐，而君子或得而不处㉓，何也？恶不由其道耳㉔。患㉕人知进而不知退，知欲㉖而不知足，故有困辱之累㉗，悔吝之咎㉘。语㉙曰："如不知足，则失所欲㉚。"故知足之足常足㉛矣。览㉜往事之成败，察将来之吉凶，未有干名要利，欲而不厌㉝，而能保世持家㉞，永全福禄㉟者也。故使汝曹立身行己㊱，遵儒者之教，履道家之言㊲，故以玄默冲虚㊳为名，欲使汝曹顾名思义㊴，不敢违越㊵也。古者盘杅有铭㊶，几杖有诫㊷，俯仰㊸察焉，用无过行㊹，况在己名，可不戒之哉！

夫物，速成则疾亡㊺，晚就则善终㊻。朝华㊼之草，夕而零落㊽；松伯之茂，隆㊾寒不衰。是以大雅㊿君子恶速成，戒阙党(51)也。若范匄对秦客(52)而武子击之，折其委笄(53)，恶其掩人(54)也。夫人有善，鲜不自伐(55)；有能者，寡不自矜(56)。伐则掩人，矜则陵(57)人。掩人者人亦掩之；陵人者，人亦陵之。故三郤为戮于晋，王叔负罪于周(58)，不惟矜善自伐好争之咎(59)乎？故君子不自称(60)，非以让(61)人，恶其盖(62)人也；夫能屈以为伸(63)，让以为得，弱以为强，鲜不遂(64)矣！夫毁誉(65)，爱恶之原，而祸福之机(66)也，是以(67)圣人慎之：孔子曰："吾之于人，谁毁谁誉？如有所誉，必有所试；"(68)又曰："子贡方人。赐也贤乎哉？

我则不暇。"⑥以圣人之德，犹尚如此，况庸庸之徒⑦而轻毁誉哉？

昔伏波将军马援戒其兄子⑦，言："闻人之恶，当如闻父母之名，耳可得而闻，口不可得而言也。"斯戒至⑦矣！人或毁己，当退而求⑦之于身，若已有可毁之行，则彼言当⑦矣；若己无可毁之行，则彼言妄⑦矣。当则无怨于彼，妄则无害于身，又何反报⑦焉？且闻人毁己而忿者，恶丑声⑦之加人也。人报者滋甚，不如默而自修己⑦也。谚曰："救寒莫于重裘，止谤⑦莫于自修？"斯言信⑧矣！

若与是非之士⑧，凶险之人⑧，近犹不可，况与对校⑧乎？其害深矣。夫虚伪之人，言不根⑧道，行不顾⑧言，其为浮浅，较⑧可识别，而世人惑焉，犹不检⑧以言行也。近济阴魏讽⑧、山阳曹伟⑧皆以倾邪败没⑨，荧惑⑨当世，挟持奸慝⑨，驱动后生⑨。虽刑于铁钺⑨，大为炯⑨戒，然所污染⑨，固以次矣⑨。可不慎与⑧？

若夫山林之士，夷、叔之伦⑨，甘长饥于首阳⑩，安赴火于绵山⑩，虽可以激贪励俗，然圣人不可为，吾亦不愿也。令汝先人⑩，世有冠冕⑩，惟仁义为名，守慎为称，孝悌于闺门⑩，务学于师友。吾与时人从事⑩，虽出处⑩不同，然各有所取。颍川郭伯益⑩，好尚通达⑩，敏而有知⑩。

其为人弘旷⑩不足，轻贵⑪有余，得其人重之⑪如山，不得其人忽之如草⑬。吾以所知⑭亲之昵之⑭，不愿儿子为之。北海徐伟长⑮，不治名高⑯，不求苟得⑰，澹然自守⑱，惟道是务⑲。其有所是非⑳，则讬古人以见㉑其意，当时无所褒贬。吾敬之重之，愿儿子师之㉒。东平刘公干㉓，博学有高才，诚节有大意㉔，然性行不均㉕，少所拘忌㉖，得失足以相补㉗。吾爱之重之，不愿儿子慕㉘之。乐安任昭先㉙，淳粹⑬履道，内敏外恕⑬，推逊恭让⑬，处不避洿⑬，怯而义勇⑬，在朝忘身⑬。吾友之善之⑬，愿儿子遵⑬之—若引而伸之⑬，触类而长之⑬，汝其庶几举一隅耳⑭。

及其用财先九族⑭，其施舍务周急⑭，其出入存故老⑭，其论议贵⑭无贬，其进仕尚⑭忠节，其取人⑭务实道，其处世戒骄淫，其贫贱慎无戚⑭，其进退念⑭合宜，其行事加九思⑭，如此而已。

吾复⑩何忧哉！

（晋）陈寿：《三国志·魏书·王昶传》

注　释

① 夫：语气词，用于句首以引发议论。为子之道：做儿子的规范。

② 宝身：珍重自己。宝，用作动词，以……为宝。全行：保全品行。全，用作动词，使……全；行，读音同"信"，品行。

③ 以显父母：以，用来，达到；显，使……显，有名声。指光宗耀祖。语出《史记·太史公自序》："且父孝，始于事亲，中于事君，终于立身；扬名于后世，以显父母，此孝之大者。"

④ 或：有的人。危身破家：性命难保，家庭破败。危，使……危；破，使……破。

⑤ 祖习：效仿。祖，遵奉，崇尚；习，学习，习染。

⑥ 百行之首：典出古谚："百善孝当先。"百，谓其多，各种各样。各种优良的品行中居主导的一种。

⑦ 行之：行为。

⑧ 乡党：古代基层行政区域，后来一般用来指本乡或本乡人。

⑨ 内：本身。

⑩ 名著于外：著，显著；外，外界，世间。在世上有很高的名声。

⑪ 笃：专心。至行：超过常人的德行。

⑫ 背本逐末：与"舍本逐末"同义。背，背离；逐，追求。

⑬ 浮华：虚饰浮夸，没有根底。

⑭ 朋党：团伙，因私利而互相勾结起来的帮派、宗派。

⑮ 累：灾祸，危险。

⑯ 彼此：互相之间。这里作厚此薄彼解。

⑰ 戒：鉴戒，教训。

⑱ 昭然著名：明明白白地摆出来。昭然，非常明显的样子；著名，明明白白。

⑲ 覆车：失败的先例，指前人倾覆失败。引为后人的教训。滋众：更加多。滋，更甚。

⑳ 弥甚：更加严重。弥，甚的同义词，更、十分。

㉑ 由：因为。惑：为……所惑，破……所迷惑。

㉒ 昧：用法同前句的"惑"，为……所昧，被……所蒙蔽。

㉓ 处：居，占有。

㉔ 恶：读音同"务"，无，没有。由：因为。道：手段，方法，途径。耳：语气词，罢了。

㉕ 患：包袱。

㉖ 欲：贪欲。

㉗ 累：包袱。

㉘ 悔吝：悔恨。吝，痛惜。咎：灾难。

㉙ 语：常言。有专家认为指《论语》。

㉚ 所欲：想到得到的。

㉛ 常足：经常不亏损。足，满。

㉜ 览：察看。

㉝ 干名：谋求名位。干，求。要利：获取利禄。要，读音同"腰"，获取。厌：满足。

㉞ 保世持家：保持家庭世系。世，世系，按照宗法制度代代相传的系统。

㉟ 全：保全；福禄：福分食禄。

㊱ 汝曹：你们；立身：在世上挺立。行己：表现自己。

㊲ 履：遵行。道家之言：道家经典《老子》（《道德经》）等书。道家主张清净无为，返朴归真，反对追名逐利和沉迷世俗。

㊳ 玄默：沉静无为。玄，自然无为；默，清净。冲虚：澹泊虚静，无所作为。冲，空虚。

㊴ 顾：看到；名：名称；思：考虑，思想；义：含义。

㊵ 违越：违背正道，超越常规。

㊶ 盘杅：古代器皿。杅，浴盆。铭：刻在器皿上的文字，有训诫之意。

㊷ 几杖：古代老人用的几案、手杖。诫：指前文的铭。

㊸ 俯仰：低头和抬头，比喻一会儿。

㊹ 用：因为。过行：错误的行为。

㊺ 速成则疾亡：成熟得早就死亡得快。疾，快。

㊻ 晚就则善终：与前句对应，成熟得晚，那么结局就好。终，结果。

㊼ 朝：早晨，读音同"糟"。华：通"花"，开花。

㊽ 零落：凋零衰败。

㊾ 隆：高，深。

㊿ 大雅：十分美好。君子，指才德高尚的人。

(51) 戒：禁绝。阙党：地名。党，古代基层行政区域单位，以五百家为一党。这里是指阙党童子。典出《论语·宪问》："阙党童子将命。或问之曰：'益者与？'子曰：'吾见其居于位也，见其与先生并行也，非求益者也，欲速成者也。'"大意是说：阙党有一名童子，为宾主送信。有人问孔子："这个孩子是要求上进的吗？"孔子回答说："我见他坐在成年人的席位上，又见他和前辈长者并肩而行，那孩子并不是想求上进，只是急于求成罢了。"阙党童子，就成为一个典故被后世引用，指急于求成、轻薄浮躁的人。

(52) 范匄对秦客：典出《国语·晋语》。文中范匄为范燮之误。范燮在秦国外交使者面前夸耀自己的才能，引起其父武子的愤怒。武子用杖敲打他，击落他礼帽上的笄子。秦客，秦国的使臣。匄，读音同"丐"。

(53) 委笄：委，古代的礼帽，又名玄冠；笄，读音同"鸡"，是别在帽子、发髻上的簪子，男女通用。

(54) 恶：读音同"务"，憎恨。掩人：掩盖别人的才能。

(55) 鲜：读音同"显"，很少。自伐：自我夸耀。

(56) 矜：骄狂。

(57) 陵：通"凌"，欺压。

(58) 三郤为戮于晋，王叔负罪于周：三郤，指春秋时期晋国大夫郤犨、郤玉、郤锜。他们家族很有权势，而又仗势欺人，夺人妻，占人田，胡作非为，广树怨敌，最后都被厉公处死；为，表示被动；戮，杀；晋，春秋时期周朝的诸侯国，属地在今山西、河北及河南的部分地区；王叔，王叔陈生，周灵王的卿士。据《左传·襄公十年》："王叔伯舆与陈生争政，王右伯舆。"

(59) 咎：罪过，错误。

(60) 称：夸耀。

(61) 让：谦让。

(62) 盖：掩盖，遮盖。

(63) 屈以为伸：以屈为伸、以退为进的意思。后两句句法同此。

(64) 遂：成功，达到目标。

(65) 毁誉：毁谤、称赞。

(66) 原：通“源”。祸福之机：典出《老子》五十八章：“祸兮，福之所倚；福兮，祸之所伏。”机：关键。

(67) 是以：所以。

(68)“孔子曰”句：语出《论语·卫灵公》。试：试用。

(69)“又曰”句：语出《论语·宪问》。子贡：孔子的学生，姓端木，名赐。方：讥讽。暇：空闲。

(70) 况：何况，况且。庸庸之徒：十分平庸之流。

(71) 伏波将军马援：东汉著名军事家，一生征战，六十二岁时病殁于军帐之中。因为抗敌有功，封为伏波将军。戒其兄子：指《戒兄子俨·敦书》，今存《后汉书·马援传》中，本书有“讲读”。

(72) 斯：这个。至：十分，顶点。

(73) 求：反省，检讨。

(74) 彼：那个，那人。言：说。当：准确。

(75) 妄：虚妄，胡说。

(76) 反报：回报，报复。

(77) 丑声：坏名声。

(78) 不如：比不上。默：悄悄地，不做声。修己：严格地自我要求。

(79) 止谤：让诽谤的言语停止下来。

(80) 信：的确，诚然。

(81) 是非之士：喜欢播弄是非的人。

(82) 凶险之人：邪恶的人。

(83) 对校：计较。校，读音同“叫”，较量。

(84) 根：依据。

(85) 顾：顾及。

(86) 较：明显。

(87) 检：考察，审察。

(88) 济阴：汉代郡名。原为诸侯王国，西汉元帝时改郡，治所在今山东省定陶县。魏讽：为魏相国钟繇西曹掾，谋袭邺都，事败被杀。

(89) 山阳：汉代县名，属汉内郡，因在太行山之南，故称山阳，故址在今河南省修武县西北。曹伟：魏文帝时被派往吴国，曾向孙权索取贿赂，以便交结京师权臣，因此被处斩。

⑨⓪ 倾邪败没：倾邪，偏颇不正；败没，败而杀身。

⑨① 荧惑：迷惑。

⑨② 挟持奸慝：挟持，凭借；奸慝，奸邪。

⑨③ 驱动后生：驱动，唆使鼓动；后生，晚辈，青年人。

⑨④ 刑于铁钺：刑于，被……刑；铁钺，指残酷的死刑；铁，读音同"夫"，铡刀，古代腰斩的刑具；钺，读音同"越"，古代的兵器，长柄大斧。

⑨⑤ 炯：明亮。

⑨⑥ 污染：牵累。

⑨⑦ 以：通"已"。

⑨⑧ 与：通"欤"，句末语气词。

⑨⑨ 若夫：至于，说到。山林之士：隐居山林不愿出仕的人。夷、叔之伦：夷、叔，伯夷、叔齐。商代末孤竹君的两个儿子。孤竹君遗命次子叔齐继承王位，他死后，二人互相推让，不肯即位，先后逃往周国。武王伐纣，他们认为以臣攻君是不正当的，曾经挡住武王的马谏阻。纣王灭亡，他们兄弟二人拒食周朝俸禄，饿死在首阳山中。事见司马迁《史记·伯夷列传》。之伦，之类、之流，这一类的人。

⑩⓪ 首阳：山名，又名首山，在今山西永济市南。

⑩① 安赴火于绵山：安，甘心，乐意；赴火，跳进火海；绵：山，又名介山，在今山西省介休市南。相传春秋时期晋国大夫介之推隐居山中，并被烧死。晋献公晚年，宠信骊姬，杀害太子申生，公子重耳（即晋文公）被迫带领近臣逃亡国外。历时十九年，在秦穆公派兵援助下，回国即位，于是赏赐随他流亡的大臣。而介之推没有获赏，他也不愿主动报功请赏，就和母亲一起隐居绵山。晋文公发现行赏遗漏了介子推，派人在山放火，逼他出来。而介子推不肯出仕，宁愿同母亲一起被烧死。事见《左传·僖公二十四年》。

⑩② 先人：祖先。

⑩③ 冠冕：本来是指古代帝王公卿戴的礼帽，借指官爵名位。

⑩④ 孝悌：敬爱父母谓之孝，敬爱兄长谓之悌。闺门：内室之门，指家里。闺，内室。

⑩⑤ 时人：当时的人。从事：办事。

⑩ 出处：出仕，隐居。

⑩ 颍川：汉代郡名，郡治在阳翟（今河南禹县）。郭伯益：名奕，曹操的重要谋士郭嘉之子。

⑱ 好尚：喜爱，崇尚；通达：通晓旷达。

⑲ 知：通"智"，智慧。

⑩ 弘旷：胸怀大度。弘，大；旷，空阔。

⑪ 轻贵：轻浮，骄傲。

⑫ 得其人重之：得其人，跟那个人合得来。得，相得，合得来；重之，以之为重，看重那人。

⑬ 忽之如草：忽之，以之为忽；忽，古代最小的重量单位之一，借指极轻微，用作动词；如草，像草一样。

⑭ 所知：知己，朋友。

⑮ 北海：东汉诸侯王国，治所在剧县（今山东省寿光市）。徐伟长：名干，三国时人，以文学著称，为"建安七子"之一，著有《中论》。

⑯ 不治名高：不追求崇高的声望。

⑰ 苟得：以不正当的手段获得名利。苟，马虎，不讲原则。

⑱ 澹然自守：澹然，恬静澹泊，看轻名利；自守，坚持自己一向的态度，不随外物变迁。

⑲ 惟道是务：惟务是道。惟，仅仅，只；是，这，这个。

⑳ 是非：用作动词，评议是非。

㉑ 则讬古人：指借古喻今；见：通"现"。

㉒ 师之：以之为师。师，用作动词，师从。

㉓ 东平：汉代诸侯王国，在今山东省东平县。刘公干：名桢，"建安七子"之一，以五言诗出名，曹操任用为丞相掾属。

㉔ 大意：远大志向。

㉕ 性：性格品行。不均：指刘公干在太子曹丕的宴会上窃视曹丕夫人甄氏之事。均：平，正。

㉖ 少所拘忌：很少约束自己，因少有顾忌而失礼。少，用作动词，少有。

㉗ 相补：互相补救。

㉘ 慕：仰慕，向往。

⑫ 乐安：汉代县名，属千乘郡，在今山东省博兴县。任昭先：名嘏，幼年博学，号为神童。曹操召为临菑国庶子，魏文帝时为黄门侍郎，旋迁河东太守。

⑬ 淳粹：朴实完美。

⑬ 内敏外恕：心性聪敏，待人宽厚。内，内心；外，态度。

⑬ 推逊恭让：虚心谦让，恭敬有礼。

⑬ 处不避洿：甘愿将名利让人，而不怕吃亏，居于下位也无怨。洿，通"污"，屈辱卑贱。

⑬ 怯而义勇：平时处世谨慎小心，多所畏惧，但遇到正义的事，勇于上前，无所顾忌。义勇，用作动词，见义勇为。

⑬ 忘身：不顾个人安危。

⑬ 友之善之：友、善，用作动词，交好、善待。

⑬ 遵：遵循。

⑬ 引而伸之：语出《易经·系辞上》。由本义推演扩展，得出他义。

⑬ 触类而长之：语出《易经·系辞上》，触类旁通的意思。长，读音同"涨"，增长，扩大。

⑭ 庶几举一隅耳：语出《论语·述而》："子曰：不愤不启，不悱不发。举一隅不以三隅反，则不复也。"意思是说：不心愤求通，我不启发他；不口悱难达，我不开导他。交给他一个方面，却不能够由此推知有关的许多方面，我便不再教他了。

⑭ 及：至于。用财：经济需要。先：用作动词，优先考虑。九族：古代社会人的九种社会关系。典出《尚书·尧典》："以亲九族。"哪九种社会关系包括其中，历来有不同的解释。一般认为是指包括本人在内，上起高祖、曾祖、祖父、父亲，下至儿子、孙子、曾孙、玄孙这九种社会关系。文中泛指亲戚。

⑭ 施舍：馈赠；周：周济，资助；急：困境。

⑭ 出入：收入与支出。存：慰问。故老：旧识与老人。

⑭ 贵：用作动词，以……为贵。

⑭ 进仕：做官。尚：通"上"，用作动词，以……为上。推崇。

⑭ 取人：与人交往。

⑭ 戚：通"慽"，悲伤。

⑭念：考虑。

⑭九思：典出《论语·季氏》："孔子曰：'君子有九思。视思明，听思聪，色思温，貌思恭，言思忠，事思敬，题思问，忿思难，见得思义。'"指遇事反复思考，以示慎重周密。

⑮复：又，再。

译 文

做儿子的规范，最重要的是珍重身体，完善行为，光宗耀祖。这三条，人们都很重视，但有的人却性命不保，家庭破败，招致覆灭之祸，这是怎么回事呢？是由于受到了错误言行的影响而违背了为子之道。孝敬长辈，仁爱善良，这在各种优良的品德中占据主导地位，是立身处世的根本。尊敬长辈，那么，宗族就团结和谐；仁厚友爱，那么，本乡人就尊重他。这样，自己的行为就规范了，而名声也就远播世间了。一个人，如果不是诚挚待人，具备突出的德行，而是违背根本的道理，沾染旁门左道，就会肤浅浮躁，就会结成团伙。肤浅浮躁，就会导致灾祸；结成团伙，就会互相猜忌，引发灾难。这两条教训，是十分明显的。产生这两种灾祸的原因，是因为被当时虚假的声誉迷惑了，被眼前的利益蒙蔽了。

财富多，地位高，名声大，这是人们所希望的，而一些道德高尚的人有时可以得到它，却愿意放弃它，这是什么原因呢？是因为他们想通过正当的途径得到它，人的弱点在于只知获取而不知退让，只知索取而不知满足，因而有受困受辱的牵累，有对以往过失的悔恨。常言道："如果不知道满足，就会丢失已经得到的利益。"所以知足就永远不会有亏损。察看往事成败，可以预测一个人将来的吉凶，没有求名要利、贪得无厌而能保全禄位使家业立于不败的。为了让你们立身处世遵循儒家的教导，履行道家的格言，所以用玄默冲虚作为你们的名字。你们将来在行为处世中，要顾名思义，不要违反。古时候人们在盘盂上刻有铭文，在几案和手杖上刻有训诫，以便抬头和低头之间随时都能看到，引起注意，以提醒自己的行为举止，何况我现在把训诫包含在你们的名字中，难道不应当视为戒律吗？

大凡物什，成熟得早，死亡得也快；反之，成熟得晚，结局就好。早晨开花的草，傍晚就凋零衰败；松柏很茂盛，在严寒中也不衰落。所以，有高尚德行的人，不希望早熟，而禁绝阚党童子那样急于求成和肤浅浮躁。如范文子在朝廷上对着秦国使臣夸耀自己，受到他父亲的敲打，甚至打落了他礼帽上的簪子，教训他掩盖了别人的才能。一个人有才能，很少能够做到不自我夸耀的；有本事，很少有不骄狂地夸耀自己，就掩盖了别人的长处；骄狂就折损了别人的自尊心。掩盖别人长处的人，别人就要打击他；欺凌别人的人，他就要受到人们的围攻。因此郤犫、郤玉、郤锜被晋厉公杀戮，而王叔陈生就向周王请罪，这不就是由骄狂、自夸、好胜引发的罪过吗?! 所以有德行的人不会自夸，这并不是对别人表示谦让，而是防备遮掩了别人的才能和长处。如果做到以屈为伸，以让为得，以弱为强，很少有不取得成功的人。毁谤和荣誉，是产生好感和恶感的根源，也是导致祸与福的关键，因此圣人对此十分慎重。孔子说："我对别人，毁谤过谁? 称颂过谁? 如果称颂过谁，那一定经过我考察过。"又说："子贡讥讽别人，他自己就那么完善了吗? 我就没有空闲议论别人的长短。"凭着圣人的德行，尚且如此慎重，何况是平庸之类的人，能够轻看毁谤与称颂这件事吗?!

过去伏波将军马援教育他的侄儿们说："听别人的过错，要像听到父母的大名一样，耳朵听，口不能说。"这是句至理名言。有人给你提意见，你就要好好反省了；如果自己没有什么值得检讨的，那么他说的就是不正确的。不要埋怨别人，他说错了对你并无损害，何必要报复别人呢? 怨恨给你提意见的人，反而使自己的名声受到损害。与其抱怨别人，不如悄悄地自我反省，严于律己。常言说得好："御寒要多穿衣服，消除流言则靠自我要求。"这是一句大实话啊！

譬如搬弄是非的人，邪恶的人，接近他尚且不可，何况是同他计较呢? 否则，受害就更深了。虚伪的人，说话没有依据，做事不顾及自己所说过的话，这种人轻浮肤浅，很好识别。可是人们常常被迷惑，是因为没有审核他的言行。最近济阴人魏讽，山阳人曹伟，都因为偏颇不正而死。迷惑当世，放肆奸邪，煽动青年，即使是遭受类似惨酷的死刑这种严厉的惩罚，也不为过。因为它对人们造成的危害，实在是太严重了。对此，你们能够不慎重吗?

譬如像隐居山林的高人，伯夷、叔齐之类，甘愿饿死在首阳山，介之推自焚于绵山，他们的行为虽然可以激起贪婪的人醒悟，振奋没落的士风，但是圣人也做不到，因而我不以此来要求你们。你们的祖先曾经做过大官，以仁义守慎著称，在家里孝敬父母、尊敬兄长，努力而诚恳地向师友求教。和我同时的人，虽有做官和退隐的区别，但各有所得。颍川的郭伯益，崇尚洒脱，不拘小节，聪明有智慧，但为人心胸狭隘，过分轻浮骄傲，与某人合得来就将他看得过重，否则就将别人看得很轻，甚至轻视得如同一株小草。我同他关系亲近，但不希望你们像他那样。北海人徐伟长，不追求声名，不依靠非正常的手段谋取爵禄和地位，坚持自己的一向处世态度，不随外物变迁，看轻名利，只追求做人的道理。

他们评议是非，往往以古喻今，借此表达自己的看法，别人对他们没有非议。我敬重他们，希望你们以他们为师。东平人刘公干，博学而有突出的才华，谨守节操，有远大志向，但是品行不正，很少约束自己，得与失正好互相抵消。我喜爱他，但不希望你们仰慕他。乐安人任昭先，朴实完美，循规蹈矩，心性聪敏，待人宽厚，愿意把名利让给别人，自己不怕吃亏，甘居下位，但遇到正义的事，勇于承担，没有顾忌。我同他交友，并希望你们向他学习。如果弄清一个道理，触类旁通，那么，你们大概就可以举一反三了。

至于说到经济需要，应该首先考虑到亲戚，馈赠财物一定要考虑到急用，送礼一定要表示对故旧和老年人的慰问，谈论问题千万不要贬损人和事，做官要崇尚节操，要同朴实的人交朋友，在生活中要戒除骄狂和淫邪，身处贫贱之中不必悲伤，出世和入世要考虑是否合适，做事要细加思量。做人的要求，也就这么几条吧。

如果你们能够努力地按我说的去做，我又有什么好担忧的呢？

讲　读

这是三国时期魏国名臣王昶（？—259）写给他的儿子和侄子的一封家信。昶子王浑，字玄冲，王深字道冲，王湛字处冲，侄儿王默字处静，王沈字处道。在这篇家训中，作者开宗明义，讲明了给他们取名的意义：谦虚朴实。王昶想让他们以自己的名字为戒律，时时提醒和严格要求自己，努力造就崇高的品行。这种别具一格的教育方法，是收到了效果的。据史书记载，王昶的子孙在当时多居高位，且有很好的名声，这与王昶的家教是分不开的。

文章突出了孝敬仁义在各种品德中居于首位这个中心议题，层层展开，讲述了做人、立身、立德的道理。文章认为，为子之道，有三件要事：珍重身体，完善行为，光宗耀祖。如何才能做到呢？依靠孝敬仁义这样一种根本的美德。文章认为，一个人要正确地对待地位和名利，要知足，不要贪得无厌，这对于一个人立身处世来说，至为重要。文章认为，谦让自守是一种美好的德行，不要随便品评是非，轻率毁誉，否则都于德有损。像阙党童子那样急于求成、肤浅轻狂的作风，是值得借鉴的。文章认为，要加强自律自省，要宽以待人，严于律己。文章认为，要善于识别人的品德，找到真正的人格榜样，从别人的德行中获得处世的经验，举一反三。文章认为，处世为人，要细思量，多斟酌，孔子的"九思"，值得记取。文章中的六层意思互相连贯，都是紧扣中心议题的，因而文章立论严谨，说理深刻。文章既注意引经据典，加强说理性；又重视从正反两方面加强分析，注重文章的深刻性，两者结合得很好，很有文气。文章的可读性也很强，在谈到学习什么人，有什么作为时，文章列举了各种类型人物，中肯地评述，显得十分和蔼可亲，加强了文章的教育功能和亲和力。

这篇家训，深受东汉名将马援所写家训（见本书《谦约慎行》）的影响，文章既推崇该文，引证其中名句；又在行文结构、论述方法上有所模仿。当然，本文的模仿是十分成功的。这篇家训，在门阀制度井然的魏晋时期，讲求做人的道德，宣扬做人的品行，既具有十分重要的教育意义，更显现不凡的文化价值，因而受到了后人的珍视，被流传下来。

王昶，字文舒，三国时期魏国太原晋阳（今山西太原市）人。他一生几乎经历了曹魏历史的全过程，是魏国政权中的重要人物。曹丕为太子时，他任太子文学，迁中庶子。曹丕登基后，他历任散骑常侍、洛阳典农、兖州刺史。魏明帝时，任徐州刺史、征南将军、司空、骠骑将军。史书对他有很高的评价，说他同徐邈、胡质、王基等同时代的人一样，是"国之良臣，时之彦士"。

做人须有志

嵇 康

人无志，非人也。但君子用心 ①，有所准 ② 行，自当量 ③ 其善者，必拟 ④ 议而后动。若志之所之 ⑤，则口与心誓，守死无二，耻躬 ⑥ 不逮，期于必济 ⑦。若心疲体懈，或牵于外物，或累 ⑧ 于内欲，不堪 ⑨ 近患，不忍小情 ⑩，则议于去就 ⑪。议于去就则二心交争，二心交争则向所以见役之情胜 ⑫ 矣。或有中道而废，或有不成一篑 ⑬ 而败之，以之守则不固，以之攻则怯弱 ⑭，与之誓则多违，与之谋则善泄，临乐则肆 ⑮ 情，处逸则极意，故虽繁华熠耀 ⑯，无结秀之勋，终年之勤，无一旦之功，斯君子所以叹息也。若夫申胥 ⑰ 之长吟，夷、齐 ⑱ 之全洁，展季 ⑲ 之执信，苏武 ⑳ 之守节，可谓固矣。故以无心守之，安而体之，若自然也，乃是守志之盛者也。

所居长吏，但 ㉑ 宜敬之而已矣，不当极 ㉒ 亲密，不宜数 ㉓ 往；往当有时，其［有］众人，又不当宿留。所以然者 ㉔，长吏喜问外事，或时发举 ㉕，则恐为人所说 ㉖，无以自免也。宏行寡 ㉗ 言，慎备自守，则怨责之路解矣。

其立身当清远，若有烦辱，欲人之尽命，托人之请求，当谦辞口谢 ㉘。其素不预此辈 ㉙ 事，当相亮 ㉚ 耳。若有怨急，心所不忍，可外违拒，密为济 ㉛ 之。所以然者，上远宜适之几 ㉜，中绝常人淫辈之求，下全束修 ㉝ 无玷之称，此又秉志 ㉞ 之一隅也。

凡行事先自审其可，不差于宜。宜行此事，而人欲易 ㉟ 之，当说宜易之理，若使彼语殊 ㊱ 佳者，勿羞折遂非也。若其理不足，而更以情求来守，人虽复云云 ㊲，当坚执所守。此又秉志之一隅也。

不须行小小束修之意气。若见穷乏而有可以赈济者，便见义而作。若人从 ㊳ 我，欲有所求。先自思省 ㊴，若有所损废，多于今日，所济之义少，则当权 ㊵ 其轻重而拒之。虽复守辱不已，犹当绝之，然大率 ㊶ 人之告求，皆彼无我有，故来求我。此为与之多也，自不如此而为轻竭。不忍面言，强副㊷小情，未为有志也。

夫言语，君子之机㊸。机动物应，则是非之形著㊹矣。故不可不慎。若于意不善了㊺，而本意欲言，则当懼有不了之失，且权忍之，后视向不言此事。无他不可，则向言或有不可，然则能不言，全得其可矣。且俗人传吉迟㊻，传凶疾㊼，又好议人之过缺，此常人之议也。坐㊽言所言，自非高议。但是动静消息，小小异同，但当高视，不足和㊾答也，非义不言，详静敬道，岂非寡悔之谓？人有相与变争，未知得失所在，慎勿豫㊿也。且默以观之，其非行自可见。或有小是不足是，小非不足(51)非，至竟(52)待可不言以待之，就(53)有人问者，犹当辞以不解。近论议亦然。若会酒坐，见人争语，其形势似欲转盛，便当亟舍去之。此将斗之兆也。坐视必见曲直。党(54)不能不有言，有言必是在一人，其不是者方自谓为直，则谓曲我者有私于彼，便怨恶之情生矣。或便获悖辱之言，正坐视之，大见是非而争不了，则仁而无武，于义无可，当远之也。然都(55)大争讼者，小人耳。正复有是非，共济汗漫，虽胜可足称哉，就不得远，取醉为佳。若意中偶有所讳，而彼必欲知者，共守大不已，或却以鄙情，不可惮此小辈(56)，而为所挽引，以尽其言。今正坚语不知不识，方为有志耳。

自非知旧邻比，庶几已下，欲请呼者，当辞以他故，勿往也。外荣华则少欲(57)，自非至急，终无求欲，上美也。不须作小小卑恭，当大谦裕；不须作小小廉耻，当全大让(58)。若临朝让官，临义让生，若孔文举求代兄死，此忠臣烈士之节。凡人自有公私，慎勿强知人知。彼知我知之，则有忌于我。今知而不言，则便是不知矣。若见窃语私议，便舍起，勿使忌(59)人也。或时逼迫，强与我共说，若其言邪险，则当正色以道义正之。何者？君子不容伪薄之言故也。一旦事败，便言某甲昔知吾事，以宜备之深也。凡人私语，无所不有，宜预以为意。见之而走者，何哉？或偶知其私事，与同则可，不同则彼恐事泄，思害人以灭迹也。非意所钦(60)者，而来戏调，蚩(61)笑人之缺者，但莫应从。小共转至于不共，而勿大冰矜趋，以不言答之。势不得久，行自止也。自非所监临，相与无他，宜适有壶榼之意，束修之好，此人道所通。不须逆也。过此以往，自非通穆(62)，匹帛之馈(63)，车服之赠，当深绝之。何者？常人皆薄义而重利。今以自竭者，必有为而作，鬻货徼(64)欢，施而求报，其俗人之所甘愿，而君子之所大恶也。

□□□□□□□□又愦，不须离搂强劝人酒，不饮自己。若人来劝己，则当为持之，勿请勿逆也。见醉薰薰便止，慎不当至困醉，不能自裁⑥也。

（清）严可均校辑：《全三国文》卷五〇

注 释

① 君子：在儒家学说中，君子是与小人相对应的范畴，儒家褒扬君子，贬斥小人。在儒家典籍《论语》中，有较多的关于君子的界定。如："君子不重则不威，学则不固。""君子不器。""君子周而不比。""君子食无求饱，居无求安，敏于事而慎于言，就有道而正焉，可谓好学也已。""君子坦荡荡。"等等。总而言之，君子是指有德行的人。用心：考虑事情。

② 准：准绳，效法。

③ 量：衡量，裁量。

④ 拟：准备。

⑤ 志之所之：志之，为……立志；所之，做某事。

⑥ 躬：自身。

⑦ 济：成功。

⑧ 累：拖累。

⑨ 堪：忍受。

⑩ 小情：小事。

⑪ 去：离开。就：接近。

⑫ 胜：占上风

⑬ 中道：半途。篑：盛土的竹筐。

⑭ 怯弱：胆小怕事。

⑮ 临：接近。肆：放纵。

⑯ 熠耀：闪光。熠，明亮；耀，光明。

⑰ 申胥：即申包胥，春秋时期楚国贵族，又称王孙包胥。他是楚君蚡冒的后代，申氏，名包胥，又写作勃苏。楚昭王五十年（前506），吴国用伍子胥计攻楚，他到秦国求救，在宫廷中痛哭七天七夜，最终说服秦王救楚。

⑱ 夷、齐：即伯夷、叔齐。伯夷，商末孤竹君长子，墨胎氏。孤竹君以次子叔齐为继承人，孤竹君死后，叔齐不肯继位，让位伯夷。伯夷不受。后来两

人投奔到周，并反对周武王兴兵伐商。武王灭商后，他们不食周朝俸禄，逃到首阳山饿死。叔齐，商末孤竹君次子，伯夷之弟。

⑲ 展季：即展禽，春秋时期鲁国大夫。展氏，名获，字禽。食邑在柳下，谥惠，后氏称柳下惠，以执守贵族礼节著称。

⑳ 苏武：字子卿（？—前60），西汉杜陵（今陕西省西安市东南）人。汉武帝天汉元年（前100），苏武奉命出使匈奴，被扣。匈奴贵族多方诱降，均未果。后又迁苏武至北海（今俄罗斯贝加尔湖）边牧羊。苏武在匈奴被羁縻十九年，坚贞不屈。后因西汉与匈奴关系和解而被放回。"苏武牧羊"成为佳话和典故，被后世传颂。

㉑ 但：只。

㉒ 极：顶点。

㉓ 数：多。

㉔ 所以然者：这样的原因。

㉕ 发举：发，揭发；举，举报。

㉖ 为人所说：为……所，句式，表示被动；说，议论，评议。

㉗ 寡：少。

㉘ 辞、谢：拒绝。

㉙ 预：介入，参与；此辈：这类人。

㉚ 亮：通"谅"，谅解。

㉛ 济：帮助。

㉜ 几：通"机"，机关，关键，征兆。

㉝ 修：约束，严格要求。

㉞ 秉志：矢志不渝。秉，持，握着。

㉟ 易：改变。

㊱ 殊：特别，尤其。

㊲ 云云：议论很多。

㊳ 从：顺从。

㊴ 省：读音同"醒"，思考，反思。

㊵ 权：权衡，比较。

㊶ 大率：大凡，总体上。

㊷ 副：帮助。

㊸ 机：机关，枢纽。

㊹ 著：明显。

㊺ 了：结束，终止。

㊻ 迟：缓慢。

㊼ 疾：快捷。

㊽ 坐：附和的意思。

㊾ 和：读音同"贺"，用作动词，唱和，回应。

㊿ 豫：通"与"，参加。

51 是：前一"是"用作名词，长处，优点；后一"是"用作动词，肯定，赞同。足：值得。

52 至竟：到底。竟，最后。

53 就：接近。

54 党：用作动词，与人亲善。

55 都：总括。

56 辈：类。

57 欲：欲望。

58 让：谦退。

59 忌：顾忌，畏惧。

60 钦：敬重。

61 蚩：通"嗤"。

62 穆：和睦。

63 馈：赠送。

64 徼：通"邀"，求取。

65 裁：决断。

译 文

不树立志向，就不能算是人。君子考虑事情，总是效仿好人的做法，经过认真筹划后，再付诸实施。立志要做的事情，就要暗下决心，发誓做好，始终不贰。只怕自己力量不够，期于必成，因而必须持之以恒。如果放松懈怠，或因外物的牵挂，或受私欲的拖累，对眼前的小事或私情摆脱不开，就会对立志要做的事情产生犹豫，甚至进行思想斗争，如果小事、私情占上风，妨碍立志要做的事情，就会半途而废，甚至功败垂成。这样的话，用于防守则不坚固，用于攻取则胆小懦弱，和他立誓订约则相违反，和他商量事情则多泄露，碰上欢乐的事情则多放纵无拘，身处安逸则极意声色，所以表面上虽显得华彩耀眼，但没有实效，这是君子所扼腕叹息的。至于申包胥到秦国哭援兵救楚，伯夷、叔齐宁愿饿死在首阳山而拒食周朝俸禄，鲁国的柳下惠守信不欺，西汉苏武持节不降，可谓矢志不移，令人钦佩。他们认为这样做才心安理得，出之自然。这就是立志特别坚定的表现。

对于县中长吏，对他表示尊敬就行了，不要太亲近，不要时常去；即使要去，也要有所选择。和别人一同去，不要独自在前或独居其后；之所以这样做，是因为长吏喜好打听外事，恐怕有所举发，被他人猜疑而不能自免。多做少说，谨慎自守，就可以免受埋怨责备。

立身处世，自然应当清高淡泊，如有烦劳之事嘱托于我，要使人尽力，或托人之请求，应当婉言谢绝。我向来不干预这些人的事，当可取得谅解。如果事情急迫，不帮助的话心里又觉得不忍，可在外表上显得若无其事，而在暗中尽力。这样做的原因，上者可以远离是非善恶的机兆，中者可以杜绝平常人的许多请托，下者可以保全清廉的美名。这是立志的一个重要方面。

做事之先，要裁择可否，不要做出错误的判断。该这样做，如果有人试图加以改变，应当请他说明改变的理由。如果他说得特别有道理，不要横加指责；如果他所言有失，而且以情相求，即使人云不休，也不要理睬。这是立志的又一重要方面。

切莫意气用事，感情冲功。如果遇到穷困者值得接济，就见义勇为。如果别人因有求于己而屈意顺从，则要细加思量，权衡得失，予以拒绝，即使要蒙受羞辱，也在所不惜。应当明白，大凡别人有求于我，一般是由于人无我有。意气用事，就会使自己遭受损失。如果拿不下面子拒绝不该答应的事，勉为其难，也不算有志。

说话谈吐，透露君子的机关。说话之间，自己的修养也就暴露无遗了。因此不能不慎重。倘若心里明白这是件棘手的事，但本意又想说破，那么就应当想想后果难以收拾，就权且忍住吧，以后也不要再提它。没有什么不可的，就要习惯于说或有不可，但是能够保持沉默，就是上策了。人们一般传播好消息慢，而传递坏消息快，又喜好议论他人的过失，这是常人的性情，不足为怪，附和之语，自然不是高明的见解。只是对于议论，没有什么不同的见解，要冷静观察，不值得回应。"非义不言，详静敬道"，难道不是针对失言悔恨者而言的吗？如果别人在争论，而你不明究竟，就不要随意加入。从旁观察，是非自然可以判明。倘若没有原则上的分歧，则可从头到尾冷静对待，有人过来问是非，也要以不知相搪塞。身处议论的漩涡也可这样应付。倘若会宴，看见别人发生争执，且愈争愈烈，就应当找机会走开。激烈的争端常常是械斗的先兆。坐视就会察明是非曲直。倾向一方，就要得罪另一方，从而招致怨恨。倘或听到很难听的话，争论不休，即使不发生武斗，也要走开。总之，喜欢争论的人，是小人。恰逢是非之争，不可开交，即使胜者值得称道而不便走开，也要以装醉酒为上策；倘若遇小人纠缠，被牵扯进去，迫不得已，一定要拍案而起，不能有所害怕。如今看来，还是装糊涂不说话，才称得上有志。

明知不是知己故旧、街房邻舍，对于一般人的邀请，应当借故谢绝，不要前往。把荣华看得很淡，就能遏制欲望。没有荣华的欲望，是值得称道的。不要有卑恭的行为，要有谦虚的品行；不要与羞耻有涉，要张扬谦退精神。像在朝能谦辞官职；舍生取义，像孔文举请求代兄而死，这些都是忠臣烈士的节操。一般来说，人都有隐私，不要强知别人所知道的事。他知道我了解的事，就会招致我的忌恨，就是这个道理。知而不言，就是不知道，谁能说你知道呢？如果看到别人窃窃私语，就走开吧，省得招人猜忌。有时情不得已，对方一定要同我议论某人某事，如果他说得太离谱，就要严肃地申明道义。为什么呢？君子容不下伪薄之言。倘使他说的话败露了，他就会把你牵扯进去，说你某时同他一道议论过。向他严肃地申明道义，正是为了防备不测。大凡人们私下议论的话题，千奇百怪，无所不有，应当心存主见，远离私议的原因在于，恐他心存猜疑，防范你泄露他的机关而产生害人灭迹之心。对于调戏人的话，说人短处的话，不要应从。在言谈之中，要善于导开他的话题，而不要以沉默对付他。那么他就会识趣，不再议论别人的长短了。与人相处，要本着友好的原则，不要违背。共事之后，如果不是十分亲密，就要拒绝对方馈赠物资。为什么呢？重利薄义是人之常情。如果对方宁愿倾财以求交欢，一定有超出财物价值的人情相请托，而这正是君子所不愿干的事。

□□□□□□□不要勉强别人饮酒，不喝也就罢了。如果对方劝酒，自己要有定力，既不要勉强自己喝，也不要让对方失面子。喝到几分田地就要停下来了。谨慎啊，不要醉成烂泥，而失去把握自己的力量。

讲　读

这是嵇康（223—263）教育儿子的一篇有名的家训。在这篇家训中，嵇康强调了立志对于人生的极端重要性。在强调立志中，他偏重于人的操守，这主要体现在几个方面：第一，矢志不移，持之以恒；第二，立身处世，谨慎自守，清高淡泊；第三，处理世务，权衡利弊，审裁得失，切戒意气用事，谨防感情冲动；第四，在是非旋涡之中，要注重言辞，既机灵善察，而又敢于坚持原则；第五，对于饮酒要有正确的人生态度。嵇康所论，不是着眼于立志的道理，而在于阐发行为中如何守志，因而有很强的操作性，这正是这篇家训受到后人重视并广为传阅的原因。文中的若干看法，已成为人们所普遍遵循的人生准则，如同去长官家，则同去同归；谢绝请托，又暗中尽力；不随便介入争辩；等等。这些论述都充溢着人生的机敏和智慧，唯惟其如此，文中又映现出作者立意上的世故与圆熟的一面。

嵇康，字叔夜，谯国铚（今安徽省亳州西）人。嵇康出身儒学官宦之家，史书上说他少时"有儁才，旷迈不群，高亮任性，不修名誉，宽简有大量"。成年后"好老、庄之业，恬静无欲。性好服食，尝采御上药。善属文论，弹琴咏诗，自足于怀"。嵇康是魏末晋初的大才子，其时与阮籍、山涛、向秀、阮咸、王戎、刘伶友善，并名天下，号称"竹林七贤"。四十岁时，被钟会谗言所害。在东市临行刑时，太学三千学生云集，请以为师，场面十分壮烈。他神色自若地说："袁孝尼曾追随我学习《广陵散》，我一直不同意。如今名曲《广陵散》不再会有人吹奏了！"听罢，人们无不流泪。嵇康遇害，史称"海内之士莫不痛之，帝寻悟而痛焉"，"所著诸文论六七万言，皆为世所玩咏"。

处满慎盈

陆 景

　　富贵，天下之至荣；位势，人情之所趋①。然古之智士，或山藏林窜②，忽而不慕③，或功成身退，逝若脱屣者④，何哉？盖⑤居高畏其危，处满惧其盈。富贵荣势，本非祸死，而多以凶终⑥者，持之失德，守之背道，道德丧而身随之矣。是以留侯、范蠡⑦弃贵如遗⑧，叔敖、萧何⑨不宅⑩美地。此皆知盛衰之分，识倚伏之机⑪，故身全名著，与福始卒⑫。自此以来，重臣贵戚，隆盛之族，莫不离患搆⑬祸，鲜以善终⑭，大者破家，小者灭身。唯金、张子弟⑮，世履⑯忠笃，故保贵持宠，祚钟昆嗣⑰。

（唐）欧阳询：《艺文类聚》卷二三

注　释

① 趋：快步上前，引申为追逐。

② 山藏林窜：在岩穴中隐居，在林丛里躲藏。窜，隐匿。

③ 忽：轻忽的样子，看得很渺小。慕：仰慕，向往。

④ 逝若脱屣者：古时候常用脱屣表示看轻名位。典出《孟子·尽心上》："舜视弃天下，犹弃敝蹝（同"屣"）也。"逝，离开，跑得远；脱屣（读音同"洗"），将草鞋脱下来扔掉。

⑤ 盖：大概因为，表示推测。

⑥ 以凶终：结局悲惨。凶，灾难，不幸。

⑦ 留侯：即张良（？—前186），字子房，其祖五世为战国时韩国丞相。秦始皇统一中国后，他图谋复韩，结交刺客，在博浪沙（今河南原阳东南）狙击秦始皇（即有名的"博浪一击"），未果。后为刘邦的重要谋士。西汉立国，被封为留侯，但他以养病为由退隐。范蠡：字少伯，别号陶朱公，春秋末期楚

国宛（今河南南阳市）人，为越王勾践的大夫，与文种等辅佐勾践发愤图强，灭吴雪耻。功成以后，他认为勾践只可共患难，不可共安乐，于是携美人西施离开越国经商。

⑧ 如遗：像粪便一样。遗，便溺。

⑨ 叔敖：即孙叔敖（？—前591），春秋时期楚国期思（今河南淮滨东南）人，为楚国令尹（相当于后世的宰相），蔿氏，名敖，字孙叔。相传他三为令尹而不喜，三去令尹而不悔，不贪利禄，清廉自守。楚王多次给他封地，他都谢辞不受。临终时，还嘱咐儿子不要接受国君的厚封，果然世代长享封爵。他向楚王讲述的"螳螂捕蝉，黄雀在后"的寓言，流传后世。萧何：汉初大臣，生年不详，卒于公元前193年。他同刘邦是老乡，沛县（今江苏沛县）人。初为沛县主吏，后辅佐刘邦起兵反秦。在楚汉战争中，以丞相身份留守关中，保证了前方给养。在刘邦战胜秦末群雄、建立西汉王朝的事业中，起了重要作用。西汉建立后，为首任丞相，封为酂侯。在楚汉战争中，他尽献赏赐，作为军中资用；在荒僻地区建造田宅，不立墙垣。在当时颇有口碑。

⑩ 宅：用作动词，造房。

⑪ 倚伏之机：祸福相互转化的契机。典出《老子》："福兮祸之所伏，祸兮福之所倚。"机，事物变化中隐藏的起因、征候。

⑫ 始卒：始终。

⑬ 离：通"罹"，遭受。搆：读音同"构"，与离为同义词。

⑭ 鲜：读音同"癣"，极少。

⑮ 金、张子弟：金，指金日（读音同"咪"）䃅（读音同"低"）（前134—前86），字翁叔，西汉武帝时人。本为匈奴休屠王太子，归顺汉朝后，被汉武帝赐姓金氏。他为人忠诚笃厚，深受宠幸，由马监迁为侍中。武帝崩，同霍光等受遗诏辅幼主（汉昭帝），遗诏封为秺侯。其子孙七世任内侍。张，指张汤（？—前115），西汉杜陵（今陕西西安市东南）人，汉武帝时任太中大夫、廷尉、御史大夫，执法严厉，抑制豪强有功，并撰有《越宫律》二十七篇。其后代任侍中、中常侍者十余人。

⑯ 履：履行，施行。

⑰ 祚：天降福分，指命运。钟：集中，聚集。昆嗣：子孙后代。昆，后世，子孙。

译 文

富贵，被人们视为最大的荣耀；权势，是人们追求的常情。但是，在古代的有识之士中，有的却隐居山林，轻视富贵位势而不向往。有的功成身退，就像扔掉草鞋一样放弃富贵权位。这是为什么呢？大概是因为居安思危，处满惧盈吧。富贵荣华，本来不是灾祸的开端，而大多数人最终陷入不幸，是因为为政失德，守财背道，丧失了道德而身遭灾祸。所以张良、范蠡，视富贵如同粪土；孙叔敖、萧何，不建造豪华的房宅，不圈占肥沃的土地。他们这些人都知道盛与衰的分别，辨别隐藏在事物发展过程中的征兆，所以保全了生命，名留后世，福禄有始有终。古往今来，重臣贵戚，世家大族，没有不遭受祸患的，很少有好的结局，严重者祸及全家，轻微者也身遭杀戮。只有金日磾、张汤的子孙们，世代忠厚敬笃，所以能够保全高贵的地位，保持皇帝的恩宠，而这种恩泽也得以嘉惠后人。

讲 读

这是三国时期吴国偏将军、中夏督陆景（242—273）写给儿子陆盈的一篇家训。因为陆氏为东吴世家大族，养尊处优，位高权重，因而陆景高瞻远瞩，从祸福、盛衰、安危、贵贱相互转化的角度，论述了处满慎盈的重要性。在文中，陆景历览前代史事，将权贵世家分为四类：一类如同范蠡、张良，功成身退，保全名誉；一类如同孙叔敖、萧何，虽身处富贵，但仍能约束自己，坚守清廉，结果立于不败；一类如同张汤，金日磾，以敬笃忠厚为传家宝，因而世代不衰，永享皇恩；还有一类人则不识福祸、安危、贵贱权变之机，结果破财，甚至败家灭族，令人心寒。因此他提醒陆盈要继承忠笃的家风，懂得盛衰转化的道理，永保富贵。作为世家子弟，又身处权贵，能够对于富贵权势的演变有如此深刻的认识，是有鉴戒意义的。也许这就是这篇家训能够流传下来的原因。更何况它蕴含着儒家的人生哲学对于权位、高贵与人生的深刻道理。

陆景，字士仁，三国时东吴吴郡吴县华亭（今上海市松江）人。与顾氏、张氏并为江东世家大族。其祖父陆逊为东吴儒将，官至丞相。其父陆抗为大司马、荆州牧。陆景死后，陆晏、陆盈、陆机、陆云兄弟四人分领其兵，陆盈官拜偏将军、中夏督，因为他是皇亲，被封为毗陵侯，陆景一生修身好学，且有著述，遇害时，年仅三十一岁。

读书观成败，面壁思做人

李玄盛

一

　　吾自立身，不营世利；经涉累朝，通否^①任时；初不役智^②，有所要求，今日之举，非本愿^③也。然事会相驱，遂荷^④州土，忧责不轻，门户事重。虽祥人事，未知天心，登车理辔，百虑填胸。后事付^⑤汝等，粗举旦夕近事数条，遭意便言，不能次比^⑥。至于杜渐防萌^⑦，深识情变，此当任汝所见深浅，非吾救诫所益^⑧也。汝等虽年未至大，若能克己纂修^⑨，比之古人，亦可以当事业矣。苟其不然，虽至白首^⑩，亦复何成！汝等其^⑪戒之慎之。

　　节^⑫酒慎言，喜怒必^⑬思，爱而知恶，憎而知善，动念^⑭宽恕，审而后举^⑮。众之所恶^⑯，勿轻承信，详^⑰审人，核^⑱真伪，远佞谀^⑲，近^⑳忠正。蠲^㉑刑狱，忍烦扰，存高年^㉒，恤^㉓丧病，勤省^㉔案，听讼诉。刑法所应，和颜任理^㉕，慎勿以情轻加声色^㉖。赏勿漏疏，罚勿容^㉗亲。耳目^㉘人间，知外患苦；禁御左右，无作威福。勿伐善施劳^㉙，逆诈亿必^㉚，以示己明。广加谘询，无自专用，从善如顺流^㉛，去恶如探汤^㉜。富贵而不骄者至难也，念此贯^㉝心，勿忘须臾^㉞。僚佐邑宿^㉟，尽礼承敬，宴飨馈食，事事留怀。古今成败，不可不知，退朝之暇^㊱，念观典籍^㊲，面^㊳墙而立，不成人^㊴也。

　　此郡^㊵世笃忠厚，人物敦雅，天下全盛时，海内犹称^㊶之，况复今日，实是名邦。正为五百年乡党婚姻相连，至于公理，时有小小颇迴，为当随宜斟酌。吾临莅^㊷五年，兵难^㊸骚动，未得休众息役，惠康^㊹士庶。至于掩瑕藏疾，涤除疵垢^㊺，朝为寇仇，夕委心膂，虽未足希准^㊻古人，粗亦无负^㊼于新旧。

事任公平，坦然无类，初不容怀，有所损益，计近便为少，经远如有余，亦无愧于前志也。

二

吾负荷⁴⁸艰难，宁济之勋⁴⁹未建，虽外总良能⁵⁰，凭股肱之力⁵¹，而戎务孔殷⁵²，坐而待旦⁵³。以维城之固，宜兼亲贤⁵⁴，故使汝等未及师保之训⁵⁵，皆弱年受任。常懼弗克⁵⁶，以贻咎悔。古今之事不可以不知，苟⁵⁷近而可师，何必远也。览诸葛亮训励⁵⁸，应璩⁵⁹奏谏，寻其始终，周、孔之教⁶⁰尽在其中矣。为国足以致安，立身足以成名，质略⁶¹易通，寓目则了⁶²，虽言发⁶³往人，道师于此，且经史道德如采菽中原⁶⁴，勤之者则功多，汝等可不勉哉！

（唐）房玄龄等：《晋书·凉武昭王李玄盛传》

注 释

① 通否：通畅和闭塞。否，读音同"痞"，闭塞不通。

② 役智：动脑筋。役，役使。

③ 本愿：自己的本意。段业自称凉王，李玄盛为宁朔将军、敦煌太守。因玄盛温毅有惠政，招致忌恨。玄盛部属张邈、宋繇等劝玄盛取而代之。故而玄盛称"非本愿也"。

④ 荷：承载。

⑤ 后事：指自代凉王以后的事。付：交给。

⑥ 次比：条理化。

⑦ 杜渐防萌：杜，杜绝，堵塞；渐，事物的开端；萌，事物的苗头。

⑧ 益：增加。

⑨ 纂修：修身养德。

⑩ 白首：白头发，指年老。

⑪ 其：虚词，用于加重语气。

⑫ 节：节制。

⑬ 必：一定。

⑭ 动念：产生一个主意，决定一件要办的事。

⑮ 审：仔细观察。举：行动。

⑯ 众之所恶：众所恶之；恶，读音同"务"，憎恨，厌恶。

⑰ 详：仔细。

⑱ 核：考究。

⑲ 远：用作动词，排斥。佞谀：奉承，拍马屁。

⑳ 近：用作动词，团结。

㉑ 蠲：读音同"捐"，免除。

㉒ 存：慰问。高年：老人。

㉓ 恤：怜悯，救济。

㉔ 省：审问。

㉕ 和颜任理：与下句的以情轻加声色相对应。颜面和悦，节制感情而依事理下结论。

㉖ 轻：轻率，随意。声色：声音的高低与面色的好坏，指感情变化。

㉗ 容：宽容，指包庇。

㉘ 耳目：用作动词，用耳朵听，用眼睛看。

㉙ 伐善施劳：伐，夸耀；善，好人好事；施，施加，引申为散布；劳，功劳。

㉚ 逆诈亿必：逆，抵触，违背；诈，欺骗；亿：通"臆"，主观揣测；必，一定。自己主观地猜疑别人肯定背叛了自己。

㉛ 从善如顺流：从善，接受正确的意见或建议；如顺流，像流水一样，比喻快捷。指乐意接受正确的意见。典出《左传·成公八年》，晋国栾书本意攻楚，知庄子、范文子、朝献子三人劝阻，转而攻打沈国，结果大胜，"获沈子揖初"。作者赞扬栾书说："从善如流，宜哉！"又见于《左转·昭公十三年》，似为春秋之际常用语。

㉜ 汤：热水，开水。

㉝ 贯：贯穿。这里作牢记讲。

㉞ 须臾：片刻，一会儿。

㉟ 僚佐：下属，部下。邑宿：民间贤达。

㊱ 暇：空闲。

㊲ 念观：阅读。典籍：古代书籍，一般指儒家经典，如《诗》《书》《易》等。

㊳ 面：对着。

㊴ 成人：有作为的人。

㊵ 此郡：指西凉属地诸郡。

㊶ 称：赞誉。

㊷ 临莅：就位。

㊸ 难：读音同“乱”，灾难。

㊹ 惠康：用作动词，使……得到利益。

㊺ 涤：扫除。疵：毛病，过失。垢：污秽。

㊻ 准：用作动词，以……为准。

㊼ 负：违背。

㊽ 负荷：负担。

㊾ 宁济之勋：安定天下，救济百姓的勋业。

㊿ 总：延聘，召揽。良能：贤达之士。

(51) 股肱之力：支柱性力量。股，大腿，从膝盖到胯的部分；肱，读音同“功”，手臂，胳膊由肩到肘的部分。

(52) 戎务孔殷：军务占满了整个日程。戎务，军事活动；孔，空隙；殷，充实。

(53) 坐而待旦：坐着等待天明。旦，早晨。典出《尚书·太甲上》：“先王昧爽，丕显，坐以待旦。”《三国志·吴志·孙权传》写作“坐而待旦”。

(54) 亲贤：亲属和贤能者。

(55) 师保之训：老师的教诲。

(56) 弗克：不能胜任。

(57) 苟：如果，倘若。

(58) 诸葛亮训励：指三国时期著名军事家、政治家诸葛亮的《诫子书》《诫外甥书》，本书收录。

(59) 应璩：字休琏，三国时期魏国汝南（今河南省平舆县）人。博学多识，善为父亲书牍，历任散骑常侍、侍中等职。他起草的奏谏十分有名。

(60) 周、孔之教：周公、孔子的教导与风范。周，周公旦，姬姓，周武王之弟，西周初年著名的政治家。因采邑在周（今陕西省岐山北）而被称为周公。周公助武王灭商；武王死后，又摄政辅年幼的成王；成王成年后，主动归政，传为后世美谈。相传他制礼作乐，建立典章制度，成为后世的楷模。孔，即孔子，春秋时期鲁国人，著名的思想家，教育家，儒家学派的创始人。

(61) 质略：文章质朴，言辞省略。

(62) 寓目则了：一目了然

(63) 发：发于，发自。

(64) 经：儒家经典。史：史书。采菽中原：从中原引进先进文化和道德风尚。菽：豆类。

译　文

一

我立身处世，不谋求私利；累朝为官，通达与否，听任自然；初始时不动脑筋，对朝廷有所企盼，如今起兵自代，并不是我的本意，完全是由于形势逼迫和大家推戴。但是，一旦坐上王位，又觉得责任重大。人事能察，天意难料，治理国家，胸中会聚千头万绪。以后的事情你们要谨慎小心啊，随便列举一些国家大事与你们谈谈，不必将它们条理化了。至于说到防微杜渐，深识情变，只能依靠你们的见识和才干了，这并不是靠我的教诲能够起作用的。你们虽未成年，但若能潜心修身养德，向古代圣贤学习，也可以成就一番事业。如若不然，即使老至穷年，又有什么收获呢！你们要当心啊！

饮酒要节制，言语要谨慎。要善于控制自己的感情变化，冷静思考。喜欢一个人时要看到他的缺点，憎恨一个人时要看到他的长处，决定一件事情，要仔细考虑，权衡利弊。大家所厌恶的人，不要轻信。对人要仔细考察，遇事要辨明真伪。疏远那些阿谀奉承的小人，亲近那些诚实正直的君子。废除严刑峻法，耐心处理烦琐事务。慰问长者，关心病丧之家。留心查看案件，倾听老百姓的讼诉。法所应加，戒除感情色彩，心平气和，用心审理。赏赐时不要遗漏和自己疏远的人，执法时不要包庇和自己亲近的人。要倾听百姓的疾苦，了解民间的动态。严禁亲近者在外边作威作福。不要夸耀自己的长处，表白自己的功劳；不要随意猜疑别人虚伪欺诈，以显示自己聪明。遇事要广泛征询高见，不要独断专行。从善如流，去恶如仇。一个人富贵了而不骄狂，这是很难做到的，你们要当心啊！对于下属和地方上有名望的人，要尊敬礼遇；宴会酒食，事事留心。古今兴亡成败之理，不可不知晓。办完公事后，还要认真地阅读典籍，面壁静思，做一个有所作为的人。

西凉之地，世代忠良，人物敦雅，天下全盛时即有赞誉，何况是在今日，堪称名邦。此地可以称得上是五百年乡党婚姻相连，民风淳厚，不时遇到一些小麻烦，也要妥善处理。我执政已有五年，总是干戈不休，没有给老百姓带来什么实惠。具体说来，虽然离古代贤哲的标准太远，但是也还对得起天下人，我做的一些实事，还是屈指可数的。我做事力求公平，心中坦然。如来日还长，我当更加努力，不负我平生之志。

二

我肩上的担子很沉重，安定境内，拯济黎民的功业尚未建立。虽然得到了贤能之士鼎力辅佐，但军务繁忙，常常是坐以待旦。为了国家的安定和巩固，我将亲属与贤能并用，所以你们还未来得及接受老师的教诲，就在年轻时接受了重任。我时常担心你们不能胜任各自的工作，造成过失和悔恨。你们要懂得古今成败兴亡的道理，但如果有近代可资效法的，又何必去追求遥远时代的呢？我看三国时蜀汉诸葛亮的《诫子书》、曹魏侍中应璩的奏谏，寻求事理，包容了周公、孔子的教诲和风范。按照他们的要求去做，出仕，可使国家安定；做人，可得安身，足以成名。其文辞简朴精练，内容精粹，通俗易懂。虽然是在古时候说的话，但在今天仍可效法。对于中原文化中经、史、道德方面的学问，如同到地里采摘豆子一样，勤劳的人们就收获多，你们可要努力啊！

讲 读

上文是西凉的建立者李玄盛（351—417）为他的子孙写下的两篇家诫。其一，原名《手令诫诸子》；其二，原名《写诸葛亮训诫以勖诸子》。这两篇家训因其弘远的文化意蕴而由边陲之地流入华夏文化的腹地，并流传下来。

在第一篇家训中，李玄盛讲明了建号称公的缘由，实为不得已而为之。同时，他认识到责任重大，守土有责，要求子孙们"克己纂修，比之古人"，同他一道努力，为百姓营造惠康。他认为，增长见识，担当大任，只能凭借实践的磨炼，不可能由于他的教诲而增添什么。文章开篇立意甚高，颇有识见。接着，作者就一些具体的应该注意的问题逐一向儿孙们作了交代和提示，如，节酒慎言，动念宽恕、审而后举，远佞谀、近忠正，存高年、恤丧病，勤审案、听讼诉，慎勿以情刑法，赏罚公正，体察下情，约束亲近，戒猜疑、去自专、从善如流，富贵而不骄，尊老敬贤，留心饮食，总计十二个方面，详细得近于絮叨不休，可见一颗慈父爱子之心。文章突出了主题，要做一个有作为的人，做出一番事业来，要能够不断增强素质：读书观成败，面壁思做人。这篇家训写于他建元称公五年之际，一方面为他能替百姓做一些实事和好事而欣慰，另一方面又感到距离古人贤哲的要求尚远，还需更加努力，情辞诚恳，读来感人。他能把子女教育与治国安邦联系起来，关切民生疾苦，这是很难得的。

第二篇家训，写于玄盛迁都酒泉之际。其时，他奖掖农耕，兴文重教，于是读诸葛亮《诫子训》有感，并写下来送给儿孙，以作勉励。他认为，要从古人的文章中领悟周孔之教，从中吸取治国安邦、立身成名的智慧。同时，他勉励儿孙们要努力学习经、史、道德，并且意味深长地说："如采菽中原，勤之者则功多。"这真是卓见，很有启发性。

李玄盛，即李暠，字玄盛，小字长生，陕西狄道（今甘肃省临洮南）人。因其时后秦有同名李暠者，故以字相别。李氏系西汉名将李广的十六世孙，十六国时期西凉的建立者。李氏出身于凉州大族，曾任敦煌太守。东晋隆安四年（400），李氏自称凉公，建号庚子，建立西凉政权。

立身之本

王　祥

　　夫生之有死，自然之理。吾年八十有五，启手①何恨。不有遗言，使尔无述②。吾生值季末③，登庸历试，无毗④佐之勋，没无以报。气绝但洗手足，不须沐浴⑤，勿缠尸，皆澣⑥故衣，随时所服。所赐山玄玉佩、卫氏玉玦、绶笥皆勿以敛。西芒上土自坚贞，勿用甓⑦石，勿起坟陇。穿深二丈，椁取容棺。勿作前堂、布几筵、置书箱镜奁之具，棺前但可施床榻而已。糒脯⑧各一盘，玄酒⑨一杯，为朝夕奠。家人大小不须送丧，大小祥⑩乃设特牲。无违余命！

　　高柴泣血三年，夫子谓之愚，闵子除丧出见，援琴切切而哀，仲尼谓之孝⑪。故哭泣之哀，日月降杀，饮食之宜，自有制度⑫。夫言行可覆，信之至也⑬。推美引过⑭，德之至也。扬名显亲，孝之至也⑮。兄弟怡怡，宗族欣欣，悌之至也⑯。临财莫过乎让⑰。此五者，立身之本也。颜子⑱所以为命，未之思也，夫何远之有！

（唐）房玄龄等：《晋书·王祥传》

注　释

①启手：善终的意思。启，打开。人死后两手撒开，故谓撒手人寰。启手即撒手。

②述：遵循。

③季末：王朝末世，指东汉末年。

④毗：辅佐。

⑤沐浴：洗头和洗澡，泛指洗澡。

⑥澣：读音同"换"，"浣"的异体字。洗去衣物的污垢。《诗·周南·葛覃》：

77

"薄汗我私，薄澣我衣。"

⑦ 甓：读音同"屁"，砖。《诗·陈风·防有鹊巢》："中唐有甓。"

⑧ 糒脯：干饭和干肉。糒，读音同"备"，干饭。《汉书·李陵传》："令军士人持二升糒，一半冰，期至遮虏鄣者相待。"脯，读音同"腐"，干肉。《汉书·食货志》："浊氏以胃脯而连骑。"

⑨ 玄酒：黑中泛红色的酒，用于祭祀。《礼·礼运》："故玄酒在室，醴酨在户。"

⑩ 大小祥：大祥和小祥。大祥，父母死后二十五个月而祭，表示丧服期已满；小祥，父母死后十三个月而祭。

⑪"闵子"句：典出《论语·先进》："子曰：'孝哉闵子骞！人不间于其父母昆弟之言。'"意思是说：闵子骞真孝啊！别人都对他的孝没有异言。仲尼，即孔子，名丘，字仲尼。春秋时期鲁国的思想家、教育家，儒家学派的创始人。

⑫ 制度：事物发展的内在制约性。

⑬ 言行可覆：典出《汉书·李寻传》："臣自知所言害身，不辟死亡之诛，唯财留神，反覆覆愚臣之言。"覆，审查。信之至也：典出《论语·为政》："人而无信，不知其可也。"意思是说：一个人不讲信用，怎么能立身处世呢？

⑭ 推美引过：推，推让；美，好；引，招致；过，错。

⑮"扬名显亲"句：典出《史记·太史公自序》司马谈临终命子迁："且父孝，始于事亲，中于事君，终于立身；扬名于后世，以显父母，此孝之大者。"本书"继承父志"篇有解。

⑯"兄弟怡怡"句：典出《论语·子路》："切切，偲偲，怡怡如也，可谓士矣。朋友切切偲偲，兄弟怡怡。"又，《大戴礼记·曾子立事》："宫中雍雍，外焉肃肃，兄弟憘憘，朋友切切，远者以貌，近者以情。"意思是说：在屋里面是一片和睦的气氛，在屋子外面是一种严敬的气象，兄弟相处得很愉快，朋友相交得很恳挚，对疏远的人以礼相待，对亲近的人以情相接。又《论语·学而》："孝弟（悌）也者，其为仁之本与？"

⑰ 临财莫过乎让：典出《史记·管晏列传》，管仲与鲍叔合伙做买卖，鲍叔知管仲贫，分财时能让："管仲曰：'吾始困时，尝与鲍叔贾，分财利多自与，鲍叔不以我为贪，知我贫也。'"

⑱ 颜子：即颜回（前521—前490），字子颜，春秋时期鲁国人，孔子早年的学生，有德行，为孔子所钟爱，早卒。后被封为"复圣"。

译 文

有生就有死，这是很自然的现象。我年已八十五，即使死了，有什么遗恨呢！如果不立下遗嘱，你们就不知道有所遵循。我出生在汉末，世事动荡，宦海沉浮，没有建立辅佐明主贤君的功业，死也有憾。我死后，只须擦洗手脚，不要裹尸，穿些平常的旧衣服就行了。朝廷赐予的山玄玉佩、卫氏玉玦、绥筒，都不要入殓随葬。西芒那儿的土质坚硬，就不要用砖石了，也不要起一座坟墓。墓穴只须挖掘两丈深，椁能容棺即可。不要在椁里摆设前堂，布置几筵，随葬书籍、镜奁等用品，棺前放得下床榻就算了。干粮和干肉各一盘，祭酒一杯，作为早晚的奠礼。家属不论老少大小，一律不要送丧，大祥、小祥时才可摆设祭祀用的牲畜。不要违背我的交代啊！

高柴三年泣血，孔子笑他愚蠢；闽子除丧后援琴吹奏哀乐，孔子赞扬他孝顺。由此看来，用哭泣表达哀伤，四季交替，饮食选择，都有它内在的规定性，不能超越。

言论与行为经受得起审查，这是最诚实的；推让利益反省过失，这是最美好的德行；光宗耀祖，这是最真诚的孝顺；兄弟欢悦，宗族和睦，这是最根本的友爱；面对财利，最优美的品德莫过于推让了。这五条，就是立身处世、成就功名的根本。颜回把它归结为人的命运，是没有进行深入的思考；如果努力地去按这五条做，怎么不能建功立业呢！

讲 读

这是魏晋之际名臣王祥（生卒年不详）在弥留之际留给子孙的一篇有名的家训。他首先对自己的丧事作了详细的交代和安排，突出了丧事从简，节俭薄葬，哀思有度的精神，体现出作者对生死豁达淡然的人生态度，作为累朝显贵的王祥，能够如此对待生死，这在古代并不多见，也值得后人深思。然后，作者教育子孙立身处世、成就功名的根本途径有五条，这也是儒家学说的一贯主张：信、德、孝、悌、让。这最后一段，正是本文的中心议题，最精彩之处，也为后世所反复引用。作者结合自己的人生体验，把信、德、孝、悌、让作为立身之本，把儒家的人生观与修身立德之道归结为这五条，是很有见地的。作者在归纳中，引经据典，结合人生体验，既有文化魅力，又有人生实践的折服力。正因为如此，这篇家训能够流传下来。当然，我们今天看待王祥所论的立身之本，既要承认其中所包含的人生智慧，又要用批判的态度对待，取其精华，除去封建糟粕。

　　王祥，字休徵，西晋琅琊临沂（今山东省临沂）人，汉代谏议大夫王吉之后。他品性至孝有德，是儒家所推崇的"二十四孝"之一，即中国古代最有名的大孝子之一。史载，他的继母寒冬想吃鱼，他解衣卧冰求鱼，最终穿冰得鲤；丹柰结实时，继母命他看守，每遇风雨，王祥就抱树而泣，以期感动上苍。王祥之孝，名震朝野。汉末遭逢乱世，王祥扶继母携幼弟避居庐江，隐居三十余年，不受州郡征辟。直至继母去世，他才出任徐州刺史吕虔别驾。三国时魏国曹髦继位，拜为光禄勋，转司隶校尉，后迁太常。晋武帝代魏，拜王祥为太保，晋爵为公，加封七官之职，尊宠优礼，满朝独此一人。他在魏晋之际有很大的名声和很高的威望，这正是历朝皇帝尊重他的根本原因，而他的声望又来自于儒家精神，这正是以正统自居的历代王朝尊宠优礼王祥的文化底蕴。他们通过王祥树立了一个遵循儒家学说，安于统治现状的人格典范。果不其然，史载王祥死时，奔丧者"非朝廷之贤，则亲亲故吏而已，门无杂吊之宾"。他的族孙王戎一语道破了塑造王祥这一人格典范的天机："祥在正始，不在能言之流。及与之言，理致清远，将非以德掩其言乎！"

效法先贤，兄弟友爱

陶渊明

　　天地赋命，有往必终①，自古贤圣，谁能独免。子夏言曰："死生有命，富贵在天。"②四友③之人，亲受音旨④，发斯谈者，岂非穷达⑤不可妄求，寿夭永无外请⑥故邪。吾年过五十，而穷苦荼毒，以家贫弊⑦，东西游走⑧。性刚才拙，与物多忤⑨，自量⑩为己，必贻俗患⑪，俛俛辞世⑫，使汝幼而饥寒⑬耳。常感仲孺贤妻⑭之言，败絮自拥⑮，何惭儿子⑯。此既一事矣。但恨邻靡二仲⑰，室无莱妇⑱，抱兹苦心，良独罔罔⑲。

　　少年来好书，偶爱闲静，开卷有得，便欣然忘食。见树木交荫，时鸟变声，亦复欢尔⑳有喜。尝言五六月北窗下卧，遇凉风暂至，自谓是羲皇上人㉑。意浅识陋，日月遂往，缅求在昔㉒，眇然㉓如何。

　　疾患㉔以来，渐就衰损㉕，亲旧不遗㉖，每以药石见㉗救，自恐大分㉘将有限也。恨汝辈稚小，家贫无役，柴水之劳，何时可免？念之在心，若何㉙可言？然虽㉚不同生，当思四海皆弟兄㉛之义。鲍叔、敬仲㉜，分财无猜，归生、伍举㉝，班荆道旧㉞，遂能以败为成㉟，因丧立功㊱，他人尚尔㊲，况共父之人哉？颍川韩元长㊳，汉末名士，身处卿佐，八十而终，兄弟同居，至于没齿㊴。济北氾稚春㊵，晋时操行人也，七世同财，家人无怨色。《诗》云："高山仰止，景行行止。"㊶汝其慎哉！吾复何言。

（南朝·梁）沈约：《宋书·陶潜传》

注　释

　　① 赋命：赋予本性。赋：给予。有往必终：《册府元龟》八一六写作"有生必终"。《全晋文》卷一《陶潜》写作"有生必有"。

　　②"子夏"句：语出《论语·颜渊》："子夏曰：'商闻之矣，死生有命，富

贵在天。'"子夏，孔子的学生卜商，字子夏。

③ 四友：据《孔丛子·书论》，孔子称弟子颜渊、子贡、子张、子路为四友。孔子认为，这四人能追随他周游列国、讲学四方的事业，能够领悟他的思想，并弘扬他的理想。

④ 音旨：音，声音；旨，思想。这里是指孔子的教诲。

⑤ 岂非：难道不是？穷达：指仕途阻塞或亨通。

⑥ 外请：分外之请，即过分的要求。

⑦ 家贫弊：指家业衰败。弊：破，坏。

⑧ 东西游走：四处奔波，谋求生计。陶渊明在《归去来辞·序》中说道："余家贫，耕种不足以自足。幼稚盈室，瓶无储粟，生生所资，未见其术。亲故多劝余为长吏，脱然有怀，求之靡途。会有四方之事，诸侯以惠爱为德，家叔以余贫苦，遂见用于小邑。"

⑨ 物：众人，世俗的人们；忤：抵触，合不来。

⑩ 自量：忖思。

⑪ 贻：留下，招致；俗患：世俗的灾难。

⑫ 偍偘：努力，奋进；辞世：远离世俗；偍，读音同"悯"；偘，读音同"腐"。

⑬ 饥寒：是对陶渊明辞官后生活困难的写照。陶氏退隐后，由于灾荒，加上不善经营田地，虽有一些房舍田地，但生计仍难维持，饥寒交困，常靠亲朋接济度日，有时甚至乞讨。

⑭ 仲孺贤妻：王霸贤惠的贤子。王霸，字仲孺，东汉初人。品德高尚，重气节，不慕利，汉光武帝几次聘征，不就。《后汉书·列女传》载，王霸之友令狐子伯任楚相，派儿子送信到王霸宅。王氏看到子伯子衣着华丽，举止不凡，相形之下，儿子蓬头垢面，憨厚老实，心中十分惭愧。其妻不以为然，劝道："你决心退隐不仕，躬耕田间地头，儿子也随你务农，当然比不上子伯之子儒雅。你怎么忘了自己的志向而为子惭愧呢？"王霸认为其妻说得有理，终生不仕，隐居农舍。

⑮ 败絮自拥：刚破棉絮盖着。拥，抱，围。

⑯ 何惭儿子：为什么因儿子而惭愧？

⑰ 恨：遗憾。靡：没有。二仲：指东汉隐士羊仲、求仲。据《高士传》，蒋诩辞官回家隐居，平时不与世俗相交，庭院草木丛生，只有三条小路，用来接

待羊仲、求仲。

⑱ 莱妇：老莱子妻。老莱子，春秋末楚国道家学者。据刘向《列女传》载："老莱子，楚人。当时世乱，遂世耕于蒙山之阳。莞葭为墙，蓬蒿为室，枝木为床，著艾为席，菇芰为食，垦山播种五谷。楚王至门，迎之，遂去。至于江南而止，曰：'鸟兽之毛可渍而衣，其遗粒足食也。'老莱子孝养二亲，行年七十……"他被后世尊为大孝子。老莱子妻，据《列女传》载，老莱子妻劝告丈夫不要在乱世做官，免遇祸患。于是夫妻一同逃到南方躬耕，从而避开了楚王的征召。

⑲ 良：确实。罔罔：罔然，精神恍惚的样子。

⑳ 复：又。欢尔：欢然，高兴的样子。

㉑ 羲皇上人：伏羲氏时代以前的人。古代传说伏羲、神农、黄帝为三皇，都是传说时代原始部落的首领。文中是指返归自然、能任天性的隐士。

㉒ 缅求在昔：回顾以往，反省过去的岁月。缅：遥远。

㉓ 眇然如何：多么模糊啊。眇然：模糊不清的样子。

㉔ 疾患：指陶氏中年所患的疟疾。晚年复发，并日有加剧。

㉕ 就：趋向，接近。衰损：衰败。

㉖ 遗：丢下不管。

㉗ 药石：方药、砭石，这里统指医药。见：被。

㉘ 大分：大限，寿命之数。

㉙ 若何：如何。

㉚ 然：然而。虽：即使。

㉛ 四海皆兄弟：语出《论语·颜渊》："君子敬而无失，与人恭而有礼，四海之内，皆兄弟也。"陶氏二十几岁就丧妻，后续娶翟氏，他的五个儿子为异母兄弟。这里，陶氏用儒家的兄弟观教育他们友爱互助。

㉜ 鲍叔、敬仲：都是春秋时期的齐国大夫。敬仲，即管仲，字夷吾；鲍叔，又名叔牙。两人少时即友善，年轻时一道经商。分财时，管仲往往多拿，而鲍叔体谅他家里贫困而不怪罪。后来鲍叔举荐管仲为齐相，辅佐齐桓公称霸诸侯。

㉝ 归生、伍举：归生，又叫声子，春秋时期蔡国人。伍举，春秋时期楚国人。两人十分友善。归生出使晋国，在半路上碰到伍举，两人坐在荆条上叙旧

谈心。后来归生出使楚国，向楚令尹推荐伍举。伍举被召，回国任职。

㉞班荆道旧：班，分布，铺开。荆，荆棘。把荆条铺在地上，坐下来谈论往日交往的故事。后世作为友谊深厚的典故。

㉟以败为成：典出《史记·管晏列传》。齐襄公死后，公子小白与公子纠争夺君位，鲍叔事公子小白，管仲事公子纠。公子纠争败身亡，管仲与小白结下一箭之仇并做了俘虏，列为死囚。鲍叔向公子小白（即齐桓公）推荐管仲，被赦免，晋升为大夫，辅佐桓公成就霸业。

㊱因丧立功：典出《左传·昭公元年》，楚公子围与伍举出使郑国，未出边境，听说楚王有病，公子围就回去，杀死楚王，准备即位。伍举到郑国后，就在外交辞令中称"其王之子围"，为公子围继承君位造舆论，因而立功。

㊲尚尔：还能如此。

㊳颍川韩元长：颍川，汉代郡名，治所在今河南省禹县；韩元长，即韩融，字元长，东汉末颍川人，汉献帝初平年间任大鸿胪（九卿之一，掌接待宾客等事）。

㊴没齿：表示寿命很高。没，尽、完；齿，表示年数。

㊵济北氾稚春：济北，汉代诸侯王国之一，故址在今山东省长清县；氾（读音同"凡"）稚春，即氾毓，字稚春，西晋济北卢（今山东省长青县西南）人，客居青州。他安于贫困，坚守节操，有人荐于武帝，召补南阳王文学、秘书郎、太傅参军，不就。撰有《春秋释疑》等书。

㊶"《诗》云"句：诗出自《诗经·小雅·车辖》。意思是说：高山是供人仰望的，大路是供人们走的。比喻德行高尚，可供人们共同景仰。景，大；行，读音同"航"，路。《诗》或《诗经》，是我国古代最早的一部诗歌总集，三百篇，采自民间，相传经孔子删订，是儒家经典之一。

译　文

人的生命，来自天地，有生就有死，这是自然规律。自古圣贤，有谁能免？子夏说："死生有命，富贵在天。"子夏是被孔子列为"四友"之一的人，受过孔子的亲身教诲，尚且发出这种议论，难道不是因为命运的好坏不可由人力选择，寿命的长短永远无法额外求得的缘故吗？如今我已年过半百，少时家中穷苦，四处奔波，谋求生计，由于本性刚直倔强，不合时宜。自己估量这样发展下去，必会招致世间的祸患，不得不勉强辞官归隐，而你们在幼时就体验到饥寒。我曾为东汉王仲儒妻子的话所感动：即使盖着破被败絮，又怎能忘记自己的志向节操，而为儿子的蓬头垢面惭愧呢！只是遗憾邻里没有羊仲、求仲那样的高士，家里没有老莱子妻那样的贤妻良母。抱着这番苦心，心中十分难受。

我年少即爱学习，喜欢过清闲安静的生活，读书有心得，就高兴得忘记吃饭。看到树木成荫，四时啼鸣，更是心欢不已。我常说：五六月里，在此窗下躺着，凉风一阵阵地吹拂，自己仿佛成了伏羲时代以前的人，心旷神怡。我对社会的认识肤浅，见识很少，认为可以长久地保持这种生活。岁月就这样地流逝着，不想玩弄心机，向往过去淳朴恬静的生活，然而同现实比较起来，这又是何等的渺茫啊！

患病以来，身体逐渐衰弱，亲朋故旧呵护我，常常得到药物治疗，但只怕老天已有定数，寿命已到了尽头。你们年纪小，家中贫困，打柴挑水的劳动，什么时候可以免掉？我时常惦记在心，可又有什么办法呢！你们虽不是一母所生，但要思念儒家关于守兄弟之义的教导。古时候鲍叔、管仲，分财分物并不猜疑，归生、伍举，在困难时相遇，坐在荆草上畅叙旧情，于是管仲由死囚变成宰相，创就齐桓公的霸业，而逃亡的伍举得以返国立功。朋友之间尚且能够如此，何况你们是同父异母的兄弟呢！颍川韩元长是汉末的名士，官至九卿之一的大鸿胪，八十岁时才去世，兄弟一同住到死为止。济北的氾稚春，是晋朝的一位道德高尚的人，他家七代未分家产，家里人没有埋怨的表示。《诗经》上说："景仰巍峨的高山，走着光明的大道。"虽然不能像他们那样，但也要诚心地效法他们。你们可要谨慎啊，我还有什么需要说呢！

讲 读

这篇《训戒诸子书》是陶渊明（365—427）写给他的五个儿子的：俨（读音同"演"）、俟（读音同"式"）、份、佚（读音同"意"）、佟（读音同"同"）。文章一方面是为了教育儿子们要仰慕先贤，团结友爱；另一方面也是表明自己追求恬淡人生，怡情山水，虽居贫困而无怨无悔的志向。从文中的字里行间可以看出，作者深受儒家思想中的兄弟友爱、安贫乐道，道家思想中的顺随自然、委运任化的影响。因此，作者恳切地以儒家兄弟观去教育这五个同父异母兄弟，引导他们携手互助，共享生活中的忧乐；同时，作者也流露了对于辞官以后归隐生活的热爱，展示了自己厌恶污浊世俗、淡泊守志的思想性格。当然，由于自己的志趣，给家庭带来了贫困，作为父亲，他在文中表露了深深的歉责之意。因而文章更有人情味，这副慈父形象就更惹读者喜爱了，作者的思想追求也更有感染力，更能得到读者的理解了。文章在简略地回忆自己大半生经历的时候，并没有讳言自己生活的困顿，但是，作者有自己的精神支柱和人生志趣，这就是热爱自然，追求精神解放，因此，面对生活的窘迫，作者还能自得其乐，潇洒人生。一句"自谓是羲皇上人"，多么像孩提时的天真可爱啊！

作者在文中显示的人生态度，面对贫困泰然处之的精神风貌，对读者是有教育意义的。虽然作者立足于封建的宗法观来宣扬兄弟友爱，勿争家财，但是强调异母兄弟之间互相体谅，互相友爱，携手面对生活，其间洋溢着浓浓的亲情，这还是有积极意义的。

陶渊明，一名潜，字元亮，浔阳柴桑（今江西九江西南）人。陶氏出身士家大族，他的曾祖陶侃，做过晋朝的大司马，封长沙郡公，他的祖父和父亲也曾做过太守。但是到了陶渊明时，陶家已经衰落了。陶渊明就生活在东晋末年社会大动乱、政治黑暗的时代，他正是在这个特殊的年代里成长起来的一颗文学巨星。年轻时代的陶渊明，满腔热血，有胸怀建功立业的志向，先后做过江州祭酒、镇军参军、彭泽令等小官。但他毕竟生活在统治阶级内部互相倾轧、争权夺利十分激烈的时代，官场中的黑暗，愈益引起陶氏的反感甚至仇视，他不愿同流合污，终于在四十一岁时"不为五斗米折腰"，弃官归田，过着"躬耕自资"的生活。人生上的这一重大变故，给他的创作带来了重大影响。由于思想的发展，对现实认识的深化，陶氏的作品，无论是从数量还是从质量上考察，四十一岁后都远胜于以前。他的一些重要作品，大都产生于这一时期。

陶渊明是晋末南朝初年时期十分重要的文学家和诗人。他的作品在表现淳朴的农村生活情趣和描写优美恬静的农村自然景色方面都取得了很高的成就。他的作品内容真切，感情深厚，很有感染力。他善于通过朴素自然的语言，塑造出明朗的艺术形象，并使抒情和写景紧密地结合起来。他的作品一方面坚决地表明与污浊政治决裂，追求恬静生活的高尚情操；另一方面也流露了乐天知命、消极避世的思想。

以意为主，以文传意

范　晔

吾狂衅覆灭①，岂复可言？汝等皆当以罪人弃之。然平生行己任怀，犹应可寻。至于能不②，意中所解，汝等或不悉③知，吾少懒学问，晚成人，年三十许，政始有向④耳。自尔以来，转为心化⑤，推老将至者，亦当未已⑥也。往往有微解，言乃不能自尽。为性不寻注书，心气恶⑦，小⑧苦思，便愦闷，口机又不调利⑨，以此无谈功⑩。至于所通解处，皆自得之于胸怀耳。文章转进，但才少思难，所以每于操笔，其所成篇，殆无全称者。常耻作文士。文患其事尽于形⑪，情急于藻⑫，义牵其旨⑬，韵移其意⑭。虽时有能者，大较多不免此累⑮，政可类工巧图缋⑯，竟无得也。常谓情志所讬，故当以意为主，以文传意。以意为主，则其旨必见；以文传意，则其词不流⑰。然后抽其芬芳⑱，振其金石⑲耳。此中情性旨趣，千条百品⑳，屈曲有成理㉑：自谓颇识其数㉒，尝为人言，多不能赏㉓，意或㉔异故也。

性别宫商㉕，识清浊㉖，斯㉗自然也。观古今文人，多不全了㉘此处，纵㉙有会此者，不必从根本中来。言之皆有实证，非为空谈。年少中，谢庄最有其分㉚，手笔差㉛易，文不拘韵故也。吾思乃无定方，特能济难适轻重㉜，所禀之分㉝，犹当未尽㉞。但多公家之言㉟，少于事外远致㊱，以此为恨㊲，亦由无意于文名㊳故也。

本未关史书，政恒㊴觉其不可解耳。既造《后汉》㊵，转得统绪㊶，详观古今著述及评论，殆少可意㊷者。班氏㊸最有高名，既任情㊹无例，不可甲乙辨㊺。后赞㊻于理近无所得，惟㊼。志可推耳博赡不可及㊽之，整理未必愧㊾也。吾杂传论㊿，皆有精意深旨(51)，既有裁味(52)，故约其词句(53)。至于《循吏》以下(54)及《六夷》诸序论，笔势(55)纵放，实天下之奇作。其中合者，往往不减《过秦》篇(56)。尝共比方(57)班氏所作，非但(58)不愧之而已。欲编作诸志，《前汉》所有者悉令备⁵⁹虽事不必多，且使见文得尽。又欲因事就卷内发论，以正⁶⁰一代得失，意复未果⁶¹。赞自是吾文之杰思，殆无一字空设，奇变不穷，同合异体⁶²，乃自不知所以称之。此书行，故应有赏音⁶³者。纪、传⁶⁴例为举其大略耳，诸细意甚多。自古体大而思精⁶⁵，未有此也。恐⁶⁶世人不能尽之，多贵古贱今⁶⁷，所以称情⁶⁸狂言耳。

吾于音乐，听功不及自挥⁶⁹，但所精非雅声⁷⁰，为可恨。然至于一绝⁷¹处，亦复何异邪？其中体趣⁷²，言之不尽，弦外之意⁷³，虚响之音⁷⁴，不知所从而来⁷⁵。虽少许处，而旨态无极⁷⁶。亦尝以授人，士庶中未有一豪⁷⁷似者。此永不传矣。吾书⁷⁸虽小小有意，笔势不快⁷⁹，余竟不成就，每愧此名。

（南朝·梁）沈约：《宋书·范晔传》

注　释

① 狂衅：狂妄乖谬，招致祸端。衅，祸端。覆灭：灭亡。

② 不：通"否"。

③ 或：有的。悉：尽，完全。

④ 政：通正，才，刚好。向：志向，目标。

⑤ 心化：从精神上领略感受。

⑥ 未已：没有停止。

⑦ 心气：中医术语，指心脏的机能。恶：读音同"饿"，差，不好。

⑧ 小：稍微。

⑨ 口机：谈锋，口才。调利：协调流畅。

⑩ 谈功：博得谈名。魏晋南朝尚空谈，凡善辩者为名士，能言善辩者即被视为有谈功。

⑪ 事尽于形：事实全部表现出来，没有回味余地。形，表现形式。

⑫ 情急于藻：偏重辞藻而没有深刻的内容。藻，辞藻。

⑬ 义牵其旨：堆砌材料，大肆铺陈，妨碍文章主题的表达。牵，连累。

⑭ 韵移其意：强求押韵而致使语言改变。移，改变。

⑮ 大较：大概。累：毛病，过失。

⑯ 工巧：指图画技法完美精妙；图缋：绘画。缋，通"绘"。

⑰ 其词不流：它的措辞造句不浮泛。

⑱ 抽其芬芳：突出它的词采，美丽动人。芬芳，形容文采灿然，词采美丽。

⑲ 振其金石：协调其声韵，使其铿锵悦耳。

⑳ 千条百品：各种各样，千姿百态。品，种类。

㉑ 屈曲有成理：曲折变化但有规律支配。

㉒ 数：规律，法则。

㉓ 赏：欣赏，领略。

㉔ 或：大概。

㉕ 宫商：古代音乐的五种音阶：宫、商、角、徵（读音同"只"）、羽。

㉖ 清浊：指音质的清浊之分。

㉗ 斯：这。

㉘ 了：明了。

㉙ 纵：即便。

㉚ 谢庄：字希逸（421—466），南朝宋陈郡阳夏（今河南省太康县）人，生活于刘宋王朝，是名闻江南的辞赋家，官至吏部尚书、常侍、金紫光禄大夫。分：天赋。

㉛ 手笔：诗文写作。差：读音同"叉"，比较地。

㉜ 定方：固定的格式。特：只。济难：帮助解决问题。轻重：不同情况。

㉝ 所禀之分：所禀受的天姿。

㉞ 犹：还。尽：完。

㉟ 公家之言：官府应用文体，如表章、檄文、诏令等。公家，古时指官家。

㊱ 事外远致：写实以外的深远意趣。

㊲ 恨：遗憾，不足。

㊳ 文名：文章的声誉。

㊴ 恒：经常。

㊵ 《后汉》：即《后汉书》，为本文作者范晔所撰。他在任宣城太守时，将多家有关后汉史事的书加以汇编、整理，删订，写成《后汉书》，凡十纪、十志、八十列传，合为百篇。后世列为二十四史之一，它与《史记》《汉书》《三国志》合称为"前四史"。

㊶ 统绪：体系条例。

㊷ 可意：合心，满意。

㊸ 班氏：班固(32—92)，字孟坚，扶风安陵(今陕西咸阳东）人，出身“家有赐书，内足于财”的世代显贵家庭，并有家学渊源。班固是《汉书》的作者，也是东汉著名的史学家和辞赋家。

㊹ 任情：随意发挥。

㊺ 不可甲乙辨：分不出等级高低。

㊻ 后赞：《汉书》“传”末附有“赞曰”，抒发作者评论。

㊼ 惟：只。

㊽ 博赡：材料富足。赡，富足。及：赶得上。

㊾ 整理：分清主次，爬梳条理；愧：自愧不如，比班固差。

㊿ 杂：附录。传论：《后汉书》在“列传”后附有“论曰”，表达作者的看法。

(51) 精意深旨：淳美深厚的意义和内涵。

(52) 裁味：品尝、体味。

(53) 约其词句：节省笔墨，减缩文字。

(54)《循吏》以下：《后汉书》卷七六至卷九〇，依次为《循吏》《酷吏》,《宦者》《儒林》《文苑》《独行》《方术》《逸民》《列女》《东夷》《南蛮西南夷》《西羌》《西域》《南匈奴》《乌桓鲜卑》等列传。每篇列传中，前有序文，后有论赞（个别篇章除外)。《六夷》包括《东夷》以下六篇。

(55) 笔势：文章气势。

(56) 不减：不亚于，比……也不逊色。《过秦》篇：即西汉政论家贾谊所著《过秦论》上下篇。文章气势磅礴，论证精辟，深刻分析秦朝灭亡的原因，是古代著名的政论文章。

(57) 比方：放在一起比较。

(58) 非但：不只是。

(59)“《前汉》”句：《汉书》作“志”十篇——《律历志》《礼乐志》《刑法志》,《食货志》《郊祀志》《天文志》《五行志》《地理志》《沟洫志》《艺文志》。范晔本打算仿《汉书》作十志，但未实现。今本《后汉书》八志为司马彪作。

(60) 正：用作动词，考究。

(61) 意复未果：预料设想又没有实现。未果，料想的事情未办成。

㉒奇变不穷，同合异体：神奇变化，层出不穷；相同之中，又有差异。

㉓赏音：知音。典出《淮南子》《吕氏春秋》等古籍。《吕氏春秋·本味》："伯牙鼓琴，钟子期听之。方鼓琴而志在太山，钟子期曰：'善哉乎鼓琴！巍巍乎若太山！'少选之间，而志在流水，钟子期又曰：'善哉乎鼓琴！汤汤乎若流水！'钟子期死，伯牙破琴绝弦，终身不复鼓琴，以为世无足复为鼓琴者。"世人以音乐被人理解，文章获得赏识为知音。

㉔纪、传：在《后汉书》中，帝王后妃有纪，其他人物有传。

㉕体大：体制规模宏大。思精：构思精妙独到。

㉖恐：担心。

㉗贵古贱今：厚古薄今。

㉘称情：随意，纵情。

㉙听功：欣赏能力，这里指听人弹琴。自挥：自己弹琴。

㉚雅声：与"俗音"相对，雅乐（音），一般指古代供郊庙朝会时表演的宫廷音乐。

㉛一绝：独到的造诣。

㉜体趣：风格、情趣。

㉝弦外之意：音乐之外的余意。

㉞虚响之音：没有调出的音调。

㉟不知所从而来：不知道从哪里产生的这种艺术魅力。

㊱旨态无极：意味没有穷尽，变化千姿百态。旨态，旨趣、意志。

㊲士庶：士大夫和老百姓。一豪：一丝一毫。

㊳书：书法。

㊴笔势不快：写字运笔的气势滞涩，缺乏飘逸流畅之感。

译　文

我自己狂妄悖理，招致大祸，可以说是咎由自取！你们就当我是罪人，把我忘掉吧。但回想平生所为，还是光明正大的。你们或许不一定完全了解。我年轻时并没有在学问上下功夫，三十岁左右才醒悟，明白了自己的奋斗目标。从此后，在精神上有所感受，直至如今，也没有停下脚步。每有所得，还不能弄清究竟。我生性不好注疏家的治学方法，年老体弱，心气衰损，稍加用心，便觉胸闷不适，加上口才又不协调流利，因此没能博得谈名。至于说到对典籍有所体会，那完全是靠我自己琢磨出来的。做起文章来，只是觉得才疏学浅，思维还欠敏捷，因而所成篇章，都不尽如人意。因此，我并未因为是一名文人而骄傲。写文章最忌讳的是平铺直叙，没有回味的余地；或者偏重辞藻的堆砌，而没有深刻的思想内容；或者铺排材料，妨碍思想主题的完整表达；或者强求押韵，致使文意受到损害。即使有时候能够避免这些毛病，但还是出了很多纰漏。这正如绘画谋求技巧精妙完美，最终不能达到一样。我认为写文章应该抒发思想情感，这就是常说的思想主题是文章的灵魂，文句只是文章的躯壳。文章着眼于思想主题，那么它的思想内涵必然得到完整表达；文句只是表达思想情感的依据，那么文章的措辞造句就不会浮泛不当。然后再讲究文辞华丽，文句优美，就不难做到了。做文章的方式方法千种万种，但万变不离其宗，都有规律可循。我自己觉得对于写文章是很了解其中路数的，曾经同人讨论，大多没有被肯定，这或许是由于思想认识存在差异的缘故吧。

人有识五音、辨清浊的天性，这是很自然的。古往今来，能够明了这个道理的人并不算多，即使有人精通其理，也不是从人的禀性方面进行理解的。说话要有真情实感，不要空发议论。年轻一辈的人中，谢庄最有天赋，诗文写作，举重若轻，这是因为他的文章不受押韵拘束。我觉得文思不要有固定的模式，只要能根据不同的情况解决问题就行。在写作上，人的天资还没有完全得到发挥。就拿我来说吧，也是如此。在行文中也常常流于俗套，写了不少官方的应用文体，很少留心写实以外的深远意趣，我视此为一大缺憾，这是由于不想在写文章上树立名声所致。

我本来不想在历史著述方面有所作为，常常觉得治史是一大难事。现在我已经写出了《后汉书》，又自创体例，察考古往今来的史学著作及其评论，觉得令人满意的篇章不多。班固是最著名的史学家，他也能够自创体例，自由地发挥自己的才能，但我写的《后汉书》同他的《汉书》比起来，可谓不分伯仲。《汉书》的赞论在道理上几乎没有得当之处，只有作者的史学思想可以据此推断清楚。虽说在材料的占有上比不上《汉书》，但将史料条辨爬梳，使主题突出，繁简得当，并不亚于《汉书》。我在《后汉书》列传后附录"论曰"，都有深远的意味。在写作上追求思想的鉴赏性，因此行文力求简洁明快，表达准确无误。从《循吏》以下的诸传及其《六夷》的序论来看，文章气势豪迈，旷达不羁，实属天下奇文。其中满意的篇章，不亚于贾谊的名作《过秦论》。我曾将它们同班固的《汉书》比较，不仅不感到有什么逊色，反而认为超出古人很多。我曾考虑在《后汉书》中写几篇志，《汉书》所有的，我的书中也应该有，即使不写太多的事，也要让人一览便知。我还想在写作《后汉书》的同时，依据书中的人和事发表议论，以便考究东汉王朝的成就和缺失，但这个设想并没有得到实现。即使如此，本书"论曰"体现了我做文章的高超构思，大概没有一个多余的字，行文中神奇变化，层出不穷，相同之中，也有差异，我不知道如何来评论这些文章才好。这本书走向社会后，一定会有知音。纪、传、篇按作史的规则是列举主要事迹的，零散的议论穿插其间。自古体大思精之作，没有超出它的。惟恐世人不能完全明了作者匠心，囿于贵古贱今的偏见，因而我抒发了以上狂言。

至于说到音乐，会欣赏不如自己会弹奏。如果不是精通雅乐，就没有什么值得炫耀的。然而对独到的造诣，又有什么可以大惊小怪的？贯穿在音乐之中的情趣，说也说不完。音乐美妙委婉，意境深远，耐人寻味，让人弄不清艺术的魅力从何而来。只要你对音乐略加领会，就能觉得音乐的力量没有穷尽，变化万端。我曾经将音乐的技巧与体会传授出去，但士大夫和老百姓中没有一人能学到一丝一毫。唉，我的绝技就此被带走了。我对书法虽然有所留意，但写字运笔气势滞涩，缺乏飘逸流畅之感，最终没有成就，我常常对此愧疚不安。

讲 读

范晔（398—455）的这篇家书，是在狱中写给他的外甥诸侄的，学术性很强。范晔回顾了自己平生治学著述的经历，讲述了自己的治学体会和学术思想，文字不长，但涉及面较宽。诸如写文章、著史书、治音律、练书法等方面，都有深刻见解。作为一篇家训，他教育后辈们在学业与学术研究上应当注意以下问题：第一，写文章"患其事尽于形，情急于藻，义牵其旨，韵移其意"，"故当以意为主，以文传意。以意为主，则其旨必见；以文传意，则其词不流。然后抽其芬芳，振其金石耳。此中情性旨趣，千条百品，屈曲有成理"。"言之皆有实证，非为空谈。"第二，史学著述要有恢宏的旨趣，"因事就卷内发论，以正一代得失"，在写作上也要超越古人，做到体大思精，笔势纵放。第三，学习音乐，要以雅声为正途，懂得"听功不及自挥"的道理。第四，练习书法，就要努力掌握技巧，有所成就。作为一篇学术论文，他阐发了文学批评、史学评论、音乐赏鉴等深刻思想，论理精深，达到了很高的水平，在这些领域，都很有影响。因此，它是中国古代家训中的名篇。

这篇家训受到后人的喜爱，除了它的学术性之外，还有透过字里行间，体现出作者的大气与豪迈。作者有一股成就一番事业的自信，他立志有为的气概感人至深，受到了读者的敬仰。唯其如此，作者对于自己成就的事业，又有夸大的一面，这当然是不足取的。

范晔，字蔚宗，南朝刘宋顺阳(今河南省淅川)人。出身儒学、官僚世家，史称他"少好学，博涉轻史，善为文章，能隶书，晓音律"。成年后，初为彭城王义康冠军参军，历官至尚书吏部郎、宣城太守、左卫将军、太子詹事等。后因参与密谋拥立刘义康做皇帝，被捕下狱，在元嘉二十二年十二月被杀，年四十八岁。

范晔是一位才华出众的史学家，他的《后汉书》是我国古代的史学名著，无论从体裁的编撰技巧，还是从所写内容的思想性来说，在史学史、文学史上都有相当的地位和价值。《后汉书》同《史记》《汉书》《三国志》一道并称为著名的"前四史"。宋文帝元嘉元年（424），范晔被贬为宣城太守后，参考前人所修后汉史书近二十种，开始了《后汉书》的写作。他准备写十纪、十志、八十列传，计百篇。凡《汉书》所有诸志，他都计划写上。到他被杀时，只成纪、传。今本《后汉书》补录了晋人司马彪写的《续汉志》八志三十卷。《后汉书》是二十四史中的上乘之作，备受史学界的重视，这是因为它有自身突出的特点。清代学者王鸣盛在《十七史商榷》中评论得很恰当："贵德义，抑势利；进处士，黜奸雄。论儒学则深美康成（郑玄），褒党锢则推崇李（膺）、杜（密），宰相多无述，而特表逸民；公卿不见采，而惟尊独行。"读之能激发人。

言必信，行必果

王僧虔

知汝恨吾不许[汝]①学，欲自悔厉②，或以阖棺③自欺，或更择美业④，且得有慨⑤，亦慰穷生⑥。但亟闻斯唱⑦，未睹⑧其实。请从先师⑨，听言观行⑩，冀此不复虚身⑪。

吾未信汝，非徒然⑫也。往年有意⑬于史，取《三国志》⑭聚置床头，百日许⑮，复徙业就玄⑯，自当小差⑰于史，犹未近彷佛⑱，曼倩⑲有云："谈⑳何容易。"见诸玄㉑，志为之逸㉒，肠㉓为之抽。专一书，转诵㉔数十家注，自少至老，手不释卷㉕，尚未敢轻言。汝开《老子》卷头五尺许㉖，未知辅嗣㉗何所道，平叔㉘何所说，马、郑㉙何所异，《指例》㉚何所明，而便盛于麈尾㉛，自呼谈士㉜，此最险事。设令袁㉜令命汝言《易》，谢中书挑汝谈《庄》㉞，张吴兴㉟叩汝［言]《老》，端㊱为可复言未尝看邪？谈故如射㊲，前人得破，后人应解㊳，不解即输赌矣。且论注百氏㊴，荆州《八袠》㊵，又《才性四本》㊶，《声无哀乐》㊷，皆言家口实㊸，如客至之有设㊹也。汝皆未经拂耳瞥目㊺，岂有庖厨㊻不脩，而欲延大宾㊼者哉？就如张衡思侔造化㊽，郭象言类悬河㊾，不自劳苦，何由至此？汝曾未窥㊿其题目，未辨其指归(51)；六十四卦(52)，未知何名；《庄子》众篇，何者内外(53)；《八袠》所载，凡(54)有几家；《四本》之称，以何为长(55)。而终日欺人，人亦不受汝欺也。

由吾不学，无以为训(56)。然重华(57)无严父，放勋无令子(58)，亦各由己耳。汝辈窃(59)议亦当云："何日不学？在天地间可嬉戏，何忽自课谪(60)？幸及盛时(61)逐岁暮，何必有所减(62)？"汝见其一耳，不全尔(63)也。设令吾学如马、郑，亦必甚胜(64)；复倍不如，今亦必大减。致(65)之有由，从身上来也。[汝］今壮年，自勤数倍许胜，劣(66)及吾耳。世中比例举(67)眼是。汝足知此，不复具言。

吾在世，虽乏德素(68)，要复推排(69)人间，数十许年，故是一旧物(70)，人或以比数^{○71}汝等耳。即化^{○72}之后，若自无调度^{○73}，谁复^{○74}知汝事者？舍中亦有少负^{○75}令誉弱冠超越清级^{○76}者，于时王家^{○77}门中，优者则龙凤^{○78}，劣者犹虎豹^{○79}，失荫^{○80}之后，岂龙虎之议^{○81}？况吾不能为汝荫，政^{○82}应各自努力耳！或有身经三公^{○83}，蔑尔无闻^{○84}；布衣寒素^{○85}，卿相屈体^{○86}；或父子贵贱殊，兄弟声名异。何也？体^{○87}尽读数百卷书耳。吾今悔无所及，欲以前车诫尔后乘^{○88}也！

汝年入立境^{○89}，方应从官^{○90}，兼有室累^{○91}，牵役^{○92}情性，何处复得下帷如王郎^{○93}时邪？为可作世中学^{○94}，取过一生耳。试复三思，勿讳^{○95}吾言，犹捶挞志辈^{○96}，冀脱^{○97}万一，未死之间，望有成就者。不知当有益否？各在尔身已切^{○98}，岂复关^{○99}吾邪？鬼^{○100}唯知爱深松茂柏，宁^{○101}知子弟毁誉事！因汝有感，故略叙胸怀矣。

（南朝·梁）萧子显：《南齐书·王僧虔传》

注　释

① 恨：怨，不满；吾：我；许：称许，赞扬；汝：你。

② 悔厉：悔改，振作。

③ 阖棺：盖棺，意指终生。

④ 美业：好差事。

⑤ 且：姑且，暂且；慨：慷慨立志。

⑥ 穷生：毕生。这里指晚年。

⑦ 但：仅仅，只是；亟：读音同"气"，多次，屡次；斯：这；唱：通"倡"，口号。

⑧ 睹：看见。

⑨ 先师：指孔子。汉代以后，孔子被尊奉为至圣先师。

⑩ 听言观行：听到一个人所说的，去考察他的行为与言论是否一致。典出《论语·公冶长》："子曰：'始于人也，听其言而信其行；今吾于人也，听其言而观其行。'"

⑪ 冀：希望；虚身：虚度一生。

⑫ 徒然：白白地，没有根据地。

⑬ 有意：有心研究。

⑭ 《三国志》：书名，晋人陈寿撰，分魏、蜀、吴三书，以魏为正统，并简略地记述了魏、蜀、吴三国的历史。南朝裴松之作注，引用史料，多有补充，

很有价值。它连同《史记》《汉书》《后汉书》被称为"前四史"。

⑮ 许：概数，大约，大概。

⑯ 徙业：改换专业。就玄：去学习老庄玄学。南朝宋代在学官立老庄之学，称玄学。就，接近，趋向。

⑰ 差：读音同"刺"，区别。

⑱ 仿佛：大概，轮廓。

⑲ 曼倩：人名。东方朔，字曼倩，西汉平原厌次（今山东省阳信县东南）人，汉武帝宠臣，以文辞和诙谐闻名，官至太中大夫，今存一些散文作品。

⑳ 谈：清谈，议论玄学。

㉑ 诸玄：道家的各种著述。

㉒ 志：精神。逸：飞扬，飘逸。

㉓ 肠：这里指内心世界、感情。这句话是说回肠荡气，感情激荡。

㉔ 诵：背会。

㉕ 手不释卷：形容认真学习、刻苦攻读的样子。释，放开。

㉖《老子》：即《道德经》，道家的经典著作，分上下卷，五千言。春秋时期楚国人老聃（李耳）撰。卷头五尺许：是说展开书卷有五尺左右。

㉗ 辅嗣：人名，即王弼，字辅嗣，三国时期魏国山阳（今河南省修武县西北）人。少好老庄，与钟会并名当世。著有《道略论》，开魏晋以后玄学的先声。曾任尚书郎。死于三国魏齐王嘉平元年（249），年仅二十四岁。

㉘ 平叔：人名，即何晏（190—249），字乎叔，三国时期魏国宛（今河南省南阳市）人。少有异才，好老庄，尚清谈，为名噪一时的玄学家。今有《论语集解》传世。

㉙ 马、郑：马，指东汉著名的经学家马融，字季长，扶风茂陵（今陕西省兴平市）人。曾在东观典校秘书，后归家乡，门徒数千，一时名儒卢植、郑玄皆出自门下。著有《易注》《老子注》等。郑，指郑玄，字康成，东汉著名经学家。年少好学，青年时代出外游学十余年，后师从马融，学成回乡讲学，遍注五经，门徒众多，影响甚大。

㉚《指例》：即王弼《老子指例》。

㉛ 盛于麈尾：用于装饰清谈之士。麈尾，驼麈尾做的拂尘。魏晋名士清谈，经常手执拂尘。麈，读音同"主"，驼鹿，俗称四不像。

㉜ 谈士：清谈家。

㉝ 袁：指袁甫，字公甫，东晋淮南（今江苏省扬州市）人，好学，以辩词著称于时，自求为松滋令，转淮南国郎中令。

㉞ 谢中书：谢安（320—385），字安石，东晋阳夏（今河南太康县）人，少有才名，召辟不就，携妓游赏名山。年四十余出仕，孝武时进中书监。以大都督征前秦符坚有功，封建昌县侯，拜太保。《庄》：即《庄子》。

㉟ 张吴兴：即张玄之，字祖希，晋安帝时为冠军将军、吴兴太守，善清谈，号吴中名士。

㊱ 端：真的。

㊲ 谈故如射：故，通"固"，本来，当然；射：射覆，古代游戏名称，把物什掩盖起来，让人们猜，以能否猜中决定输赢。

㊳ 解：解释。

㊴ 百氏：百家，上百种注释。

㊵ 荆州《八表》：东晋人殷仲堪，好清谈，善骈文，人称荆解。孝武时任都督，主荆、益、宁三州军事。安帝时与谢玄战，兵败自杀。《八表》，今佚。表，读音同"治"。

㊶《才性四本》：三国时魏国人钟会著《四本论》。《世说新语·文学》刘孝标注引《魏志》："四本者，言才性同、才性异、才性合、才性离也。"

㊷《声无哀乐》：魏晋之际名士嵇康崇尚老庄之学，著有《声无哀乐论》。

㊸ 言家口实：言家，好老庄。喜清谈的名士；口实，谈话资料。

㊹ 设：摆设，用以待客的酒食。

㊺ 未经：未曾；拂耳瞥目：耳闻目睹，看过听过。

㊻ 庖厨：厨房。庖，厨房。

㊼ 延：邀请。大宾：上宾，贵客。

㊽ 张衡：字平子（78—139），东汉南阳西鄂（今河南省南阳市）人，是著名的科学家和辞赋家，曾任太史令、河间相、尚书等。他精通天文历算，善于机械制作，创制浑天仪、候风地动仪。思侔造化：精巧的构思赶得上自然的神奇。侔，相等；造化，自然界的创造和变化。

㊾ 郭象：字子玄（？—312），西晋河南（今河南省洛阳市）人，好老庄，能清谈，官至黄门侍郎，东海王司马越任为太傅主簿。传世有《庄子注》。言

类悬河：即口若悬河。言辞如同瀑布奔泻，滔滔不绝。

(50) 窥：看。

(51) 指归：宗旨，意旨。

(52) 六十四卦：《周易》八卦，相传为伏羲氏所作。每卦由三爻（读音同“摇”，⚊阳爻，⚋阴爻）组成，八卦即☰乾（天）、☳震（雷）、☱兑（泽）、☲离（火）、☴巽（风）、☵坎（水），☶艮（山）、☷坤（地）。八卦两两重复，演为六十四卦，象征自然及人事的发展变化，被当作卜筮符号。

(53) 内外：《庄子》由内外篇、杂篇构成。其中，内篇七、外篇十五、杂篇十一，共三十三篇。

(54) 凡：总共。

(55) 长：读音同“肠”，优点，强项。

(56) 训：法则，榜样。

(57) 重华：相传为传说时代五帝之一舜的名。传说舜父瞽（读音同“古”）叟，受其后妻挑拨离间，几次设法加害舜，但被舜躲脱。

(58) 放勋：相传为传说时代五帝之一尧的名。令子：好儿子。传说尧帝的儿子丹朱顽劣不驯，又好争斗吵架，尧帝死后，诸侯不去朝拜他，而是去朝拜舜帝。

(59) 窃：私下。

(60) 课谪：考试处罚。

(61) 盛时：盛年，年富力强时。

(62) 减：逊色。

(63) 全尔：完全如此。

(64) 胜：超过，比……强。

(65) 致：招致。

(66) 劣：用作动词，比……差。

(67) 比例：相同的例子。举：满，举凡。

(68) 素：白色。

(69) 排：移动。

(70) 旧物：过时的东西。文中用作谦辞，指自己已经年迈无用。

(71) 比数：列入一定的人群。文中指进入士者行列。

㉒ 化：化灭，死去。

㉓ 调度：格调，器度。

㉔ 复：还，又。

㉕ 舍中：家族当中。负：担当。

㉖ 弱冠：古代男子以二十岁作为成年标志，有冠冕礼。二十岁以前（未成年）称为弱冠。清级：清贵的官级。

㉗ 时：通"是"，这。王家：这里是对优越门第的提示。魏晋之间，王氏为门阀望族，许多公卿大臣、文人名士都出自王氏家族。

㉘ 龙凤：这里是比喻，指高官或杰出人物。

㉙ 虎豹：相对龙凤而言，指次于龙凤的又一重人物。

㉚ 荫：恩荫。中国传统社会以血缘关系为纽带，宗法制度维系着恩荫制度，子孙依此可以继承先辈的封爵、封地和官职。

㉛ 议：评论。

㉜ 政：通"正"，端正。

㉝ 三公：中国古代社会的三个最高官职，始于西周：太师、太傅、太保。秦代为丞相、太尉、御史大夫。西汉为大司马、大司徒、大司空。东汉为太尉、司徒、司空。唐代以后，三公演变为荣誉称谓，有功劳、有德望、有资历的大臣被授予三公的称号，它不是一种官职，没有实际权力。

㉞ 蔑尔：渺小的样子。闻：读音同"问"，名声。

㉟ 布衣：粗衣服。古代服饰有严格的等级，老百姓只能穿麻布衣服，不能僭越。一般用布衣指老百姓。寒素：门第卑微。

㊱ 屈体：致礼时要弯腰，这里指行礼。

㊲ 体：本身。

㊳ 前车诫尔后乘：典出西汉刘向《说苑》引《周书》："前车覆，后车戒。"比喻将先前失败的教训用作后次实践的借鉴。

㊴ 立境：进入而立之年，即三十岁。典出《论语·为政》。孔子说："吾十有五而志于学，三十而立，四十而不惑，五十而知天命，六十而耳顺，七十而从心所欲不逾矩。"

㊵ 从官：做官。

㊶ 室累：家庭负担，如妻、子拖累等。

(92) 牵役：驱迫，影响。

(93) 下帷：放下室内的帷帐，这是古代读书人教学、读书的一种礼仪，一般指闭门读书。王郎：指王衍（256—311），字夷甫，西晋琅邪临沂（今山东省临沂市）人。年少时有才名，自比为子贡。有辩才，为当世谈玄名流。官至尚书令、太尉。率兵抵御前赵大将石勒入侵，兵败被杀。

(94) 世中学：既料理俗务，又不耽误读书。

(95) 三思：三思而行，典出《论语·公冶长》："季文子三思而后行，子闻之，曰：'再，斯可矣。'"讳：违背。

(96) 捶挞：古代的一种严厉的家法。父亲教育儿子时用木棍或鞭子痛打，称为捶挞。志：指作者的儿子王志。辈：类。

(97) 脱：如果。

(98) 己切：切身。

(99) 关：关涉，联系。

(100) 鬼：古代老年人的自称。

(101) 宁：难道。

译　文

我知道你怨恨我不称赞你学习，想自己有所振作。作为后辈，有时确立终身努力的目标，有时重新选择美好的差事，但在眼下能够慷慨立志，也能够安慰我度过晚年。只是多次听到类似的话，并未见到付诸行动。按照至圣先师孔子所说的，察其言，观其行吧，希望你不要虚度此生。

我不相信你的话，并非没有根据。过去你对史书感兴趣，将《三国志》放在床头一百多天，后来又转行去学习玄学。转行也就罢了，总该有比学习历史时稍好一些的表现吧，但仍然没有掌握它的概要。西汉东方朔曾经说过："清谈哪有那么容易？"他接触过道家诸语，精神飘逸，感情激荡。一个人专攻一书，背诵数十家注释，从少至老，手不释卷，勤奋攻读，尚且不敢随便议论。而你呢，展开五尺左右的《老子》书卷，不知道王弼有些什么解释，何晏有些什么见解，马融同郑玄的看法又有什么不同，《老子指例》解决了一些什么问题，便以清谈家自居，这是很危险的。假如请袁甫考你谈论《周易》，谢安听你讲解《庄子》，张玄之听你阐发《老庄》，你能说没有读过诸家的注释吗？清谈本来如同射戏，前人注释，后人阐发，不能旁征博引，就好比输了一场射戏一样。何况注释本上百家，荆州《八袠》，加上《才性四本》，《声无哀乐》，都是清谈家的依据，它们就好比是招待客人的酒食。对于这些著作，你没有认真研读过，就好比没有经过烹调的工夫，哪有招待客人的菜肴一样。就像张衡精巧的构思赶得上自然的神奇，就像口若悬河，不经历辛苦攻读，哪里能够到达如此神妙的境界！你不曾看过题目，没有辨察意旨，六十四卦，弄不清名目；《庄子》一书，由哪些篇章构成；《八袠》所论，总共有几家；《四本》所释，以哪一家最具权威，反而整日欺骗别人，别人最后也不受你的骗了。

因为我没有学问，所以不能够为你提供典范。但是我听说古时圣贤舜帝没有严父，尧帝也没有好儿郎，这都是因为各自选择了自己的成长道路。你们私下议论的时候，大概在说："什么时候不能学习啊？在大自然中嬉闹消闲，为什么突然要考试处罚？幸而趁着青春盛年嬉戏，抢在衰老之前。为什么游玩一定要比学习的劲头逊色？"你们只看到了问题的一方面，不全知人生的道理啊！假如我像马融、郑玄那样勤奋，也一定能够超过他们；退一步讲，既然没有像他们那样苦读，比他们就一定差得远了。招致这种结果的原因，是从自己身上产生的。你正当壮年，只要加倍用功，就能取得好成绩，即使不居上游，至少也比得上我。相同的例子俯拾皆是，你一定能够明白这个道理，我就不多说了。

我这一辈子，虽然算不上是德行很显著的人物，但评估这十几年的所作所为，在我死之时，你还可以被人算计在望族之列。我死之后，如果你本身没有做人的风度才识，谁会把你看在眼里呢？在我们家族中，也不乏少时就有美名，成年之前就位居清贵官阶的人，一时之间，优者担任高官，中者出任官吏，但是一旦失去恩荫，人们还会将你当做人才吗？何况我不能为你准备什么恩荫，只有靠你自己好自为之了！有的人位居三公，默默无闻；有的人没有官位，但达官贵人要向他致礼；有的人虽是父子兄弟，但贵贱不同，名声各异。为什么呢？就是因为他们自己在读书上各有差异。我现在只想让你明白前车之鉴的道理啊！

你已进入而立之年，正应当去做官，又有妻室之累，影响了性情，哪里可以像王衍那样一心一意地学习呢？只好一边应付俗务，一边攻读，拼搏而已。望你三思，不要违背我说的这番话。这好比是进行严厉的家教，希望你努力啊，在我死之前就能看到你有所作为。我所说的不知对你有没有启发？这就要看各自的造化了，我哪里还管得上啊！我死之后，就只知道迷恋坟上的深松茂柏，哪里晓得子孙在世上是受到赞扬，还是被人贬斥呢！由于你的行为，触动了我的思想，因而略微抒发一点肺腑之言罢了。

讲 读

这是南朝时期宋人王僧虔（426—485）留给后世的一篇有名的家训。这篇文章在当时就很有名，故被后人收入正史《南齐书》中，其影响源远流长。王僧虔针对儿子王志见异思迁，学无恒心，事无常业的不良品行，指出学习要扎扎实实，追求要踏踏实实，一以贯之。作者认为，浅尝辄止，不求甚解，只知皮毛，便去卖弄学问，是一种十分可耻的学风。这是很有教益的。作者深刻阐述了珍惜时间，勤奋学习的重要性，认为年轻时看重逸乐，是一种浪费青春的错误行为，应该及时改正。作为名门望族的达官，能够严格要求子孙，确有远见卓识。作者教育自己的子孙要正确看待自己的门第，依靠恩荫谋得职位，没有什么人生意义；只有依靠自己的努力，刻苦攻读，取得地位，才算是实现了人生价值。文章对人生的勉励，所充溢的一种拼搏上进精神，是十分可贵的。文章虽然较长，语气冷峻，但通过举例分析，利弊优劣的比较，严谨地论证了正确的观点，说理很充分，令人信服。因而作者的一颗严父慈父之心也就在冷峻的气氛和严峻的语气中显露无遗了。语言是冷的，但作者的心是热的。这是文章受到后世欢迎的一个很重要的原因。

本篇在中国文化史上占有一席之地的另一个重要原因是，文章的文化内涵极为丰富，在一篇短短的千字文中，文章谈古论今，在中国文化园地中纵横驰骋，用典精巧，典型突出，意蕴悠长。文章基本上因典成篇，而又说理透彻。这在文苑中是罕见的。

王僧虔，南朝宋琅琊临沂(今山东省临沂市）人。王家是其时的士家大族，门第显赫，其高祖王导、祖父王珣俱为晋朝司徒，伯父王弘为宋太保。王僧虔因为门第关系，也做了高官，官至吏部尚书、尚书令。齐代宋后，转任侍中、湘州刺史、征南将军。王氏为人，性情沉默自守，谦退恭谨，多智善察，而少交往。少时即善隶书，好文史，解音律，知天文。他是一位传统社会学者型的官僚。他恭谦识礼，获得了很好的口碑。一次，书法写得很好的齐高帝萧道成问他："论书法，国中谁居第一？"他答道："我的书法天下第一，陛下您的书法也称第一。"他的侄子建宅第超越了制度的规定，他很反感。侄子请他去新宅做客，他不去。他的侄子因此毁掉新居。王僧虔居官清简不贪，受到百姓赞誉。史书上对他也有很高的评价："王僧虔有希声之量，兼以艺业。戒盈守满，屈己自容，方轨诸公，实平世之良相。"由此可见，如果作者没有高尚的修养和操守，绝对写不出这篇内容丰富、思想深邃、影响深远的家训来。这也是后世喜爱这篇家训的又一原因。

谦恭俭朴持家

杨　椿

　　我家入魏之始，即为上客①。自尔至今，二千石方伯不绝②，禄恤③甚多。于亲姻知故吉凶之际④，必厚加赠襚⑤，来往宾僚，必以酒肉饮食⑥，故六姻朋友无憾⑦焉。国家初，丈夫好服彩色⑧。吾虽不记上谷翁时事，然记清河翁时服饰。恒见翁著布衣韦带⑨，常自约敕⑩诸父曰："汝等后世若富贵于今日者，慎勿积金一斤、彩帛百匹已上⑪，用为富也⑫。"不听兴生求利⑬，又不听与势家作婚姻。至吾兄弟，不能遵奉。今汝等服乘渐华好，吾是以⑭知恭俭之德，渐不如上⑮也。又吾兄弟，若在家，必同盘而食；若有近行，不至，必待其还。亦有过中不食，忍饥相待？吾兄弟八人，今存者有三，是故不忍别⑯食也。又愿毕⑰吾兄弟，不异居异财。汝等眼见，非为虚假。如闻汝等兄弟，时有别斋独食。此又不如吾等一世也。吾今日不为贫贱，然居住舍宅，不作壮丽华饰者，正虑汝等后世不贤，不能保守之，将为势家⑱所夺。

　　北都⑲时，朝法严急。太和初，吾兄弟三人并居内职，兄在高祖⑳左右，君与津在文明太后㉑左右。于时口敕，责诸内官，十日仰密㉒得一事，不列便大嗔嫌。诸人多有依敕密列者，亦有太后、高祖中间传言构间㉓者。吾兄弟自相诫曰："今忝二圣近臣，居母子间难，宜深慎之。又列人事，亦何容易，纵被嗔责，勿轻言。"十余年中，不尝言一人罪过。时大被㉔嫌责，答曰："臣等非不闻人语，正恐不审，仰误圣德，是以不敢言。"于后终以不言。蒙责及二圣间言语，终不敢辄尔传通。太和二十一年，吾从济州来朝，在清徽堂豫宴。高祖谓㉕诸贵曰："北京㉖之日，太后严明，吾每得杖。左右因此有是非言。和㉗朕母子者，唯杨播兄弟。"遂举爵赐兄及我酒。汝等脱若万一蒙明主知遇，宜深慎言语，不可轻论人恶也。

吾自惟文武才艺、门望姻援不胜㉘他人，一旦位登侍中、尚中，四历九卿，十为刺史，光禄大夫、仪同、开府、司徒、太保，津今复为司空者，正由忠谨慎口，不尝论人之过，无贵无贱㉙，待之以礼，以是故至此耳。闻汝等㉚学时俗人，乃有坐待客者，有驱驰势门㉛者，有轻论人恶㉜者，及见贵胜则敬重之，见贫贱则慢易㉝之，此人行之大失，立身之大病也。汝家仕皇魏以来，高祖以下乃有七郡太守、二十三州刺史，内外显职，时流㉞少比。汝等若能存礼节，不为奢淫骄慢，假㉟不胜人，足免尤诮㊱，足成名家。君今年始七十五，自惟气力，尚堪朝觐天子，所以孜孜求退者，正欲使汝等知天下满足之义，为一门法㊲耳，非是苟求千载之名。汝等能记吾言，吾百年后㊳终无恨矣。

（唐）李延寿：《北史·杨椿传》

注　释

① 上客：上流社会，指社会地位高。

② 不绝：不间断。

③ 禄：俸禄。恤：国家所救济、赐予。

④ 于：在；亲：亲戚；姻：联姻，姻亲；知：知己，朋友；故：旧识；吉：好事；凶：丧事；之际：的时候。

⑤ 赠禭：馈赠。

⑥ 饮食：用作动词；饮，喝；食，吃。

⑦ 无憾：没有怨言。

⑧ 丈夫好服彩色：丈夫，指成年男子；好，读音同"浩"，喜欢；服，用作动词，穿；彩色，彩色的丝织品，指华贵衣物。

⑨ 布衣韦带：布衣，用粗布做的衣服；韦带，牛皮带。文中用作动词，穿布衣，系皮带。

⑩ 敕：命令。

⑪ 已上：以上。

⑫ 用为富也：标榜富贵。用，凭借。

⑬ 兴生求利：做生意赚钱。

⑭ 是以：因此。

⑮ 上：指上一辈人。

⑯ 别：分开。

⑰ 毕：全部。

⑱ 势家：权贵之家，大户人家。魏晋南北朝之际，上流社会由士族组成。士族即势家。

⑲ 北都：拓跋珪建国魏（北魏），398年定都平城（今山西大同）。490年，魏孝文帝亲政，迁都洛阳。史称平城为北都。

⑳ 高祖：即北魏孝文帝拓跋元宏（467—499），后改胡姓为汉姓元。魏延兴元年（471），魏献文帝拓跋弘把帝位传给年仅五岁的儿子元宏，其祖母冯太后摄政。太和十四年（490），冯太后死，他始亲政。魏孝文帝进一步推进社会改革事业，如迁都洛阳，改变鲜卑族姓氏为汉姓，改变鲜卑风俗、服制、语言，鼓励与汉族通婚，等等。史称魏孝文帝改革。这些改革，对于北方各民族的融合与社会进步，起到了积极作用。

㉑ 文明太后：即冯太后（442—490），魏孝文帝祖母，摄政25载，死后谥文明太后。她执政期间所制定的政策，有利于北魏封建化进程，为孝文帝改革打下了坚实的基础。

㉒ 仰密：刺探情报。

㉓ 构间：挑拨离间。

㉔ 被：通"披"，遭受。

㉕ 谓：对……说。

㉖ 北京：即北都平城。

㉗ 和：用作动词，使……和睦。

㉘ 吾自：我自己；不胜：比不上。

㉙ 无贵无贱：没有贵贱区别。

㉚ 汝等：你们。

㉛ 驱驰：奔走。势门：权宦之门、豪族之家。

㉜ 轻论：随便议论。人恶：别人的短处。恶，读音同"饿"。

㉝ 慢易：怠慢。

㉞ 时流：眼前这般人。

㉟ 假：倘若。

㊱ 诮：指摘，讥讽。

㊲ 门法：家规。

㊳ 百年后：古人讳言死，用"百年后"指代"死"。

译 文

我家自入魏以来，世代高官，俸禄优厚，遇亲戚故旧家中有喜庆丧葬诸事，必然慷慨相助。来客待以酒食，所以亲戚朋友都无意见。立国之初，贵家男子竞相穿着华贵衣服，曾任清河太守的祖父，却穿布衣，系皮带，时常训诫父辈们说："你们将来会比现在更加富贵，家中积蓄切不可满一斤黄金，超过一百匹彩帛，使自己成为富家。"不许做买卖或放高利贷，不许与世家联姻。现在你们的衣服、车马越来越华丽讲究，说明恭谨俭朴的美德已不如祖辈。我们兄弟八人，在家一定同盘而食，不异居异财，听说你们中有人躲在家里吃喝，这一点你们又不如我们这一代了。今天，我已经不能算贫贱了，为什么不追求华美壮丽呢？原因就是担心后世子孙不贤，将产业被势家大户夺去。

京城未南迁时，朝廷的刑法十分严密。太和初年，我们兄弟三人都在禁闱供职，哥哥杨播侍奉孝文帝，我同弟弟杨津侍奉冯太后。当时太后口谕，禁闱大臣每十日必须在面圣时汇报朝中动静。如果没有探到情报，就会遭到呵责。很多人依旨行事，也有在太后和皇上之间拨弄是非的。我们兄弟互相勉励说："我们很荣幸地入朝为官，侍奉二圣，但在他们中间说话处事一定要慎之又慎。何况是列举是非，谈何容易。即使被责备，也不要轻易说话。"十余年中，我们不曾谈论过任何一人的是非。当时屡遭责怪，我们回答说："我们并不是没有觉察一些议论，唯恐不准确，贻误圣上，因此不敢轻言。"后来一直保持缄默。我们受到责备以及太后与皇帝的谕旨，我们也不对外传播。孝文帝亲政后，我从济州来朝面圣，并在清徽堂接受皇帝的宴请，孝文帝对大臣们说："迁都之前，太后严明，我经常受到责罚。大臣中有人因此在我和太后之间拨弄是非，为我们和睦着想的人，只有杨播兄弟。"于是赐爵给兄长杨播，赏赐我喝美酒。你们倘若万一承受皇帝知遇之恩，应该谨慎自己的言语，不要随便议论别人的是非。

我自己深感文武才能、门望地位、亲族势力都不比别人优越，我之所以能够官至侍中、尚书等要职，弟弟杨津现在又做了司空，原因就在于我们忠于皇上，勤恳谨慎，不曾背地里议论他人。对待同僚，不论贵贱，都能以礼相待。

听说你们学时下那些俗人，有的坐着接待客人，有的奔走于权势之门，有的随便议论他人的过失，有的见贵家权要就敬重，见贫穷低贱者就轻慢无礼，这是品行极端堕落的表现，是立身处世的大缺点。我们家自从在魏朝为官以来，历任内外显要职务，你们如能发扬以礼相待、戒奢去骄的家风，即使不能超过别人，也可避免被人指摘。我今年七十五岁了，自己感到气力尚足，可以朝见天子，之所以急于求退，是要让你们懂得天下事应知满足的道理，使全家有一个好的家规以供效法。你们能够牢记我的话，我死后也就没有什么遗恨了。

讲 读

这是北魏大臣杨椿（455—531）在请求退休获准后写给子孙的一篇有名的家训，一时为朝野传诵。杨椿经历北魏献文帝、孝文帝、宣武帝、孝明帝、孝庄帝五朝，是朝中重臣。他目睹了社会变迁，经历了宦海沉浮的惊涛骇浪，积累了丰富的人生智慧，对仕宦人生深有感悟。这篇家训看似向子孙们讲明他请求退休的原因，其实是为了教育子孙保持谦恭俭朴的家风，力戒骄傲奢侈。杨椿讲了两条非常重要的人生道理：处满知盈，功成身退；养尊不处优，位高不逾礼。这是很有教育意义的。在南北朝之际，骄傲奢侈、养尊处优、霸道违礼，是士家子弟最明显的毛病，杨椿此言，可谓切中流弊。针对性极强。杨椿特别提醒道，待人恭谦有礼，生活节俭朴素，是做人的一种优秀品德，因此要求子孙们努力做到；他还认为趋炎附势，奔走于权门显贵之间是品质堕落的表现，是立身处世的大害，要求子孙们引以为鉴。这也是非常明智的。以杨椿的名望、地位、身份，能够对子孙们提出这样严格的要求，在当时的确了不起，也值得后人深思。

杨椿，字延寿，北魏弘农华阴(今属陕西)人。曾祖杨珍，曾任上谷太守，即文中所说的上谷翁；祖杨真，曾任河内、清河两郡太守，即文中所说的清河翁；父杨懿，广平太守，为政有公平之誉。杨椿历五朝，累官豫州、梁州等州刺史，进号车骑大将军、仪同三司，加侍中，兼尚书右仆射，后为司徒，死后赠太师、丞相、都督、冀州刺史，可谓元老重臣。史载杨椿辞官归田时，孝庄帝离开御座，拉着他的手，泪流满面地说："您是先帝的旧属宿老，只因志节高尚，决意归田。既然不能强留，我只能感到十分惋惜。"杨椿要还礼时，孝庄帝拉住不让。又赏赐绢布，让羽林军卫护还乡。群臣在城西张方桥为他饯行，行人观赏者无不感叹。总之，杨椿辞官归田时，皇帝极尽恩宠，杨椿极尽风光。由此可见他在朝中的地位与声望之重。史称杨椿为人宽和谨慎。杨椿回乡后，不幸为叛臣尔天光所害，一时为人痛惜。可见他在老百姓中也颇有威望，受到百姓敬爱。杨椿为官如此，为人如此，他的家训受到人们喜爱并流传下来，也就不足为怪了。

立身行道，始终若一

王　褒

　　陶士行①曰："昔大禹不吝尺璧②而重寸阴。"文士何不诵书，武士何不马射③？若乃玄冬修④夜，朱明永⑤日，肃⑥其居处，崇其墙仞⑦，门无糅杂，坐阙号呶⑧，以之求学，则仲尼之门人⑨也，以之为文，则贾生⑩之之升堂也。古者盘盂有铭⑪，几杖有诚⑫，进退循焉⑬，俯仰观焉⑭。文王⑮之诗曰："靡不有初，鲜克有终⑯。"立身行道，终始若一⑰，"造次必于是"，君子之言欤。

　　儒家则尊卑等差⑱，吉凶降杀，君南面而臣北面，天地之义⑲也。鼎俎奇而边豆偶，阴阳之义也。道家则堕支体，黜聪明，弃义绝仁，离形去智。释氏之义⑳，见苦断习，证灭循道，明因辨果，偶凡成圣。斯虽为教等差，而义归汲引㉑。吾始乎幼学，及于知命㉒，既崇周、孔之教㉓，兼循老、释之谈㉔。江左㉕以来，斯如不坠㉖，汝能修之，吾之志也。

（唐）姚思廉：《梁书·王规传》

注　释

　　① 陶士行：即陶侃（259—334），字士衡，晋鄱阳（今江西省鄱阳县）人，后迁庐江浔阳。早年孤贫，曾为县吏、郡佐。后迁都荆、雍、益、梁四州诸军事，荆州刺史、征西大将军。因平定苏峻叛乱有功，为侍中、太尉，封长沙郡公。前后旅军四十余年，果毅善断，廉洁无私，军纪严明。他能立功留名，与其母湛氏的严格教育是分不开的。其母为晋时贤母，《晋书·列女传》载："湛氏责子侃书云：'尔为吏，以官物遗我，非惟不能益吾，乃以增吾矣。'"大意是说：你为县吏，假公济私，不但不能令我高兴，反而增加了我的忧虑。

　　② 大禹：相传为我国第一个奴隶制国家夏朝的建立者。尺璧：直径为一尺

111

的玉石，泛指无价之宝。

③ 马射：骑马射箭；马，用作动词，骑马。

④ 若乃：不论；玄：深。修：长。

⑤ 朱：红；明：亮。永：久，长。

⑥ 肃：用作动词，使……肃穆，安静。

⑦ 崇：用作动词，使……增高；仞：长度单位；古代以七尺或八尺为一仞。

⑧ 阙：通"缺"，没有。号呶：呼号。

⑨ 仲尼：即孔子，名丘，字仲尼；门人：学生。

⑩ 贾生：即贾谊（前 200—前 168），西汉洛阳（今河南省洛阳东）人，时人称贾生，西汉著名的政治家、文学家。十八岁时，能诵诗书，善为文章，受到人们称赞。廷尉吴公将他推荐给汉文帝，为博士，不久，迁为太中大夫。因受老臣周勃、灌婴等排挤，贬为长沙王太傅，后又为梁怀王太傅。他的政论文、赋文很有名，代表作有《过秦论》、《论积贮疏》等。

⑪ 盘盂有铭：刻在盘、盂上的铭文。古时候人们习惯于在青铜器皿上刻上训诫性文字。

⑫ 几杖有诫：将训诫刻在几案、手杖上。商代以后，人们又习惯于几案和手杖上刻写格言。

⑬ 进退：考虑事情做与否。循焉：遵循铭文的教诲。焉，指代词，在那儿。

⑭ 俯仰：低头与抬头之间。比喻时间短，一会儿的工夫。观焉：阅读刻在几案和手杖上的训诫。

⑮ 文王：即周文王，商末周族领袖。姬姓，名昌，商纣时为西伯侯，亦称伯昌。曾被拘于羑里，《史记》说他拘于羑里而演《周易》，临危不惧，矢志不渝。在他统治期间，西周兴起，国势日强。

⑯ 靡：没有。初：开始。鲜：读音同"显"，少。克：能够。终：结束。典出《诗经·大雅·荡》："荡荡上帝，下民之辟。疾威上帝，其命多辟。天生烝民，其命匪谌？靡不有初，鲜克有终。"后世常引，如《贞观政要·谦让》："'靡不有初，鲜克有终。'愿陛下守此常谦常惧之道，日慎一日，则宗社永固，无倾覆矣。"

⑰ 始终若一：始终如一，一以贯之。

⑱ 儒家则尊卑等差：儒家学说强调尊卑之间的等级界限。《论语·颜渊》说："齐景公问政于孔子。孔子对曰：'君君臣臣，父父子子。'公曰：'善哉！信如君不君，臣不臣，父不父，子不子，虽有粟，吾得而食诸？'"儒家有明确的尊卑界限：在亲缘中，有父子、兄弟、夫妻的尊卑统序；在国家政治中，有君臣、上下的尊卑统序。

⑲ 天地之义：汉代儒家董仲舒创之"天人感应论"，认为自然现象是人类世界的一种反映。

⑳ 释氏之义：即佛家学说。释氏，佛教的创始人释迦牟尼。

㉑ 汲：本意是打水，这里是指导的意思；引：引导，率领。

㉒ 知命：指五十岁的年纪。典出《论语·为政》，孔子说："三十而立，四十而不惑，五十而知天命，六十而耳顺，七十而从心所欲不逾矩。"

㉓ 周、孔之教：周公、孔子的教导。周，指周公旦，姬姓，武王之弟，辅佐年幼的成王摄政有成，成王亲政而身退，古时将他作为贤能有德之人看待。孔，指孔子。

㉔ 老、释之谈：老子道家、释迦牟尼佛家的意旨。老，老子，姓李，名耳，字伯阳，又称为老聃（读音同"丹"），春秋时期楚国苦县（今河南省鹿邑县东）方乡曲仁里人，做过周朝的史官，后退隐修道，著《老子》五千言，为中国文化经典。老子是春秋时期著名的思想家、道家学派的开创者。道家崇尚节俭无为，后世根据道家思想创立了道教。释，指释迦牟尼（约前565—前486），佛教的创立者。姓乔达摩，名悉达多，释迦族人。释迦牟尼意思是释迦族的圣人。他出身古印度北部迦毗卫国（今尼泊尔王国境内）净饭王王族，相传他二十九岁时出家修道，经过六年苦修，在佛陀伽耶菩提树下顿悟成佛，便开始传教。八十岁在拘尸那城附近的娑罗双树下入灭。佛教主张忍受今生，苦修来世。

㉕ 江左：即江南。晋室东渡（东晋）以后，人们常称江南为江左。

㉖ 坠：本义是掉下来，引申为失去。

译　文

陶侃说："从前大禹吝惜尺璧之宝而贵重寸阴。"不论是漫漫冬夜，还是炎热的夏夜，都要让住所保持肃静，高墙深宅，门前不堆放杂乱之物，座上无喧哗之声。这样，求学就可以如同孔门弟子那样有高尚的情操，作文就可以像贾谊那样有高深的造诣。立身处世，要始终如一。这正如有识之士所谓："即使匆忙紧迫也应该这样。"

儒家强调尊卑等级，掺杂天地、阴阳思想；道家宣扬节俭无为，克制忍让；佛家鼓吹忍受今生，苦修来世，积善成佛。他们的主张虽各有差异，但都有自己的鲜明特色，受中心思想的支配。我自幼苦读，一直到五十岁，孜孜不倦地攻读周公、孔子的学问，兼及道家、佛家。从晋室东渡以来。仍不停息，你如果能够像我这样苦读，正是我所期望的。

讲　读

王褒（约513—576）的这篇家训，只是他为子孙写的《幼训》中的一章，其余的史书不录，已经失传。这篇家训，对子孙们认真学习各家经典，寄予厚望。作者期待他们能像自己那样苦读，像孔子的门生那样有出息，能够写出像贾谊《过秦论》那样的名篇。并提示他们在学习中应该注意的问题，各家学说并重，不要随意取舍，触及皮毛，因为他们都有自己的思想主张，并成为一套话语体系。作者在文中强调指出，做人做事，要始终如一，即使在忙乱之中也应如此。真可谓望子成龙慈父心，谆谆教诲感人深。

王褒，字子渊，琅琊临沂（今山东临沂）人，属山东琅琊王氏望族。他出身于南朝士家大族，祖上多为高官、少聪颖，七岁即能赋文，他的外祖司空袁昂戏称："此儿当成吾宅相。"成年后，果成饮誉江南的文学家，与庚信并重。梁元帝即位（552），任他为吏部尚书、右仆射。后来西魏进犯梁的新都江陵，元帝授命王褒都督城西诸军事。554年，元帝出降，他被停到北周都城长字，受到重用。明人将其作品辑为《王司空集》。

遗子黄金满籯，不如一经

徐　勉

　　吾家世清廉，故常居贫素，至于产业之事。所未尝言①，非直②不经营而已。薄躬③遭逢，遂④至今日，尊官厚禄，可谓备⑤之。每念叨窃若斯⑥，岂由才致，仰藉⑦先代风范及以福庆，故臻⑧此耳。古人所谓"以清白遗⑨子孙，不亦厚乎"。又云："遗子黄金满籯⑩，不如一经。"详求⑪此言，信非徒语⑫。吾虽不敏，实有本志，庶⑬得遵奉斯义，不敢坠失⑭。所以显贵⑮以来，将三十载⑯，门人故旧⑰，丞荐便宜，或使创辟田园，或劝兴立邸店⑱，又欲舳舻⑲运致，亦令货殖聚敛。若此众事，皆距而不纳⑳，非谓拔蔡去织，且欲省息纷纭。

　　……

　　凡为人长㉑，殊复不易，当使中外谐缉㉒，人无间言㉓，先物后己，然后可贵。老生云："后其身而身先。"若能尔者，更招巨利。汝当自勖㉔，见贤思齐㉕，不宜忽略以弃日㉖也。弃日，乃是弃身，身名美恶，岂不大哉！可不慎欤？今之所敕，略言此意，正谓为家已来，不事资产，既立墅舍，以乖㉗旧业，陈其始末，无愧怀抱，兼吾年时朽暮，心力稍殚㉘，牵课奉公，略不克举，其中余暇，裁㉙可自休。或复冬日之阳，夏日之阴，良辰美景，文案间隙，负杖蹑屩，道遥陋馆，临池观鱼，披林听鸟，浊酒一杯，弹琴一曲，求数刻㉚之暂乐，庶居常以待终，不宜复劳家间细务。汝交关既定，此书㉛又行，凡所资须，付给如别。自兹以后，吾不复言及田事，汝亦勿复与吾言之。假使尧水汤旱，吾岂知如何；若其满庾盈㉜，尔之幸遇。如斯之事，并无俟令吾知也。《记》云："夫孝者，善继人之志，善述人之事。"今且望汝全吾此志，则无所恨矣。

（唐）姚思廉：《梁书·徐勉传》

注　释

① 未尝言：不曾说；尝，曾经；言，说。

② 直：通"只"。

③ 薄躬：谦称，我。

④ 遂：于是，就。

⑤ 备：具备。

⑥ 每念叨窃若斯：我时常心里这样想。每，常常；念叨，顾念，想到；窃，谦词，私下，指自己；若，像；斯，这，这样。

⑦ 仰藉：这里指继承的意思。仰，向上看；藉，凭借。

⑧ 臻：达到。

⑨ 清：清白，指名声、道德、风范等。遗：读音同"卫"，给予，赠送。

⑩ 籝：读音同"营"，盛黄金的盒子。

⑪ 详求：仔细琢磨。

⑫ 信非徒语：确实不是随便说的。信，确实。

⑬ 庶：差不多。

⑭ 坠失：丢失。坠，落下来；失，丢掉。

⑮ 显贵：一般指做大官、地位显赫。但在魏晋南朝，显贵之意还包含进入士家大族之列。

⑯ 将：接近。载：年。

⑰ 门人故旧：门人，门生；故旧，过去的僚属或朋友。在南朝士族制时代，官僚阶层风行门生故吏的社会关系。

⑱ 劝：建议。邸店：货栈。

⑲ 舳舻：船尾和船头，这里泛指船。舳，读音同"竹"，船尾；舻，读音同"卢"，船头。

⑳ 皆距而不纳：（这些建议）都被我拒绝了，而没有被采纳。皆，部；距：通"拒"，拒绝；纳，采纳。

㉑ 凡：大凡。为人长：做兄长。

㉒ 中外：指内外。谐缉：和睦。

㉓ 人无间言：典出《论语·先进》："人不间于其父母昆弟之言。"别人没有什么非议。

㉔ 勖：勉励，努力。

㉕ 见贤思齐：看见了榜样，就要想着向他看齐。典出《论语·里仁》："子曰：'见贤思齐焉，见不贤而内自省也。'"

㉖ 弃日：白白地浪费时间，终日无所事事。

㉗ 乖：违背。

㉘ 殚：竭尽。

㉙ 裁：通"才"。

㉚ 刻：古时以日晷计时，一刻表示一个时辰。

㉛ 书：书信。

㉜ 满籯：装满谷仓。籯，露天的谷仓。盈：充满。

译　文

我家世代清白廉洁，所以总是过着清贫简朴的生活，至于家产上的事情，不仅是不经营的，而且从来也不曾提起过。我今天的高官厚禄，哪里是由于自己的才能，而是仰仗祖先的风范和福祉获得的。古人说："把清白的家风传给子孙，不是很厚的一笔遗产吗？"又说："留给子孙满满一盒子黄金，不如送他一部经典。"仔细思量，并非诳语。我也很想这样做，不敢违背古训。自做高官以来，将近三十年，一些门生和旧交向我建议，或劝我买田置地，或劝我开设货栈，或劝我购置船舶经营水运，或劝我经商赚钱，如此等等，我都一概拒绝。这不仅是表白我不与民争利，而且还想省掉一些琐事，专心做好自己的事情。

大凡作为长子，肩上的担子要更重一些，应该使内外和睦，别人没有非议。老生说："先人后己，才能获得别人的尊重。"倘能这样。一定能够带来较大的利益。你要努力啊，看见榜样，就要向他看齐，不要浪费时光，无所事事。浪费时光，就是自暴自弃。关切到别人对自己的评论这样的大节，能不重视吗？如今给你写下这篇家诫，略陈己见，正是为了对你作些交代，不想今后有所悔恨。现在我已进入暮年，年老体衰，心力不济，身负公务，疲劳不堪，如能省出一些时间来，才可以得到休息。有时候在晴朗的冬天，在阴凉的夏天，趁着工作的空闲，扶着拐杖，踩着靴子，在馆中逍遥，临池观鱼，披林听鸟，浊酒一杯，弹琴一曲，心旷神怡，身体就得到了片刻的休息。就这样生活，以待天年吧，我不再料理家中事务了。我已经向你交代清楚了，今天又写了这篇家诫，你就好自为之吧。从此以后，我不再向你询问农事，你也不要向我汇报。假使农田旱涝，我哪里管得了；倘若谷满仓，粮满箱，那就是你的福分了。诸如此类的事情，你就不要打扰我了。《礼记》上说："所谓孝，是善于继承前人的志向，善于完成前人托付的事情。"我盼望着你成全我晚年的心愿，不要让我有所遗憾。

讲　读

这是徐勉（466—535）在晚年写给长子崧的一篇家训，这篇家训突出了以清白传家的这一思想主题。他认为，以清白的家风留传给子孙，比什么财产都要值钱，文中托古言志："遗子黄金满籝，不如一经。"传为千古名言，广为传诵，成为许多人的座右铭。这是他一贯思想的真实表露。史载，徐勉身居显位，不营产业，家无积蓄，俸禄多分给亲族中的贫困者。他的门生故吏中有人劝他为子孙留些财富，他笑着说："人遗子孙以财，我遗以清白。子孙才也（有才干），则自致辎軿；如其不才，终为他有。"这是非常明智的，充满了人生的辩证法，发人深省。这对于那些贪赃枉法、不惜一切卑鄙手段聚敛子孙财的高官来说，真是一面镜子。

作者向他的儿子交代，晚年不理家务，准备过一种恬静的生活："逍遥陋馆，临池观鱼，披林听鸟，浊酒一杯，弹琴一曲，求数刻之暂乐，庶居常以待终。"这种旷达的人生观令人羡慕，对于那些信奉"人为财死，鸟为食亡"，生命不息，捞民脂民膏不止的贪官赃官而言，真是讽刺！

徐勉，字修仁，南朝萧梁东海郯（今江苏省镇江市）人。梁武帝萧衍时，历任吏部尚书、尚书右仆射、侍中、中书令等高官。为官清正严明，不徇私情，很有官声。有一次，与门客夜聚，有个叫虞暠的门客请求做詹事五官，徐勉严肃地说："今夕止可谈风月，不宜及公事。"徐勉勤于政事，经常是半夜回家，群犬惊吠。他叹息道："吾忧国忘家，乃至于此。若吾亡后，亦是传中一事。"徐勉以法廉著名，不积家产，标榜清廉的家风，被传为美谈。徐勉善作文，勤著述，虽政务缠身，仍下笔不休，有《别起居注》六百卷、《左丞弹事》五卷，《选品》五卷、《太庙祝文》二卷、《会林》五十卷、《前后集》四十五卷、《妇人集》十卷，都流行于当世。

君子必慎交游

颜之推

古人云："千载一圣，犹旦暮也；五百年一贤，犹比髀① 也。"言圣贤之难得，疏阔② 如此。傥遭不世③ 明达君子，安可不攀附景仰④ 之乎？吾生于乱世，长于戎马，流离播越⑤，闻见已多；所值⑥ 名贤，未尝不心醉魂迷向慕之也。人在年少，神情未定，所与款狎⑦。熏渍陶染⑧，言笑举动，无心于学，潜移暗化⑨，自然似之；何况操履艺能⑩，较明易习者也？是以与善人居，如入芝兰之室⑪，久而自芳也；与恶人居，如入鲍鱼之肆⑫，久而自臭也。墨翟⑬ 悲于染丝，是之谓矣。君子必慎交游焉。孔子曰："无友⑭ 不如己者。"颜、闵⑮ 之徒，何可世得！但优于我，便足贵之。

世人多蔽⑯，贵耳贱目⑰，重遥轻近。少长周旋⑱，如有贤哲，每相狎侮⑲，不加礼敬；他乡异县，微藉风声⑳，延颈企踵㉑，甚于饥渴。校㉒ 其长短，核其精粗，或彼不能如此矣，所以鲁人谓孔子为东家丘㉓。昔虞国宫之奇㉔，少长于君，君狎之，不纳其谏，以至亡国，不可不留心也。

用其言，弃其身，古人所耻。凡有一言一行，取于人者，皆显称之，不可窃人之美，以为己力；虽轻虽贱者，必归功焉。窃人之财，刑辟㉕ 之所处；窃人之美，鬼神之所责。

梁孝元㉖ 前在荆州，有丁觇者，洪亭民耳，颇善属文，殊工草隶；孝元书记，一皆使之。军府㉗轻贱，多未之重，耻令子弟以为楷法㉘，时云："丁君十纸，不敌王褒㉙数字。"吾雅爱其手迹，常所宝持㉚。孝元常遣典签惠编送文章示萧祭酒㉛，祭酒问云："君王比赐书翰，及写诗笔㉜，殊为佳手㉝，姓名为谁？那得都无声问㉞？"编以实答。子云叹曰："此人后生无比，遂不为世所称，亦是奇事。"于是闻者稍复刮目㉟。稍仕至尚书仪曹郎，末为晋安王㊱侍读，随王东下。及西台陷殁，简牍湮散㊲，丁亦寻卒于扬州；前所轻者，后思一纸，不可得矣。

侯景㊳初入建业，台门虽闭，公私草扰㊴，各不自全。太子左卫率羊侃坐东掖门，部分经略㊵，一宿皆办，遂得百余日抗拒凶逆。于时，城内四万许人，王公朝士，不下一百，便是恃侃一人安之，其相去如此。古人云：“巢父、许由㊶，让于天下；市道小人㊷，争一线之利。”亦已悬矣。

齐文宣帝即位数年，便沉湎纵恣㊸，略无纲纪㊹；苟能委政尚书令杨遵彦㊺，内外清谧㊻，朝野晏如㊼，各得其所，物无异议，终天保㊽之朝。遵彦后为孝昭所戮，刑政于是衰矣。斛律明月㊾，齐朝折冲之臣㊿，无罪被诛，将士解体，周人始有吞齐之志，关中至今誉之。此人用兵，岂止万夫之望而已哉！国之存亡，系(51)其生死。

张延隽(52)之为晋州行台左丞，匡维(53)主将，镇抚疆埸，储积器用，爱活黎民(54)，隐若敌(55)国矣。群小不得行志，同力迁之；既代之后，公私扰乱，周师一举，此镇先平。齐亡之迹，启(56)于是矣。

（南北朝）颜之推：《颜氏家训·慕贤》

注　释

① 比髆：臂膀互相靠着。形容人多而拥挤；比，并列；髆，读音同“搏”，臂膀。

② 疏阔：稀疏。指间隔的时间长久。

③ 傥：通“倘”，假如。不世：不一定是每个朝代都有的。

④ 攀附：依赖、附属于某人。景仰：仰慕、仰望某人。

⑤ 流离播越：飘泊流亡。流离，迁移不定，亲人离散；播越，流亡。

⑥ 值：遇到。

⑦ 款狎：亲近。狎，读音同“霞”，亲近而不庄重。

⑧ 熏渍陶染：影响和感染。熏，用香料熏，使之渐渐变香；渍，用水浸泡，使之渐渐变湿；陶，用作动词，制作陶器，文中指造就；染，用颜料染。

⑨ 潜移暗化：不显形迹地发生变化。

⑩ 操履艺能：指操作技能。操，手的动作；履，脚的动作；艺，手艺，技巧；能，才能。

⑪“如”句：典出《大戴礼·曾子疾病》：“与君子游，苾乎如入兰芷之室，

久而不闻，则与之化矣；与小人游，贷乎如入鲍鱼之次，则与之化矣；是故，君子慎其所去就。"芝兰：香草。

⑫ 鲍鱼：久放的盐渍咸鱼。肆：店铺。

⑬ 墨翟：墨子，名翟，读音同"笛"，约公元前468年至公元前376年，相传为春秋时期宋国人，长期生活在鲁国，著名的思想家，墨家学派的创始人，著有《墨子》。墨子主张节俭、兼爱、非攻、节用、节葬等。墨子见丝而叹："染于苍则苍，染于黄则黄，所入者变，其色亦变。"

⑭ 无：通"勿"，不要。友：用作动词，交友。

⑮ 颜、闵：颜渊、闵子骞。据《论语·先进》，他们二人是孔子门徒中德行最出色者。

⑯ 蔽：蒙蔽。文中意为偏颇。

⑰ 贵耳贱目：看重耳朵听到的，轻视眼睛看到的。

⑱ 周旋：交往，应酬。

⑲ 狎侮：轻慢，戏弄。

⑳ 微藉风声：稍微得到一点消息。藉，凭借。

㉑ 延颈企踵：伸长脖子、踮起脚跟看，形容渴望圣贤的急切样子。踵，脚后跟。

㉒ 校：读音同"叫"，比较。

㉓ 东家丘：东边邻居住的那个叫丘的人。相传孔子的西邻不知孔子是圣人，轻贱地称孔子为东家丘。

㉔ 虞国：春秋时期的诸侯国，旧址在今山西省平陆市。宫之奇：春秋时期虞国大夫。据《左传·僖公五年》载，公元前658年，晋国把贵重的礼物送给虞国，要求允许晋国军队穿过虞国去攻打虢（读音同"国"）国，虞国国君答应了晋国的要求。过了三年，晋国又来要求过境去攻打虢国。这时宫之奇劝虞国国君说："虢，虞之表也；虢亡，虞必从之。谚所谓辅车相依，唇亡齿寒者，其虞虢之谓也。"国君不从。晋国灭虢后，果然灭了虞国。

㉕ 刑辟：刑罚，法律。

㉖ 梁孝元：南朝萧梁元帝，曾任荆州刺史。

㉗ 军府：将军府。

㉘ 楷法：楷模。

㉙ 王褒：字子渊（约513—576），琅玡临沂（今山东临沂）人。曾任梁元帝吏部尚书、右仆射。本书收王褒家训一篇。

㉚ 宝持：当作宝贝收藏。

㉛ 典签：官职名，将军府管理文教的官员。惠编：人名。萧祭酒：萧子云，时任国子祭酒，是王褒的姑父。

㉜ 书翰：书信。诗笔：诗文。

㉝ 佳手：好手。

㉞ 那得：哪能，怎么。声问：声誉。

㉟ 刮目：擦眼睛，指去掉过去的看法。典出《三国志·吴志·吕蒙传》注引《江表传》："士别三日，即更刮目相待。"

㊱ 晋安王：简文帝萧纲即帝位前的爵号。

㊲ 湮散：湮没散佚。

㊳ 侯景：字万景，怀朔镇（今内蒙古包头东北）人。先属北魏尔朱荣，继归高欢，为镇守汉南的大将。547年降梁，受封为汉南王。次年，与宗室萧正德勾结，举兵叛乱，攻破都城建康（今江苏南京）。549年攻破台城（宫城），梁武帝饮恨而死。侯景改立简文帝，并在都城周围的州郡烧杀掠夺。两年后，废梁自立，改国号为汉。史称侯景之乱。552年，梁将陈霸先、王僧辩攻下建康，侯景逃亡，为部将所杀。

㊴ 台门：宫城门。草扰：因受破坏显得纷乱。

㊵ 部分经略：安排筹划。

㊶ 巢父：古代隐士。相传因巢居树上而得名，尧将君位禅让给他，不受。许由：古代隐士。相传尧将君位禅让于他，他逃到箕山下农耕而食。后来，尧又请他做九州长官，他便到颍水边洗耳朵，意思是要他做官的话弄脏了他的耳朵。

㊷ 市道小人：市井小人，俗民。

㊸ 沉湎纵恣：沉溺于酒色，肆欲放纵。

㊹ 纲纪：法纪。

㊺ 杨遵彦：北齐大臣杨愔，字遵彦。

㊻ 清谧：清静。谧，读音同"密"，安宁。

㊼ 晏如：太平安定的样子。

㊽ 天保：北齐文宣帝年号（550—560）。

㊾ 斛律明月：北齐左丞相。斛，读音同“胡”。

㊿ 折冲之臣：股肱之臣。折，折断；冲，撞击。

(51) 系：关联，联结。

(52) 张延隽：生卒不详，据《资治通鉴》载，张氏“公直勤敏，储待有备，百姓安业，疆埸无虞，诸嬖（读音同“必”）倖（读音同“辛”）恶而代之，由是公私烦扰”。隽，读音同“俊”。

(53) 匡：扶正；维：维系。

(54) 黎民：老百姓。

(55) 敌：匹配。

(56) 迹：征服。启：开始。

译　文

古人说：“一千年出一位圣人，就像早晚之间那么短暂；五百年一位贤人，就像一步连着一步那样快速。”说的是圣人贤人难得，疏远相隔如此而已。假如遇到一位在平常难得的贤人，你怎能不仰慕他呢？我生长在乱世，到处漂泊，耳闻目睹得多，遇到著名的贤人，往往真诚地敬慕他们。一个人在年轻的时候，性格情趣还没有固定下来，他所交往的人，很容易潜移默化地对他产生影响。言笑举止，虽不曾刻意模仿，可是时间一长，就很自然地同对方相似了。更何况是那些步履技艺，较之更容易学习呢？所以，同好人生活在一起，就像同芝草兰花相处一样，久而自香；同坏人在一起，就像是受到臭鱼的熏陶，久而自臭。墨子叹息丝织品被染成不同的颜色，就是这个道理啊！君子一定要十分慎重地交友。孔子说：“不要同不如自己的人交朋友。”颜渊、闵子骞等人怎么可能世世出现呢？只要比自己优秀，就要敬重他们。

人们看问题多有偏颇，原因是重闻轻见，重远轻近。从小到大相处在一起，就是有贤人，也常常不能敬重他，甚至戏弄他；对于外地的人，只要稍微有一点好名声，就十分急切地想拜见他，比饥渴时得到食物还要急切。但如果留心地比较一下各自的优点和缺点，或许远处的那一位还不及身边的这一位呢！这就是鲁国有人轻蔑圣人孔子，称呼他为“东家丘”的原因。古时候虞国的宫之奇，从小就同国君一起长大，国君对他也很随便，不采纳他不借道给晋国的建议，导致国家灭亡。对这样的事情，不能不留心啊。

采纳了别人的意见，却又撇开了人家，这是古人所羞耻的事情。只要是向别人学来的，就要明白地申明，不要窃人之功为己有。即使人家地位轻贱，也一定要归功于别人。窃取别人的财物，就成了法律要惩处的对象；窃取别人的功劳，就成了道德谴责的对象，连鬼神也是不会放过他的。

梁元帝从前在荆州主持六州军事，有位名叫丁觇的人，是洪亭这个地方的人氏，会写文章，尤其工于草隶。梁元帝那时的公文，都是由他经手的，而将军府里的人轻视他，大多不尊重他，不屑于让自己的子弟学习他的书法，那时还有一种说法："丁君十纸，不敌王褒数字。"我向来喜爱他的手迹，所以总是把它当作宝贝收藏着。梁元帝派遣典签惠编送文章给萧祭酒，萧祭酒问道："君王连续赐给我书信和一些诗文，作者一定是了不起的大家，他叫什么名字？怎么压根儿没有一点名声？"惠编便告知实情。萧祭酒叹息道："后世没有人能和他相比了，但他竟然不被人称道，这真是奇怪的事情。"听到这话的人，于是就对他刮目相看了。不久，丁氏升任尚书仪曹郎，后又担任梁晋安王的侍读，随王东去。到江陵被北国攻陷，一切书籍文献都或被毁或散佚了，丁氏不久也在扬州去世。过去他被身边的人轻视，可是后来人们想请他写一幅字，但再也不可能得到了。

侯景刚刚攻入建业时，宫门就关闭了，可是王室和百姓都慌乱得很，人人不得自保。太子左卫率羊侃坐镇东掖门，安排部署，一个晚上就一切就绪了，终于能抗拒叛军一百多日。那时，城内的居民有四万多人，王公及朝官也不下百余人，都因羊侃一人才得到安宁，可见人的差别有如此之大。古人说："巢父、许由，连天下都可以不要；可是市井俗民，连一个钱的小利也要争。"这悬殊也太大了。

北齐的文宣帝登位几年后，就沉溺在酒色之中，肆意纵欲，朝纲混乱。但他还能委政于尚书令杨遵彦，使得内外清静，朝野平安，各得其所，人们没有怨言，一直保持了十年。后来杨遵彦被孝昭帝杀害，国势因此就衰败了。斛律明月，是北齐御敌安邦的顶梁柱，无罪被杀，全国将士因而寒心，北国趁此有吞灭北齐的野心，关中人士至今还在怀念斛律明月。他统军打仗，难道只是万人的寄托吗？他的生死实在关系着国家的存亡啊。

北齐的张延隽担任晋州行台左丞时，辅助主将，镇抚边疆，储备财物，爱护民众，保障百姓生活，俨然力可敌国。那些卑鄙小人嫉恨他，就想方设法推倒了他。他被取代后，府衙和百姓一片混乱。北国的军队攻来后，这个地方首先被占领。北齐亡国的征兆，从此就显露出来了。

讲　读

本篇选自颜之推(531—?)的专门著作《颜氏家训》第七"慕贤"中的第一篇。在文中，作者从理论上、实例上讲明了"君子必慎交游"的重要性。如何"慎交"呢？就是向贤人学习，与贤人交友。文章观点鲜明，提倡作者肯定的观点，反对作者认为错误的倾向。文章指出，对于学习贤人，要戒除"贵远贱近，贵古贱今"的错误倾向，戒除"用其言，弃其身"的不良作风。文章指出，贤能之士对于人的成长有示范和鼓励作用，对于一个国家同样重要，因此，国家在发展中要爱才惜才。这些观点是很有思想深度的。值得重视的是，文中的一些精美句子成为传诵至今的至理名言："与善人居，如入芝兰之室，久而自芳也；与恶人居，如入鲍鱼之肆，久而自臭也。""但优于我，便足贵之。""用其言，弃其身，古人所耻。""不可窃人之美，以为己力。"等等。

颜之推，字介，南朝萧梁建业（令江苏省南京市）人，祖籍琅琊临沂（今山东省临沂市）。据史载，颜氏博学多识，才华出众，而又任性放达，"好饮酒"，"不修边幅"，是魏晋南朝时期典型的读书人。他在文学、史学和家庭教育方面，都很有造诣。颜氏出身士族显宦之家，是"高门弟子"，有很高的社会地位。他身历世朝，累朝为官：萧梁散骑侍郎，刘宋黄门侍郎、平原太守，北周御史上士，隋开皇年间学士，大约终于590年以后。

颜之推的《颜氏家训》，是他用孔孟儒家正统思想、立身治世思想进行家庭教育的成名作，也是中国文化史上的传世之作，因之他也成为影响中华文化发展的重要历史人物。《颜氏家训》序文一篇，正文二十篇，举凡所及，涉及父子夫妻、君臣尊卑、立身做人、治家处世等各个方面，说理恳切周详，举例贴切生动，从内容到写作上都有鲜明的特点。正因为这样，在南北朝以后的千余年间，《颜氏家训》一直受到传统社会里文人士子的称道。由于它所讲的"立身之要，处世之宜，为学之方"，"皆本之孝弟（悌），推以事君上，处朋友乡党之间，其归要不悖六经，而旁贯百氏"，因而被推崇为训俗治家、褒先悟后、养身范世、纯净风化的良方，"由近及远，争相矜世"。著名历史学家范文澜在《中国通史简编》中对《颜氏家训》有中肯的评价："《颜氏家训》的佳处在于立论平实。平而不流于凡庸，实而多异于世俗，在南方浮华北方粗野的气氛中，《颜氏家训》保持平实的作风，自成一家言，所以被看作处世的良轨，广泛地流传在士人群中。"

学无止境

颜之推

 自古明王圣帝，犹须①勤学，况凡庶②乎！此事遍于经史，吾亦不能郑重③，聊④举近世切要，以启寤⑤汝耳。士大夫子弟，数岁已上⑥，莫不被教，多者或至《礼》《传》，少者不失《诗》《论》⑦。及至冠⑧婚，体性稍定；因⑨此天机，倍须训诱。有志尚者，遂能⑩磨砺，以就素业⑪；无履立⑫者，自兹堕慢，便为凡人。人生在世，会当⑬有业：农民则计量耕稼⑭，商贾则讨论货贿，工巧则致精器用，伎艺则沈⑮思法术，武夫则惯习弓马，文士则讲议经书。多见士大夫耻涉⑯农商、差务、工伎⑰，射则不能穿札⑱，笔则才⑲记姓名，饱食醉酒，忽忽⑳无事，以此销㉑日，以此终年。或因家事余绪㉒，得一阶半级，便自为足，全忘修学；及有吉凶大事，议论得失，蒙然㉓张口，如坐云雾；公私宴集，谈古赋诗，塞默低头，欠伸㉔而已。有识㉕旁观，代其入地㉖。何惜数年勤学，长受一生愧辱哉！

 ……

 夫所以读书学问，本欲开心明目、利于行耳。未知养亲者，欲其观古人之先意承颜㉗，怡声㉘下气，不惮劬劳㉙，以致甘腴㉚，惕㉛然惭惧，起而行之也；未知事君者，欲其观古人之守职无侵，见危授命，不忘诚谏㉜，以利社稷㉝，恻然自念，思欲效之也；素㉞骄奢者，欲其观古人之恭俭节用，卑以自牧，礼为教本，敬者身基，瞿㉟然自失，敛容抑志也；素鄙吝者，欲其观古人之贵义轻财，少私寡欲，忌盈恶㊱满，赒㊲穷恤匮，赧然悔耻，积而能散也；素暴悍者，欲其观古人之小心黜己，齿弊舌存㊳，含垢藏疾，尊贤容众，苶然㊴沮丧，若不胜衣也；素怯懦者，欲其观古人之达生委命㊵，彊毅正直、立言必信㊶，求福不回㊷，勃然奋厉，不可恐慑也。历兹以往，百行皆然。纵不能淳㊸，去泰㊹去甚。学之所知，施无不达。世人读书者，但能言之，不能行之，忠孝无闻，仁义不足；加以断一条讼，不必得其理；宰㊺千户县，不必理其民；问其造屋，不必知楣。横说而枨㊻竖也；问其为田，不必知稷早而黍迟也；吟啸谈谑，讽咏辞赋，事既优闲，材增迂诞㊼，军国经纶，略无施用：故为武人俗吏所共嗤诋㊽，良由是乎！

夫学者所以求益㊾耳。见人谈数十卷书，便自高大，凌忽长者㊿，轻慢同列○51；人疾之如仇敌，恶之如鸱枭○52。如此以学自损，不如无学也。古之学者为己，以补不足也；今之学者为人，但能说之也。古之学者为人，行道以利世也；今之学者为己，修身以求进也○53。夫学者如种树也，春玩其华○54，秋登其实；讲论文章，春华也，修身所行，秋实也。

人生小幼，精神专利○55，长成已后○56，思虑散逸，固须○57早教，勿失机也。吾七岁时，诵《灵光殿赋》○58，至于今日，十年一理○59，犹不遗忘；二十之外，所诵经书，一月废置，便至荒芜矣。然人有坎壈○60，失于盛年，犹当晚学，不可自弃。孔子云："五十以学《易》，可以无大过矣。"魏武、袁遗○61，老而弥笃，此皆少学而至老不倦也。曾子○62七十乃学，名闻天下；荀卿○63五十，始来游学，犹为硕儒；公孙弘○64四十余，方读《春秋》，以此遂登丞相；朱云○65亦四十，始学《易》《论语》；皇甫谧○66二十，始受《孝经》《论语》：皆终成大儒，此并早迷而晚寤也。世人婚冠○67未学，便称迟暮，因循面墙○68，亦为愚耳。幼而学者，如日出之光；老而学者，如秉烛夜行○69，犹贤乎瞑目而无见者也。

……

古人勤学，有握锥投斧○70，照雪聚萤○71，锄则带经○72，牧则编简○73，亦为勤笃。梁世彭城刘绮，交州刺史勃之孙，早孤家贫，灯烛难办，常买荻尺寸折之，然明夜读。孝元初出会稽，精选寮采○74，绮以才华，为国常侍兼记室，殊蒙礼遇，终于金紫光禄○75。义阳朱詹，世居江陵，后出扬都，好学，家贫无资，累日不爨○76，乃时吞纸以实腹○77，寒无毡被，抱犬而卧。犬亦饥虚，起行盗食，呼之不至，哀声动邻，犹不废业，卒○78成学士，官至镇南录事参军，为孝元○79所礼。此乃不可为之事，亦是勤学之一人。东莞臧逢世，年二十余，欲读班固《汉书》，苦假借不久，乃就姊夫刘绮乞丐客刺○80书翰纸末，手写一本，军府服其志尚，卒以《汉书》闻。

……

夫学者贵能博闻也。郡国山川，官位姓族，衣服饮食，器皿制度，皆欲根寻，得其原本；至于文字，忽不经怀[81]，己身姓名，或多乖舛[82]，纵得不误，亦未知所由。近世有人为子制名，兄弟皆山傍立字[83]，而有名峙此者；兄弟皆手傍立字，而有名机者；兄弟皆水傍立字，而有名凝者。名儒硕学，此例甚多，若有知吾 [晋] 钟之不调[84]，一何可笑。

……

校定书籍，亦何容易，自扬雄、刘向[85]，方称此职耳。观天下书未遍，不得妄下雌黄[86]。或彼以为非，此以为是；或本同末异；或两文皆欠，不可偏信一隅也。

（南北朝）颜之推：《颜氏家训·勉学》

注　释

① 犹：还；须：应该。

② 况：况且，何况；凡庶：凡夫俗子。

③ 郑重：反复。

④ 聊：姑且，暂且。

⑤ 寤：明白。

⑥ 已上：以上。

⑦《论》：《论语》，是孔子弟子及其再传弟子关于孔子言行的记录，内容为孔子谈话、答弟子问及弟子间相互谈话。东汉后列为"七经"之一。今本《论语》系东汉大儒郑玄参酌各本而成。

⑧ 冠：古时候男子二十岁举行成年礼，称为冠礼，择吉日，大宴宾客。

⑨ 因：依靠，凭借。

⑩ 遂能：才能。

⑪ 素业：指古代读书人的功名事业。素，白色。古代儒者、读书人穿白衣。

⑫ 履立：指志向。

⑬ 会当：定当，应该。

⑭ 计量耕稼：估量农时，盘算农活。

⑮ 沈：通"沉"。

⑯ 涉：从事。

⑰ 伎：通"技"。

⑱ 札：铠甲甲叶。

⑲ 才：只，仅仅。

⑳ 忽忽：轻忽、飘忽的样子。

㉑ 销：通"消"。

㉒ 余诸：指上辈人为下辈人留下的功勋、名声，地位。因古代社会凭血亲关系，实行世袭制，这些东西都可以继承。

㉓ 蒙然：昏头昏脑的样子。

㉔ 欠：打哈欠。伸：伸懒腰。

㉕ 有识：有识者，有见识的人。

㉖ 入地：因蒙羞而想钻入地下。

㉗ 承颜：揣摩父母的心意行事。

㉘ 怡声：柔声。

㉙ 劬劳：劳苦。劬，读音同"曲"。

㉚ 腜："旨"的异体字。

㉛ 惕：读音同"替"，担心。

㉜ 诚谏：忠告。

㉝ 社稷：指国家。社，土地神；稷，谷神。古代帝王都要祭祀社稷，以求风调雨顺、五谷丰登、国泰民安，后就用"社稷"来指称国家。

㉞ 素：一向。

㉟ 瞿：通"懼"，因受惊而紧张。

㊱ 恶：读音同"务"，讨厌。

㊲ 赒：读音同"周"，救济。

㊳ 齿弊舌存：齿因为刚而坏，舌因为柔而存。比喻刚则断，柔则存。典出刘向《说苑·敬慎》："常摐（读音同"窗"）有疾，老子往问焉。……张其口而示老子，曰：'吾舌存乎？'老子曰：'然。'吾舌存乎？'老子曰：'亡。'常摐曰：'子知之乎？'老子曰：'夫舌之存也，岂非其柔耶？齿之亡也，岂非其刚耶？常摐曰：'是已，天下之事已尽矣！'"

㊴ 苶然：疲倦的样子。苶，读音同"捏"（第二声），疲倦，精神不振的意思。

㊵ 达生：通晓生活的规律。委命：任由生命的自然法则。

㊶疆：通"强"。立言必信：典出《论语·子路》："故君子名之必可言也，言之必可行也。君子于其言，无所苟而已矣。"信，诚实。

㊷回：弯曲。

㊸淳：通"纯"，纯粹。

㊹泰：过其。

㊺宰：主宰，统治。

㊻楣：门框上的横木，屋上的横梁。桷：读音同"卓"，梁上的短柱。

㊼迂诞：迂阔，荒诞。

㊽嗤：讥笑。诋：毁谤。

㊾所以求益：补充自己不足的原因。所以……的原因。

㊿凌忽：轻慢无礼。长者：年高者。

51同列：同辈人。

52鸱枭：音同嗤肖，猫头鹰一类的鸟，古时人们认为是不祥之物。

53修身以求进也：充实自己以作进身之价。

54玩：品味，欣赏。华：通"花"。

55精神专利：精神专一。

56已后：以后。

57固须：本来应该。

58《灵光殿赋》：为东汉人王逸作，收入《文选》。

59理：温习。

60坎壈：穷困，不得志。壈，读音同"览"。

61魏武：即曹操（155—220），字孟德，小名阿瞒，谯（今安徽省亳县）人。三国时期魏国的创立者，著名的军事家、政治家、诗人。其子曹丕称帝，追赠魏武帝。袁遗：字伯业，东汉末袁绍堂兄。

62曾子：春秋末期鲁国人，孔子的学生，名参，字子舆，以孝著称，后世封建统治者尊他为"宗圣"。本文"七十"或为"十七"之误。

63荀卿：名况（约前313—前238），战国时期赵国人，时人尊称为"卿"，又称荀子。游学于齐、楚，著书终老于楚兰陵（今山东省兰陵县兰陵镇）。著有《荀子》一书。李斯、韩非都是他的学生。

64公孙弘：字季（前200—前121），西汉颍川（今山东省寿光市南）人。

少为狱吏，年四十余始治《春秋公羊传》。以布衣（老百姓）而为丞相。自公孙弘始，开汉武帝时代一代仕风。

⑥⑤朱云：字游，西汉鲁（今山东省）人。少时行侠，四十岁从博士白子友受《易》，后又随将军萧望之习《论语》，受到世人尊重。

⑥⑥皇甫谧：幼名静，字士安（215—282），自号玄晏先生，定安朝那（今甘肃省平凉西北）人。少时从坦席学儒，中年以后学医，著有《甲乙经》，阐明了人体经络理论，发明了针灸取穴法，总结了晋以前的针灸学成就。

⑥⑦婚冠：指成年。

⑥⑧因循：疲沓。面墙：面对墙站着，什么也看不见。

⑥⑨秉烛夜行：典出《尚书大传》："晋平公问师旷曰：'吾年七十，欲学，恐已暮。'师旷曰：'臣闻老而学者，如执烛之明，熟与昧行乎？'公曰：'善。'"

⑦⓪握锥：指孙敬和苏秦"头悬梁，锥刺股"苦学的故事。典出《战国策·秦策》。苏秦，字季子，战国时期东周洛阳（今河南省洛阳东）人，著有《苏子》三十一篇。今佚。活动于燕齐之间，最后因反间计败被车裂而死。孙敬，汉代人，年轻时非常勤奋好学。投斧：指投斧挂木以示决心的文党。典出《庐江七贤传》。文党年轻时常与邻人到山里打柴。有一次他对同伴说：我想到远方去求学，就用斧子来决定去留吧。找将斧子投到树上，如果挂上，就到远方去学习。说罢投斧，果然挂树。他便到长安（今陕西省西安市）去学习经典，后来成为名士。

⑦①照雪：指晋代的孙康，年轻时因家贫而买不起灯油，冬天常常映雪读书，后来官至御史大夫。聚萤：指晋代的车胤少时勤学，但家贫而缺少灯油，夏天使用纱带装着许多萤火虫照着读书，后来官至吏部尚书。

⑦②锄则带经：指西汉人兒宽年轻时家贫，在锄田时也把经书带上，休息时便拿出来诵读，后来官至御史大夫。

⑦③牧则编简：指西汉人路温舒，少时在家牧羊，将蒲草截断当纸，编穿起来用于书写，后来官至临淮太守。

⑦④寮采：官员。采，官。

⑦⑤国常侍：官名，即王国常侍，湘东王侍从官。记室：官名，负责草拟表案杂记等文职。金紫光禄：金紫光禄大夫，荣誉职位，皇帝的顾问。

⑦⑥爨：读音同"串"，烧火做饭。

⑦ 实腹：填肚子。实，充实。

⑧ 卒：读音同"促"，最后，终了。

⑨ 录事参军：官名，为王府、公府及大将军府等机关的属官，掌管各曹文书，纠查府事，镇南录事参军是镇南将军、湘东王府的录事参军。孝元：南朝梁元帝萧绎，时为镇南将军。

⑩ 乞丐：乞讨。客刺：名帖。

⑪ 经怀：经心。

⑫ 乖舛：差错。舛，读音同"喘"。

⑬ 山傍立字：指用山旁的文字作人的表字；时人误"山"为"止"，故谓之"峙（峙）"；古时人们的名与字在意义上往往相同或相关，而"峙（峙）"与"山"则无意义关联。

⑭ 若有知吾［晋］钟之不调：典出《淮南子·修务》：晋平公令官员制成乐钟后给乐师师旷看，师旷试罢说："钟音不协调。"平公说："乐工都说钟音协调，你却说不协调，这是为什么？"师旷说："如果后世没有懂音乐的也就罢了；若有，定知这钟音不调。"

⑮ 扬雄：亦作杨雄，字子云（前53—18），蜀郡成都人。西汉文学家、哲学家。西汉成帝时为给事黄门郎。王莽时为大夫，校书天禄阁。为人口吃，以文章著名，明人辑有《扬子云集》。刘向：本名更生，字子政（约前77—前6），沛（今江苏省沛县）人。西汉皇族楚元王刘交四世孙。官至谏大夫、宗正等。西汉经学家、目录学家、文学家。今存《洪范五行传》《新序》《说苑》《列女传》等，明人将佚文辑为《刘中垒集》。

⑯ 妄下雌黄：指随便窜改文字。

译 文

自古以来，圣明贤德的帝王尚且要勤奋学习，何况那些平民百姓呢！这类事情明确具体地被记载在经书和史书上，我就不重复了，姑且用近世一些突出的例子来启发你们吧。士大夫的子弟，数岁后没有不接受教育的，课程多的有《三礼》《三传》，少的也有《诗经》《论语》。二十岁后，身体也成熟了，更要抓住这个时机教育诱导。有志者，能够自觉地磨砺自己成就学业；反之，因懒惰而成平庸者。人生在世，应当有一定的职业：农民要因时农耕，商人要营货赢利，工匠巧夺天工，手艺人潜心技艺，武士精于骑射，文人讲论经书。常见一些士大夫以务农经商为耻，或从事公务技艺，每天饱食终日，无所事事，把学习的事儿丢到九霄云外，或依靠祖上的功勋，获得一官半职，也不去研治学业，很满足地过这种平凡的生活。但遇到吉凶大事，议论事情得失，就张口结舌，如堕五里云雾之中，不知所以然；亲人朋友宴饮集会，谈诗论史，就只有默头不语的份儿，坐着伸懒腰、打哈欠罢了。旁人为之惭愧，恨不能替他钻进地下。何不勤学几年，以免一生经受羞辱呢！

......

人们读书求知的目的，就是为了开阔胸怀，增长见识，有利于实践。不知道侍奉双亲的人，让他看看古人是怎样预先揣摩父母的心意行事，又是怎样和颜悦色地劝说父母的过失，不厌其烦地把饭菜弄得香甜可口，从中得到教益，照着古人的样子行动啊！不知道侍奉君主的人，让他看看古人是如何忠于职守，为了国家的利益不惜献出自己的生命，从中受到启发，努力地仿法古人啊！一向骄傲奢侈的人，让他看看古人是如何恭谨俭朴，节省费用，把礼仪作为教化的根本，把恭敬作为立身的基础，从中得到启示，收敛气焰，抑制性情吧！一向吝啬的人，让他看看古人是如何重义轻财，少私寡欲，鄙富济贫，从中有所悔悟，既能聚财又能散财啊！一向残暴凶悍的人，让他看看古人是如何小心谨慎地自我要求，懂得失牙存舌的道理，懂得湖泊能够容纳污泥浊水的道理，懂得山林草木能够藏毒蛇猛兽的道理，懂得高尚的人能够尊贤容众的道理，从而低头沉思，由刚变柔啊！一向怯弱的人，让他看看古人是如何旷达地对待人生，刚毅正直，言而有信，坚定地走在正道上，从而觉悟起来，勃然振奋，勇猛自励，再也不要畏首畏尾啊！古往今来，读书人提倡的上百种善行，都是这样培养起来的。即使不能完全做到，但也可以去掉人生中的不良习性和行为。学以致用，没有不灵验的，可是现在有一种读书人，只会说，不能做。没有听说他们有什么忠孝行为，仁义也差，加上判决官司，不合情理；做一县之长，也不能治理好事务；向他问做房子的事情，分不清梁与柷的差别；问他种田的事情，不知道稷和黍谁先熟，谁后熟；吟诗咏赋，说说笑笑，这是一件悠闲的事情，也更助长了读书人脱离实际的毛病；指挥军队，治理国家的才能一点也没有，所以就受到军人和官员的一致耻笑。这确实是由上述原因引起的啊！

学习是为了求知，充实自己，弥补不足。现在有的人读了几十卷书就自高自大，欺凌轻慢长者，看不起同辈人，简直令人讨厌。这样的话，还不如不学好。古人学习是为了补充自己的不足，现代人的学习却是为了供给别人看的，说说而已的；古人学习是为了实现自己的主张，有利于社会进步，而今天的人学习是为了给自己带来好处，作为进身之用。学习如同种植，春天欣赏它的花，秋天收获它的果实。讲论文章如春花，修身行事如秋实。

人在少时，专心致志，长大以后，容易分散精力，所以要不失时机地进行早期教育。我七岁时开始背诵《灵光殿赋》，十年温习一次，至今不忘。二十岁以后背诵经书，丢开了一个月就荒废了。万一错过学习的机会，也不可自暴自弃。孔子五十岁时学《易经》，认为这样才不会有大错了；曹操、袁遗，年老时把学习抓得更紧了，他们都是从小就学习至老不倦的榜样啊。曾子十七岁开始求学，后来名闻天下。荀子五十岁才到齐国游学，终于成为儒学大师。公孙弘四十多岁才开始读《春秋》，因此由老百姓登上丞相的职位。朱云也是从四十多岁才学习《易经》《论语》的，终于一举成名，受到人们的尊重。皇甫谧二十岁才学习《孝经》《论语》，最终成为儒家学派的大学者。这些人都是年轻时荒废了学业至老才悔悟的典范啊！平常人在成年时学习就觉得晚了，于是疲沓松动，如面墙而立，没有进步，这是很愚蠢的。年幼学习，就像迎着初出的朝阳；年老学习，如同秉烛夜行，总比闭着眼睛一无所见要好。

……

古人刻苦学习，有用锥子刺大腿的苏秦，有投斧挂木以示学习决心的文党，有映雪读书的孙康，有用萤火照读的车胤，有带经而锄的兒宽，有用蒲草编成小简写字的路温舒。梁朝的刘绮，年幼丧父，无钱买灯烛，用折断的荻秆点燃照明夜读，以才学受到梁元帝的重视，授官金紫光禄大夫。义阳县的朱詹，家贫，几天也吃不上饭，以纸充饥，天寒就抱狗取暖，狗也饥饿，外出寻食，难以唤回，那悲哀的唤狗声感动了邻居，即使如此，他也不放弃学业，终于成为学士，官至镇南录事参军，受到元帝的器重。东莞人臧逢世，攻读《汉书》，但苦于借阅不能太久，就向姐夫刘绮讨了一些名帖，在空白处手抄一本。将军府里的人都佩服他的志气。他也终于因研读《汉书》而出名。

……

求学的人最可贵的是能不断地增广见闻。郡国山川，官位姓族，衣服饮食，器皿形制，都要寻根索源，弄清由来。有的人对文字漫不经心，甚至连自己的名字都搞错了。即使没有搞错，也不知命名的由来。譬如有人为孩子取名，兄弟都用从山旁的字作表字，却有人错成"峙"；兄弟都用手旁的字作表字，却有人错成"机"；兄弟都是从水旁作表字的，却有人错成"凝"。即使是硕学鸿儒，也有闹这种笑话的。倘若有人发现晋钟不协调，也就没有什么稀奇的了。

……

校订书籍，谈何容易，只有扬雄、刘向才能担当这种工作。没有广泛涉猎天下图书，就不能随意篡改文字。有时那篇文章说这是错的，而这篇文章又说它是对的；或者基本的内容相同，只是一些小的方面有差异；或者两篇文章都有欠缺之处。因此，校订书籍不能偏信一家之言。

讲　读

本文摘录于《颜氏家训》第八"勉学"，文章论述了勤学的重要性，勉励子孙要勤学苦读，向古人学习，成就一番事业。相关地，文章论述了学习的目的、态度、方法与内容。文章言辞恳切，论述精辟，举例恰当，文辞优美。很多文字，成为激励人们勤学上进的名言："有志尚者，遂能磨砺，以就素业；无履立者，自兹堕慢，便为凡人。""夫学者如种树也，春玩其华，秋登其实；讲论文章，春华也，修身利行，秋实也。""幼而学者，如日出之光；老而学者，如秉烛夜行，犹贤乎瞑目而无见者也。""夫学者贵能博闻也。"都显露出哲学的智慧和思想的力量。因此流传至今，仍不失其耀眼的光焰。文章批评学习中的粗心大意、道听途说，形式主义、烦琐哲学，只读书本不切实务的学风，很有针对性，值得人们重视和警惕。文章提倡勤学苦练，学以致用，这是值得今人重视的。

奋发努力，不要虚度光阴

元 稹

  告仑等：吾谪窜 ① 方始，见汝未期 ②，粗以所怀，贻 ③ 诲于汝。汝等心志未立，冠岁行登。古人讥十九童心 ④，能不自懼？吾不能远谕他人，汝独不见吾兄之奉家法乎？吾家世俭贫，先人遗训常恐置产怠子孙，故家无樵苏 ⑤ 之地，尔所详也。吾窃见吾兄自二十年来，以下士之禄持窘绝之家，其间半是乞丐羁游 ⑥，以相给 ⑦ 足。然而吾生三十二年矣，知衣食之所自，始东都为御史时 ⑧，吾常自思：尚不省受吾兄正色之训，而况于鞭笞诘责乎？呜呼！吾所以幸而为兄者，则汝等又幸而为父矣！有父如此，尚不足为汝师乎？

  吾尚有血诚 ⑨，将告于汝：吾幼乏歧嶷 ⑩，十岁知文，严毅之训不闻，师友之资尽废。忆得初读书时，感慈旨 ⑪ 一言之叹，遂志于学。是时尚在凤翔 ⑫，每借书于齐仓曹 ⑬ 家，徒步执卷就陆姊夫师授，栖栖勤勤 ⑭。其始也若此，至年十五，得明经及弟 ⑮，因捧先人旧书，于西窗下钻仰沉吟，仅于不窥园井 ⑯ 矣。如是者十年，然后粗沾一命 ⑰，粗成一名，及今思之，上不能及乌鸟之报 ⑱ 复，下未能减亲戚之饥寒，抱衅 ⑲ 终身，偷活今日。故李密 ⑳ 云："生愿为人兄，得奉养之日长。"吾每念此言，无不雨涕，

  汝等又见吾自为御史以来，效职无避祸之心，临事有致命之志，尚知之乎？吾此意虽吾兄弟未忍及此，盖以往岁忝职 ㉑ 谏官，不忍小见，妄干朝听 ㉒，谪弃河南 ㉓，泣血西归，生死无告。幸余命不殒，重戴冠缨 ㉔，常誓效死君前，扬名后代，殁 ㉕ 有以谢先人于地下耳。

  呜呼！及其时而不思，既思之而不及，尚何言哉？今汝等父母天地，兄弟成行。不于此时佩服诗书，以求荣达，其为人耶？其曰人耶？

  吾又以吾兄所职，易涉悔尤，汝等出入游从，亦宜切慎，吾诚不宜言及于此。吾生长京城，朋从不少，然而未尝识倡优 ㉖ 之门，不曾于喧哗纵观，汝

信之乎?

吾终鲜姊妹，陆氏诸生，念之倍汝，小婢子等既抱吾殁身之恨，未有吾克己之诚，日夜思之，若忘身次。汝因便录吾此书寄之，庶其自发。千万努力，无弃斯须㉗。稹付仑、郑等。

（唐）元稹：《元稹集·诲侄等书》（冀勤点校本）

注 释

① 谪审：贬官调动。唐宪宗元和五年（810），元稹被贬到湖北荆州。谪，读音同"折"。

② 未期：确切的时候。

③ 贻：送给。

④ 十九童心：典出《左传·昭公十九年》，鲁昭公立十九年，犹有童心，为人所笑。此句与"冠岁行登"句相呼应，指男子二十岁行冠礼，就算是成年了，成年人要有成年人的模样和作为。

⑤ 樵苏：打柴。樵，柴火，指打柴；苏，柴苏，一种植物，指打柴。

⑥ 乞丐羁游：为了生计，向人乞求，外出奔波。羁，"羁"的异体字，寄居在外。

⑦ 给：读音同"己"，供应。

⑧ 东都为御史时：元和五年，元稹奉使川东归来，分务东台，即到东都洛阳任监察御史。

⑨ 血诚：至诚。

⑩ 歧嶷：常人所不具备的见识。歧，高峻；嶷，有见识。

⑪ 慈旨：母亲的教谕。史载，元稹少孤，母郑氏贤淑而文雅，亲自教他读《诗》《左传》等经典。

⑫ 凤翔：今陕西省凤翔县。

⑬ 仓曹：郡刺史管理粮秣的属官。

⑭ 栖栖勤勤：辛勤忙碌。栖栖，急迫的样子。

⑮ 明经及弟：考中明经科。明经，唐代科举制的一科，意指精通经典。根据唐代科举制，以诗赋中为进士及第，以经义中为明经及弟。

⑯ 不窥园井：专心读书，足不出户。典出《汉书·董仲舒传》，董生下帷

读书，"三年不窥园"。

⑰ 粗沾一命：勉强做点小官。沾，浸润，指封建统治者的恩泽。一命，九命之一。周朝官阶由一至九，称为九命。

⑱ 乌鸟之报：即"乌鸦反哺"。人们将乌鸦视为孝鸟，老鸦不能觅食了，小鸦就衔回食物喂养它。

⑲ 抱衅：抱有遗憾。衅，间隙。

⑳ 李密：一名虔，字令伯（224—287）。武阳（今四川彭山）人。长于文学，为人刚正，曾仕蜀汉，屡次出使东吴，颇有辩才。蜀汉亡后，晋武帝司马炎为笼络蜀汉旧臣，征他为太子洗马，催逼甚急。他就写了《陈情表》，以奉养祖母为由，不就。祖母死后，丧服期满，他才出任太子洗马，后官至汉中太守。因怨怀免官，后老死家中。

㉑ 忝职：愧任。

㉒ 朝听：朝廷的听闻。

㉓ 谪弃河南：从东都洛阳贬官。

㉔ 冠缨：古时官冠上有红缨，泛指任官职。

㉕ 殁：读音同"墨"，死。

㉖ 倡：通"娼"，妓女。优：伶优，以乐舞戏谑为业的艺人。古时候卑视艺人，故将优与娼并称。

㉗ 斯须：片刻。

译 文

元伦侄等：我刚被贬官，不知道什么时候才能见到你们。现在将自己的感受向你们说一说。你们都已接近成人，但还没有树立志向。古人讥笑鲁昭公即位十九年了还有孩子气，值得你们借鉴啊！我且从身边的人说起吧。你们总说见到我哥哥是如何奉守家法的吧？我家世代贫俭，祖先遗训节俭守廉，唯恐遗产使子孙懒惰，所以家里连可供打柴的山地都没有。这你们是很清楚的。我见哥哥二十年来，用小官的薪俸来供养这个贫困家庭，不足之用，要求人资助和在外奔波，才能勉强对付。我生长三十二年来，对于生活很有体会，知道衣食的艰辛。在东都洛阳当御史时，我常常想：哥哥对我不曾板起面孔教训，更何况是拿起鞭子骂呢？唉！我有幸有这样的兄长，而你们又有幸有这样的父亲！

有这样好的父亲，难道还不值得你们学习吗？

我还有一些肺腑之言想说出来，你们听听吧：我年幼时并不十分聪慧，十岁时才懂得做文章，既没有受到父亲的严格教育，又没有得到师友点拨。记得我开始读书的时候，是受到母亲一句感叹很深的话教诲，才立志学习的。当时在凤翔，我经常到齐仓曹家借书，拿到书后又到陆姐夫那里请他讲解，异常辛苦忙碌。这是我最初读书时的情形。十五岁那年，我考中了明经科。此后，捧起先人的旧书在西窗下钻研思考，几乎到了足不出户的程度。经过十年努力，也勉强成为朝廷的一名小官，博得一点名声。我感到惭愧的是，上不能学乌鸦反哺那样报答父兄，下不能为亲戚分担饥寒，苟且偷生，直至今日。所以李密说："愿意做兄长，可以长期得到弟弟们奉养。"我一想到这句话，就泪如雨下。

你们又看到我当御史以来，尽职尽责，没有消极避祸的念头；处理事情，有舍弃生命的决心。你们知道吗？这番心思，就是在我们兄弟之间，我也没有忍心表白出来。这是因为往年任谏官时，按捺不住内心想法，冒犯了朝廷的议论，以致获罪。从河南贬官后，悲伤地回到西边，不知命运如何安排。所幸生命尚存，还能重新入朝为官。我曾发誓要为君效力，死而后已，流芳后世，无愧祖先。

唉！我哥哥活着的时候，我没有奉养他；现在有这个心思，又没有实际意义了。还有什么话可说呢？你们有父母百般的恩宠，兄弟成行，不在这时专心读书以求发达，获得美誉，那还算人吗？那还可以称作人吗？

我又想到哥哥因交友不慎，以致遭人非议的事。你们交友一定要千万谨慎。我的确不应当在这里说到这件事。我生长在京城，朋友不少，但从不同娼优来往，也不曾在热闹的处所纵情观看他们，你们信不信呢？

我的姊妹少，对于陆家的几个孩子牵挂之情更甚于你们。还有几个小丫头既心怀我终身的遗憾，又没有我克己的诚心，日思夜想，好像忘记了自我存在。你们便中将我这封抄录下来寄去，希望他们发奋向上，千万努力，不要虚度光阴。元稹写给仑、郑等人。

讲　读

这封家信，是中唐宰相、诗人元稹（779—831）写给他的几个侄儿的。书信的中心议题是年轻人要抓住时间，勤奋学习，为将来成就一番事业打下扎实的基础。信中讲述了他同兄长的深厚感情，讲述了他年幼时刻苦学习的经历，情辞恳切，真实感人。书信将读书与做人联系起来，鼓励为国尽忠，扬名后世，立意也是很深厚的，作者所抒发的是知识分子的一腔忧国忧民、立志报国之志。元稹少时借书而读，同古时孙敬和苏秦悬梁刺股、文党投斧挂木、孙康映雪读书、车胤萤光照读、兒宽带经而锄、匡衡凿壁借光等动人故事在精神品格上是一脉相承的。这种苦学勤读的榜样力量，是后世学者奋发向上的精神源泉。

元稹，字微之，河南人。早孤家贫，在贤母的教诲下勤学苦读，中唐德宗贞元九年（793）明经科，即信中所谓"明经及弟"，后又举十九年书判技萃科。唐宪宗元和元年（806）任左拾遗后，连上了几封谏书，希望宪宗广开言路。终因言辞激进，遭到守旧官僚、宦官的打击，八十三天后便被贬为河南尉，这就是信中所谓"谪弃河南"的经历。但他心怀一腔报国之志，仍说"谏死是男儿"。当他为监察御史去四川时，打击了擅加赋税、没收民田的节度使严砺，结果又被贬迁洛阳，后又因将违法的河南尹房式停职，被贬为江陵参军。这就是信中所谓"吾自御史来，效职无避祸之心，临事有致命之志"的经历。但元稹因为壮年时遭到几次沉重的打击而中道变节，开始勾结宦官，追求名利，官职也不断获得提升，一直做到宰相。他与世同流合污、趋炎附势、追逐名位的行为，在当时受到朝野士人的非议。

元稹是中唐时期的著名诗人，是新乐府运动的积极提倡者和参加者。在元稹的诗中，提出了许多深刻的社会问题，有揭露社会黑暗、讽刺横征暴敛、贪污强暴的，有反映人民疾苦、揭举阶级矛盾的，有反对穷兵黩武、劳民伤财的侵略战争的，有刻画商人投机取巧、唯利是图的形象的，等等，内容丰富，刻画准确。有不少诗作，达到了较高的艺术水平。元稹与白居易曾为好友，互相唱答诗歌，并称"元白"。据史载："稹聪警绝人，年少有才名。与太原白居易友善，工为诗，善状咏风态物色，当时言诗者称元白焉。自衣冠士子至闾阎下俚，悉传讽之号为元和体。"

严于律己

柳　玭

　　夫门地高者，可畏不可恃①。可畏者，立身行己，一事有坠先训，则罪大于他人。虽生可以苟取名位，死何以见祖先于地下？不可恃者，门高则自骄，族盛则人之所嫉。实艺懿②行，人未必信，纤瑕③微累，十年手指矣。所以承世胄④者，修己不得不恳，为学不得不坚。夫人生世，以无能望他人用，以无善望他人爱，用⑤爱无状，则曰："我不遇时，时不急贤。"亦由农夫卤莽⑥而种，而怨天泽之不润，虽欲弗馁，其可得乎！

　　予幼闻先训，讲论家法。立身以孝悌为基，以恭默为本，以畏怯为务，以勤俭为法，以交结为末事，以气义为凶人，肥家以忍顺，保交以简敬。百行备，疑身之未周；三⑦缄密，虑言之或失。广记如不及，求名如傥⑧来。去吝与骄，庶几减过。莅官则洁己省事，而后可以言守法，守法而后可以言养人。直不近祸，廉不沽⑨名。廪禄虽微，不可易黎氓⑩之膏血；榎楚虽用，不可恣⑪褊狭之胸襟。忧与福不偕，洁与富不并。比见门家子孙，其先正直当官，耿介特⑫立，不畏强御，及其衰也，唯好⑬犯上，更无他能。如其先逊顺处己，和柔保身，以远悔尤；及其衰也，但有暗劣，莫知所宗。此际几微，非贤不达。

　　夫坏名灾己，辱先丧家。其失尤大者五，宜深志⑭之。其一，自求安逸，靡甘澹泊，苟利于己，不恤人言；其二，不知儒术，不悦古道，懵⑮前经而不耻，论当世而解颐，身既寡知，恶⑯人有学；其三，胜己者厌之，佞己者悦之，唯乐戏谈，莫思古道，闻人之善嫉之，闻人之恶扬之，浸渍颇僻，销刻德义，簪裾⑰徒在，厮养何殊？其四，崇好慢游，耽嗜曲蘖⑱，以衔杯为高致，以勤事为俗流，习之易荒，觉己难悔。其五，急于名宦，匿近权要，一资半级，虽或得之，众怒群猜，鲜⑲有存者。兹五不是，甚于痤疽⑳。痤疽则砭

142

石可瘳 ㉑，五失则巫医莫及。前贤炯诫，方册具存，近代覆车 ㉒，闻见相接。

夫中人已下 ㉓，修辞力学者，则躁进患失，思展其用；审命知退者，则业荒文芜，一不足采。唯上智则研其虑，博其闻，坚其习，精其业，用之则行，舍之则藏。苟异于斯，岂为君子？

（后晋）刘昫等：《旧唐书·柳玭传》

注　释

① 门地：门第。恃：倚仗。

② 懿：好，美。

③ 纤：微小。瑕：本义是玉块上的斑点，引申为缺点。

④ 胄：后代。

⑤ 用：因。

⑥ 卤莽：鲁莽。

⑦ 百、三：多的意思。

⑧ 傥：或许。

⑨ 沽：买。

⑩ 黎甿：老百姓。

⑪ 榎：读音同"贾"，楸树的别称。楚：荆，一种矮小丛生的木本植物。恣：放纵。

⑫ 比：并列，挨着。特：独。

⑬ 好：读音同"浩"，喜欢。

⑭ 志：记住。

⑮ 懵：读音同"蒙"，无知。

⑯ 恶：读音同"务"，厌恶。

⑰ 簪：古代男女用来绾住头发或把帽子别在头发一种针形首饰。裾：衣服的大襟。

⑱ 耽：沉溺。蘖：读音同"聂"，被砍去或倒下的树木又发出的枝芽。

⑲ 鲜：读音同"显"，少。

⑳ 痤：读音同"撮"，疖子。疽：毒疮。

㉑ 瘳：读音同"抽"，病愈。

㉒ 覆车：典出《荀子·成相》："前车已覆，后未知更何觉时？"又贾谊《治安策》："谚曰：'前车覆，后车诫。'"覆，翻车。

㉓ 已下：以下。

译 文

门第高的家庭，只可心存戒惧，不可有恃无恐。值得敬畏的是，立身处世，不要违背先人的教导；否则，就要犯下不可饶恕的罪过。即使活着的时候可以获得名利地位，但死后又怎么同祖先在地下相见？不能有恃无恐的原因是，门第高就会骄狂起来，家族势盛别人就会嫉妒。有实在的本领和美好的行为，别人不一定相信；倘有一点小毛病，大家就议论开了。因此，世家大族的后代，要诚恳修身，立志于学。人生在世，无能而想得到重用，无德而想受到敬爱，如果得不到时，就会说："我生不逢时，现在不急需贤才。"这也像农民没有经过精耕细作，而埋怨上苍不眷顾他，能不忍饥挨饿吗？

我小时候聆听过上辈人讲论家法的教诲。立身要以孝顺父母、尊敬兄长为基础，以恭敬沉静为根本，以小心谨慎为要务，以勤劳节俭为准则，而慎于结交，以讲私情义气为凶人。通过忍让和顺使家庭富足，通过诚实恭敬保持朋友交情。各种行为都十分检点了，还恐有不足之处；保持沉默，还恐言之有失。注意克服贪婪和骄奢，大概就可以减少错误。做官要清廉正派，才谈得上正确执法，遵守法令才谈得上培养人才。为人耿直但不要介入事端，处事廉洁而不骗取名誉。薪俸虽薄，但不能榨取老百姓的血汗；刑具可用，但仍不可恣意妄为；忧与福相斥，贫与富相反。我们看到许多高门大族的子孙，他们开始的时候能够做一个好官，耿介独立，不避强御；等到后来，喜欢犯上作乱，没有其他能耐了。如果他开始时就能想到谦逊自守，明哲保身，一定可以避开灾难；等到后来，只有倒霉了，不知如何是好。面对这种情况，不是贤能的人，是处理不好的。

败坏自己的名声，给自己带来灾难，辱没祖先，败落家庭，有五条值得牢牢记住的原因：其一，贪图安逸，唯利是图；其二，不学无术，嫉贤忌能；其三，打击贤良，搬弄是非；其四，吃喝玩乐，执迷不悟；其五，急功近利，趋炎附势。这些过失，比身上的毒疮还要可怕啊。毒疮通过砭石还可以医治，而这五条过错则是不可救药。前贤教诲，已经录存在典籍中；前车之覆，耳闻目睹，没有停歇。

才不及常人、着力于研治文辞的人，他们常常急于进步，害怕有失，想早日施展他的才华；胆小怕事的人，他们常常业荒文芜，这些人是没有一点值得借鉴的。只有那些聪明绝顶的人，才懂得周密筹划，增长见识，坚定自己的志向，锤炼自己的事业，得到任用就一展才华；否则，就深藏不露，等待时机。如果不是这样，难道能够成为君子吗？

讲　读

这是中唐名臣柳公绰之孙柳玭（读音同"贫"）写的一篇《诫子弟书》。这篇家训针对世家大族子弟有恃无恐，不学无术，不思进取，碌碌无为的流弊，有感而发，令人震慑，很有威力。文章开宗明义，直奔主题："夫门地高者，可畏而不可恃。"讲明了"可畏而不可恃"的理由。文章接着从先辈家训的角度，强化了论题，增强了说服力，如文中强调道："立身以孝悌为基，以恭默为本，以畏怯为务，以勤俭为法，以交结为末事，以气义为凶人。肥家以忍顺，保交以简敬。百行备，疑身之未周；三缄密，虑言之或失。"运用了儒家修身齐家的理论作立论依据，从而推演归纳出五条值鉴镜的过失，发人深省。作为唐代的世家大族，柳氏家训能有这种认识，是十分可贵的。这正是柳氏世代为官，都能立于不败之地的原因所在，也值得官宦子弟深思。

柳玭，唐代京兆华原（令陕西省耀县东南）人，官至御史大夫。唐昭宗拟任为宰相，因宦官谗言未果，后贬为泸州刺史。

柳氏在唐代属于高门世家、功勋家族，而又以教子严格出名，其时人称柳氏家训为"柳氏家法"。柳玭的曾祖曾任丹州刺史，治家甚严，其子柳公绰等学业未成，不许食肉。柳公绰在外地做节度使，儿子仲郢去看他，他要儿子老远下马才准进衙门；看到幕僚夫役都得行晚辈之礼。柳公绰官至兵部尚书、检校左仆射、史称"公绰理家甚严，子弟克禀诫训，言家法者，世称柳氏云"。柳玭的父亲柳仲郢，小时候读书倦乏时，母亲韩氏就让他服用熊胆丸，以苦味来驱除瞌睡，这就是柳母"和丸教子"典故的由来。柳仲郢后来中了进士，也做到京兆尹、检校尚书左仆射和东京留守等高官，并以方正尚义、严格教育子女著称。作为柳氏后代，柳玭保持了严格的家风，这篇家诫就是在这样的家庭环境和家族的文化氛围中产生的，有深厚的文化背景和意蕴。

继承清廉家风

司马光

　　吾本寒家，世①以清白相承。我性不喜华靡，自为乳儿，长者加以金银华美之服，辄②羞赧弃去之。二十忝③科名④，闻喜晏独不戴花⑤。同年⑥曰："君赐不可违也。"乃簪一花。平生衣取蔽寒，食取充腹，亦不敢服垢弊以矫俗干名⑦，但顺吾性而已。众人皆以奢靡为荣，吾心独以俭素为美。人皆嗤我固陋，吾不以为病⑧，应之曰："孔子称'与其不逊也宁固'⑨，又曰：'以约失之者鲜矣。'⑩又曰：'士志于道而耻恶衣恶食者，未足与议也！'⑪古人以俭为美德，今人乃以俭相诟病⑫，嘻，异⑬哉！"

　　近岁风俗尤为侈靡，走卒类士服，农夫蹑⑭丝履。吾记天圣中先公为郡牧判官，客至未尝不置酒，或三行五行，多不过七行，酒酤于市，果止于梨、栗、枣、柿之类，肴止于脯⑮、醢⑯、菜羹、器用瓷、漆，当时士大夫家皆然，人不相非也。会数人礼勤，物薄而情厚。近日士大夫家，酒非内法⑰，果、肴非远方珍异，食非多品，器皿非满案，不敢会宾友，常数营聚⑱，然后敢发书⑲。苟或不然，人争非之，以为鄙吝，故不随俗奢靡者盖鲜矣。嗟乎，风俗颓弊如是，居位者虽不能禁，忍助之乎？

　　又闻昔李文靖公⑳为相，治居弟于封丘门内，厅事前仅容旋马，或言其太隘，公笑曰："居弟当传子孙，此为宰相听事诚隘，为太祝、奉礼听事已宽矣。"参政鲁公㉑为谏官，真宗遣使急召之，得于酒家。既入，问其所来㉒，以实对。上曰："卿为清望官，奈何饮于酒肆？"对曰："臣家贫，客至无器皿、肴、果，故就酒家觞之。"上以无隐，盖重之。张文节㉓为相，自奉养如为河阳掌书记时，所亲或规之曰："公今受俸不少而自奉若此，公虽自信清约，外人颇有公孙弘布被之讥㉔。公宜少从众。"公叹曰："吾今日之俸，虽举家锦衣玉食，何患不能？顾人之常情，由俭入奢易，由奢入俭难。吾今日之俸岂能常有？身岂

146

能常存？一旦异于今日，家人习俗已久，不能顿俭，必致失所㉕。岂若吾居位去位、身在身亡常如一日乎？"呜呼！大贤之深谋远虑，岂庸人所及哉？

御孙㉖曰："俭，德之共也。侈，恶之大也。"共，同也，言有德者皆由俭来也，夫俭则寡欲，君子寡欲则不役于物，可以直道而行，小人寡欲则能谨身节用㉗，远罪丰家，故曰："俭，德之共也。"侈则多欲，君子多欲则贪慕富贵，枉道速祸，小侈欲则多求妄用，败家丧身，是以居官必贿，居家必盗，故曰："侈，恶之大也。"

昔正考父馆粥以糊口，孟僖子知其后必有达人㉘。季文子相三君㉙，妾不衣帛，马不食粟，君子以为忠㉚。管仲镂簋盖朱弦㉛，山节藻棁㉜，孔子鄙其小器㉝，公孙文子享卫灵公，史鳅知其及祸；及戍，果以富得罪出亡㉞。何曾日食万钱，至子孙骄溢倾家㉟。石崇以奢靡夸人，卒以此死东市㊱。近世寇莱公㊲豪奢冠一时，然以功业大，人莫之非。子孙习其家风，今多穷困。其余以俭立名，以侈自败者多矣，不可遍数，聊举数人以训汝。汝非徒身当服行㊳，当以训汝子孙，使知前辈之风俗云。

（宋）司马光：《温国文正司马公文集·训俭示康》

注 释

① 世：累世，几代人。

② 辄：每每，常常。

③ 忝：忝列，谦虚的说法。

④ 科名：考中科举，这里指中进士。

⑤ 戴花：皇帝赐予新科进士的宴会，参加者要簪花。

⑥ 同年：同一年考取进士，称为同年。

⑦ 服垢弊以矫俗干名：故意穿脏烂衣服以示与众不同，以此博取人们的赞扬。

⑧ 病：缺点。

⑨ 与其不逊也宁固：语见《论语·述而》。

⑩ 以约失之者鲜矣：语见《论语·里仁》。

⑪ "士志于道而耻恶衣恶食者"句：语见《论语·里仁》。

⑫ 诟病：讥议。

⑬ 异：奇怪。

⑭ 蹑：踩。

⑮ 脯：干肉。

⑯ 醢：读音同"海"，肉酱。

⑰ 内法：宫内酿造之法。

⑱ 营聚：商议聚会。

⑲ 书：请柬。

⑳ 李文靖公：名沆，字太初，宋真宗时宰相，后谥文公。

㉑ 参政鲁公：名宗道，字贯之，宋真宗时为右正言，后为户部员外郎兼右谕德，又迁升左谕德，宋仁宗时任参知政事。

㉒ 所来：来的地方。

㉓ 张文节：名知白，字用晦，宋真宗时为河阳节度判官，宋仁宗初年为相，后谥文节。

㉔ 公孙弘布被之讥：参见《汉书·公孙弘传》：公孙弘"位在三公，俸禄甚多，然为布被，此诈也"。

㉕ 失所：饥寒无着，失去依靠。

㉖ 御孙：春秋时期鲁国的大夫。参见《左传》庄公二十四年。

㉗ 谨身节用：《论语·卫灵公》有"直道而行"语，《孝经·庶人章》有"谨身节用，以养父母，此庶人之孝也"语。

㉘ "昔正考父"句：参见《左传》昭公七年。正考父，春秋时期宋国大夫，孔子的远祖；饘，稠粥；粥，稀粥；孟僖子，鲁国大夫仲孙貜。

㉙ 季文子相三君：参见《左传》襄公五年。季文子，春秋时期鲁国大夫季孙行文。三君，指鲁文公、宣公、襄公。

㉚ 君子以为忠：语出《左传》襄公五年："君子是知季文子之忠于公室也。"

㉛ "管仲"句：管仲（？—前645），名夷吾，字仲，亦称敬仲，商人出身，春秋时期齐国宰相，辅佐齐桓公成就霸业；簋，盛食物的器具；镂簋，刻有花纹的簋；朱，红颜色；弦，帽带。

㉜ 山节藻棁：节，柱子上的斗拱；山节，刻着山岳的斗拱；藻棁上边画着水藻的梁上短柱。

㉝ 孔子鄙其小器：语出《论语·八佾》。子曰："管仲之小器哉！"

㉞ "公孙文子"句：参见《左传》定公十三年："初，卫公叔文子朝而请

享灵公，退，见史鳍而告之。史鳍曰：'子必祸矣！子富而君贪，罪其及子乎?'""及文子卒，卫侯始恶于公孙戍，以其富也。"定公十四年春，卫侯逐公孙戍，遂逃亡鲁国。公孙文子，卫国人大夫公叔发史鳍，也是卫国大夫。享卫灵公，请卫灵公到家中做客。

㉟"何曾"句：何曾，字颖考，晋武帝时官至太傅。《晋书·何曾传》：何曾"性奢豪，务在华侈，食日万钱，犹曰：'无下箸处。'"又说何曾的子孙都奢侈傲慢，到永嘉（晋怀帝年号）末年，"何氏灭亡无遗焉"。

㊱"石崇"句：石崇，字季伦。《晋书·石崇传》载：石崇"财产丰积，室宇宏丽，……与贵戚王恺、羊琇之徒以奢靡相尚。崇有妓曰绿珠，美而艳，善吹笛，孙秀使人求之，崇竟不许，秀怒，乃劝赵工伦珠崇。车载诸东市，崇乃叹曰：'奴辈利吾家财。'收者答曰：'知财致害，何不早蔽之?'崇不能答"。东市，洛阳城东行刑的地方。

㊲寇莱公：名寇准，字平仲，宋真宗初年时宰相，后封为莱国公。《宋史·寇准传》："准少年富贵，性豪侈，家未尝蓺油灯，虽庖厨所在，必燃炬烛。"蓺，燃；厘，读音同"燕"，厕所；炬，烛。

㊳服行：实行。

译 文

我们家本来就比较贫寒，世世代代保持了朴素的家风。我的个性不喜好奢华，在小时候长辈送给我金银饰物、华美衣物，我的脸羞得发红，不愿接受。有幸二十岁时得到科名，在参加皇帝为新科进士举行的宴会上，只有我不戴花，一同考取进士的好友提醒我说："皇上赐予的花不可不戴。"于是我就戴上一枝，略微表示一下。我一生力主朴素，能够吃饱穿暖就行，但也反对矫饰简朴以博取虚名。许多人以奢华为美，而我则以简朴为荣。一些人讥讽我不合时宜，但我不认为这是一个缺陷。我回答道："孔子在《论语·述而》中教育他的学生说：'奢侈便不会逊让，俭朴就会固陋，但与其不逊让，还是宁可固陋。'又在《里仁》篇中说：'因俭约而导致差失的就很少了。'又说：'一个有修养的人，立志于修身立德，而以粗食布衣为耻，就不值得交往了。'古人以俭朴为美德，现在人们都讥讽这一美德，真是十分奇怪的事！"

近年来风俗变得奢华糜烂了，走卒穿儒生的衣服，农夫穿丝踩履，真是不伦不类。我记得天圣年间祖父当群牧判官，请客吃饭不一定备酒。即使有酒，不过三五行，绝不会超过七行。而酒都是从市场上买来的。水果不过是些梨、栗、枣、柿子，美味也不过是些干肉、肉浆、菜羹之类的食品，餐具也就是瓷器、漆器罢了。当时士大夫家庭都认为这样就可以了，并不认为有什么不妥。那时人们频繁聚会而礼数殷勤，食物并不丰盛而情真意厚。现在就不同了。如若不是采用宫廷方法酿制的酒，从外地采购的果、肴美味，准备种类很多的食品，餐具、饮具一应俱全，就不敢请客了。现在聚会，常常要经过好几个月的准备，然后才敢下请帖。如果有时候没有这样做，人们就纷纷指摘不是，认为太小气吝啬了。因而迎合奢侈之风的人就多了。唉，风俗颓废到这种地步，我虽不能予以禁止，但怎么忍心助长它呢？！

我听说李沆做宰相时，在封丘门内修建宅第，厅堂窄小，仅仅容得下一匹马转身那么点空间，有人对他说太狭窄了，但他却笑着说："我做的房宅是传给子孙的，如果现在作为宰相官邸，是小了点，但将来作为太祝、奉礼的官邸，就足够了。"参知政事鲁宗道做谏官时，仁宗皇帝曾派人找他，他正在酒店里请客。皇帝问他从哪里来，他如实回答，皇帝很纳闷，问道："爱卿是有名的清官，怎么在酒店里豪饮呢？"他回答道："我家里困窘，家中没有名贵的餐具，也准备不起丰盛的美味，因而将就着在酒店请客。"皇帝看他说实话，更加敬重他。张知白做宰相时，生活得简朴的样子如同做河阳书记官时，他身边的人有时劝告他说："您今天贵为宰相，俸禄优裕，却还如此自我约束，清廉俭约，外间有人用西汉武帝时布衣宰相公孙弘的典故来讥笑您的俭朴。您应该要稍微顺从一下我们的意思。"文节公感叹道："我今天的俸禄已经很丰厚了，即使全家穿锦绣华服，捧玉器盛食，那还怕办不到吗？但想一想人情之常，我觉得奢侈成为习惯，就不能过俭朴的生活了，但从俭朴的生活到奢侈铺张，一夜之间就可以习惯。我今天的富贵哪里可能永久地保持下去呢？我怎么可能永远存在呢？倘若将来失去了富贵，而家人铺张奢侈已习以为常，又不能马上返奢入俭，必然衣食不保啊。这时，哪里比得上我拥有富贵、失去富贵都是一样俭朴地生活这样轻松呢？"唉，贤达者的深谋远虑，哪里是一般人所能赶得上的啊？！

春秋时期鲁国的大夫御孙说："俭朴，是我们共同的道德；奢侈，是突出的恶行。"意思是说美好的道德都由俭朴衍生而来。俭朴，就能使人清心寡欲，有德行的人就不会被财富束缚住，努力实践他崇高的理想；德行差一点的人修身寡欲就能节用慎行，避免犯法，发家致富。奢侈必然导致欲望丛生，即使有德行的人多欲也会嫌贫爱富，走弯路而招致灾祸；即使是小小的奢侈行为也会搅乱心志，贪多浪费。最后会败家丧身。这样的话，当官就必然受贿赂，在乡里就必然为盗贼。因此，御孙的话是很有道理的。

古时候孔子的远祖正考父虽然贵为宋国大夫，但他仍然生活节俭，以稀饭度日。鲁国大夫仲孙玃非常欣赏他的生活态度，认为这种家风必定可以哺育出后世圣贤，果然孔家产生了孔圣人。春秋时期鲁国大夫季孙行文三朝为相，妾不穿华服，马不吃粮食，人们赞扬他忠于公室。春秋时期齐国宰相管仲雕梁画栋，张扬富贵，孔子鄙薄他为小器。春秋时期卫国大夫公叔发炫耀富有，请国君在家中吃饭，大夫史鰌认为他必然会惹祸。到了他儿子戌时，因为过于富有而受到国君嫉恨，终于被逐，最后逃亡到鲁国。晋武帝时太傅何曾十分富有，日食万钱，他的子孙奢华成习，终致败家。西晋石崇过着骄奢淫逸的生活，还不断向人夸耀自己富有，最后被送上了断头台。前些时宰相寇准家豪华富贵称雄天下，但因为寇公功劳显赫，人们十分尊敬他而不加非议。但他的子孙们继承了奢华的家风，现如今大多穷困潦倒了。总而言之，因俭朴而名满天下，因奢侈而败家的人不可胜数，我只举以上这些例子供你深思，也就足够了。我看不仅你要记住我的话，身体力行，厉行节俭，而且还要教育你的子孙，让他们知道我的家风以及教诲啊。

讲 读

本文堪称古代家训中的经典名篇。这是北宋名臣司马光（1019—1086）写给他的儿子司马康的训诫。主要意思是希望他的子孙们继承清廉的家风，牢记俭朴是最美好的道德，是立身立业的根本。本文主题鲜明，文情并茂。它既有作者人生经历的体验，又列举了大量的正反两方面的人和事，很有启发性。事例虽多，但紧扣主题评析，哲理深刻，因而不显得累赘，映衬出作者的真挚之情，严正之气，十分感人。文章围绕主题，从儒家学说的基本理论出发，如"俭为德之共"，突出地论述了节俭朴素对于人生、对于事业具有直接影响的重要意义，由"德共"论层层展开、逐层递进，因而论理是很深刻的。文中所引中国古代经典如《论语》的论述，十分精当，使文章的论理显得厚实，因而增色不少。

司马光，字君实，陕州夏县（今山西夏县）涑水乡人。北宋仁宗时进士；英宗时任龙图阁直学士；神宗时为反对王安石变法的主将，任闲官，历时十五载，联络刘攽、范祖禹、刘恕诸人，主持编纂《资治通鉴》；哲宗时为宰相，废除王安石的新法。司马光既是中国历史上有名的政治家，又是一位有影响的历史学家。他主持编修的《资治通鉴》在中国文化史上有十分重要的地位。《资治通鉴》突破纪传体、断代史等史书体裁，别创一体，即编年体，对后世影响颇大。近人梁启超评价说："司马温公《通鉴》，亦天地一大文也。其结构之宏伟，其取材之丰赡，使后世有欲著通史者，势不能不据为蓝本，而至今卒未有能逾之者焉。温公也伟人哉！"

司马光深受儒家文化的熏陶，以诚、直、俭、信立身。当时人称赞他："以直道相与，以忠告相益，以诚心始终如一。""人品清如水，直如矢。"本文就是他的人品道德的一个写照。在司马光身上，映现着中国传统文化所彰扬的许多优秀品格，如忠信正直、奉公守法、不徇私情、斥声色、远犬马、禁货利，等等。尤其是他的廉洁俭朴的品格，不仅对他的子孙，而且对周围的读书人、士大夫产生了深刻的影响。《宋史·司马康传》说司马康："途之人见其容止，虽不识，皆知为司马氏子。"其时人们评论他的学生刘安世说："忠孝正直，皆则像司马光。"因而他的这一品德受到当时人和后人的赞誉。司马光去世后，京师人人争购其画像，奉若神明，可见其人格魅力之大，在社会上影响之深。

人生在世，勤谨二字

朱　熹

　　早晚受业请益，随众例不得怠慢。日间思索，有疑用册子随手札记，候见质问，不得放过。所闻诲语，归安下处，思省①切要之言，逐日札记②，归日要看。见好文字，录取归来。

　　不得自擅出入。与人往还，初到问先生，有合③见者见之，不合见则不必往。人来相见，亦启禀④然后往投之。此外不得出入一步。居处须是居敬，不得倨⑤肆惰慢，言语须要谛⑥当，不得戏笑喧哗，凡事谦恭，不得尚气凌人，自取耻辱。

　　不得饮酒荒思废业。亦恐言语差错，失己忤⑦人，尤当深戒。不可言人过恶⑧，及说人家长短是非。有来告者，亦勿酬答。于先生之前，尤不可说同学之短。

　　交游之间，尤当审择。虽是同学，亦不可无亲疏之辨。此皆当请于先生，听其所教。大凡敦厚忠信，能攻吾过者，盖友也；其谄谀轻薄，傲慢亵狎，导人为恶者，损友也。推此求之，亦自合见得五七分。更问以审之，百无所失矣。但恐志趣卑凡⑨，不能克己从善，则盖者不期疏而日远，损者不期近而日亲，此须痛加检点而矫革⑩之，不可苟且渐习，自趋小人之域。如此，则虽有贤师长，亦无救拔自家处矣。

　　见人嘉言善行⑪，则敬慕而纪⑫录之。见人好文字胜己者，则借来熟看，或传录之，而咨问之，思与之齐⑬而后已。（不拘长少，惟善是取。）

　　以上数条，切宜谨守。其所未及，亦可据此推广。大抵只是"勤谨"二字：循之而上，有无限好事，吾虽未敢言，而窃为汝愿之；反之而下，有无限不好事，吾虽不欲言，而未免为汝忧之也。盖汝若好学，在家足可读书作文讲明义理，不待远离膝下，千里从师。汝既不能如此，即是自不好学，已无可望之理。然今遣汝者，恐汝在家汩⑭于俗务，不得专意；又父子之间，不欲昼夜督责；及无朋友闻见，故令汝一行。汝若到彼，能奋然勇为，力改故习，一味勤谨，则吾犹有望。不然，则徒劳费，只与在家一般，他日归来，又只是旧时伎俩人物⑮，不知汝将何面目归见父母亲戚乡党故旧耶？念之！念之！

"夙兴夜寐，无忝尔所生！"⑯在此一行，千万努力！

（宋）朱熹：《朱文公文集·与长子受之》

注 释

① 省：读音同"醒"，检查。

② 札记：做笔记。

③ 合：合得来。

④ 启禀：禀报。旧时礼仪，下辈见上辈、卑见尊、下级见上级，都须"启禀"，以示敬重。

⑤ 倨：读音同"据"，傲慢。

⑥ 谛：真实准确。

⑦ 忤：抵触，冒犯。

⑧ 恶：读音同"饿"，过错，缺点。

⑨ 卑凡：平庸。

⑩ 矫革：纠正。矫，把弯曲的东西弄直；革，改变。

⑪ 嘉言善行：嘉言，美好的话语；善行，美好的行为。

⑫ 纪：通"记"。

⑬ 齐：用作动词，使……整齐或一致。

⑭ 汩：读音同"股"，沉没。

⑮ 旧时伎俩人物：依然故我，没有进步，本事同从前一样。

⑯ "夙兴"句：语出《诗经·小雅·小宛》。夙，早晨；兴，起；寐，打瞌睡；忝，辱。早起晚睡，兢兢业业，不要因自己不争气而使父母蒙受耻辱。

译 文

每天听先生讲学、向先生请教，要和别人一样照规矩进行，不要怠慢。有疑难问题要随手记在笔记本上，然后向老师请教，不要耽误。老师教诲后，回到自己的住处，要思考其中要紧的话，每日写成笔记，你回来时，我是要检查的。看到好文章，也要随手记下带回来学习。

不要擅自出入。与人来往，要看对象。同学来往，首先要问候先生，该见面的就见面，不该见面的就不要来往。平时有人来见，也要请示先生后再回访。此外，不得随便走动，在住所要恭敬，不可傲慢放肆。言语要谨慎恰当，不要嘻嘻哈哈。凡事要谦恭，不可盛气凌人，以免被人瞧不起。

不要饮酒，以免荒废学业。还要注意言辞准确可靠，以免自己失去面子又得罪人，一定要谨慎啊。不要议论别人的是非，尤其不要指摘别人的缺点。有人来议论是非，也不要附和。在先生面前，特别不要议论同学的短处。

结交朋友，一定要慎重。即使是同学，也不能没有亲疏之分。这些都应当向老师请教，听从他的教导。同学中凡是朴实厚重，待人真诚，讲信用，能够指出自己过错的人，就是益友；而那些逢迎巴结，轻佻浮躁，对人傲慢，行为放荡，诱人作恶的人，则是损友。按照这个标准去交朋结友，自己就可以把握一个大概的规范。如果再加上多方了解观察，就可以做到万无一失了。只怕自己志趣平庸，不能严格要求自己，那么，你的益友就日益疏远你了，损友也就渐渐地亲近你了。这就需要你自己痛下决心，坚决纠正。不要染上恶习，使自己走向小人堆。否则，即使有良师，也不能帮助你摆脱困境了。

见到别人有美好的语言和行为，就要敬佩他，并牢记在心中；见到别人的文章写得比自己的好，就要借来熟读，或者抄录下来，向他请教，直到达到他的水平为止。不管是老是少，只要他有优点就要向他学习。

以上数条，务必严格遵守，至于其他没有涉及的，也可以举一反三。人生在世，就是靠"勤谨"二字。如能遵循它，努力上进，就能受益无穷。我虽不敢打包票，但心中暗自祝愿你；否则，就会受害无穷。我虽不能说出来，但心中还是为你担忧啊。其实，如果你好学上进，完全可以在家读书作文，我为你讲解经典，不必远离父母，千里从师。你既然不能这样，就是自己不喜爱学习，那我就不能指望你做到这一点了。现在让你出外从师，惟恐你在家被俗务耽误，不能专心学习。况且父子之间，也不能日夜督责。又加上没有学友在一起切磋，因此要你出门求学。你到那里后，如能奋发有为，力改旧习，一心勤奋谨慎，那么，我对你还是抱有希望的。否则，即使这样，，也还是徒然劳神，白白费力，他日归来，你若依然故我，有何面目同父母亲戚相见啊？望你千万牢记！千万牢记！

"早起晚睡，无辱父母！"这是《诗经》上的教诲。你这次出远门求学，千万要努力啊！

讲　读

这是朱熹（1130—1200）在他的长子受之出门求学不久后，写给他的一封家书。他讲明了送子千里求师的理由，以及在求学中应该注意的问题。这封书信的主题思想是：要将读书与做人联系在一起，遵循"勤谨"两个字。作为一个教育家，他向儿子所教诲的，正是自己所摸索的学习方法：心勤——多思考，勤用脑；手勤——勤记笔记，勤抄好文章；嘴勤——有疑难问题就向老师请教，和同学切磋。这种学习方法，经过千百年来的实践证明，还是行之有效的。在信中，作者不是只抓儿子的学习，以学习的好坏论英雄，而且强调品格修养，教育儿子做人。这就是在信中作者所强调的"恭谨"：对老师要守学生的尊师之礼；对同学不得无礼傲慢，不得盛气凌人；交游之间，尤当审择；见贤思齐而后已，等等。这是很有启发性的。当然，在旧时代，作者是在用孔孟儒家学说、传统道德规范来塑造人，教育人，这在今天看来是不可取的。但在任何时代，都要重视受教育者品学兼优，这则是没有疑义的。作为一位自身勤于学习、专心著述的大儒，能够如此细心地教育孩子，关心他的进步与提高，这是十分感人的。

朱熹，字元晦、仲晦，晚年号晦庵，祖籍南宋徽州婺源（今江西婺源县），生于福建尤溪。他充分吸收了宋代哲学的智慧，建立了一个客观唯心主义的哲学体系。朱熹是继孔子以后，在我国传统社会影响最大的唯心主义哲学家、教育家。从南宋到明清社会七百年间，以朱熹为代表的程朱理学被历代统治阶级奉为官方御用哲学，不仅统治了传统社会后期的整个思想文化领域，而且成为上至国家意识形态、上层建筑，下至民间日常生活各个领域的指导原则，对中国文化的发展产生了巨大而深远的影响。他所揭示的哲学概念——"天理良心""正心诚意""人欲横流""涵养工夫"等，不仅在当时成为人们日常生活的口头语，就是在近代社会，也广为流传。朱熹"讲明义理"的学术思想，在明清社会被发挥为"义理、考据、辞章"，一直影响到新文化运动。其思想的强劲影响力，这恐怕是朱熹始料不及的。

作为一个在学术思想上有追求的学者，朱熹在仕途上并不得意。他做过江东转运副使、知漳州、知江陵府、秘书等官。长期奔波于地方，在朝廷做官仅四十余日。他经历了南宋高、孝、光、宁四朝，做了九年官，仕途坎坷。他一生主要从事学术研究，所创立的学派，人们称为"闽学"。朱熹的著述讲学生涯非常精彩，他的学问涉及哲学、历史、经学等各个领域，为后世留下了浩繁的著作，如《朱文公文集》《四书集注》《太极图说解》《朱子语类》等等，影响深远。朱熹是一个有抱负的读书人。他即使做官，也不忘把自己的理想付诸实践。但朱熹活着的时候，他的学说与理想受到排斥，被列为"伪学"加以禁止。

坚定志向，勤学成才

王守仁

近闻尔曹学业有进，有司考校①，获居前列，吾闻之，喜而不寐。此是家门好消息，继吾书香②者，在尔辈矣。勉之勉之！

吾非徒望尔辈但取青紫③，荣身肥④家，如世俗所尚⑤，以夸市井小儿。尔辈须以仁礼存心，以孝弟为本⑥，以圣贤自期，务在光前裕后⑦，斯可矣。吾惟幼而失学无行，无师友之助，迨今中年⑧，未有所成，尔辈当鉴吾既往，及时勉力；毋又自贻他日之悔，如吾今日也。

习俗移人，如油渍⑨面，虽贤者不免。况尔曹初学小子，能无溺乎？然惟痛惩深创⑩，乃为善变。昔人云："脱去近凡，以游⑪高明。"此言良足以警，小子识⑫之！吾尝有《立志论》⑬与尔十叔，尔辈可从抄录一通⑭，置之几间，时一省览，亦足以发⑮。方虽传于庸医⑯，药可疗夫⑰真病。尔曹勿谓尔伯父只寻常人尔，其言未足法⑱；又勿谓其言虽似有理，亦只是一场迂阔之谈⑲，非我辈急务。苟如是，吾未如之何矣。

读书讲学，此最吾所宿好⑳。今虽干戈㉑扰攘中，四方有来学者，吾亦未尝拒之。所恨牢落尘网㉒，未能脱身而归。今幸盗贼稍平，以塞责㉓求退，归卧林间㉔，携尔曹朝夕切磋砥砺㉕，吾何乐如之！偶便先示尔等，尔等勉焉，毋虚㉖吾望！正德丁丑㉗四月三十日。

（明）王守仁：《王文成公全集》卷二六《赣州书示四侄正思等》

注　释

① 有司：主考官。考校：县学的秀才考试。

② 书香：指读书家庭。

③ 青紫：泛指在朝廷做大官。据汉代官制，丞相、太尉金印紫绶（紫色系带），御史大夫银印青绶（青色系带）。

④ 荣：用作动词，使……荣耀。肥：用作动词，使……富裕。

⑤ 尚：尊重。

⑥ 以孝弟为本：语出《论语·学而》："君子务本，本立而道生。孝弟也者，其为仁之本与？"弟，通"悌"。

⑦ 光前裕后：为前人争光，为后人造福。光、裕，用作动词，使……光，使……裕。

⑧ 迨：读音同"待"，等到。中年：作者写信的这一年，时值四十五岁。

⑨ 渍：污染。

⑩ 痛惩深创：狠狠地整肃自身弱点，深刻地解剖自身毛病。

⑪ 近凡：平庸。游：本义是在水上漂浮，文中指达到。

⑫ 小子：年轻人。古时一般用于上辈人指称下辈人。识：记。

⑬ 《立志论》：王守仁为十弟王守文作，参见《王文成公全书》卷七。

⑭ 一通：一遍。

⑮ 发：启发。

⑯ 庸医：自谦之辞。

⑰ 夫：病人。

⑱ 法：效法。

⑲ 迂阔之谈：脱离实际的意见。

⑳ 宿好：多年的愿望。好，读音同"浩"，爱好。

㉑ 干戈：古代的兵器，也代指战争。干，盾牌。

㉒ 牢落：荒废。网尘：俗务的束缚。

㉓ 塞责：履行职责。

㉔ 归卧林间：退隐。

㉕ 切磋砥砺：相互研究讨论。

㉖ 虚：用作动词，使……一虚，空有，落空。

㉗ 正德丁丑：明武宗朱厚照正德十二年（1517）。

译　文

近来听说你们学业有进步，在秀才考试中名列前茅，我知道后，高兴得夜不能寐。这是我们家中的好消息，继承读书的家风，就靠你们了。好好努力啊！

我不只是希望你们做上大官，光宗耀祖，显赫门庭，使家中富足，像世俗所推崇的那样，在老百姓中夸耀；而且期望你们以仁礼存心，以孝顺父母、友爱兄弟为根本，努力学习圣贤，为前人争光，为后人造福。我只因幼年失学，没有得到师友的帮助，一晃到如今不觉已经四十五岁了，没有什么建树。你们一定要以我过去的经历作为借鉴，赶紧努力，不要等到将来吃后悔药，像我今天这样的感受。

习俗移人，贤者不免。况且你们只是初入学途的晚辈，能够不受世俗的引诱吗？但是，只要勇于自我解剖毛病，狠狠地整肃自身的缺点，一定能够不断得到提高。宋代人谢良佐说得好："要摆脱庸俗浅近人的干扰，去向高明者讨教。"这句话值得警觉，你们要牢记啊！我曾经写过一篇《立志论》送给你们的十叔，你们可以抄录一份，放在书架上，经常阅读，可以从中得到一些启发。这好比是，药方虽是从庸医那里开来的，但药总可治疗病夫。你们不要小看了你们的伯父，以为他的话不值得遵循，也不要以为话虽有些道理，但只是不切实用的教诲，没有说中你们的心思。如果你们这样认为，我也没有什么办法了。

读书讲学，这是我的志趣。即使如今纷扰混乱，各地学者来拜访我，我也并不拒绝。我遗憾的是，俗务缠身，没有什么成就，而自己又不能抽身摆脱它。幸得动乱已接近平定，我可以圆满地完成使命了。我功成身退之后，隐居山林，带着你们讲学读书，经常切磋探讨。我多么期望能过这样的生活啊！得闲我就先同你们谈这些，希望你们不要让我的愿望落空啊！正德十二年四月，三十日。

讲　读

这是王守仁（1472—1528）在江西赣南镇压农民起义的前线，抽空写给他侄儿的一封家信。在信中，作者鼓励后辈晚生坚定志向，勤学成才。作者指出，读书不仅仅是为了博取功名，光宗耀祖，夸耀邻里，更重要的是获得立身处世的道理，使自己成为贤才。根据自己的成长经历，作者认为要从年轻时就努力学习，不要等到将来寻找后悔药。作者特别强调，要勇于破除世俗的束缚，树立远大志向，力求上进，把自己塑造成一个高尚的人。作者用"如油渍面"作比，警醒后生不要受到习俗的影响，自觉接受贤人的熏陶。他特别强调后辈们学习他的《示弟立志说》。在这篇文章中，他指出："学莫先于立志，立之不立，犹不种其根，而徒事培拥灌溉，劳苦无成。"当然，作者所强调的立志，不能逾越儒家学说的轨道，如"以仁礼存心，以孝弟（悌）为本，以圣贤自期，务在光前裕后"。这是其时代的局限性。但对于人们来说，每一时代都有每一时代的要求，因而要树立志向，指导自己成长，这是十分重要的。文章有启发性，受到后世的喜爱，正在于此。作者能够向后辈解剖自己年轻时浪费了光阴的缺憾，并作为他们的借鉴，这种自我剖析的胸怀也是值得肯定的。

王守仁，字伯安，号阳明，人称阳明先生，明代浙江余姚(今浙江余姚县)人。著名的主观唯心主义哲学家、教育家。他创立的"致良知"与"知行合一"哲学体系——"心学"，或王学，很有影响。王学的崛起，突破了明初理学家崇尚"共学之方"的陋习，打破了明初程朱理学一统天下的僵化格局，形成了独具一家之言的"颛门之学"，对中国传统社会后期的意识形态，乃至近代社会的思想文化演变，产生了深远的影响。这种影响体现在晚明以后思想文化的演进轨迹上，从晚明社会意识的巨变，到明清之际思想启蒙的突起，再到近代新思想新观念的生发，王学作为一个内在的文化因素都打上了深深的历史烙印。

王守仁出身官宦之家。父亲王华，明宪宗成化十七年状元，后任南京吏部尚书。王守仁少时放浪不羁，成婚之日，竟去与道士叙谈，忘记回家。他在信中所说的"幼而失学无行"，就是指这段人生经历。后来有志于学，二十八岁时中进士。在任兵部武选司主事时，因救援被大太监刘瑾陷害的官员戴铣等人，被贬到贵州龙场驿（今修文县）任驿丞，其名篇《瘗旅文》就写于此时。刘瑾死后，回京任职，后因镇压江西南部的农民起义和平定"宸濠之乱"有功，升任南京兵部尚书，明世宗嘉靖初被封新建伯，死后谥文成，著成《王文成公全书》。

人须要立志

杨继盛

人须要立志。幼时立志为君子，后来多有变为小人的；若初时不先立下一个定志，则中无定向，便无所不为，便为天下之小人，众而皆贱恶①你。你发愤立志要做个君子，则不拘作官不作官，人人都敬重你。故我要你第一先立起志气来。

心为人一身之主，如树之根，如果之蒂，最不可先坏了心。心理若是存天理②，存公道，则行出来便都是好事，便是君子这边的。心里若存的是人欲，是私意，虽欲行好事，也是有始无终，虽欲外面作好人，也被人看破你。如根衰则树枯，蒂坏则果落。故我要你休把心坏了。心以思为职，或独坐时，或夜深时，念头一起，则自思曰："这是好念？是恶念？"若是好念，便扩充起来，必见之行；若是恶念，便禁止勿思。方行一事，则思之以为："此事合天理，不合天理？"若是不合天理，便止而勿行；若是合天理，便行。不可为分毫违心害理之事，则上天必保护你，鬼神必加佑你，否则天地鬼神必不容你。

你读书若中举，中进士，思我之苦，不做官也是。若是做官，必须正直忠厚，赤心随分报国。固不可效我之狂愚，亦不可因我为忠受祸，遂改心易行，懈了为善之志，惹人父贤子不肖之笑③。

我若不在，你母是个最正直不偏心的人，你两个要孝顺他，凡事依他。不可说你母向哪个儿子，不向哪个儿子；向哪个媳妇，不向哪个媳妇。要着④他生一些儿气，便是不孝。不但天诛你，我在九泉之下，也摆布你。

你两个是一母同胞的兄弟，当和好到老。不可各私私财，致起争端；不可因言语差错，小事差池，便面红耳赤。应箕性暴些，应尾自幼晓得他性儿的，看我面皮，若有些冲撞，担待他罢！应箕敬你哥哥，要十分小心，和敬我一般的敬才是。若你哥哥计较你些儿，你便自家跪拜与他陪礼；他若十分恼不解，你便央及你哥哥相好的朋友劝他。不可他恼了，你就不让他。你大伯这样无情的摆布我，我还敬他，是你眼见的。你待你哥，要学我才好。

应尾媳妇是儒家女，应箕媳妇是官家女，此最难处。应尾要教导你媳妇，爱弟妻为亲妹，不可因他是官宦人家女，便气不过，生猜忌之心。应箕要教导你媳妇，敬嫂嫂为亲姊，衣服首饰休穿戴十分好的，你嫂嫂见了，口虽不言，心里便有几分不耐烦，嫌隙自此生矣。四季衣服，每遇出入，妯娌两个是一样的，兄弟两个也是一样的。每吃饭，你两个同你母一处吃，两个媳妇一处吃，不可各人和各人媳妇自己房里吃，久则就生恶了。

你两个不拘有天来大恼，要私下请众亲戚讲和，切记不可告之于官。要是一人先告，后者把这手卷送之于官，先告者即是不孝，官府必重治他。殃及你两个，好歹与我长些志气，再预告问官老先生，若见此卷，幸怜我苦情，教我二子，再三劝诱，使争而复合，则我九泉之下，必有衔结之报。

你堂兄燕雄、燕豪、燕杰、燕贤，都是知好歹的人。虽在我身上冷淡，却不干⑤他事。俗语云："好时是他人，恶时是家人。"你两个要敬他，让他。祖产分有未均处，他若是爱便宜，也让他罢。切记休要争竞，自有旁人话短长也。

你两个年幼，恐油滑人见了，便要哄诱你，或请你吃饭，或诱你赌博，或以心爱之物送你，或以美色诱你，一入他圈套，便吃他亏，不惟荡尽家业，且弄你成不得人。若是有这样人哄你，便想我的话来识破他：和你好是不好的意思，便远了他。拣着老成忠厚，肯读书、肯学好的人，你就与他肝胆相交，语言必信，逐日与他相处。你自然成个好人，不入下流也。

读书见一件好事，则便思量：我将来必定要行⑥；见一件不好的事，则便思量：我将来必定要戒。见一个好人则思量：我将来必要与他一般；见一个不好的人则思量：我将来切休要学他。则心地自然光明正大，行事自然不会苟且⑦，便为天下第一等好人矣。

习举业⑧，只是要多记多作。"四书"本经记文一千篇，读论一百篇，策一百问⑨，表五十道，判语八十条，有余功则读五经白文，好古文读一百篇。每日作文一篇，每月作论三篇，策二问。切不可一日无师傅。无师傅则无严惮⑩，无稽考，虽十分用功，终是疏散，以自在故也。又必须择好师，如一师不惬意⑪，即辞了另寻，不可因循迁延，致误学业。又必择好朋友，日日会讲⑫切磋，则举业不患其不成矣。

与人相处之道，第一要谦下诚实。同干事则勿避劳苦，同饮食则勿贪甘美，同行走则勿择好路，同睡寝则勿占床席。宁让人，勿使人让我；宁容人，勿使人容我；宁吃人之亏，勿使人吃我亏；宁受人之气，勿使人受我之气。人有恩于我，则终身不忘。人有仇于我，则即时丢过。见人之善，则对人称扬不已；闻人之过，则绝口不对人言。有人向你说某人感你之恩，则云："他有恩于我，我无恩于他。"则感恩者闻之，其感益深。有人向你说某人恼你谤你，则云："彼与我平日最相好，岂有恼我谤我之理？"则恼我者闻之，其怨即解。人之胜似你，则敬重之，不可有傲忌之心；人知不如你，则谦待之，不可有轻贱之意。又与人相交，久而益密，则行之邦家可无怨矣。

我一母同胞，见⑬在者四人：你大伯、二姑、四姑及我。大伯有四个好子，且家道富实，不必你忧。你二姑、四姑俱贫穷，要你常看顾他，你敬他和敬我一般。至于你五姑、六姑，亦不可视之如路人也。房族中有饥寒者，不能葬者，不能嫁娶者，要你量力用济，不可忘一本之念，漠然不关于心。我家系诗礼士夫之家，冠婚丧祭，必照家礼行，你若不知，当问之于人，不可随俗苟且，庶子孙有所观望。你姊是你同胞的人，他日后若家贵便罢；若是穷，你两个要老实供给照顾他。你娘要与他东西，你两个休要违阻：若是有些违阻，不但失兄弟之情，且使你娘生气，又为又友，又为不孝，记之！记之！

杨应民是我自幼抚养他成人，你日后与他村里庄寨一所，坟左近地与他五十亩。他若公道便与他，若有分毫私心，私积钱财，房子地土都休要与他。曲钺他若守分，到日后亦与他地二十亩，村宅一小所。若是生事心里要回去，你就和你两个丈人商议告着他。原□□□银子买的他，放债一年银一两，得利之钱，按□年向他要，不可饶他。恐怕小厮门照样儿行，你就难管。福寿儿、甲首儿、杨爱儿，都是监中伏侍我的人，日后都与他地二十亩，房一小所。以上各人，地都与他坟左近的，着他看守坟墓，许他种，不许他卖。

覆奏本已上，恐本不急，仓促之间，灯下写此，殊欠伦序。然居家做人之道，尽在是矣。拿去你娘看后，做一个布袋装盛，放在我灵前桌上，每月初一、十五，合家大小灵前拜祭了，把这手卷从头至尾念一遍，合家听着。虽有紧事，也休废了！

（明）杨继盛：《杨忠愍公遗笔·给子应尾、应箕书》（丛书集成本）

注　释

① 贱恶：讨厌，憎恨。恶，读音同"务"。

② 天理：是南宋哲学家朱熹设定的一个哲学命题。他认为，每人都有自己的"天分"，也就是上天所规定的"名分"，如"父安其父之分，子安其子之分，君安其君之分，臣安其臣之分"。人们按照等级差别各安其分，就是"天理"。与"天理"相对立的范畴，就是"人欲"。

③ 不肖：儿子不像父辈，指不成器。

④ 着：惹恼。

⑤ 干：读音同"甘"，涉及。

⑥ 行：实践。

⑦ 苟且：不严肃。

⑧ 举业：读书人对科举的追求。

⑨ 策问：应考人按策上的问题陈述自己的看法，起于西汉。皇帝为选拔人才进行考试，事先把问题写在竹简（策）上。

⑩ 严惮：严格的管束；惮，畏惧，害怕。

⑪ 惬意：称心。

⑫ 会讲：在一起讨论。

⑬ 见：通"现"。

讲　读

这是明朝杨继盛（1516—1555）临刑前为他的两个儿子写下的遗嘱。这篇遗嘱告诉了他的儿子做人的道理：第一，做人要立志，这是居于首要位置的。没有坚定的志向，长大就会无所作为，或者成为众人憎恶的小人。立志做个君子，即使不做官，也会得到人们的敬重。第二，居心要正，要心存善念，去恶念、邪念，按照"天理"规范自己的思想和行为。第三，做官要正直忠厚，赤心报国，不能因为父亲受到冤屈，就改变心志，误导行为。第四，要孝顺母亲、兄弟和睦，要结交好人，向贤人学习。第五，要实现举业，要择良师。第六，与人相处，要谦下诚实。作者在被处以死刑之际，能够从容不迫地向孩子们讲述做人的大道理，这种视死如归的人生态度和定力，令人钦佩。遗书中对孩子们提出的严格要求，也是有人生启发性的。

杨继盛，字仲芳，号椒山，明朝保定容城（今属河北）人。明世宗嘉靖二十五年进士，曾任兵部员外郎，因弹劾大将军仇鸾而被贬。仇鸾败，杨氏重被起用为兵部武选司员外郎。任职一个月后，起草奏表弹劾权相严嵩十大罪状，惹怒皇帝，被下狱，受尽酷刑。临刑前，除写下这篇遗嘱外，还有绝命诗一首："浩气还太虚，丹心照万古。生平未报恩，留待忠魂补。"严嵩败后，被赠为太常少卿，谥忠愍，今存《杨忠愍集》。杨氏忠正不阿的事迹同他这封感人至深的遗书，一并流传下来，气贯长虹，与日月同辉。

过目成诵不算能，吃透精神方为知

郑　燮

　　读书以过目成诵①为能，最是不济事。眼中了了②，心下匆匆，方寸无多，往来应接不暇③，如看场中美色，一眼即过，与我何与也。千古过目成诵，孰④有如孔子者乎? 读《易》至韦编三绝⑤，不知翻阅过几千百遍来，微言精义⑥，愈探愈⑦出，愈研⑧愈入，愈往而不知其所穷⑨，虽生知安行之圣，不废困勉下学之功也。东坡⑩读书不用两遍，然其在翰林读《阿房宫赋》至四鼓⑪，老吏苦之，坡洒然不倦。岂以一过即记，遂了⑫其事乎! 惟虞世南、张睢阳、张方平，平生书不再读，迄⑬无佳文。且过辄成诵，又有无所不诵之陋⑭。即如《史记》百三十篇中，以《项羽本纪》为最，而《项羽本纪》中。又以钜鹿之战⑮、鸿门之宴⑯、垓下之会⑰为最。反复诵观，可欣可泣，在此数段耳。若一部《史记》，篇篇都读，字字都记，岂非没分晓的钝汉! 更有小说家言，多种传奇恶曲⑱及打油诗词，亦复寓目不忘，如破烂厨柜，臭油坏酱悉贮其中，其龌龊亦耐不得。

　　　　　　　　（清）郑燮：《郑板桥全集·家书·潍县署中寄舍弟墨第一书》（卞孝萱编）

注　释

　　① 过目成诵：典出《宋史·刘恕传》："恕少颖悟，书过目即成诵。"看过一遍就能背下来。诵，背诵。

　　② 了了：一晃而过。

　　③ 应接不暇：典出南朝宋刘义庆《世说新语·言语》："从山阴道上行，山川自相映发，使人应接不暇。"后来形容事情很多，来不及应付。暇，空闲。

　　④ 孰：谁。

　　⑤ 韦编三绝：韦，熟牛皮；韦编，古代用竹简编

书，用熟皮绳把写好的竹简编联起来；三，指次数多，古时候多用为概数；绝，断。意思是因爱读书，使编串书的皮绳断了几次，形容读书勤奋。典出《史记·孔子世家》："孔子晚而喜《易》，韦编三绝。"

⑥ 微言精义：即微言大义。微言，简明扼要地说出意味深远的话；精义，古代多指儒家经典的要义。语出西汉刘歆《移书让太常博士》。

⑦ 愈……愈：越……越。

⑧ 研：本义是指细细地磨砚台，使之出墨。多用于学问的探究、切磋。

⑨ 穷：尽。

⑩ 东坡：即苏轼（1037—1101），字子瞻，号东坡居士，北宋眉州（今四川眉山）人。他在宋仁宗嘉祐二年考中进士后，做过地方官吏，主张改革弊政。宋神宗时，王安石推行新法，苏轼持不同政见，自请外任，先后到杭州、密州、徐州等地任地方官，有所作为。后因诗"谤讪朝廷"罪，被贬黄州，写下了千古绝唱《赤壁赋》。宋哲宗时，旧党执政，他曾被调归，任翰林学士等职。但苏轼又不同意司马光尽废新法，开罪旧党，又外任杭州、颍州等地。由于他对新旧两党都不阿附，故被一再贬谪，最后远徙琼州（今海南省）。宋徽宗即位，遇赦北返，第二年病死在常州。苏轼是一位具有多方面才华的文学艺术家，他的散文、赋文、诗歌、词咏、书画都有很高的造诣，并有独特风格。苏轼与父苏洵，弟苏辙并称"三苏"，是宋代著名的文学家。

⑪ 《阿房宫赋》：唐代诗人杜牧（803—853）的史论名篇，后被收入《古文观止》。鼓：更鼓，一鼓表示一个时辰。

⑫ 了：结束。

⑬ 迄：到如今为止。

⑭ 陋：弊病。

⑮ 钜鹿之战：秦末农民起义军摧毁秦朝统治的战役。秦二世三年（前207），秦将章邯率军攻赵，以重兵围钜鹿（今河北省平乡县西南）。项羽北渡黄河救赵，破釜沉舟，表示血战到底的决心，大战于钜鹿城下。结果，项羽消灭了秦王朝主力，杀死秦将苏角，生擒王离，涉间自杀。导致章邯二十万大军在殷墟（今河南省安阳西北）投降。

⑯ 鸿门之宴：公元前206年，当项羽渡河北上，与秦军主力大战的时候，刘邦趁秦朝后方空虚，从黄河南面进入关中，直捣秦都咸阳，派兵把守关中门

户函谷关，以阻止项羽西进。不久，项羽入关，盛怒中欲与刘邦决一雌雄。当时，论实力，对刘邦不利：刘邦只有兵力十万，而项羽已有精兵四十万，战斗力很强，一路上摧枯拉朽。经项羽叔父项伯的调解，刘邦至项羽营地鸿门赴宴。宴中，项羽谋士范增设计杀害刘邦，于是命项庄舞剑，以便下手，项伯也拔剑起舞，以身掩护刘邦。最后，刘邦的谋士张良召来将军樊哙闯入宴会，刘邦趁机逃脱。

⑰ 垓下之会：即垓下之围。鸿门宴后，楚汉双方进入对峙阶段。刘邦得以喘息，并壮大了自己的力量。公元前203年，爆发了双方决战的战斗。楚军行至沛郡郊县之垓下（今安徽省灵璧县南陀河北岸，垓，读音同"该"），汉军将其包围在壁垒之中。楚军陷入重围，已丧失昔日的斗志。刘邦又令围城的士兵高唱楚歌，项羽及士兵听到楚声，以为楚地尽失，军心更加涣散。夜里，项羽率八百骑突围南逃，汉将灌婴率五千骑紧追不舍。项羽渡淮至阴陵，因迷路而身陷大泽，后逃至乌江（今安徽省和县东北）被汉追兵围困，最后自杀身亡。《史记》描写钜鹿之战、鸿门宴、垓下之围，气势恢宏，语言生动，实为千古绝笔！

⑱ 传奇：始于唐初，完善于盛唐，是以市民为表现对象的文学形式。它继承了古代神话、《史记》以来传记文学以及六朝小说的优良传统，接受其现实主义和浪漫主义的精神，采用大量基本题材，吸取了许多艺术表现方法，在新的基础上大大提高一步，使思想内容更为丰富，艺术技巧更为成熟，因此受到人们的喜爱。宋代洪迈在《容斋随笔》中给唐代传奇以很高的评价："唐人小说，不可不熟，小小情事，凄婉欲绝，洵有神遇，而不自知者，与诗律可称一代之奇。"唐人传奇在思想上、艺术上，都有很多的艺术成就。曲：唐宋以后，继诗词而兴起的一种新诗体，就是散曲，它也是元代韵文的主要形式。散曲又叫清曲，包括小令、套曲两部分。小令与宋词略同，它原是民间流行的小调。小令可以用两调或三调，这就叫双调，或叫带过调。套曲又叫套数、散套，是合一宫调中的数曲为一套的。这种新兴诗体，不但具有新颖丰富的内容，而且也带来了形式上的解放。散曲中长短句化和平上去三声的互叶，使形式更为自由。

译　文

将过目成诵看成读书的才能，最不济事。一晃而过，脑中不留，就像看场中的美色，应接不暇，对我又有什么帮助？古代能够过目成诵的，谁比得上孔子？他攻读《周易》，韦编三绝，不知道翻阅过多少遍。精微的语言和深奥的含义，越探索越明显，越钻研越深入，越往前探求就越精深，越是没有止境。即使是生而知之，读书对他也是有益的。宋代文豪苏东坡平常读书一般不用两遍，但他在翰林院时读杜牧的名篇《阿房宫赋》，直至四更天，老吏认为他一定读得很累了，但苏东坡却毫无倦意，兴致甚浓。哪里能一读就会记住，就能了事的！就是虞世南、张睢阳、张方平，平生读书草率，以至至今没有上乘之作。况且过目成诵，就有什么都背诵而不能突出重点的缺陷。就拿《史记》来说吧，一百三十篇中，以《项羽本纪》为最出色，但在《项羽本纪》中，又以钜鹿之战、鸿门宴、垓下之围最为精彩。反复阅读，觉得这几段写得可歌可泣，倘若一部《史记》，篇篇都读，字字都记，那不就成了没有头脑的钝汉！更有小说家胡诌，各种传奇恶曲及打油诗词，也可以过目不忘，就像破烂橱柜，臭油坏酱都放置其中，它的肮脏程度就不能令人容忍了！

讲 读

这篇家信，是郑燮（1693—1765，燮，读音同"谢"）向他的弟弟传授学习方法时写下的，同时，信中也严厉批评了当时一些不好的学风。文章认为，有过目成诵的天赋，能够博闻强记，本来是一件好事，对于学习有更大的帮助。但如果凭借这点天赋夸耀逞能，那就坏事了。只有勤奋不倦的人，才能认真学习，才能探究到真知识。如孔子、苏轼，他都是古代文人中的佼佼者，有过人的聪慧和惊人的记忆力，但他们依然勤学不辍，孜孜以求，值得人们学习。如今有些人自恃有过目成诵的本事，仅仅匆匆过目，就以为将书读通了，这却是天大的误会！典籍浩如烟海，文献汗牛充栋，哪里可能什么都读，什么都记呢？这既不可能，又无必要。果真这样，把什么乱七八糟的东西都汇于脑际，自己反倒要成为糊涂蛋了。所以，读书不能仅仅依靠记忆的天赋，而要勤学苦练，深入钻研，直到掌握精义才算学通了；再者，要学习优秀的东西，如经典名篇，这样就便于举一反三了。郑燮之论，可谓经验之谈，其启发性是不言而喻的。对于我们今天读书发问，也有重要的参考价值。

郑燮，字克柔，号理庵，又号板桥，江苏兴化人。清代著名的文学家、书画家。他出身破落的地主家庭，四岁丧母，靠乳母和姑母抚养成人。板桥幼时好学，康熙年间举秀才，雍正十年（1732）中举，乾隆元年（1736）中进士。他于乾隆七年做山东省范县知县、曾摄朝城县事，十一年调任潍县知县，十八年罢官回乡。在任县令期间，他给堂弟郑墨所写若干书信，谈学论道，有很高的学术价值。板桥的一生，经历了卖画—从政—再卖画的曲折道路。板桥深受儒家"修身、齐家、治国、平天下"理想人格的影响，所以总想为老百姓办点好事，最终却因得罪贪官污吏而归乡守贫。板桥擅画兰竹，工书法，能诗文，有"诗、书、画"三绝之称。板桥与汪士慎、黄慎、金农、高翔、李鲜、李方膺、罗聘并称"扬州八怪"。他的座右铭"难得糊涂"，在后世很有影响。

学贵专门

章学诚

夫学贵^①专门，识须坚定，皆是卓然^②自立，不可稍有游移者也；至功力所施，须与精神意趣相为浃洽^③，所谓乐^④则能生，不乐则不生也。昨年过镇江访刘端临教谕，自言颇用力于制数而未能有得，吾劝之以易意以求。夫用功不同，同期于道；学以致道，犹荷担以趋远程也，数休其力而屡易其肩，然后力有余而程可致也。攻习之余，必静思以求其天倪^⑤，数休其力之谓也；求于制数，更^⑥端而究于文辞，反复而穷于义理，循环不已，终期有得，屡易其肩之谓也。夫一尺之锤，日取其半，则终身用之不穷；专意一节，无所变计，趣固易穷，而力亦易见绌^⑦也。但功力屡变无方，而学识须坚定不易，亦犹行远路者，施折惟其所便，而所至之方，则未出门而先定者矣。

（清）章学诚：《文史通义·家书四》（刘公纯点校本）

注 释

① 贵：用作动词，以……为宝贵，珍视。

② 卓然：高高突出的样子。

③ 浃洽：和谐，融洽。

④ 乐：读音同"勒"，高兴。

⑤ 倪：端，边际。

⑥ 更：变换。

⑦ 绌：读音同"蠢"，不足。

译 文

学贵专门，坚定识见，要能卓然自立，就不能主意不定，三心二意。至于说到将学习的工夫和力气用到什么地方，怎么做才好，应该同自己的志趣保持一致。所谓对一件事情有兴趣，就能做成这件事；反之，也是如此。去年我到镇江去向刘端临讨教，他说自己对术数很用功，但没有收获。我劝他改变一下学习方法。虽然在学习中用力有所不同，但追求都是一致的，都是为了求得真知。求学问道，如同挑着担子走远路，中途几易其肩，甚至要休息几次，然后才能保持充沛的体力，最终到达目的地。在学习中，经常反省自己的学习方法，正如同挑担远行要注意保持体力的道理。在术数研究中，不妨转移一下注意力，譬如去研究一下文辞，反复追寻文辞里的义理，如此循环反复，一定会有所收获。这就是把挑担换肩的道理用在学习研究上。一尺长的锤子，如果每天将它分成两半，花费毕生精力，也休想把它分完；将心思和精力用在一个方面，没有变化，兴趣自然会减退，甚至消失，力量也会慢慢地感到匮乏不支。这样看来，在学中用功的方法虽然可以不断变化，但是学习的毅力不能受到损害，就像走远路的人，走法可以随意而定，但走向何方则在出门前就已经心中有数了。

讲　读

这是章学诚（1738—1801）为专门强调学习方法而写的一封家信。在这篇家信中，他一方面强调学习的目的、毅力要坚定不移；另一方面，又指出学习的内容和方法不能呆板单一，要注意将学习的兴趣与内容统一起来，以便收到好的学习效果。他在文中以挑担远行如何保持旺盛的精神、充沛的体力作比，可谓生动风趣，其中寓有深厚的哲理。文中所言："夫一尺之锤，日取其半，则终身用之不穷；专意一节，无所变计，趣固易穷，而力亦易见绌也。"更是至理名言。在学习中，重视学习方法同学习目的相统一，章学诚所言，可谓经验之谈，很有道理，值得借鉴。由于章学诚本人就是一名学问大家，所以他才能深入浅出地总结出这一番治学经验。

章学诚，字实斋，号少岩，浙江会稽（今浙江省绍兴市）人。他是明清之际著名的浙东史学派的殿军，所著《文史通义》，十分著名。章学诚出身地主家庭，少时即孤，但酷爱学习，尤其是文史书籍。他在乾隆七年中进士（1742），十六年任湖北应城县知县。他只做了七年知县，便被免官，从此，将毕生精力用于学术研究和讲学上。他曾在几家书院任主讲，在教育学上很有见解。章学诚在学术研究中，主张"经世致用"，即发挥学术的社会功能，能够为社会进步起到切实的作用。他强烈批评当时寻章摘句、专务考索、远离社会生活的学风。章学诚在学业上用功甚勤，在生活上历尽艰难，他用"坎坷潦倒几无生人之趣"自况。特别是他在四十四岁那年（乾隆十六年，即1781年）遭劫，对他的打击尤大。章学诚在去汉南途中，行李遭劫，此前著述文稿荡然无存，其中包括重要著作《校雠通义》四卷原稿，今存本并非原貌。章学诚能在文史、方志学等领域取得显著的学术成就，与他科学的学习方法是分不开的。

中华家训概览

导言 中华家训代代相传自有其精妙之处

"养子不教，父之过也。"这句俗语在古老的中国大地上流传了几千年之久，很有生命力。从很早的时候起，人们就知道教育下一代的重要性。上至帝王公卿、豪强贤达，下至贩夫走卒、市井小民，莫不如此。目前我们所确知的最古老而又可信且独立成篇的家训，当属古代经典《尚书》所录周公训成王的那篇著名的《立政》了。周公还政成王，担心他懈政，就以长辈的身份和家室勋臣的地位，对他进行了一番训诫。这篇训诫的主要内容是，总结了夏、商两代在用人、理政方面的经验和教训，总结了周文王在治国用贤方面的成功经验，在此基础上对成王提出了希望和要求：

唉！小子呵，现在你已经继位称王了，从今往后，我们要按照前人的经验来设立官长：管理政务的立事，管理司法的准人，管理臣民的牧夫。我们应当注意了解这些官员的心思，让他们管理政务，忠于职守，帮助我们管理臣民，并帮助我们谨慎地处理好司法案件。对此，我们不要包办代替，即使是一句一语的命令，也不要代为发布。我们要始终注意发挥这些贤能之士的作用，从而按照上天的旨意把臣民治理好。小子啊，你是十分幸运的，我已经将贤人们教给我的智慧逐一传授给你了。从今以后，举凡文王的子孙后代，千万不要自误，特别是对司法方面的事情，更要十分谨慎，必须依靠各个部门去治理臣民。

从古代的殷商时代，到我们的文王，都是这样设立官长的——立事、牧夫、准人。在考虑这些官长的人选时，首先要考虑他们的功德，其次要审慎地考察他们的内心，让那些贤能之士管理政事。假如一个国家不是这样设立官长，而任用贪利的小人，不按照原则办事，就无法将德政在社会中推行。从今往后，在任命官员的时候，千万不要任用那些贪利的小人，而是一定要任用那些贤能之士帮助我们治理好国家。

你啊，文王的子孙，一个年轻人，现在就继位为王了。希望你不要自作主张，去干涉司法方面的事情，而是让有关官员去办理。希望你多问问军队方面的事情，把你的军队管理好，像大禹那样，使你的威德遍布天下，甚至播扬到海外，使普天之下的臣民畏服。这样，天下人就能沐浴文王的光辉，并且光大武王的伟业。

（《尚书·立政》后半部大意）

这是一篇感情多么真挚，思想多么深刻的家训！这篇家训在当时既收到了政治效果，又有很强的社会影响。据司马迁《史记·鲁周公世家》所载，周公"作《立政》，以便百姓，百姓说（悦）"。由此可见，所谓"家训"，通俗地说，就是长辈对子孙进行的训示和教诲。严格地讲，中国传统家训，是在中国传统社会里形成和繁盛起来的关于治家教子的训诫，是一种以一定社会时代占主导地位的文化内容作为教育内涵的家庭教育形式。就其内容而言，中国传统家训用宗法—专制社会的宗法制度、伦理道德规范、行为准则指导人们处理家庭关系、教育子女成长的训诫；就其表现形式而言，主要是对话，训诫者对被训示者的言谈。而书信，只是这种对话形式的一种补充和雅文化形态，魏晋以后，这种雅文化形态在中国上流社会风行开来。我们今天研究中国传统家训，主要依靠史籍所载的原始资料。在先秦典籍，如《尚书》《左氏春秋》《国语》等书中，偏重于对话；在以后的典籍，如"二十四史"、名人文集等，则偏重于记录、摘引书信。后者是我们现在研究中国传统家训的主要材料和依据。

中国传统家训同中国文化发展的轨迹是一致的。大体上说，经历了先秦—两汉时期、魏晋南北朝时期—隋唐时期、宋元明清时期。

在先秦两汉时期，家训以儒家经典为源，以两汉时期人们依据儒家经典阐发治家做人道理为其流。两汉时期家训作为先秦家训的流，反映在当时人们的对话和书信当中，就是引用并遵循先秦圣贤的教导，在阐释中体现自己的看法。譬如司马谈训子道："夫孝，始于事亲，中于事君，终于立身，扬名于后世，以显父母，此孝之大者。"这是依据儒家"孝"论而阐发的事业观与人生观。张奂在《诫兄子书》中说道："孔子于乡党，恂恂如也。"这直接依据《论语》的记载，以孔子为榜样训诫侄子，等等。总之，在两汉时期，人们遵奉儒家经典，是将经典中的言论作为格言、准则、信条来对待的。它符合中国文化处在形成、发展过程中的文化特征。

在魏晋南北朝隋唐时期，中国传统社会经过几百年的发展，已经形成了指导社会发展完备而成熟的理论；另一方面，在社会发展过程中，已经建立起了全社会所普遍遵循的伦理道德体系、行为规范标准、理想追求价值、社会体制以及深蕴于中国人心中的文化心理结构。因此，在这一时期出现了以儒家文化为指导，以社会业已存在的文化价值体系和尺度为内容的家训专著。陈寿《三国志·魏志·邴原传》注中说："三国魏杜恕著'家诫'。"可惜，该书今已不存。其后，在南北朝时期，产生了一部影响深远的家训著作《颜氏家训》。《颜氏家训》直接开启后世家训之作的先河。据《中国图书综录》所列书目记载，自魏晋以后，迄于民国初年，历朝历代都有家训著作出版，总计达一百一十七种之多。在这一时期中，中国传统家训反映了中国文化蓬勃发展的景象，反映了中国文化在那时呈一种多元化发展的景象。

在宋元明清时期，传统家训继续弘扬作为文化主体精神的儒家文化；另一方面，它也以该时代的文化内容作为家训的依据。中国传统家训的发展在这一阶段是最蓬勃的时期，家训著作层出不穷，蔚然大观。对后世卓有影响者，如司马光的《居家杂仪》、朱熹的《蒙学须知》、陆游的《放翁家训》、温璜的《温氏母训》、许衡的《许鲁斋语录》、吕本中的《童蒙训》、高攀龙的《忠宪公家训》、张履祥的《训子语》、霍韬的《渭涯家训》、焦循的《里堂家训》等上百种。它所涉及的文化内容更加广阔，反映出那时的家庭文化建设已经成为一种自觉的文化行动。但是就其实质而言，中国家训的精神，在那时，已经体现出了"天花板"效应，没有再向前发展了，它只是中国文化在社会生活中多层面、多领域的展示罢了。

中国传统家训，是中国文化的又一种类，又一反映中国文化精神的文化形态。因此，中国传统家训不能不是中国宗法—专制社会意识形态的组成部分，不能不是一种深入到家庭的社会意识形态形式，它并不可能超越中国传统社会意识形态的主题，而且必须服从和服务于这个主题，为建立合乎统治阶级利益需要的社会秩序服务。因此，中国传统家训，作为对人性与人格的塑造，作为对社会后继者的培养，不能不是儒家文化所设计的理想人格图式—修身、齐家、治国、平天下，以它作为个人同社会对接的普遍的人生模式。正是在这个前提下，中国传统家训的社会意义，是按照以儒家文化为主轴的社会文化要求，使作为社会细胞的家庭合乎宗法—专制社会礼法的要求，做到家庭稳定，和睦和谐；家庭成员则按照传统社会的伦理道德要求、行为规范来设计自我，勤奋学习，使自己努力成为一个有德行的人，成为一个对社会有所作为的人。

中国传统家训内容很广泛，如果将它们分类，以确知其梗概，可以划分为家庭、家政、修身、勉学、经世五大块。家庭和家政，讲的是处理家庭关系、整合家庭秩序的问题，主要包括如何处理夫妻关系、兄弟关系，如何处理长辈与下辈关系，如何妥善处理家庭矛盾而达致家庭和睦，如何理财，如何处理家庭同外界的社会关系等内容。修身、勉学、经世，讲的是教育子女成长的问题，主要包括如何使个人适应社会的发展而成长，如立志、修身、养性、涉务等，它体现中国文化的主体精神，并形成了一套完整的说教。

中国传统家训，在一定意义上说，它是一种精英文化。因为据史籍所载存的家训，基本上是中华历史名人留下的。他们结合自己的奋斗史、创业史，高扬了一种豁达向上的人生观，如"德行立于已志""志当存高远""交友之美，贵在得贤"等教诲；展示了蓬勃进取的精神，如"勤学有益""人须要立志""奋发努力，不要虚度光阴"等教诲；树立了一种老老实实做人，拼起命来干事，忠于祖国的崇高榜样，如"谦受益，满招损""戒淫逸，防懈怠""立身行道，始终若一"等教诲。在家训中，作者关于立身做人、立志建业、我与他、家与国、知与行的论述，充满着中国智慧和中国力量。如"处满慎盈""遗子黄金满籝，不如一经""君子必慎交游""幼而学者，如日出之光；老而学者，如秉烛夜行""学贵专门"等教导，谁说不是至理名言？读后能不使人终身获益？这正是一种严于律己、有容乃大、宽厚仁德、不断进取的中国形象与中华智慧。中国智慧立足于人，着眼于伦理。在中国传统家训中，关于人生的说教将中国智慧的特点和精神包揽无余。

本书的读者对象是青少年学生读者和喜爱中华家训的大众读者；当然，青少年读者是阅读大众的重点。青少年是人生的第一站，是世界观和人生观的形成阶段。学习什么，树立什么样的人生目标，形成什么样的人生态度，如何观察世界，如何设计社会角色，人生的青少年阶段是关键。因而本书所设置的结构和选取的篇章就主要是两个方面：一是立身（立志、修身、做人），二是勉学（学习目标、学习内容、学习方法）。西方哲人培根说"读史使人明智"。本书所选，来自于历来被认为的名篇佳作，篇章的作者都是言行一致的圣贤，因而可以把它视作历史教科书与人生教科书，从中吸取智慧和力量。当然，"往事如昨，人事代谢"，古代与现代，已相去千百年。时代不同了，时代精神与文化面貌自然不一样。因此，学习历史文化要有批判的眼光，对于历史中的智慧只能在历史条件中理解，不能照搬、套用。换言之，我们学习古代圣贤，并不是要成为古代圣贤的那个样子，做出他们那样的事情来，而是要学习他们的精神，在现时代开拓出一条通向圣贤成长的道路来。

在确立本书的主题、风格后，对于所选论述，都有一个统一的尺度：第一，出自名人名篇。作者是历史上的名人，是有作为的人，值得学习，其作品是古往今来广为流传的佳作，言论感情饱满，具有真情实感。第二，体现家训内容的覆盖。通过本书阅读，有助于系统、精要地掌握中华家训的价值取向、人生立场、立身治家要求等主要内容，体现书名的"概"字。第三，前后篇章有所呼应，在家训文化内容上有内在的逻辑关系和紧密联系。第四，立足于中华家训经历千百年锤炼的深刻思想所具有的现代性意义，体现为对于青少年的成长进步有启发性。第五，以"概览"成书，扼要包容其中丰富的文化内涵，从中可以获得诸多必备的中国历史文化知识。

为了保证所选篇章内容的真实性与可靠性，本书主体部分选自"二十四史"人物传记中的记载；少部分选自文集。对于后者，比照版本，以善本为基础，参照其他版本，将其中纰漏、误讹的字补上、改正，标出 [] 号，以保证思想的完整性。

为了方便阅读，本书在原文之下做了简单而必要的注释；注释内容，按照读古书的规范，注明字、词义以及不常用字词的音，并辅以一些相关性历史文化知识，如人物、典故、制度、风俗等；对于原文，立足于读懂并领会其中意思，将意译与讲读结合起来，体现完整的思想内涵，以便保持作品的思想风格与思想的完整性，也便于行文通畅，使读者通阅全书后对于中国传统家训乃至中国文化有一个总体印象。

南北朝之际的文化名人颜之推说："校定书籍，亦何容易。"正因为演绎古籍与经典文化不是一件容易的事情，就需要有渊博的知识作基础。本人才疏学浅，实不堪此任。挂一漏万，不妥乃至错误之处，请专家和读者指正。

本书以《家训辑览》为底本，作了进一步修订。在《家训辑览》中，我的好朋友黄长义、万全文和雷家宏教授参与了部分章节的写作，特此说明并再次致以谢忱！

第一章　家庭

一、夫妻观

　　家庭，是传统社会的基本单位，又是整个社会组织放大的模板，家是国的基础，国是家的整合。在家庭诸关系中，夫妻关系居于十分重要的地位。因此，中国古代思想家十分看重夫妻关系对于维系一个家庭的重要性，并对夫妻关系作了严格界定。

　　在中国古代思想家看来，夫妻是靠情义结合在一起的，这种关系，是人类伦理关系中最重要的规范。礼制的使用，只有婚姻之礼才是认认真真，小心谨慎的；做丈夫的，要像个丈夫的样子，而做妻子的就要有个妻子的德行，这样，夫妻关系才和顺；如果双方对自己没有约束，夫妻感情就没有了。譬如，如果丈夫不节义，或者妻子不尽自己的义务，那么；夫妻关系就要瓦解了。这种看法，是很有见地的，直至今天，仍然有较高的社会价值。

　　中国古代思想家除了对夫妻关系进行探讨外，还对夫、妻双方各自的道德规范进行了探讨：如夫要节义，包括见色而不忘义，处富贵而不失伦常；如妻子要守六德：柔顺、清洁、勿妒、俭约、恭谨、勤劳。他们认为，只有双方遵循了各自的道德原则，才能相敬如宾，维护好家庭。他们的这些看法，对于社会秩序的构建是有一定的合理性的。

1. 夫夫妇妇，所谓顺也

　　郑徐吾犯之妹美，公孙楚聘之矣，公孙黑又使强委禽 ① 焉。犯惧，告子产。子产曰："是国无政，非子之患也。惟所欲与。"犯请于二子，请使女择焉。皆许之。子晳盛饰②入，布币③而出。子南戎服人，左右射，超乘而出。女自房观之，曰："子晳信美④矣，抑子南，夫也。夫夫妇妇，所谓顺也。"适子南氏。

《左传·昭公元年》

注释：①委禽：古代婚礼，第一件事为纳采。纳采用雁，故亦言委禽。②盛饰：装扮华丽。③布币：陈设财礼。④信：确实。

思想内涵：郑国徐吾犯的妹妹长得很漂亮，公孙楚（子南）已经聘她为妻，公孙黑（子晳）又派人硬是送去聘礼。徐吾犯很为难，于是就向子产讨教。子产说："这是国家政事混乱，不是您的忧患。她愿意嫁给谁就嫁给谁。"徐吾犯请求这二位求婚者允许妹妹选择。他们都答应了。公孙黑打扮得非常华丽，进来，陈设财礼后走了。公孙楚穿着军服进来，左右开弓，一跃登车而出过。徐吾犯的妹妹在房间里观看他们，说："子晳确实是漂亮，不过子南是个真正的男子汉。丈夫要像丈夫，妻子要像妻子。这就是所谓的顺。"于是，就嫁给了公孙楚。

伯宗朝，以喜归。其妻曰："子貌有喜，何也？"曰："吾言于朝，诸大夫皆谓我智似阳子。"对曰："阳子华而不实，主①言而无谋，是以难及其身。子何喜焉？"伯宗曰："吾饮诸大夫酒，而与之语，尔试听之。"曰："诺。"既饮，其妻曰："诸大夫莫子若也。然而民不能戴②其上③久矣，难必及子乎！盍诬④索士整庇⑤州犁焉。"得毕阳。及栾弗忌之难，诸大夫害伯宗，将谋而杀之。毕阳实送州犁于荆。

《国语·晋语五》

注释：①主：尚。②戴：奉。③上：贤，才能在人之上。④诬：疾。⑤整庇：整，整顿；庇，覆。

思想内涵：伯宗上朝，归来有喜色。他的妻子问道："看你样子像有什么喜事，是什么让你这么高兴？"他回答说："我在朝廷上发表意见，大夫们都说我智辩似阳处父。"他的妻子回答说："阳子华而不实，喜欢言谈但没有什么计谋，因此大难临头。你高兴什么呢？"伯宗说："我把大夫们请来喝酒，借此和他们交谈，你听一下。"妻子说："好。"饮过酒后，他的妻子说："这些大夫都比不上你。但是老百姓不崇奉有才能的人已经很长时间了，灾难必定降临到你的头上！为什么不马上去找一位勇士来保护儿子州犁呢？"伯宗马上找来一位名叫毕阳的勇士。等到栾弗忌作难，大夫们害怕伯宗，密谋并杀掉他。毕阳便把州犁护送到了楚国。

夫妇以义合，义绝而离之。今士大夫有出妻者，众则非之，以为无行，故士大夫难之。按礼有七出，顾所以出之，用何事耳。若妻实犯礼而出之，乃义也。昔孔氏三世出其妻，其余贤士以义出妻者众矣，奚亏于行哉！若室有悍妻而不出，则家道何日而宁乎？

（北宋）司马光：《家范·夫》

思想内涵：夫妻是靠情义结合在一起的，情义没有了就应该离异。一旦士大夫休弃他的妻子，民众就非难他，认为这是无行之举，所以士大夫很难做得好。按礼制有七种可以离弃的规定，只是看离弃的原因，是由于什么事情。假如是妻子确实违背礼制而离弃她，乃是天经地义的事情。从前孔氏三代休弃妻子，其他贤明之士按礼义规定休弃妻子的事情也很多，这对于德行又有什么亏损呢？假如家里有强悍之妻却不被休弃，那么家里哪天才是安宁之日呢？

太史公曰：夏之兴也以涂山，而桀之放也以妹喜，殷之兴也以有娀，而纣之杀也嬖妲己，周之兴也以姜嫄及大任，而幽王之擒之淫于褒姒。故《易》基乾坤，《诗》始《关雎》，夫妇之际，人道之大伦也。礼之用，唯婚姻为兢兢，夫乐调而四时和，阴阳之变，万物之统也，不可不慎欤？

（北宋）司马光：《家范·妻》

思想内涵：司马迁说：夏代的兴起是因为涂山女的功劳，而桀的放逐则是因为妹喜的不贤，殷商的兴起是因为有娀氏的贡献，而商纣的灭亡被杀则是由于宠幸妲己，周代的勃兴是由于姜嫄、大任的帮助，而周幽王的被擒则是荒淫于褒姒的结果。所以《易经》是从"乾""坤"两卦开始的原则，而《诗经》则是从《关雎》开始的。夫妇这种关系，是人类伦理关系中最重要的伦理。礼制的使用，只有婚姻之礼才是认认真真、小心谨慎的。音乐调和，四时就和顺，阴阳的变化是万事万物的关键，可要认真慎重啊。

夫妇之道，天地之大义，风化之本原也，不可重与？《易》艮下兑上，《咸》象曰："止而说，男下女，故娶女吉也。"巽下震上，《恒》，象曰："刚上而柔下、雷风相与，盖久常之道也。"

（北宋）司马光：《家范·夫》

思想内涵：夫妇之道，是天地间的大义，是风俗教化的本原，难道不应该重视吗？《易经》上艮下兑。上是《咸》卦，《咸》卦的象辞说：两性气感相止，因而高兴。夫唱妇随，所以娶女吉利。《易》经里又有巽下震上一卦，叫《恒》卦，《恒》卦的象辞说：刚强者在上，而柔弱者在下，就像雷和风相互呼应，才是长久恒常之道。

男女相维①，治家明肃②。贞女从夫，世称和淑③。事夫如天，倚为钧轴④。

（明）庞尚鹏：《庞氏家训·女诫》

注释：① 相维：互相支持。② 明肃：修明和睦。③ 和淑：温柔贤淑。④ 钧轴：主轴。

思想内涵：夫妻相敬如宾，治家才能修明和睦。妻子服从丈夫，才能称为温柔贤淑。妻子应该事夫如天，把丈夫作为依靠。

2. 夫不义，则妇不顺

夫不义，则妇不顺矣……夫义而妇陵①，则天之凶民，乃刑戮之所摄②，非训导之所移也。

（北齐）颜之推：《颜氏家训·治家》

注释：① 陵：通"凌"，欺凌。② 摄：通"慑"，震慑。

思想内涵：丈夫不节义，那么妻子就不会顺从了……丈夫节义而妻子凌慢，那么她就是天下的祸乱之民，刑罚慑服的对象，这不是可以通过教化改变的。

3. 纳少者，谓之淫

田无宇见晏子独立于闺①内，有妇人出于室者，发斑白，衣缁布之衣，而无里裘。田无宇讥之曰："出于室为何者也？"晏子曰："婴之家②也。"无宇曰："位为中卿，食田七十万，何以老妻为？"对曰："婴闻之，去老者，谓之乱；纳少者，谓之淫。且夫见色而忘义，处富贵而失伦，谓之逆道。婴可以有淫乱之行，不顾于伦，逆古之道乎？"

《晏子春秋·外篇》

注释：① 闺：上圆下方的小门。② 家：家室，相当于今天的口语"家里的"。

思想内涵：田无宇看见晏子独自站在门里，有位妇人从屋里出来，头发花白，穿件黑白相间的衣服，里面没有皮袄。田无宇讥问道："从屋里出来的是什么人？"晏子回答说："是我的妻子。"田无宇说："您爵位是中卿，有田地七十万亩，为什么还有个老妇人这样的妻子？"晏子回答说："我听说，抛弃年老的妻子，叫做'乱'；纳娶年少的，叫做'淫'。再说看见女色忘了义礼，享受富贵丢了伦常，叫做'叛道'。难道我能做淫乱的事情，而不顾伦理，违背自古以来的道义吗？"

4. 为人妻者，其德有六

为人妻者，其德有六：一曰柔顺，二曰清洁，三曰不妒，四曰俭约，五曰恭谨，六曰勤劳。

（北宋）司马光：《家范·妻》

思想内涵：做人之妻，有六种德行：一是柔顺，二是清洁，三是不嫉妒，四是节俭，五是恭顺谨慎，六是勤劳。

妻者，齐^①也。一与之齐，终身不改，故忠臣不事二主，贞女不事二夫。

（北宋）司马光:《家范·妻》

注释: ① 齐:保持一致。

思想内涵: "妻"的意思就是"齐"，一旦与丈夫相齐，终身不改。所以忠心的臣子不伏贰臣，贞洁的女子从一而终。

5. 夫妇之际，以敬为美

夫妇之际，以敬为美。晋臼季使过冀，见冀缺耨，其妻馌^①之，敬相待如宾。与之归，言诸文公曰:"敬，德之聚也。能敬必有德，德以治民，君请用之。"文公从之，卒为晋名卿。汉梁鸿避地于吴，依大家^②皋伯通，居庑下为人赁春。每归，妻为具食，不敢于鸿前仰视，举案齐眉。伯通察而异之，曰:"彼佣能使其妻敬之如此，非凡人也。"方舍^③之于家。

（北宋）司马光:《家范·夫》

注释: ① 馌:读音同"业"，送饭到田里吃。② 大家:大户人家。③ 舍:读音同"射"，住宿。

思想内涵: 夫妇之间，以相互敬爱为美。晋臼季出使拜访冀缺，见冀缺在耕田，他的妻子送饭给他，对他十分恭敬，像对待宾客一样。臼季让冀缺和他一起回去，并告诉晋文公说:"敬，是德性集中的表现，能够受人恭敬的人必定有德性，有德性的人就有资格管理老百姓，请求大王能重用他。"晋文公听从了臼季的话，后来冀缺成为晋国的名卿。汉代梁鸿逃避到吴地，依附一位叫皋伯通的大户人家，住在走廊下，替人家春米。每次回来，他的妻子为他准备食物，不敢在梁鸿面前抬起头来看，把食案举到眉毛的位置。皋伯通观察到这件事，感到十分惊异，说:"一个做劳役的人却能让他的妻子这样地尊敬他，一定不是普通的人。"于是就把他请到家里来住。

二、兄弟观

兄弟，是在夫妻关系中衍生出来的一种家庭关系。中国古代思想家认为，兄弟是父母生命的延续和另一种体现，因此，虽然他们的身体是分开的，但血气都是相通的，这就构成了一种自然的血缘关系。基于这种骨肉亲情，因此他们之间的关系应该是友善的，团结互助的。为了保持这种关系，稳定这种情感，中国古代思想家们界定了兄弟双方各自的道德规范，即做兄长的对弟弟要友爱，而做弟弟的对兄长则要恭顺。服从于这种道德机制，兄弟关系就密切；违背这种道德机制，兄弟关系就要破裂。

中国古代思想家从这种自然亲情出发，十分强调兄弟各自的道德约束，主张兄弟友爱团结，训诫兄弟之间手足相残。他们认为，贫困不是可怕的，只有和睦才是人世间最宝贵的真情。而对于兄弟不和的危害，他们作了深入地说明：如兄弟不和睦，乃至冲突残杀，足以引起外人的践踏，不利于宗族的兴旺发达；兄弟相残，往往是内忧外患产生的契机。因此，他们极力主张珍惜并维护这种自然亲情，主张兄弟友善，和睦相处，甚至将兄弟团结和睦上升到保国守家的高度予以阐发。这是十分可贵的。

1. 兄弟者，分形连气之人也

兄弟者，分形连气之人也。方其幼也，父母左提右挈①，前襟后裾②，食则同案，衣则传服③，学则连业，游则共方，虽有悖乱之人④，不能不相爱也。及其壮也，各妻其妻⑤，各子其子⑥，虽有笃厚之人，不能不少衰也。娣姒之比兄弟⑦，则疏薄矣；今使疏薄之人，而节量亲厚之恩，犹方底而圆盖，必不合矣。惟友悌深至⑧，不为旁人所移者，免⑨夫！

（北齐）颜之推：《颜氏家训·兄弟》

注释：① 左提右挈：提，挈，同意词，提着，引申为带领。② 前襟后裾：襟，裾分别是衣服的前后部分，指前抱后背。③ 传服：传，读音同"船"，传递。父辈穿了子辈穿，为传服。④悖乱：悖，违背，相冲突。乱，违反伦常。忤逆。⑤妻其妻：娶妻子。前一"妻"用作动词。⑥子其子：抚养儿子。前一"子"用作动词。⑦娣姒：娣，小妾，姒，妻妾之中年长者。⑧友悌：友，兄长对弟弟友善，称为友；悌，读音同"替"，弟弟顺从兄长称为悌。⑨免：通"勉"，努力。

思想内涵：兄长与弟弟之间，不过是分开了形体，但血气还是贯通着的。在他们年幼时，父母左右带领着，或者前抱后背。吃饭时同一张桌子，穿衣则是父兄穿过往下传递，学习上也是一脉相传，游玩更是同处一地，即使其中有某一个调皮捣蛋，兄弟之间也不能不相互爱护。等到长大后，兄弟各自娶妻生子，即使是笃实敦厚之人，兄弟关系也不能不受到影响。而妻妾关系与兄弟关系比较起来，又更为淡薄了。现在假如让关系疏远的妯娌来处理兄弟之间的事情，必然会减少兄弟之间亲近的感情，就像给方形的锅底加上圆形的盖子一样，一定两不相合。只有兄友弟恭，感情深厚，才不会被别的关系冲淡这种深厚感情。你们要好好记住呵！

二亲既殁①，兄弟相顾，当如形之与影，声之与响；爱先人之遗体，惜己身之分气②，非兄弟何念哉？兄弟之际③，异于他人，望深则易怨，地亲则易弭④。譬犹居室，一穴则塞之，一隙则涂⑤之，则无颓毁之虑⑥；如雀鼠之不恤，风雨之不防，壁陷楹沦⑦，无可救矣。

（北齐）颜之推：《颜氏家训·兄弟》

注释：①既殁：已死去。殁，读音同"莫"。②己身之分气：所谓"兄弟者，分形连气之人也"。③之际：之间。④弭：消除。读音同"米"。⑤涂：补。⑥虑：忧虑。⑦楹：房屋的大梁。

思想内涵：父母亲去世后，兄弟之间要互相照顾，就像形与影一样，就像声音与回响一样。爱护父母遗留下来的身体，珍惜兄弟之间异体连气，不是兄弟，又有什么可以思念的？兄弟之间的关系，不同于其他人的关系，对对方希望过高就容易产生怨恨，相隔近的关系也容易消除怨言。好比住房子，有一个洞穴就把它塞满，有一条缝隙就把它补起来，那样的话就不用担心它会倒塌垮掉。假如雀鼠穿屋而不阻挡它，风雨侵蚀而不保护它；那么，墙壁就会破败，楹梁就会塌陷，这时就没有什么办法可以补救了。

夫兄弟至亲，一体而分，同气异息。《诗》云："凡今之人，莫如兄弟。"又云："兄弟阋于墙，外御其侮。"言兄弟同休戚，不可与它人议之也。若己之兄弟，且不能爱，何况他人？己不爱人，人谁爱己。人皆莫之爱，而患难不至者，未之有也。《诗》云："毋独斯畏。"此之谓也。兄弟手足也，今有人断其左足以益右手，庸①何利乎？虺②一身两口，争食相凌，遂相杀也。争利而相害，何异于虺乎？

（北宋）司马光：《家范·弟》

注释：①庸：难道。②虺：读音同"毁"，毒蛇。

思想内涵：兄弟之间是最为亲爱的，是从一个身体分下来的，共同呼吸而气息不同罢了。《诗经》上讲："凡是现在的人，是没有比兄弟更为亲近的。"又说："兄弟之间在家里相斗，外人就会欺负他。"这些讲的都是兄弟之间休戚相关的道理，提示人们不要给他人以议论的口实。假若自己的兄弟都不能去爱，更何况去爱别的人？自己不爱别人，别人又怎能爱你？没有人爱你，不倒霉是不可能的事情。《诗经》上说："不要成为一个孤家寡人，否则就是一个令人可怕的人。"讲的就是这个意思。兄弟之间好比手与脚，现在有人把他的左脚砍断用来补全他的右手，那又有什么好处呢？虺是一个身子两张嘴，两张嘴互相争着吃东西而相互咬着，最后就自己杀死了自己。如果兄弟之间你争我夺，互相残害，那么，就与虺又有什么差别呢？

骨肉天亲，同枝连气，凡利害休戚，当死生相维持。若因财产致争，便相视如仇敌，及遭死丧患难，反面不相顾，甚于路人，祖宗有灵，岂忍见此？良心灭绝，马牛而襟裾①，人祸天刑，其应如响，愿子孙以此言殷鉴②。

（明）庞尚鹏：《庞氏家训·崇厚德》

注释：①马牛而襟裾：唐代韩愈《符读书城南》诗云："潢潦无根源，朝满夕已除。人不通古今，马牛而襟裾。行身陷不义，况望多名誉。"马和牛穿着人的衣服，后多借指衣冠禽兽。②殷鉴：《诗·大雅·荡》："殷鉴不远，在夏后之世。"本指殷灭夏，殷后代应以夏亡为鉴戒。后泛指可作鉴戒的前事。

思想内涵：骨肉之间是血缘亲人，同枝连气，举凡一切利害休戚相关，都应当不惜生命的代价而互相保护支持。如果因财产引起争端，以致相见如仇敌，看到兄弟遭到重大灾祸，冷眼旁观，毫不关心，这就比过路的人还不如。祖宗如果有灵，岂能忍心见到这种现象？那些丧尽天良的衣冠禽兽，不是遭天灾就是遇到人祸，其报应丝毫不爽，希望子孙以我的话为鉴戒。

法昭禅师偈①云："同气连枝各自荣，些些言语莫伤情。一回相见一回老，能得几时为弟兄。"词意蔼然，足以启人友于之爱。然予尝谓人伦有五②，而弟兄相处之日最长。君臣之遇合，朋友之会聚，久速固难必也。父之生子，妻之配夫，其时早者皆以二十岁为率。惟弟兄或一二年，或三四年，相继而生，自竹马游戏，以至鲐背鹤发③，其相与周旋，多者七八十年之久。若恩意浃洽④，猜间不生，其乐岂有涯哉？近时有周益公，以太傅退休，其兄乘成先生，以将作监丞退休，年皆八十，诗酒相娱者终其身。章泉赵昌甫兄弟，亦俱隐于玉山之上，苍颜华发，相从于泉石之间，皆年近九十，真人间至乐事，亦人间希有之事也。

（清）张英：《聪训斋语》

注释：①偈：读音同"记"，佛经中的唱词。②人伦有五：即君臣、父子、夫妻、兄弟、朋友。③鲐背鹤发：意思为驼背白发的老年人。鲐，读音同"台"，鲐鱼，身体为纺锤形；鹤，一种鸟，其羽毛为灰色或白色。④恩意浃洽：感情十分融洽。浃，全部。

思想内涵：法昭禅师偈云："同气连枝各自荣，些些言语莫伤情。一回相见一回老，能得几时为弟兄。"其词意亲切感人，足以启发人们要珍惜兄弟之情。我曾说，人伦有五，而兄弟相处的时间在五伦中最长。君臣之间的遇合，朋友之间的相聚，要想长久是十分困难的。作父母的生养子女，妻子匹配丈夫，时间早的都以二十岁为准。唯有兄弟之间或者隔一两年，或者隔三四年，相继出生，从小时候一起玩竹马游戏，一直到背驼白发，在一起度过的时光，长的多达七八十年之久。如果感情融洽，没有猜忌误会，其中的快乐是无限的。近代有一个叫周益公的人，以太傅退休，他的兄长乘成先生，以将作监丞退休，两个年龄都有八十多岁，诗酒相娱终其一生。章泉赵昌甫兄弟俩，也一起隐居在玉山，苍颜华发，相从于泉水山石之间，都年近九十，这真是人间至乐之事，也是人间稀有之事啊！

2. 兄友弟恭，兄弟憘憘

宫中雍雍 ①，外焉肃肃 ②，兄弟憘憘 ③，朋友切切 ④，远者 ⑤ 以貌，近者 ⑥ 以情。

《大戴礼记·曾子立事》

注释：① 雍雍：和睦的样子。② 肃肃：严敬的样子。③ 憘憘：犹如怡怡，指兄弟相处得很愉快。④ 切切：相互责勉的样子。⑤ 远者：疏远的人。⑥ 近者：亲近的人。

思想内涵：在屋子里面是一片和睦的气氛，在屋子外面是一种严敬的气象，兄弟相处得很愉快，朋友相交得很诚挚，对疏远的人以礼相待，对亲近的人以情相接。

单居离问曰："事兄有道乎？"曾子曰："有。尊事之，以为己望 ① 也；兄事之，不遗其言。兄之行若中道，则兄事之；兄之行若不中道，则养之 ② ；养之内，不养于外，则是越之也 ③ ；养之外，不养于内，则是疏之也；是故君子内外养之也。"

《大戴礼记·曾子事父母》

注释：① 望：榜样。② 养之：为他担忧的意思。③ 内：内心；外：表面。越：超越。

思想内涵：单居离问曾子说："侍奉哥哥有什么原则吗？"曾子说："有。尊奉他，作为自己的榜样；把他作为哥哥侍奉，不遗忘他的话。哥哥的行为如果合乎道理，就把他作为哥哥侍奉；哥哥的行为如果不合乎道理，就为他担忧。在内心为他担忧，在外表上不为他担忧，就是要超越他；在外表上为他担忧，在内心不为他担忧，就是要疏远他；所以君子为兄长担忧是内外兼顾的。"

单居离问曰："使弟有道乎？"曾子曰："有。嘉事 ① 不失时也。弟之行若中道，则正以使之；弟之行若不中道，则兄事之，诎 ② 事兄之道，若不可 ③ ，然后舍之矣。"

《大戴礼记·曾子事父母》

注释：① 嘉事：指举行冠礼、婚礼等事。② 诎：作"敬"讲。③ 不可：是说不可化导。

思想内涵：单居离问曾子说："对待弟弟有什么原则吗？"曾子说："有。为弟弟举行冠礼、婚礼，不要错过时间。弟弟的行为如果合乎道理，就以对待弟弟的正道来对待他；弟弟的行为如果不合乎道理，就以敬待哥哥的礼来待他；尽了敬待哥哥的道理，还不能化导他，那就只有抛弃他了。"

曰："仁人之于弟也，不藏怒焉，不宿怨焉，亲爱之而已矣。亲之，欲其贵也；爱之，欲其富也。封之有庳①，富贵之也。身为天子，弟为匹夫，可谓亲爱之乎？"

《孟子·万章上》

注释：① 庳：读音同"卑"，低矮的意思。有庳，地名。

思想内涵：孟子说："一个仁爱的人对自己的弟弟，不把怒气藏在胸中，不把怨恨埋在心底，就只知道亲他爱他罢了。亲他，想使他有地位；爱他，想使他有财富。把他封在有庳国为诸侯，这正是为了要使他有财富、有地位。如果一个人他自己做了天子，而弟弟却是一个平民，这能说是亲爱他吗？"

又吾兄弟，若在家，必同盘而食①；若有近行②，不至，必待其还。亦有过中不食，忍饥相待。吾兄弟八人，今存者三，是故不忍③别食也。又愿毕吾兄弟，不异居导财④。汝等⑤眼见，非为虚假。如闻汝等兄弟，时有别斋独食⑥者。此又不如吾等一世⑦也。

（唐）李延寿：《北史·杨椿传》

注释：① 同盘而食：同吃一盘食。盘：古时用盘子盛饭吃。② 近行：走得不远。③ 不忍：不忍心。④ 异居导财：分开住以便积累财富。⑤ 汝等：你们。等，之类。⑥ 别斋独食：独处一室吃饭。斋，小房；独，单独。⑦ 一世：一辈人。

思想内涵：再说到我们兄弟这一辈人，如果都在家，一定是同桌吃饭；如果某一人临时出去了，我们一定要等他回来然后一道吃。也有其中某个人不吃，忍着饥饿让别的兄弟吃的情况。我们兄弟八人，至今剩下来三个，所以更加不忍心分开吃饭。我的父辈又希望我们兄弟不要分开居住，各自积累财富。你们都看见了，这并不是虚假的事。近来听说你们兄弟中间有人躲在房里吃独食，这种行为又比不上我们这一辈兄弟间的友爱了。

弟之事兄，主于敬爱。

（北宋）司马光：《家范·弟》

思想内涵：弟弟侍奉哥哥，以尊敬亲爱为主。

3.兄弟不睦，则行路皆踰其面而蹈其心

汝辈稚小家贫，无役柴水之劳，何时可免？念之在心，若何可言？然虽不同生①，当思四海皆弟兄之义。鲍叔管仲②，分财无猜；归生伍举③，班荆道旧④。遂能以败为成⑤，因丧立功⑥。他人尚尔⑦，况共父之人哉？颍川韩元长⑧，汉末名士。身处卿佐，八十而终。兄弟同居，至于没齿⑨。济北氾稚春⑩，晋时操行人也。七世同财，家人无怨色。《诗》曰："高山仰止，景行行止。"⑪汝其⑫慎哉！吾复何言。

（南朝·梁）沈约：《宋书·陶潜传》

注释：① 虽不同生：陶渊明二十几岁丧妻，又娶翟氏，他的五个儿子为异母兄弟。② 鲍叔管仲：都是春秋时期齐国大夫。管仲，字夷吾，鲍叔，又名叔牙，十分友善，年轻时一道经商。分财时，管仲因家里穷而拿得多，鲍叔体谅他，不认为他贪婪。③ 归生伍举：归生，又叫声子，春秋时期蔡国人。伍举，春秋时期楚国人。两人友善。归生出使晋国，在半路上碰到伍举，坐在荆条山上叙旧谈心。后来归生出使楚国，向楚令尹推荐伍举，伍举被召回国任职。④ 班荆道旧：班，分布，铺开；荆，荆棘。把荆条铺在地上，坐下来谈论往日交往之事。后世作为友谊深厚的典故。⑤ 以败为成：典出《史记·管晏

列传》。齐襄公死后，公子小白与公子纠争夺君位，鲍叔事公子小白，管仲事公子纠，公子纠失败身亡，管仲做了俘虏，要被处死。鲍叔向公子小白（此时为齐桓公）推荐管仲，被赦免，晋为大夫，辅佐齐桓公成就霸业。⑥ 因丧立功：典出《左传·昭公元年》。楚公子围与伍举出使郑国，未出边境，听说楚王有病，公子围就回去，杀死楚王，准备即位。伍举到郑国后，就在外交辞令中称"其王之子围"，为公子围继承君位造舆论，因而立功。⑦ 尚尔：还能如此。⑧ 颍川韩元长：颍川，汉代郡名，郡治在今河南省禹县。韩元长，即韩融，字元长，东汉末颍川人，汉献帝初平年间任大鸿胪（九卿之一，执掌接待宾客等事）。⑨ 没齿：没，尽，完；齿，表示年寿。⑩ 济北氾稚春：济北，汉代诸侯之一，故址在今山东省长清县。氾稚春，即氾（读音同"范"）毓，字稚春，西晋济北卢（在今山东省长清县西南）人，客居青州。安于贫困，坚守节操。有人荐于晋武帝，召补南阳王文学、秘书郎、太傅参军，并不就职。撰有《春秋释疑》等。⑪《诗》曰句：《诗》，即《诗经》，是我国最早的一部诗歌总集，三百篇，采集自民间。高山仰止，景行行止，是说高山是供人仰望的，大路是供人们走的，比喻高尚的德行，是人们所共同景仰的。景，大；行，读音同"航"，路；止，句末尾气词。⑫ 其：语气词，表示祈使句。

思想内涵：你们年纪小，家中贫困，打柴挑水的劳动，什么时候可以免掉？我时常惦记在心，可又有什么可说的呢？你们虽不是一母所生，当思孔子"四海之内皆兄弟"的话。古时的鲍叔、管仲，分财分物并不猜疑；归生、伍举，在困难时相遇，将荆草铺在地上，叙谈旧情。鲍叔终于使管仲由俘虏变成宰相，创就齐桓公的霸业；而逃亡的伍举得以返国立功。朋友之间尚且能这样，何况你们是同父异母的兄弟呢。颍川韩元长，是汉末的名士，官至大鸿胪，八十岁上才去世，兄弟一同住到死。济北的氾稚春，是晋朝一位道德高尚的人，他家七代未分家财，家里人没有埋怨的表示。《诗经》上说，"景仰巍峨的高山，走着光明的大道"。你们可要谨慎啊，我还有什么要讲的呢！

　　传 ① 称：师 ② 克 ③ 在和 ④ 不在众 ⑤。此言天地和则万物生，君臣和则国家平，九族 ⑥ 和则动得所求，静得所安。是以 ⑦ 圣人守和，以存以亡也。吾，楚国之小子 ⑧ 耳。而早丧所天 ⑨，为二兄所诱养 ⑩，使其性行不随禄利以

堕 ⑪。今但贫耳；贫非所患 ⑫，惟 ⑬ 和为贵，汝其勉之 ⑭！

（晋）陈寿：《三国志·蜀书·向朗传》

注释：① 传：指《左传》，所言在《左传·桓公十一年》。② 师：军队。③ 克：战胜。④ 和：团结。⑤ 众：多。⑥ 九族：古代人的九种社会关系，如父族、母族、妻族等。⑦ 是以：所以。⑧ 小子：谦称，小人物。⑨ 天：古代臣民称帝王、子女称父亲，妇女称丈夫为天。这里是指父亲。⑩ 诱养：诱，诱导，教导；养，抚养。⑪ 堕：败坏。⑫ 患：担忧。⑬ 惟：仅仅，只是。⑭ 汝其勉之：汝，你；其，语气词，用于句首表示祈使句，有命令的意味；勉，努力；之，指示代词，这样。

思想内涵：《左传》上说：军队战胜敌人在于团结而不在于多少。这意味着天地之间风雨调和，则万物生长；君臣团结和谐，则天下太平；九族和顺，则能心想事成，平安无事。所以古时的圣人察看天下存亡以和为标准。我，是楚国的一个无名之辈，而幼时就失去父亲，被二位兄长抚养长大，使我的性格行为没有因为贪求利禄而堕落。现在只是贫困罢了，但这没有什么值得担忧的，只有和才是最为可贵的，你要努力做到这样啊！

兄弟不睦，则子侄不爱；子侄不爱，则群从 ① 疏薄；群从疏薄，则僮仆为仇敌矣。如此，则行路皆踰其面而蹈其心 ②，谁救之哉？人或交天下之士，皆有欢爱，而失敬于兄者，何其多而不能少也！人或将 ③ 数万之师，得其死力，而失恩于弟者，何其能疏而不能亲也！

（北齐）颜之推：《颜氏家训·兄弟》

注释：① 群从：同族人。② 踰其面而蹈其心：踰，即逾，越过，脚踩过；蹈，踩，踏，遭受踩躏。③ 将：读音同"酱"。率领，统率。

思想内涵：兄弟之间不和睦，那么兄弟之子之间就不会互相亲爱。堂兄弟之间不亲爱，那么同族兄弟的关系就疏远了。同族兄弟关系疏远，那么，家奴们就会互为仇敌。这样，整个家族就会遭受过路人的践踏，还有谁去救护他们呢？有的人交结了天下的朋友，却和兄长之间关系不和睦，为什么能够结交如此之多的朋友，却不能容忍兄弟之间的关系呢？有人可以统率数万的军队，并使之冲锋陷阵，但却对弟弟有失恩爱，为什么能搞好疏薄的关系而不能同亲人亲近呢?

谓绍曰:"吾没之后，使纂①统六军，弘②管朝政，汝恭己无为③，委重二兄，庶几可济;若内相猜贰，衅起萧墙，则晋赵之变旦夕至矣。"又谓纂、弘曰:"永业才非拨乱，直以立嫡有常，猥④居元首。今外有强寇，人心未宁，汝兄弟缉穆⑤，则祚⑥流万世;若内自相图，则祸不旋踵⑦。"

(北魏)崔鸿:《十六国春秋》卷八一《后凉》

注释:①纂:人名，即吕纂，后凉国君吕光之子，位太尉。②弘:人名，即吕弘，吕光之子，位司徒。③恭己:指帝王严肃地约束自己;无为，指无为而治，以德政感化老百姓，不施刑治。《论语·卫灵公》:"无为而治者，其舜也欤? 天何为哉? 恭己正南面而已矣。"④猥:谦辞，其本义是众多。东汉王充《论衡·宣王》说:"周有三圣，文王武王周公并时猥出。"⑤缉穆:和睦。《三国志·诸葛亮传·注》引《汉晋春秋》说:"彼贤才尚多，将相缉穆。"⑥祚:国运。⑦旋踵:转足之间，形容快捷。《史记·吴起列传》说:"往年吴公吮其父，其父战不旋踵，遂死于敌。"

思想内涵:(后凉皇帝吕光)对他的儿子吕绍说:"我死之后，让吕纂统领六军，吕弘总管朝政，你自己则依照帝王准则严格约束自己，实行无为而治，依靠你的两个兄长，这样大概可以渡过难关;如果你们兄弟之间互相猜忌，祸起萧墙，那么晋国的赵氏之乱就到咱们后凉朝廷来了。"又对吕纂、吕弘说:"皇位不是因为乱世才设置的，而是依照立嫡长秩序，才使众多的人登上了皇位。如今边境有强敌，国内人心不安，如果你们兄弟和睦，那么国运就可以万世长存;如果互相算计，那么，灾难马上就要到来。"

阿柴①乃谕②之曰:"汝曹③知之乎? 孤则易折，众则难摧。汝曹当戮力④一心，然后可以保国宁家。"

(北宋)司马光:《资治通鉴》卷一二〇《宋纪》二

注释:①阿柴:人名，吐谷浑的首领。②谕:告诉，长者、尊者告诉下辈、卑者一个道理。③汝曹:你们。④戮力:合力。《尚书·汤诰》:"聿求元圣，与之戮力。"

思想内涵：阿柴于是告诉他的儿子们说："你们知道这个道理吗？一支箭就可以被折断，十支箭合在一起就折不断了。你们应当团结一心，将力量联合起来。这样就可以使国家太平，家庭安宁。"

夫贤者之于兄弟，或以天下国邑让之，或争相为死；而愚者争锱铢①之利，一朝之忿，或斗讼不已，或干戈相攻。至于破国灭家，为他人所有，乌②在其能利也哉！正由智识褊浅③，见近小而遗远大故耳，岂不哀哉！《诗》云："彼令兄弟，绰绰有裕；不令兄弟，交相为瘉④。"其是之谓欤？

（北宋）司马光：《家范·弟》

注释：① 锱铢：极其微小的数量。② 乌：疑问代词，难道。③ 褊浅：狭隘，浅薄。④ 瘉：痛苦。

思想内涵：那些贤明的人对于兄弟，有的以封国采邑相让，有的争着为对方死难；但愚蠢的人却为一点点小小的利益而争斗，因一时的愤恨，有的争斗，有的挥舞干戈，以至国破家亡，最终被他人所乘，这又有什么利可得呢？这是由于智力愚钝，目光短浅，只看到眼前的小利而把大利和远景忘了，难道不是很可悲的事情吗？《诗经》上说："那些和善友爱的兄弟，家庭富有且和顺；那些相处不善的兄弟，互相都对对方是一个伤害。"说的不就是这个道理吗？

骨肉之失欢，有本于至微，而终至不可解者。止由失欢之后，各自负气，不肯先下气尔。朝夕群居，不能无相失。相失之后，有一人能先下气与之话言，则彼此酬复①，遂如平时矣。

（南宋）袁采：《袁氏世范·睦亲》

注释：① 酬复：应答，互相沟通。

思想内涵：兄弟骨肉之间，往往因一点小事而闹翻脸，而导致最后不可和解。这是因为闹翻之后，各自赌气，不肯先低头承认错误。朝夕相处，不可能没有闹翻的时候。闹翻之后，如果有一人先低头承认错误，与之和解，那么就可以达成谅解，消除怨恨，于是又和好如初。

三、长幼观

夫妻，兄弟，是家庭中的两种横向关系；而长辈与子辈关系，则是一个上下的纵向关系。如同夫妻、兄弟关系一样，它也是组成一个家庭，维系一个家庭的重要纽带，因而也是一种重要的家庭关系。

在中国古代思想家看来，慈孝关系，是长幼关系的根本反映，他们强调父慈、子孝这种道德规范。对于长辈的道德要求来说，是对幼辈的慈爱，如抚养、关心、爱护，等等；对于幼辈的道德要求来说，则是幼辈对长辈的孝敬，如敬爱、顺从、侍奉等。只有双方各自遵从这种道德规范，才能保持这种关系稳定和谐。我国古代思想家是从父辈抚育子辈这种自然的血缘关系出发论证长幼关系的，因此，他们认为做长辈的首先要慈爱，这是天经地义的事情，对子辈的责任与义务是天然的，也是不可推卸的；同理，幼辈对长辈的孝敬，也是一种天然的法则。否则，就是违背人伦之常理。因此，我国古代思想家不仅肯定长幼关系的家庭意义，而且十分重视它的社会意义，并由此推演出了君臣关系。

在慈孝关系中，我国古代思想家更多的是对如何行孝，如何做一个孝子进行了阐发。他们认为，孝有三条标准，一是光宗耀祖，二是言行不取辱，三是供养父母，这对做子辈的来说既是一种道德规范，更是一种人格规范，认为只有尽孝道，才能立身于世，建功立业。他们强调和鼓励幼辈做孝子，反对做那些违孝的事情，如斗殴，嗜酒，溺爱，贪财，等等。

在如何治理好家庭，处理好长幼关系这个问题上，我国古代思想家主张严格遵守长幼有序的礼节，严格父慈、子孝的道德约束，并提出了具体的看法。

在中国古代社会，统治阶级标榜以孝治天下，在统治阶级意识形态中，"孝"带有浓厚的说教色彩和意识形态倾向。由于统治阶级重视"孝"，提倡"孝"，因此，古代思想家们对此作了许多论述。就家庭关系中的"孝道"而言，许多论述至今仍不失其合理性内核，可资治家之鉴。

1. 长幼有序

是故未有君，而忠臣可知者，孝子之谓也；未有长①，而顺下②可知者，弟③弟之谓也；未有治④，而能仕可知者，先修⑤之谓也。故曰：孝子善事君，弟弟善事长，君子一孝一弟，可谓知终矣。

《大戴礼记·曾子立孝》

注释：① 长：指乡党里年长的人。② 顺下：顺承谦下。③ 弟：通"悌"。④ 治：指治国、治人的职务。⑤ 先修：指在家庭里先做修身的功夫。

思想内涵：所以还没有君，就可以知道他能够做忠臣，是指孝子说的；还没有乡党的长者，就知道他能够顺承谦下，是指能行悌道的弟弟说的；还没有治国、治人的职责，就可以知道他能够出仕做官，是指在家庭里有修身功夫说的。所以说：能行孝道的儿子最会侍奉君王，能行悌道的弟弟最会侍奉长者，君子通过他的一孝一悌的行为，便可以知道他后来立身行事的作为了。

曾子曰："大礼，夫之由也，不与小之自也①。饮食以齿②，力事③不让，辱事不齿，执觞觚杯豆而不醉④，和歌而不哀⑤。夫弟者，不衡⑥坐，不苟越⑦，不干逆色⑧，趋翔⑨周旋，俛⑩仰从命，不见于颜色，未成于弟也。"

《大戴礼记·曾子事父母》

注释：① 大：指年龄较大的成人。礼：指成年人的礼规范。由：作"用"讲。小：指年龄较小的幼童。自：与"由"同。② 齿：指年齿。③ 力事：指用劳力的事。④ 觚：读音同"姑"，酒器。装了酒，就叫觞（读音同"伤"，酒杯）。不醉：指不溃而失仪。⑤ 和：读音同"贺"，指声相应和。哀：哀伤。⑥ 衡：横。⑦ 苟越：不随便地超越。⑧ 干：干犯。逆色：指不愉快的脸色。⑨ 趋：迅速地走。翔：行走时张开两臂，或是脚尖着地轻轻地走。⑩ 俛：同"俯"。

思想内涵：曾子说："礼，是成年人要经由着做的，不可以教小孩子也一同经由着做。饮食要以年龄分先后，让年长的在前；劳力的事不推让给别人，自己抢着去做；受累的事是幼小的人应做的，不要考虑自己的年龄；拿着觞觚杯豆劝饮劝食，而不醉倒失仪；应和着年长的歌声，而不杂有一点哀伤。做弟弟的人在年长的面前，不横过来坐，不随便超越，不干犯长者不愉快的容色，快快地轻轻地走着，周旋在年长者的中间，一俯一仰都听从长者的命令，不表现一点倦怠的颜色，年龄没有到成人的时候，做弟弟的应该这样。"

凡子事父母，妇事舅姑，天欲明，咸起，盥①，漱②，栉③，总④，具冠带。昧爽⑤，适父母舅姑之所，省⑥问。父母舅姑起，子供药物，妇具晨羞⑦。供具毕，乃退，各从其事。

（北宋）司马光：《居家杂仪》

注释：①盥，读音同"贯"，洗手。②漱：读音同"树"，漱口。③栉：读音同"至"，梳头。④总：束发。⑤昧爽：黎明时刻。⑥省：读音同"醒"，探望。⑦羞：通"馐"，味道好的食品。

思想内涵：儿子事俸父母，媳妇事俸公婆，要做到天亮之前起床，洗手，梳头，束好头发，穿戴好衣帽，凌晨天亮到父母公婆卧室问安。父母公婆起来后，儿子供进药物，媳妇备好点心，然后退下，各做各的事情。

凡为子为妇者，毋得蓄私财，俸禄及田宅所入，尽归之父母舅姑。当用，则请而用之。不敢私假，不敢私与。

（北宋）司马光：《居家杂仪》

思想内涵：做子女的，不得蓄积私财，俸禄和田宅收入都要全部交给父母公婆。要用的时候，就向父母公婆说明情况。不得私自借给或送给他人钱物。

凡诸卑幼，事无大小，无得专行，必咨禀于家长。

（北宋）司马光：《居家杂仪》

思想内涵：凡是家庭晚辈成员，无论大小事情，都不得专行；在做事之前，一定要征求家长的意见。

2. 孝道有范

无极曰："奢之子材，若在吴，必忧楚国，盍以免其父召之。彼仁，必来。不然，将为患。"王使召之，曰："来，吾免而①父。"棠君尚谓其弟员曰："尔适吴，我将归死。吾知②不逮，我能死，尔能报。闻免父之命，不可以莫之奔也；亲戚为戮，不可以莫之报也。奔死免父，孝也；度功而行，仁也；择任而往，知③也；知死不辟④，勇也。父不可弃，名不可废，尔其勉之！相从为愈。"伍尚归。奢闻员不来，曰："楚君、大夫其旰⑤食乎！"楚人皆杀之。

《左传·昭公二十年》

注释：① 而：同"尔"，你的。② 知：同"智"。③ 知：智慧。④ 辟：同"避"。⑤ 旰：读音同"干"，晚。

思想内涵：费无极说："（伍）奢的儿子有才能，如果在吴国，一定要使楚国担忧，何不用赦免他父亲的办法召回他们。他们仁爱，一定回来。不这样，将要成为祸患。"楚王派人去召回他们，说："回来，我赦免你们的父亲。"棠邑大夫伍尚对兄弟伍员说："你去吴国，我打算回去死。我的才智不如你，我能够死，你能够报仇。听到赦免父亲的命令，不能不奔走回去；亲人被杀戮，不能不报仇。奔走回去使父亲免死，这是孝；估计功效而后行动，这是仁；选择任务而前去，这是智；明知要死而不躲避，这是勇。父亲不能丢掉，名誉不能废弃，你还是努力吧。各人不要勉强为好。"伍奢听说伍员不来，说："楚国的国君、大夫恐怕不能准时吃饭了。"楚国人把他们都杀了。

曾子曰："父母生之①，子弗敢杀；父母置之，子弗敢废；父母全之，子弗敢阙②。故舟而不游③，道而不径④，能全支⑤体，以守宗庙，可谓孝矣。"

《吕氏春秋·孝行览第二》

注释：① 生之：生下子女之身。这里的"之"与下文"置之""全之"的"之"都指子女之身。② 阙：通"缺"，损，这里是毁坏的意思。③ 舟而不游：渡水时乘船而不游涉。④ 道而不径：走路时走大路而不走小路，以免发生危险。⑤ 支：四肢。今写作"肢"。

　　思想内涵：曾子说："父母生下了自身，儿子不敢毁坏；父母养育了自身，儿子不敢废弃；父母保全了自身，儿子不敢损伤。所以渡水时乘船而不游涉，走路时走大路而不走小路。能保全四肢，守住宗庙，可以叫作孝顺了。"

　　曾子曰："孝有三：大孝尊亲，其次不辱①，其下能养②。"

《大戴礼记·曾子大孝》

　　注释：① 辱：耻辱。② 养：供养。
　　思想内涵：曾子说："孝有三个层次：大孝是使父母尊荣，其次是不给父母带来耻辱，最低的是能供养父母。"

　　孝有三：大孝不匮①，中孝用劳，小孝用力。博施备物，可谓不匮矣。尊仁安义，可谓用劳矣。慈爱忘劳，可谓用力矣。

《大戴礼记·曾子大孝》

　　注释：① 匮：竭。
　　思想内涵：孝有三种表现：大孝是不匮竭，中孝是用事功，小孝是用气力。德施普被，拥有天下，可以说是不匮竭了。尊重仁人，安抚义士，可以说是用事功了。爱养父母，忘记劳苦，可以说是用气力了。

　　君子之孝也，忠爱以敬①；反是，乱也。尽力而有礼，庄敬而安之；微谏而不倦，听从而不怠②，欢欣忠信，咎故③不生，可谓孝矣。

《大戴礼记·曾子立孝》

　　注释：① 忠：是发自内心的诚恳。爱：喜爱。以：同"与"。② 听从：是说父母接受他的劝谏，照他所劝谏的去做。不怠：是说不因父母听从他的话，而侍奉父母就稍有懈怠。③ 咎：灾咎。故：变故。
　　思想内涵：君子孝顺父母，忠诚、喜爱又加上尊敬；违反这个做法，就是乱贼。竭尽自己的力量而有礼仪，庄严恭敬，而使父母感到舒服；微微的劝谏，不感觉倦劳；父母听从了，侍奉他们仍不懈怠，欢乐欣悦，更竭尽内心的忠诚，灾咎和变故就不会发生。这样才可以称得上孝了。

故孝之于亲也，生^①则有义以辅之，死则哀以莅^②焉，祭祀则莅之以敬；如此，而成^③于孝子也。

《大戴礼记·曾子本孝》

注释：① 生：活着。② 莅：读音同"利"，到达。③ 成：最终成为。

思想内涵：所以孝子对于父母，在父母活着的时候，用道义来辅助他们；在父母死了的时候，就哀戚地来到父母的身旁；在祭祀的时候，就用诚敬的心情来纪念他们如同父母坐在上面一样。像这样，做孝子就算做到底了。

君子之孝也，以正致谏^①；士之孝也，以德从^②命；庶人之孝也，以力恶食^③；任善^④，不敢臣三德^⑤。

《大戴礼记·曾子本孝》

注释：① 正：善。谏：劝谏。② 德：孝德。从：遵从。③ 以力恶食：是说用自己的力量供养父母，总觉得父母吃的东西不够甘美。④ 任善：任用善人。⑤ 三德：指三老。

思想内涵：君子的孝，以正道表达对父母的谏诤；士的孝，以孝道遵从父母的命令；庶人的孝，以劳力供养父母，总觉得父母的饮食不够甘美。至于王者的孝，则是任用善人，不敢以部属看待三老。

孟子曰："天下大悦而将归己，视天下悦而归己，犹草芥也，惟舜为然。不得乎亲，不可以为人；不顺乎亲，不可以为子。舜尽事亲之道，而瞽瞍^①厎豫^②。瞽瞍厎豫而天下化，瞽瞍厎豫而天下之为父子者定，此之谓大孝。"

《孟子·离娄上》

注释：① 瞽瞍：读音同"古叟"，舜的父亲。② 厎豫：厎，读音同"指"，达到。豫，快乐。

思想内涵：孟子说："天下的人都十分高兴，并且将要归附于自己；把天下的人悦服并将归附于自己，看得像草芥一样不那么重要，只有舜是这样。在舜的眼中看来，儿子与父母的关系相处得不好，不可以做人；儿子不能事事顺从父母的心意，便不成其为儿子。因此舜尽了一切事亲之道而使瞽瞍由不高兴到高兴了，瞽瞍由不高兴到高兴了，于是天下的人都受到了感化，瞽瞍由不高兴到高兴了，于是天下作为父子的伦常关系也就从此确定了，这就叫做大孝。"

孟子说："养生者不足以当大事，惟送死可以当大事。"

《孟子·离娄下》

思想内涵：孟子说："养活父母不算什么大事情，只有给他们送终才算得上一件大事情。"

孟子曰："不孝有三，无后为大。舜不告而娶，为无后也，君子以为犹告也。"

《孟子·离娄上》

思想内涵：孟子说："按礼制规定对父母不孝的事情有三件，其中又以没有子孙后代为最重要。娶妻本应先禀告父母，帝舜不告诉父母而娶尧的二女为妻，就是因为担心绝了后代，所以明理的君子看起来，他虽然没有禀告父母，却和禀告了是一样的。"

孟子曰："世俗所谓不孝者五，惰其四支，不顾父母之养，一不孝也；博弈好饮酒，不顾父母之养，二不孝也；好货财，私妻子，不顾父母之养，三不孝也；从 ① 耳目之欲，以为父母戮 ②，四不孝也；好勇斗很 ③，以危父母，五不孝也。章子有一于是乎？夫章子，子父责善而不相遇也。责善，朋友之道也；父子责善，贼恩之大者。夫章子，岂不欲有夫妻子母之属哉？为得罪于父，不得近，出妻屏 ④ 子，终身不养焉。其设心以为不若是，是则罪之大者，是则章子而已矣。"

《孟子·离娄下》

注释：① 从：同"纵"，放纵。② 戮：羞辱。③ 很：今作"狠"，"很"为本字。④ 屏：读音同"丙"，放出去，赶出去。

思想内涵：孟子说："一般人所谓不孝的事情有五件：四肢懒惰，不管父母的生活，一不孝；好下棋喝酒，不管父母的生活，二不孝；好钱财，偏爱妻室儿女，不管父母的生活，三不孝；放纵耳目的欲望，使父母因此受耻辱，四不孝；逞勇好斗，危及父母，五不孝。章子在这五项之中有一项吗？章子不过是父子中间以善相责而把关系弄坏了罢了。以善相责，这是朋友相处之道，父子之间以善相责，是最伤害感情的事。章子难道不想有夫妻母子的团聚吗？就因为得罪了父亲，不能和他亲近，因此自己只好赶出老婆，疏远儿子，终身不受他们的侍养。他的设想认为不这样做，就是最大的罪过，这就是章子的为人。"

凡子受父母之命，必籍记而佩之，时省而速行之。事毕，则反命焉。或所命有不可行者，则和色柔声，具是非利害而白之。待父母之许，然后改之。若不许，苟于事无大害者，也当曲从。若以父母之命为非，而直行己志，虽所执皆是，犹为不顺之子，况未必是乎？

（北宋）司马光：《居家杂仪》

思想内涵：凡是子女接受父母的命令，一定要记录下来，佩在衣带上，时时记住并且迅速付诸行动。事情做完了，要向父母报告。有时候，父母的命令有不可行的地方，那么要和声细语，向父母陈述是非利害之所在。等到父母考虑答应，然后改过来。如果不答应，对某事也没有大的危害，仍然应该违心地服从。如果认为父母的命令不对，而执意按自己的意志行事，即使自己的意见都是对的，仍然算是不孝顺之子，何况不一定对呢！

为人子，方少时，亲师友，习礼仪。香① 九龄，能温席，孝于亲，所当执。融② 四岁，能让梨，弟于长，宜先知。首孝悌，次见闻。

（南宋）王应麟：《三字经》

注释：① 香：即黄香，东汉人，孝子，是"二十四孝"中"扇枕温衾"故事的主角。② 融：即孔融，东汉末年人，今有成语"孔融让梨"。

思想内涵：做子女的，处于年少时，就要拜师访友，学习礼仪知识。黄香九岁时，冬天就给父亲暖被窝。孝顺父母是儿女应该做的事。孔融四岁时，就知道把大梨让给哥哥吃。做弟弟的对兄长，应该懂得这个道理。首先要学习孝悌之道，其次才是学习文化知识。

3.父慈子孝

周有申喜者，亡①其母，闻乞人②歌于门下而悲之，动于颜色③，谓门者内④乞人之歌者，自觉而问焉，曰："何故而乞？"与之语，盖其母也。故父母之于子也，子之于父母也，一体而两分，同气而异息。若草莽⑤之有华实也，若树木之有根心也。虽异处而相通，隐志⑥相及，痛疾相救，忧思相感，生则相欢，死则相哀，此之谓骨肉之亲。神出于忠，而应乎心，两精相得，岂待言哉？

《吕氏春秋·季秋纪第九》

注释：① 亡：这里是失散的意思。② 乞人：乞丐。③ 动于颜色：变了颜色。④ 内：读音同"纳"，让……进来。⑤ 莽：密生的草，也泛指草。⑥ 隐志：潜藏于心的志向。

思想内涵：有个叫申喜的周人，和他的母亲失散了。一天，他听到有个乞丐在门前唱歌，自己感到悲哀，脸色都变了。他告诉守门的人让唱歌的乞丐进来，亲自见她，并询问说："什么原因使你落到求乞的地步？"交谈时才知道，那乞丐原来正是他的母亲。所以，无论父母对于子女来说，还是子女对于父母来说，实际都是一个整体而分为两处，精气相同而呼吸各异，就像草莽有花有果，树木有根有心一样。虽在异处却可彼此相通，心中志向互相联系，有病痛互相救护，有忧思互相感应，对方活着心里就高兴，对方死了心里就悲哀，这就叫作骨肉之亲。这种天性出于至诚，而彼此心中互相应和，两方精心相通，难道还要靠言语吗？

父母爱之，喜而不忘；父母恶之，惧而无怨①；父母有过，谏而不逆②；父母既殁，以哀，祀之加之；如此，谓礼终矣。

《大戴礼记·曾子事父母》

注释：① 惧：惧怕；怨：怨恨。② 谏：劝谏；逆：忤逆。

思想内涵：父母爱怜他，喜欢而不能忘记；父母厌恶他，惧怕而没有怨恨；父母有过失，劝谏而不敢忤逆；父母已经死了，就只有哀戚；祭祀父母，增加祭品供奉父母；像这样，才能说孝敬父母的礼做完了。

父子之严，不可以狎①；骨肉之爱，不可以简②。简则慈孝不接，狎则怠慢生焉。由命士以上，父子异宫③，此不狎之道也。抑搔痒痛，悬衾篋枕，此不简之教也。或④问曰："陈亢喜闻君子之远其子，何谓也⑤？"对曰："有是也⑥。盖君子之不亲教其子也。《诗》有讽刺之辞，《礼》有嫌疑之诫，《书》有悖乱之事，《春秋》有邪辟之讥，《易》有备物之象：皆非父子之可通言，故不亲授⑦耳。"

（北齐）颜之推：《颜氏家训·教子》

注释：① 狎：亲近而不庄重。② 简：怠慢。③ 宫：房屋，住宅。④ 或：有的人。⑤ 何谓也：是说什么呢。⑥ 有是也：是有这么回事。是：指代词，这，这个。⑦ 授：传授，讲授。

思想内涵：父子之间要严肃，不可过于亲昵；骨肉之爱，不可怠慢。怠慢就不能做到父慈子孝，过于亲昵就不尊重。由命士以上，父子不同室而居。就是要使父子不过分亲昵。儿子为父母搔摩痒痛，收拾床铺，这是教其孝顺。有人问道："陈亢听到孔子不亲昵他的儿子，感到高兴，有这么回事吗？"回答说："是这样的。这是因为君子不亲自教育其子。《诗经》里有讽刺的词句，《礼》中有避嫌疑的告诫，《尚书》中记有荒谬违礼之事，《春秋》中有对不正当行为的讥刺，《易经》中有备物致用的象征：这些都不是父子之间可以讲的，所以就不亲自讲授。"

4. 为子之道

子曰："事父母，几①谏。见志不从，又敬不违，劳而不怨。"

《论语·里仁》

注释：① 几：隐微，不明显。

　　思想内涵：孔子说："侍奉父母，看见父母有做得不对的地方，应该委婉地进行劝谏。如果父母心里不愿意听从，仍然要恭恭敬敬而不触犯他们，只在心里忧愁而不怨恨。"

　　子曰："父母在，不远游。游必有方。"

《论语·里仁》

　　思想内涵：孔子说："父母在世，不要远离家乡；如果一定要外出，必须有明确的去处。"

　　子曰："父母之年，不可不知也。一则以喜，一则以惧。"

《论语·里仁》

　　思想内涵：孔子说："父母的年龄，不可以不知道，一方面为他们长寿而高兴，另一方面为他们衰老而担忧。"

　　子曰："父在观其志，父没观其行。三年无改于父之道，可谓孝矣。"

《论语·学而》

　　思想内涵：孔子说："父亲在世时看他的志向，父亲逝世后看他的行动。如果在三年之内不改变父亲留下的正确原则，就可以说他是孝子。"

　　子曰："生，事之以礼；死，葬之以礼，祭之以礼。"

《论语·为政》

　　思想内涵：孔子说："父母活着的时候，按照礼节侍奉他们；父母死了，按照礼节埋葬他们，按照礼节祭祀他们。"

　　孟武伯问孝，子曰："父母惟其疾之忧。"

《论语·为政》

思想内涵：孟武伯问什么是孝，孔子说："牵挂父母的疾患，就是孝。"

子夏问孝。子曰："色难。有事，弟子服其劳；有酒食，先生 ① 馔 ②，曾 ③ 是以为孝乎。"

《论语·为政》

注释：① 先生：指父母。② 馔：吃剩的食物。③ 曾：竟然是。

思想内涵：子夏问什么是孝，孔子说："侍奉父母经常保持和颜悦色最难。有事情，儿子替父母效劳；有酒食，让父母吃喝。——难道这样做就算作孝吗？"

曾子养曾晳，必有酒肉，将撤，必请所与。问："有余？"必曰："有。"曾晳死，曾元 ① 养曾子，必有酒肉，将撤，不请所与。问："有余？"曰："亡矣。"将以复进也。此所谓养口体者也。若曾子，则可谓养志也。事亲若曾子者可也。

《孟子·离娄上》

注释：① 曾元：曾子（曾参）之子。

思想内涵：从前曾子奉养他的父亲曾晳，每餐一定都有酒有肉；撤除的时候，一定要问，剩下的给谁；曾晳若问还有剩余吗？一定答道说有。曾晳死后，曾元奉养曾子，每顿饭还是有酒有肉，但用完膳将要撤席时，便不问剩下的给谁了；曾子若问还有剩余吗？便说："没有了。"意思是留下预备以后进用。这个叫做口体之养。至于曾子对父亲，才可以叫做顺从亲意之养。侍奉父母做到像曾子那样就可以了。

见父之执 ①，不谓之进，不敢进；不谓之退，不敢退；不问，不敢对；此孝子之行也。

《礼记·曲礼上》

注释：① 执："挚友"的省称。

思想内涵：见到父亲的好朋友，不叫他往前走，就不敢往前走；不叫他后退，就不敢后退；不问，就不敢回答；这就是孝子的行为。

　　故孝子之事亲也，居易以俟①命，不兴险行以徼幸②；孝子游之，暴人③违之。出门而使④，不以或为父母忧也；险途隘巷，不求先焉，以爱其身，以不敢忘其亲也。

《大戴礼记·曾子本孝》

　　注释：①俟：读音同"似"，等待。②徼幸：徼，读音同"缴"，边界。幸：意外的幸福。通"侥幸"。③暴人：凶暴的人。④使：奉命而出为使臣。
　　思想内涵：（曾子说：）"所以孝子侍奉父母，是处在安稳的里面，以等待天命，不做出危险的行为，来追求非分的幸福；遇到孝顺的人就和他同游，遇到凶暴的人就离他远远的；奉命出门为使臣，不以任何一件事让父母担忧；走到危险的道路和窄隘的街巷，不和别人争先，这样爱护他自身，是因为他不敢忘掉自己的父母啊。"

　　孝子之使人也不敢肆①，行不敢自专②也；父死三年，不敢改父之道；又能事③父之朋友，又能率④朋友以助敬⑤也。

《大戴礼记·曾子本孝》

　　注释：①肆：极尽人的力量。②自专：自作主张。③事：侍奉。④率：依循。⑤助敬：助成自己对父母的孝敬。
　　思想内涵：孝子使用人，不敢用尽人家的力量；要做什么事，不敢自作主张；在父亲死后三年以内，不敢改变父亲的做法；又能侍奉父亲的朋友，又能依循着朋友的样子，来助成自己对父母的孝敬。

　　曾子曰："忠者，其孝之本与！孝子不登高，不履危，庳亦弗凭①；不苟笑，不苟訾②，隐不命③，临不指④，故不在尤⑤之中也。孝子恶言死焉，流言止焉，美言兴焉，故恶言不出于口，烦言不及于己。"

《大戴礼记·曾子本孝》

注释：① 庳：读音同"卑"，低下的地方。凭：凭临。② 訾：訾毁，说人坏话。③ 隐不命：在隐暗的地方不叫人。④ 临：从上往下看。指：指画。⑤ 尤：罪过。

思想内涵：曾子说："忠，是孝的根本吗？孝子不登高峻的地方，不走危险的地方，也不凭临低下的深渊，不随便嬉笑，不随便说人坏话，在隐暗的地方不呼叫人，在居高望下的时候不指画，所以不在罪尤的里面。孝子把丑恶的话消灭了，把谣传的话停息了，把美好的话兴起了；所以丑恶的话就不从嘴里出来了，厌烦的话也不会说到自己的身上了。"

三日而食，三月而沐，期而练①，毁②不灭性，不以死伤生。丧不过三年，苴③衰不补，坟墓不坏④，同于丘陵。除之日，鼓素琴，示民有终也，以节制者也。

《大戴礼记·本命》

注释：① 练：用熟丝织成的缯。② 毁：哀伤而致形体变为瘦削叫"毁"。③ 苴：粗劣。④ 坏：再加一层土。

思想内涵：亲丧三日，才能喝粥，三个月以后才能洗头，周年以后，可以改穿练服。伤极哀痛瘦削，但不可伤害性命，不能为亲人之死而伤害到生者的生命。丧期最长也只能以进入第三年为限；粗劣的麻衣破了不必修补；亲人的坟墓砌好之后就不必再去加土。到了丧期满，丧服除了以后，可以弹奏素琴，这是向人们表示哀伤是有限度，而应受规定的节制。

乐正子春，下堂而伤其足，伤瘳①，数月不出，犹有忧色。门弟子问曰："夫子伤足，瘳矣，数月不出，犹有忧色，何也？"乐正子春曰："善！如尔之问也。吾闻之曾子，曾子闻诸大夫曰：'天之所生，地之所养，人为大矣。父母全而生之，子全而归之，可谓孝矣；不亏其体，可谓全矣。故君子顷步②之不敢忘也。'今予忘夫孝之道矣，予是以有忧色。故君子一举足不敢忘父母，一出言不敢忘父母。一举足不敢忘父母，故道而不径，舟而不游，不敢以先父母之遗体行殆③也。一出言不敢忘父母，是故恶言不出于口，忿言④不及于己，然后不辱其身，不忧其亲，则可谓孝矣。"

《大戴礼记·曾子大孝》

注释：① 瘳：读音同"抽"，病愈。② 顷步：顷，当为"倾"字，因音同"而误"。③ 殆：危险。④ 忿言：怨恨的话。

思想内涵：乐正子春是在走下堂阶的时候，跌伤了脚。伤好后，几个月不出门，脸上还有忧愁的样子。他的学生问他："老师跌伤了脚，好了。好几个月不出门，脸上还有忧愁的样子，为什么？"乐正子春说："好！关于你说的问题，我从曾子那里听说过，曾子是从孔夫子那里听说的：'天所生的，地所养的，以人为最大。父母生下儿子来，是一个完全没有缺陷的人，儿子完全没有缺陷地归还给他们，可以说是孝了；不亏损他的身体，可以说是完全了。所以君子一动脚，再动脚总不敢忘记这件事。'现在我忘记了孝的道理，我因为这，有忧愁的容色。所以总走宽广的大道，而不走狭窄的山径；走水路总是坐船过去，而不游泳过去；不敢拿以前父母的余体走危险的路。一说话就不敢忘记了父母，所以丑恶的话说不出嘴，怨忿的话也就不会招到自己的身上，然后不使自身遭到污辱，不使父母为他忧愁，这样就可以称得上是孝了。"

单居离问于曾子曰："事父母有道乎？"曾子曰："有。爱而敬。父母之行若中①道，则从；若不中道，则谏；谏而不用，行之如由己。从而不谏，非孝也；谏而不从②，亦非孝也。孝子之谏，达善而不敢争辩③；争辩者，作乱之所由兴也。由己为无咎④，则宁；由己为贤人，则乱⑤。孝子无私乐，父母所忧忧之，父母所乐乐之。孝子唯巧变⑥，故父母安⑦之。若夫坐如尸⑧，立如齐⑨，弗讯不言，言必齐色⑩，此成人⑪之善者也，未得为人子之道也。"

《大戴礼记·曾子事父母》

注释：① 中：作"当""合"字讲。② 不从：不随从，违逆。③ 达善：是说把善道表达给父母。争辩：争，对辩为争。辩，分别为辩。④ 咎：过错。⑤ 乱：犯上作乱。⑥ 巧变：指随着父母的忧或乐，而善于变化。⑦ 安：舒服。⑧ 尸：古代祭祀时代表死者受祭的人。⑨ 齐：读"斋"，戒斋。⑩ 齐色：庄敬的容色。⑪ 成人：成年的人。

思想内涵：单居离请教曾子说："侍奉父母有途径吗？"曾子说："有。就是爱和敬。父母的行为如果合乎道理，就随从他们；如果不合乎道理，就劝谏他们；劝谏的话语不为父母所采用，就照着父母的意思去做，好像是自己出的主

意。随从父母的错误，而不去劝谏，这不是孝啊；劝谏父母无效，而不再随
从，这也不是孝啊。孝子的劝谏，在表达良善的道理，而不敢力争巧辩；力争
巧辩，是作乱兴起的根由。叫父母经由自己劝谏的话去做，是为了不犯过错，
就安宁了；听父母经由自己劝谏的话去做，是为博取贤声于人，就是犯上作乱
了。孝子没有私自的快乐，以父母所忧愁的为忧愁，以父母所快乐的为快乐。
孝子唯其能够随着父母的忧或乐而善于变化，所以父母就舒服了。至于坐着像
祭祀时的木偶那样庄严，站着像斋戒时那样恭敬，不经讯问不说话，说话必定
是容色庄严，这是成年人的好处，不得拿来作为做人儿子的道理。"

　　尽力无礼，则小人①也；致敬而不忠，则不入也。是故礼以将②其力，
敬以入其忠；饮食移味③，居处温愉④，著心于此，济⑤其志也。

《大戴礼记·曾子立孝》

　　注释：① 小人：就是没有受过良好教育的细民。② 将：作"助"字讲。③ 移味：
改变饮食的滋味。④ 温愉：温暖和愉快。⑤ 济：作"成"字讲。
　　思想内涵：竭尽自己的力量，而没有礼仪，是没有受过良好教养的细民
啊。做到恭敬，而不忠诚，就只是做表面文章，而没有进入内心的深处。所以
礼仪是帮助他的力量，恭敬要注入他的忠诚；随着父母的意欲而改变饮食的滋味，
使父母住的地方充满温暖和愉快，把心放在这些事上，就可实现他的愿望了。

　　子曰："可人①也，吾任其过；不可人也，吾辞②其罪。"诗云："有子七人，
莫慰母心。"子之辞也。"夙兴夜寐，无忝③尔所生。"言不自舍④也。不耻其亲，
君子之孝也。

《大戴礼记·曾子立孝》

　　注释：① 人：当为"入"，是说入谏。② 辞：讼也。③ 忝：作"辱"字讲。
④ 自舍：放松自己。
　　思想内涵：孔子说："劝谏的话，可以说进去，我就担当那过错；不能说进
去，我就数责自己的罪过。"《诗经》说："有子七人，莫慰母心。"是儿子数责
自己的话。又说："夙兴夜寐，无忝尔所生。"是说一刻也不放松自己。不把耻

辱加到父母的身上，这就是君子的孝啊。

公明仪问于曾子曰："夫子可谓孝乎？"曾子曰："是何言与？是何言与？君子之所谓孝者，先意承志，谕父母以道。参直养者也，安能为孝乎？身者，亲之遗①体也。行②亲之遗体，敢不敬乎？故居处不庄③，非孝也；事君不忠，非孝也；莅官④不敬，非孝也；朋友不信，非孝也；战阵无勇，非孝也。五者不遂，实及乎身，敢不敬乎？故烹熟鲜⑤香⑥，尝而进之，非孝也，养也⑦。君子之所谓孝者，国人皆称愿⑧焉，曰：'幸哉！有子如此！'所谓孝也。民之本教曰孝，其行之曰养。养，可能也；敬，为难。敬，可能也；安⑨，为难。安，可能也；久，为难。久，可能也；卒⑩，为难。父母既殁，慎行其身，不遗父母恶名，可谓能终也。"

《大戴礼记·曾子大孝》

注释： ①遗：作"余"字讲。遗体，即余体。②行：奉行。③庄：作"恭"字讲。④莅官：去做官。⑤鲜：鸟兽新杀的叫作"鲜"。⑥香：指黍稷的馨香。⑦养也：指养口体。⑧称：称誉。愿：思慕。⑨安：安乐。⑩卒：终了。

思想内涵： 公明仪请教曾子说："夫子可以说是孝吗？"曾子说："这是什么话？这是什么话？君子的所谓孝，在父母的意思说出之前，自己先猜测到，把它做好；在父母的志愿表示以后，自己就禀承着，将它做成；了解父母的意思和志愿，是用的正道。我曾参只是一个能养父母的人，哪里能做到孝呢？自身，只不过是父母的余体；拿父母的余体去行事，敢不敬慎吗？所以平素生活不端庄，就不是孝；侍奉君主不忠诚，就是不孝；处理公事不敬慎，就是不孝；结交朋友不信实，就是不孝；走上战场不勇敢，就是不孝。这五件事不能做到，灾祸就要降到自己身上了，敢不敬慎吗？所以煮熟了新鲜的馨香食品，尝过滋味后，再进给父母，这不是孝，只是养而已。君子的所谓孝，一国的人都夸赞他、思慕他，说：'幸福啊！有个儿子像这样棒！'这才是所谓孝啊！老百姓的基础教育，就叫作孝；这基础教育的实践，就叫作养。供养是可能做到的，做到恭敬就难了；恭敬是可能做到的，做到舒服就难；舒服是可能做到的，做到长久就难了；长久是可以做到的，做到底就难了。父母已经死了，谨慎地约束自己的行为，不给父母留下一点坏名声，这可以说是能够恪尽孝道了。"

二十一年，骊姬谓太子曰："君梦见齐姜，太子速祭曲沃，归厘^①于君。"太子于是祭其母齐姜于曲沃，上其荐胙^②于献公。献公时出猎，置胙于宫中。骊姬使人置毒药胙中。居二日，献公从猎来还，宰人上胙献公，献公欲飨之。骊姬从旁止之，曰："胙所从来远，宜试之。"祭地，地坟^③；与犬，犬死；与小臣，小臣死。骊姬泣曰："太子何忍也！其父而欲弑代之，况他人乎？且君老矣，旦暮之人，曾不能待而欲弑之！"谓献公曰："太子所以然者，不过以妾及奚齐之故。妾愿母子辟之他国，若早自杀，毋徒使母子为太子所鱼肉也。始君欲废之，妾犹恨之；至于今，妾殊自失于此。"太子闻之，奔新城。献公怒，乃诛其傅杜原款。或谓太子曰："为此药者乃骊姬也，太子何不自辞明之？"太子曰："吾君老矣，非骊姬，寝不安，食不甘。即辞之，君且怒之。不可。"或谓太子曰："可奔他国。"太子曰："被^④此恶名以出，人谁内^⑤我？我自杀耳。"十二月戊申，申生自杀于新城。

（西汉）司马迁：《史记·晋世家》

注释：①厘：祭余的肉。②荐胙：荐，献，进献祭品；胙，读音同"做"，祭祀用的肉。③坟：读音同"奋"，地隆起。④被：通"披"，加在身上。⑤内：通"纳"，接纳。

思想内涵：晋献公二十一年（公元前656），骊姬对太子说："君王梦见了齐姜，你快点去曲沃进行祭祀，把祭祀未用完的肉进献给君王。"太子于是在曲沃祭祀其母齐姜，将祭祀用的肉进献给献公。献公当时正好出去打猎，把进献的肉就放在宫中。骊姬派人把毒药放在肉中。放置二天后，献公打猎回来，厨师献上祭肉，献公准备食用。骊姬在旁边予以制止，说："祭肉是从远处献来的，应该试一下。"祭地，地隆起；给狗吃，狗死；给奴仆吃，奴仆死。骊姬哭着说："太子何其残忍。连他的父亲也想杀掉以取而代之，何况他人呢？况且您已经年老了，对待年老之人，不是想侍奉他而是想杀害他。"她面对献公说："太子之所以如此，是因为我及奚齐的缘故。我愿意我们母子二人避在他国，或早点自杀，不要白白地使母子二人为太子所鱼肉。开始您想废掉他，我还感到遗憾；太子如此行为，我后悔您没能废掉他。"太子听说后，逃至新城。献公发怒，于是杀掉他的老师杜原款。有人对太子说："下此药的人是骊姬，你为什么不自己去申辩表明此事？"太子说："父王已经年老了，没有骊姬，寝不安，食不甘。即使说明此事，父王也要发怒。这样不行啊。"有人对太子说："可以逃奔到其他国家。"太子说："被蒙上这种恶名出逃，谁人敢收留我？我自杀吧。"十二月戊申，太子申生自杀于新城。

　　曾子芸瓜而误斩其根，曾晳怒，援大杖击之，曾子仆地。有顷乃苏①，蹶然②而起，进曰："曩③者参得罪于大人，大人用力教参，得无疾乎？"退屏鼓琴而歌，欲令曾晳听其歌声，知其平也。孔子闻之，告门人曰："参来，勿内④也。"曾子自以无罪，使人谢⑤孔子。孔子曰："汝不闻瞽叟有子，名曰舜。舜之事父也，索而使之，未尝不在侧，求而杀之，未尝可得。小箠则待，大箠则走，以逃暴怒也。今子委身以侍暴怒，立体而不去，杀身以陷父不义，不孝孰是大乎？汝非天子之民耶？杀天子之民，罪奚如？"以曾子之材，又居孔氏之门，有罪不自知，处义难乎？

（西汉）刘向：《说苑·建本》

注释：①苏：苏醒。②蹶然：急忙的样子。③曩：读音同"囊"，过去、以往。④内：使……入内。⑤谢：告诉。

思想内涵：曾子为瓜苗除草却误斩了瓜苗之根，曾晳大怒，操起大拐杖就打，曾子倒在地上。过了好一会儿才苏醒，他急忙跳起来，对父亲说："刚才我得罪了大人，大人用大力气教导我，不会有什么伤痛吧？"退到屏风后面边弹琴边唱歌，让曾晳听他的歌声，知道他平静下来了。孔子听说这件事后，吩咐守门人说："曾子如果来了，不要让他进来。"曾子自以为没有什么过错，派人去告诉孔子。孔子说："你没有听说瞽叟有一个儿子，名字叫舜吗？舜侍奉父亲，他父亲吩咐他做什么事情，他一定都在父亲的左右。如果要想杀掉他，不一定能办得到。小的惩罚就侍候，如是大的惩罚就逃走，这是逃避暴怒。现在你用自身去应付父亲的狂怒，站在那里而不逃走，使自己被杀而让父亲陷于不义的境地。这难道不是大大的不孝吗？你不是天子之民吗？杀掉天子之民，罪过会是怎样的？"凭着曾子那样的才能，又是孔氏门下的弟子，有了过错而自己不知道，处义是非常困难的。

　　楚有士申鸣者，在家而养其父，孝闻于楚国。王欲授之相，申鸣辞不受。

其父曰："王欲相汝，汝何不受乎？"申鸣对曰："舍父之孝子而为王之忠臣，何也？"其父曰："使有禄于国，立义于庭，汝乐吾无忧矣，吾欲汝之相也。"申鸣曰："诺。"遂入朝，楚王因授之相。居三年，白公为乱，杀司马子期，申鸣将往死之。父止之曰："弃父而死，其可乎？"申鸣曰："闻夫仕者，身归于君而禄归于亲。今既去父事君，得无死其难乎？"遂辞而往，因以兵围之。白公谓石乞曰："申鸣者，天下之勇士也，今以兵围我，吾为之奈何？"石乞曰："申鸣者，天下之孝子也，往劫其父以兵。申鸣闻之必来，因与之语。"白公曰："善。"则往取其父，持之以兵①，告申鸣曰："子与吾，吾与子分楚国；子不与吾，子父则死矣。"申鸣流涕而应之曰："始吾父之孝子也，今吾君之忠臣也。吾闻之也，食其食者死其事，受其禄者毕其能，今吾已不得为父之孝子矣，乃君之忠臣也，吾何得以全身。"援枹②鼓之，遂杀白公，其父亦死。王赏之金百斤。申鸣曰："食君之食，避君之难，非忠臣也；定君之国，杀臣之父，非孝子也。名不可两立，行不可两全也，如是而生，何面目立于天下。"遂自杀也。

（西汉）刘向：《说苑·立节》

注释：① 兵：兵器。② 枹：读音同"福"，鼓槌。

思想内涵：楚国有一名叫申鸣的勇士，在家靠种地奉养着父亲，他的孝顺闻名楚国。楚王想让他担任令尹（楚国宰相的名称），申鸣推辞不受。他的父亲说："楚王想让你担任令尹，你为什么不接受？"申鸣回答说："不做父亲的孝子而去做楚王的忠臣，可以吗？"他的父亲说："假使能在国家获得俸禄，立义于朝廷，你快乐我也无忧愁了，我想让你去担任令尹。"申鸣说："好。"于是去朝见楚王，楚王授给他相印。过了三年，白公作乱，杀掉司马子期，申鸣将要前往以死平叛。他的父亲制止他说："丢弃父亲而去死，可以吗？"申鸣说："我听说做官，身体归于国君而俸禄归于父母亲。现在既然离开父亲侍奉君主，难道能够害怕牺牲吗？"于是辞别父亲前去平乱，并用军队包围了叛乱者。白公对石乞说："申鸣是天下闻名的勇士，现在率军队包围我，我将怎么办？"石乞说："申鸣是天下闻名的孝子，去把他的父亲抓来，以兵器相威胁。申鸣听说后必定会来，可乘机和他谈判。"白公说："好。"于是前去把他的父亲抓来，加上兵刃，告诉申鸣说："你与我合作，我和你平分楚国；你不与我合作，你的父亲就要被杀死。"申鸣流着眼泪回答说："开始我是父亲的孝子，现在我是国君的忠臣。我听说，拿取国君俸禄的人，就要为国君卖命；接受国君俸禄的人，就要竭尽才能。现在，我已经不能够成为父亲的孝子了，而是国君的忠臣，我用什么办法可以让父亲免死啊？"于是，拿起鼓槌敲响战鼓，杀掉白公，而他的父亲也死了。楚王赏给他黄金百斤。申鸣说："食国君的俸禄，而逃避国君的祸难，就不是忠臣；安定国君的国家，而杀死我的父亲，也不是孝子。忠孝之名不可两立，行不可两全，像这样而生存，有什么面目立于天下呢。"申鸣后来就自杀了。

　　夫人为子之道①，莫大于宝身，全行②，以显父母③。此三者，人知其善，而或危身破家④，陷于灭亡之祸者，何也？由所祖习非其道也⑤。夫孝敬仁义，百行之首⑥，行之而立，身之本也⑦。孝敬则宗族安之，仁义则乡党⑧重之，此行成于内⑨，名著于外⑩者矣。人若不笃于至行⑪，而背本逐末⑫，以陷浮华⑬焉，以成朋党⑭焉。浮华则有虚伪之累⑮，朋党则有彼此⑯之患。此二者之戒⑰，昭然著明⑱。而循覆车滋众⑲，逐末弥甚⑳，皆由惑当时之誉㉑，昧目前之利故也㉒。

（晋）陈寿：《三国志·王昶传》

　　注释： ① 夫为子之道：夫，语气词，用于句首以引发议论；为子之道，作为儿子的道理。② 宝身全行：宝身，珍重自己；全行，保全品行。宝，用作动词，以……为宝；身，自身；全，用作动词，使……全；行，读音同"信"，品行。③ 以显父母：以，用来，达到；显，使……显，有名声。光宗耀祖之意。④ 或危身破家：或，有的人；危身破家，性命难保，家庭破败。危，使……危；破，使……破。⑤ 祖习：效仿。祖，尊奉，崇尚；习，学习，习染。⑥ 百行之首：典出古谚："百善孝当先"。百，谓其多，各种各样。各种优良的品行中，占据主导的。⑦ 行之而立，身之本也：行之，行为；立身，使自己在世上挺立。⑧ 乡党：古代基层行政区域，后世一般用来指本乡或本乡人。⑨ 内：本身。⑩ 名著于外：著，显著；外，外界，世间。⑪ 笃于至行：笃，专心；至行，超乎常人的德行。⑫ 背本逐末：与"舍本逐末"同义。背，背离；逐，追求。⑬ 浮华：虚饰浮夸，没有根底。⑭ 朋党：团伙，因私利而互相勾结起来的帮派、宗派。⑮ 累：灾祸，危险。⑯ 彼此：互相之间。这里作厚此薄彼解。⑰ 戒：戒鉴，教训。⑱昭然著明：昭然，非常明显的样子；著明，明明白白。⑲循覆车滋众：循，因循，按照旧法不知改进；覆车，失败的先例，指前人倾覆失败，引为后人的教训；滋众，更加多。滋，更甚。⑳弥甚：更加严重。弥、甚，同义词，更、十分。㉑由惑：由，因为；惑，为……所惑，被……所迷惑。㉒昧：用法同前句的"惑"，为……所昧，被……所蒙蔽。

思想内涵：做儿子的道理，最重要的是珍惜身体，完善品行，光宗耀祖。这三条，人们都肯定它，但有的人却性命不保，家庭破败，招致覆灭之祸，这是怎么回事呢？我看是由于受到错误言行的影响而违背了人子之道。孝敬长辈，仁爱善良，这在各种优良的品德中，占据主导地位，是立身处世的根本。孝敬长辈，那么宗族就团结和谐，仁爱善良，那么本乡人就尊重它。这样，自己的行为就规范了，而名声也就远播世间了。一个人，如果不是诚挚待人，具备突出的德行，而是违背根本的道理，沾染旁门左道，就会肤浅浮躁，就会结成团伙。肤浅浮躁，就会导致虚伪，招致灾祸；结成团伙，就会互相猜忌，引发灾难。这两条教训，是十分明显的。产生这两种灾祸的原因，是因为被当时虚假声誉所迷惑，被眼前的利益所蒙蔽。

孝为百行首，诗书不胜录。富贵与贫贱，俱可追芳躅①。若不尽孝道，何以分人畜……人不孝其亲，不如禽与畜。慈乌尚反哺，羔羊犹跪足。人不孝其亲，不如草与木。孝竹体寒晨，慈枝顾木末。劝尔为人子，《孝经》②须勤读……勿以不孝首，枉戴人间屋。勿以不孝身，枉著人间服。勿以不孝口，枉食人间谷。天地虽广大，难容忤逆族。及早悔前非，莫待天诛谬。万善孝为先，信奉添福禄。

（清）王中书：《劝孝歌》

注释：①芳躅：先贤的遗迹。躅，读音同"苗"，遗迹。②《孝经》：儒家经典。主要论述了孝道规范。西汉列为七经之一。

思想内涵：孝道是百行之首，它在儒家经典中有非常充分的论述。人们不论是出身富贵，还是贫贱，都可以从中寻找到先贤的嘉言懿行。如果不恪守孝道，凭什么区分人伦与兽行？……人如果不孝敬他的父母，就连禽兽都不如。鸦有反哺之德，羊有跪乳之恩，他们是禽兽中的贤者。人如果不孝敬他的父母，连草木都比不上。竹子尚且能够体察到寒暑冷热，树枝尚且能够知晓树干的本末，何况是人呢！我奉劝天下的人啊，要勤读《孝经》。……人，不要空有一副人的样子，住着房子，穿着衣服，吃着粮食，要知道，天地广阔，神明有知，是绝不容许逆子生存于人间的。我奉劝那些逆子，及早痛改前非，不要等待上天的惩罚。万般种种善德良行，都首推孝道孝行，信奉孝道的人，具备孝行的人，他一定会增添福禄之喜。

父母于赤子，无一件不是养志。人子于父母，只养口体，于心何安？无论慈父慈母，即三家村老妪养儿，未有不心诚求之者，故事亲若曾子，仅称得一个"可"字。

（清）孙奇逢：《孙夏峰全集·孝友堂家规》

思想内涵：父母对于小孩，没有一件事不是为了培养小孩的心智和志向的。作子女的对待父母，只供奉父母吃饱穿暖，于心何安？无论是慈父慈母，还是普通乡下老太太养育儿子，没有不诚心诚意希望儿子成人成才的。所以，即使像曾参那样孝顺父母，也只是称得上一个"可"字。

幼儿或詈 ① 我，我心觉喜欢。父母嗔怒 ② 我，我心反不甘。一喜欢，一不甘，待儿待父何心悬 ③ 。劝君今日逢亲怒，也将亲作幼儿看。

儿曹 ④ 出千言，君听常不厌。父母一开口，便道闲多管。非闲管，亲牵挂，皓首 ⑤ 白头多谙练 ⑥ 。劝君敬奉老人言，莫教乳口争长短。

幼儿尿粪秽 ⑦ ，君心无厌忌。老亲涕唾零，反有憎嫌意。六尺躯，来何处？父精母血成汝体。劝君敬待老来人，壮时为尔筋骨敝 ⑧ 。

看君晨入市，买饼又买糕。少闻供父母，多说哄儿曹。亲未膳 ⑨ ，儿先饱，子心不比亲心好。劝君多出糕饼钱，供养白头 ⑩ 光阴少。

市间卖药肆 ⑪ ，惟有肥儿丸。未有壮亲者，何故两般看？儿亦病，亲亦病，不比医亲症。割股 ⑫ 还是亲骨肉，劝君亟保双亲命。

富贵养亲易，亲常有未安 ⑬ 。贫贱养儿难，儿不受饥寒。一条心，两条路，为儿终不如为父。劝君养亲如养儿，凡事莫推 ⑭ 家不富。

养亲只二人，常与兄弟争。养儿难十余 ⑮ ，君皆独自任 ⑯ 。儿饱暖，亲常问，父母饥寒不在心。劝君养亲须竭力，当初衣食被吾侵。

亲有十分慈，君不念其恩。子有一分孝，君就扬其名。待亲暗，待儿明，谁识高堂⑰养子心？劝君漫信⑱儿曹孝，儿曹样子在君身。

（清）无名氏：《八反歌》

注释：①詈：读音同"厉"。责骂。②嗔怒：发恼，生气。③悬：差别明显。④儿曹：儿子辈。曹，辈。⑤皓首：白头，指老年人。皓，读音同"浩"。白色。⑥谙练：熟练。谙，读音同"暗"。熟悉。⑦秽：读音同"会"。肮脏。⑧敝：破烂。⑨膳：吃饭。⑩白头：指老年人。人老先白头，借白头指老年人。⑪卖药肆：药铺。肆，商店。⑫股：大腿。⑬安：舒服。⑭推：借言推托。⑮十余：十多倍。⑯任：承担。⑰高堂：指父母双亲。⑱漫信：轻信。漫，徒然，空自，白白地。

思想内涵：幼儿有时候向我撒娇，我会满心欢喜。父母责骂我，我心里会有怨气。同样是父子关系，一时表现出欢喜，一时表现出不满，对待儿子和对待父母为什么有这样大的差别？奉劝您如今碰上父母发火时，也要心存善意，像见到孩子对你撒娇那样，而不要有怨气。

儿女向父母千言万语，做父母的总是百听不厌。可是父母开口对儿女讲话，就会被儿女们责怪瞎操心，多管闲事。不是父母在管闲事啊，而是他们对儿女牵肠挂肚，老人们对人生多有经验呀，他们对儿女放心不下。奉劝您尊重老人的教诲，不要逞年轻之气，任年少之性，争长论短，走了弯路。

您对幼儿的屎尿污秽，从无厌忌之心。可是，对于您的父母垂涕，为什么却有厌恶之意呢？您的六尺之躯，从何而来，您想过了吗？不是因为父母的精血才造就了您的身体吗？奉劝您敬待老人，他们在壮年时消耗了精力，所以在年老时显得衰败不堪。

看到您在早晨赶集，买饼买糕，甚为忙碌。很少听说是在为年老的父母奔忙的，大多是在为儿子效力。想一想吧，父母亲自己没有尝一口，总是让着儿女尽量吃饱肚子。可是，到头来，儿子的心意却并不比父母亲对待儿子当年时的好。奉劝您多掏一点糕饼钱，供养父母的日子其实并不多了。

在药店里卖的药，一般都是为孩子长身体准备的，似乎没有为着救治老年人衰败身体的药。为什么有如此这般的差别呀！幼儿生病，老人也生病，可是，为着医儿子病是那么的急切，对于老人的病显得不那么在意。就像在大腿上割肉一样，父母、子女都是你的亲骨肉，你一样地善待他们吧，尤其是老年的父母双亲需要儿女呵护啊！

富贵之家赡养双亲比较容易，但父母也会感到不舒适。贫贱条件养育儿女很不容易，但是儿女在小时候一般不受饥寒之苦。为什么都是一个养字，有两种不同的情况呢？做儿子的心对待父母，终究不如做父母的心对待儿子那样无私。奉劝您赡养老人如同养儿那样周全，凡事不要推托自己的经济条件不济事。只是赡养父母双亲，可是兄弟之间常常为此争吵推诿。要知道，养儿比养老要难上十好几倍呢，可是，父母当年都独自默默承担了，没有推来推去。儿女是否饱暖，父母经常挂念，可是，如今父母年老了，儿女成年了反而不把父母的温饱放在心上，这是为什么呀？奉劝您赡养双亲要尽心尽力，父母当初的衣食被您侵夺过，他们年老了，归您尽孝了。

父母有十分的仁慈，可是您不会轻易念到他们的好处。儿子有一分的孝顺，您就要扬他的名声。对待父母和对待儿子是如此没有分别，想一想父母当年抚育儿女的慈心吧！奉劝您不要轻信儿女们的孝顺，儿女们的孝顺模样就如同您现在对待您自己的父母一样，耐人寻味呢。

第二章　家政

一、齐家之道

如何管理好家庭？使家庭安宁和睦，充满友爱祥和的气氛？这是我国古代思想家十分关心的问题。在他们看来，只有先治理好家庭，才有资格来管理国家。正是从这个文化观念出发，他们对治理家庭的道理上升到一个很重要的高度予以论证。

我国古代思想家认为，治理家庭，首先要处理好几种关系：夫妻、兄弟、长幼，并做到父慈子孝，兄友弟恭，夫节义妻柔顺。其次，家庭成员之间，凡事要以礼相待，仁厚相处。这样，家里才温暖，才有和睦的环境。再次，对于主持家政的长辈来说，既要爱幼辈，又要严格要求他，赏罚要分明，做到合情合理；要尽到自己作为家庭主持者的责任和义务。如果家长一味地放纵子女，就没有规矩方圆；而家长对自己不严格要求，也是很难管理好家庭的。在中国传统社会，治家，待人，必须遵守礼制。礼是封建社会一切关系的行为准则；而支配社会生活的法就是它的派生物。因此，我国古代思想家们还重视从遵礼守法这个角度来谈论齐家之道。

至于文中说到的治理家庭的一些体会、具体措施，在今天则可以予以扬弃，取其精华，剔除糟粕。因为时代条件变了，人们的道德规范、行为约束也经历了必要的调整，过去的有些不正确或不适用于今天了。

1. 父慈子孝，兄友弟恭，是立家之本

夫风化 ① 者，自上而行于下者也，自先而施于后者也。是以 ② 父不慈则

子不孝，兄不友则弟不恭，夫不义则妇不顺矣。父慈而子逆，兄友而弟傲，夫义而妇陵，则天之凶民，乃刑戮之所慑③，非训导之所移④也。

（北齐）颜之推：《颜氏家训·治家》

注释：①风化：风俗教化。②是以：所以。③所慑：所，表示慑的对象；慑，震慑，慑服。④移：改变。

思想内涵：风俗教化，是从上开始施行而深入到民间的，是从前朝流传到后世来的。所以说父亲不慈祥，那么儿子就会不孝顺；兄长不友爱，那么弟弟就会不恭敬；丈夫不节义，那么妻子就不顺从了。父亲慈祥而儿子却不孝顺，兄长友爱而弟弟却傲慢无礼，丈夫节义而妻子却怠慢，那么，为逆者都是天下的祸乱之民，是刑罚杀戮所慑服的对象，这并不是教训引导所能改变的。

然为父母者，尤当身任其责。《易》曰："家有严君焉，父母之谓也。"盖父母视家人，势分①本为独尊，事权②得以专制，使挈③其纲领，内外肃然，谁敢不从令。若仁柔姑息，动多愆违④，以致纷纷效尤，谁执其咎哉？

（明）庞尚鹏：《庞氏家训·务本业》

注释：①势分：权势的份量。②事权：处理事情的权宜和权力。③挈：读音同"切"，提、举。④愆违：错误，过失。愆，读音同"千"。

思想内涵：做父母的，尤其应当以身作则。《易经》上说："父母是家庭的主宰。"父母对于家人，在权威上处于独尊，处理事情时能够独断专行，只要挈纲提领，使内外严肃恭敬，谁敢不听父母的命令？如果父母过于宽厚仁柔，姑息养奸，并且自己经常出现差错，子弟纷纷仿效，那么，有谁来纠正他们的过失呢？

居家之道，须先办一副忠实心，贯彻内外上下。然后总计一家标本缓急之情形，而次第出之。本源澄澈，即有淤流，不难疏导。患在不立本而鹜①末，浊其源而冀②流之清也，得乎？一家中男子本也，父慈子孝，兄友弟恭，本之本也。本立矣，而末犹萎③焉，必其立之根未固耳。立本之道，岂有已时，本分自尽者，益不见吾分有圆满之日。

（清）孙奇逢：《孙夏峰全集·孝友堂家规》

注释：① 骛：通"骛"，追求，强求。② 冀：期望。③ 萎：指草木枯死。

思想内涵：治家之道，必须首先具有一颗仁爱之心，将它贯穿于内外上下。然后分析家庭里的事情，哪些是标，哪些是本；哪些当缓，哪些应急。最后根据标本缓急逐件处理。只要正本清源，即使有些淤流，也不难疏导。不抓主要的事情而致力于无关紧要的小事，就像一条河流，不清理源头浑浊却希望水流清澈，这能做到吗？一家之中男子是根本，而父慈子孝，兄友弟恭，又是本中之本。根本树立起来了，而末仍然是萎缩的，就一定是所树立的根本不牢固。立本之道，永远是没有止境的，即使用尽自己的浑身解数，也不一定能够见到自己十分满意的那一天。

2. 和睦仁厚，以礼待下

妇人之性，率 ① 宠子婿 ② 而虐儿妇 ③。宠婿，则兄弟之怨生焉；虐妇，则姊妹之谗行焉。然则女之行留 ④，皆得罪于其家者，母实为之。至有谚云："落索 ⑤ 阿姑餐。"此其相报也。家之常弊，可不诫哉！

（北齐）颜之推：《颜氏家训·治家》

注释：① 率：大都。② 子婿：女婿。③ 儿妇：儿媳妇。④ 行留：行，动；留，停住。指行为。⑤ 落索：当时流行语，冷落萧索。

思想内涵：妇人的习性，大多是宠女婿而虐待媳妇。喜欢女婿，就容易导致兄弟之间的怨恨；虐待媳妇，那么姐妹之间就会出现谗言。造成这样的局面，其实就是一个女子的作为，搅乱了一家人，这实在是做婆婆的责任。至于谚语上说，"婆媳连吃饭都相仇"，那是指相互报复。以上都是家庭里的常病，应该好好地予以警诫呵！

人孰不爱家，爱子孙，爱身，然不克 ① 明爱之之道，故终焉适以损之。一家之事，贵于安宁和睦悠久也。其道在于孝悌谦逊，仁义之道。口未尝言之，朝夕之所从事者，名利也。寝食之所思者，名利也。相聚而讲究者，取名利之方也。言及于名利，则洋洋然 ② 有喜色。言及于孝悌仁义，则淡然 ③ 无味，惟思卧。幸其时数 ④ 之遇，则跃跃 ⑤ 以喜。小有阻意，则躁闷若无容矣。

如其时数不遇，则朝夕忧煎，怨天尤人⑥。至于父子相夷⑦，兄弟叛散，良可悯也。岂非爱之适以损之乎？

（南宋）陆九韶：《居家正本制用篇·正本》

注释：① 克：能够。② 洋洋然：高兴得意的样子。③ 淡然：味道不浓的样子。④ 时数：时运。数，命运，气数。⑤ 跃跃：欢喜激动的样子。⑥ 怨天尤人：典出《论语·宪问》。指对不如意的事一味归咎于客观原因，不能正确地对待。尤，怨恨。⑦ 夷：伤害。

思想内涵：人，谁不爱自己的家，爱自己的子孙，不珍惜自己？但是，总有人不能真正明白爱的道理，最终变爱为害。人的家庭，最宝贵的是安宁、和睦、兴旺不衰。深蕴其中的道理是，每个家庭成员都要遵守孝悌、谦逊、仁义的规范。有的人，口上虽未讲，可是从早到晚地忙碌，全是追名逐利。有的人甚至晚上睡觉所想的事，全是追逐名利。如果几个人相聚在一起，讨论的也是求名获利的问题，谈到名利，就眉开眼笑，喜形于色，毫不掩饰。但一旦说到孝悌仁义，他们就感到索然无味，觉得一点趣味都没有，打不起精神来，像要睡觉的样子。如果侥幸获得名利的机会，就兴高采烈，欢喜雀跃；如果稍有不顺，就垂头丧气，心灰意冷，感到无地自容。如果总是没有获名获利的机会，就终日忧郁，觉得备受煎熬，怨天恨地，怨人怨己。以至于伤害父子间的感情，兄弟之间产生感情隔阂，实在令人痛惜。难道父母不让孩儿追名求利，不是爱护子女，反倒是害他们吗？

雇工人及僮仔，除狡猾顽惰斥退外，其余堪用者，必须时其饮食，察其饥寒，均其劳逸。陶渊明曰："此亦人子也，可善遇之"。欲得人死力，先结其欢心，其有忠勤可托者，尤宜特加周恤①，以示激励。

（明）庞尚鹏：《庞氏家训·崇厚德》

注释：① 周恤：同情并给予帮助。

思想内涵：雇用工人及僮仆，除狡猾懒惰辞退外，其余可用的人，必须按时供给他们饮食，关心他们的饥寒，使他们劳逸适当。陶渊明说："这些人也是有父母的人，一定要善待他们。"想要别人为自己卖力，必须先结其欢心。对那些忠诚勤劳，可托以重任的人，尤其应该特别加以关心和照顾，以示激励。

和睦之道，勿以言语之失，礼节之失，心生芥蒂。如有不是，何妨面责，慎勿藏之于心，以积怨恨。天下甚大，天下人甚多，富似我者，贫似我者，强似我者，弱似我者，千千万万。尚然①弱者不可妒忌强者，强者不可欺凌弱者，何况自己骨肉。有贫弱者，当生怜念，扶助安生；有富强者，当生欢心，吾家幸有此人撑持门户。譬如一人左眼生翳②，右眼光明，右眼岂欺左眼，以皮屑投其中乎？又如一人右手便利，左手风痹③，左手岂妒忌右手，愿其同瘫痪乎？

（清）王夫之：《姜斋文集·丙寅岁寄弟侄》

注释：①尚然：尚且。②翳：读音同"意"，眼球上生的白膜。③痹：指肢体麻木症的疾病。

思想内涵：家庭和睦的方法，是不要因为言语之失、礼节之失而心生芥蒂。如果有不当之处，不妨当面指出，切勿隐藏在心里，以积怨恨。天下很大，天下的人也很多，像我一样富有的，像我一样穷苦的，像我一样强壮的，像我一样弱小的，不知道还有多少！尚且弱者不可妒嫉强者，强者不可欺凌弱者，何况是骨肉之间。对那些贫弱的人，应当同情怜悯，帮助他；对那些富强的人，应当高兴，庆幸我家有此人撑持门户。譬如一个人左眼生了病看不清楚，右眼光明，右眼岂能欺凌左眼，把皮屑投入左眼里？又譬如一个人右手便利而左手麻痹难动，左手岂能嫉妒右手，希望它像左手一样瘫痪么？

刻薄成家，理难久享；伦常乖舛，立见消亡。兄弟叔侄，需分多润寡；长幼内外，宜法肃辞严。听妇言，乖①骨肉，岂是丈夫？重资财，薄父母，不成人子。嫁女择佳婿，毋索重聘；取媳求淑女，勿计厚奁②。

（清）朱柏庐：《治家格言》

注释：①乖：分离。②奁：读音同"连"，嫁妆。

思想内涵：以刻薄立家，是不能长久的；违背伦常的，立即就会消亡。兄弟叔侄之间，应该互相帮助；长幼内外，应该严格等级秩序。听信妇人之言，使亲人不和，岂是男子汉大丈夫？看重资财，薄待父母，根本不符合作儿子的本份。嫁女儿挑选人品好的女婿，就不要索取很重的聘礼；娶媳妇关键的是寻求淑女，勿要计较嫁妆的丰寡。

　　我想天地间第一等人，只有农夫，而士为四民之末。农夫上者种田百亩，其次七八十亩，其次五六十亩，皆苦其身，勤其力，耕种收获，以养天下之人。使天下无农夫，举世皆饿死矣。我辈读书人，入则孝，出则弟①，守先待后，得志泽②加于民，不得志修身见③于世，所以又高于农夫一等。今则不然，一捧书本，便想中举、中进士、做官，如何攫取金钱，造大房屋，置多田产。起手便错走了路头，后来越做越坏，总没有个好结果。其不能发达者，乡里作恶，小头锐面，更不可当。夫束修④自好者，岂无其人；经济自期，抚怀千古者，亦所在多有。而好人为坏人所累，遂令我辈开不得口；一开口，人便笑曰：汝辈书生，总是会说，他日居官，便不如此说了。所以忍气吞声，只得挨人笑骂。工人制器利用，贾人搬有运无，皆有便民之处，而士独于民大不便，无怪乎居四民之末也！且求居四民之末而亦不可得也！愚兄平生最重农夫，新招佃地人，必须待之以礼。彼称我为主人，我称彼为客户，主客原是对待之义，我何贵而彼何贱乎？要体貌他，要怜悯他；有所借贷，要周全他；不能偿还，要宽让他。

（清）郑燮：《郑板桥集·范县署中寄舍弟墨第四书》

　　注释：①弟：通"悌"。②泽：恩惠。③见：通"现"。④束修：约束整饰。
　　思想内涵：我认为天地间第一等人，只有农夫，读书人居四民之末。能力强的农夫可种一百亩地，稍差一点的种七八十亩地，最差的也种五六十亩地，人人吃苦耐劳，耕种收获，来养活天下的人。假如天下没有农夫，全世界的人都得饿死。本来我们读书人，在家孝顺父母，在外尊敬长辈，遵守古圣先贤的遗训以培养教育后代。他们得志，便让百姓得到恩惠；不得志，就加强自身的修养，为世人做榜样，所以高于农夫一等。现在则不然，一捧到书本，便只想中举中进士，做官搜刮金钱，广造房屋，多置田产。一开始就走错了方向，后来就越做越坏，终究没有一个好结果的。那些不能发达做官的人，便在乡里为恶，为虎作伥，不可一世。虽然洁身自好或以经世济民自期的人也不少，但往往好人为坏人所累，使我们这些人开不得口。一开口，人们便讥笑说："你们这些读书人，都会说好话，日后做了官，就不会这样说了。"所以忍气吞声，只得挨人笑骂。工人制器利用，商人搬有运无，都有便民之处，只有读书人大不便民，无怪乎居四民之末了，而且求居四民之末也得不到！我平生最重农夫，新近招收的佃农，必须待之以礼。他们称呼我们为主人，我们称呼他们为客户，主客原本是相对的意思，并没有什么贵贱之分。所以要客气地对待他们，同情他们，有所借贷要周全他们，不能偿还要宽让他们。

3. 持家，须谨守礼法

妇主中馈 ①，惟事酒食衣服礼耳，国不可使预 ② 政，家不可使干蛊 ③；如有聪明才智，识达古今，正辅佐君子，助其不足，必无牝鸡 ④ 晨鸣，以致祸也。

（北齐）颜之推：《颜氏家训·治家》

注释： ① 主中馈：主持厨房中事。② 预：参与。③ 蛊：读音同"古"，杯类，饮酒用具。指办喜事。④ 牝鸡：母鸡。

思想内涵： 妇女在家中主持饮食之事，只遵守服从酒食衣服方面的礼规就行了。国家不能让妇女参与政事，家庭中也不可以让妇女参与办喜事。假如有聪明才智，通识知达古今，正好可以利用这个有利条件辅佐君子，以弥补君子的不足。一定不要出现古人所说的母鸡司晨一类的事，女人作主容易导致祸害。

治家有法度，常恐诸子骄侈，席 ① 势凌人，乃集古今家诫，书为屏风，令各取一具，曰："留意于此，足以保躬矣！汉袁氏累叶 ② 忠节，吾心所尚 ③，尔宜师之。"

（北宋）欧阳修：《新唐书·房玄龄传》

注释： ① 席：凭借，倚仗。② 累叶：累世。叶，世，代。③ 尚：推崇。

思想内涵： 房玄龄治理家庭有一套规矩，时常担心自己的几个儿子会骄横奢侈，仗势欺人，于是收集古今名人的家庭诫规，书写在屏风上，叫他们各取一条。并说："要牢记这些家训条规，如果能照着去做，就可保全自己，东汉袁安一家，累世忠诚有气节，我内心十分崇尚，你们应该好好学习他们。"

凡为家长，必谨守礼法，以御群子弟及家众。分之以职，授之以事，而责其成功。制财用之节，量入以为出。称家之有无，以给上下之衣食，及吉凶之费，皆有品节，而莫不均一。裁省冗费，禁止奢华，常须稍存赢余，以备不虞。

（北宋）司马光：《居家杂仪》

思想内涵：凡是做家长的，一定要谨守礼法，以便更好地管制子弟和家庭成员。家里谁管什么事，谁做什么事，都要有明确的分工，并督促检查，让他们做好。家里的经济开支，要量入为出。按照家庭收入的多少，安排家庭成员的衣食和其他吉凶事务的开支，做到品节分明，大体均衡。减少一切不必要的开支费用，禁止奢侈豪华，平常要留有节余，以防备不测事情的发生。

曰："齐家治国，其理无二，使一家之间长幼内外，各尽其分，严于循理，则一家治矣。一家既治，达之一国，以至天下，亦举而措之耳。朕观其要，只在诚实而有威严，诚则笃亲爱之恩，严则无闺门之失。"

（明）《太祖实录》卷一七五

思想内涵：明太祖朱元璋说："齐家治国，道理是一样的，使一家之间长幼内外，各尽本分，严格遵守礼法，那么家庭就能治理得好。一家既治，那么国家以至天下的治理也就可以一蹴而就了。我认为治家的要领，主要在于诚实有威严，诚实就可使家庭和睦，威严就使家人没有过失。"

夫家之有规，犹国之有经也；治国不可无经，刑家不可无规。

（清）张伯行：《正谊堂文集·家规类编序》

思想内涵：一个家庭要有规章，就像一个国家要有法律制度一样；治国不可没有法律制度，治家也不可没有规章。

吾家业地虽有三百亩，总是典产，不可久恃。将来须买田三百亩，予兄弟二人，各得百亩足矣，亦古者一夫受田百亩之义也。若再求多，便是占人产业，莫大罪过。天下无田无业者多矣，我独何人，贪求无厌，穷民将何所措足乎？或曰："世上连阡越陌①，数百顷有余者，予将奈何？"应之曰：他自做他家事，我自做我家事，世道盛则一德遵王，风俗偷②则不同为恶，亦板桥之家法也。

（清）郑燮：《郑板桥集·范县署中寄舍弟墨第四书》

注释： ① 阡、陌：田间作为地界的小路。② 偷：怠惰。

思想内涵： 我们家虽然有田地三百亩，但终究是别人典押的田产，不可靠。将来须买田三百亩，我们兄弟二人各得一百亩就足够了，这也符合古代一夫受田百亩的标准。如果再贪多，便是占了别人的产业，罪过深重。天下无田无业的人不知有多少，如果连我们这样的人都贪得无厌，那些贫穷的老百姓又将何以为生呢？你或者会问："世上连阡越陌，占地数百顷以上的人不知有多少，我们怎么办呢？"我的回答是：别人做别人的家事，我们家做我们的事，互不干涉。世道好便同心同德遵行朝廷的王法，世道坏则独善其身，不同为恶，这也是板桥的家法。

夫人率儿妇辈在家，须事事立个一定的章程。居官不过偶然之事，居家乃长久之计，能从勤俭耕读上做出好规模，虽一旦罢官尚不失为兴旺气象。若贪图衙门之热闹，不立家乡之基业，则罢官之后便觉气象萧索。凡有盛必有衰，不可不预为之计。望夫人教训儿孙妇女，常常作家中无官之想，时时有谦恭省俭之意，则福泽悠久，余心大慰矣。

（清）曾国藩：《曾国藩全集·家书·致欧阳夫人》

思想内涵： 夫人带着儿孙辈在家，必须事事立定一个章程。当官不过是偶然的事，居家则是长久之计，能够从勤俭耕读上做出好规模，即使一旦罢官也不失为兴旺气象。若是贪图衙门的热闹，不在家乡建立基业，那么罢官以后马上便觉得气象萧索。凡有兴盛就有衰败，不能不预先考虑。希望夫人教育儿孙妇女，常常怀抱家里没有人做官的想法，时时有谦恭俭省的念头，那么福泽就能悠久，我心里也大为宽慰了。

4. 赏罚严明，宽猛相济

世间名士，但务①宽仁；至于饮食馈②馈，僮仆省减，施惠然诺③，妻子节量，狎侮④宾客，侵耗⑤乡党，此亦为家之巨蠹⑥矣！

（北齐）颜之推：《颜氏家训·治家》

注释：①但务：只追求，只讲究。②馈：通"饷"。③然诺：允诺，答应。④狎侮：狎，亲昵而不庄严；侮，不尊重，羞辱。⑤侵耗：危害。⑥蠹：读音同"度"，害虫。

思想内涵：世间的名士之辈，只是一味地讲究宽厚仁慈，以至于饮食的赠送给予，僮仆佣人减少省节，布施救济，都予以答应。妻子儿女则节约定量，欺侮怠慢宾客，侵蚀同乡邻居，这些都是治理家庭的巨大害处了。

答怒①废于家，则竖子②之过立见③；刑罚不中，则民无所措手足。治家之宽猛④，亦犹国焉。

（北齐）颜之推：《颜氏家训·治家》

注释：①答怒：答，读音同"吃"，鞭答；怒，发怒，发脾气。②竖子：小孩子。③见：通"现"。产生。④宽猛：宽，宽厚仁慈；猛，刚猛严厉。

思想内涵：鞭答发怒这样的行为在家中废止了，那么小孩们就会马上出现过错。刑罚不用，那么民众就会手足失措，治理家庭的宽厚和严厉，就像治理国家一样。

梁孝元世，有中书舍人，治家失度①，而过严刻，妻妾遂②共货③刺客，伺④酒醉而杀之。

（北齐）颜之推：《颜氏家训·治家》

注释：①度：方寸，规则。②遂：于是，就。③货：买通。④伺：等待时机。

思想内涵：梁孝元帝的时候，有一位中书舍人，治理家庭没有规矩，却过分地严厉而又刻薄，他的妾妻后来合谋，买通了一个刺客，等中书舍人醉酒后就把他杀死了。

家事已悉。惟眷属来南，大费商量。吾意欲分为两班，轮流来往。每番都要交待清楚，方许起身。明定赏罚，才肯用心。此时便轮管家事，以试其才，将来才能执掌，此大局之宜先定者。家中诸凡俱只照常。对待亲族，须以敬老济贫为主；待下人，须以宽为主；待多事小人，须以让为主。

（清）尹会一：《健馀先生文集·示启铨》

思想内涵：家里的事已都知道了。惟有家属来南方，还是要好好商量。我认为可以分为两拨，轮流来往。每次都要交代清楚，才允许动身。在家里也要明定赏罚，才肯用心。现在就轮流管家，试试你们的才能，将来才会管理，这必须先确定下来，家中其他的事情仍旧照常。对待亲戚邻里要敬老济贫，对待下人要宽厚，对待多事的小人要忍让。

治家之道，谨肃为要。《易经·家人卦》，义理极完备，其曰："家人嗃嗃，悔厉吉；妇子嘻嘻，终吝。"① 嗃嗃近于烦琐，然虽厉终吉。嘻嘻流于纵轶，则始宽而终吝。余欲于居室自书一额曰"惟肃乃雍"，常以自警，亦愿吾子孙共守也。

（清）张英：《聪训斋语》

注释：①"家人嗃嗃，悔厉吉；妇子嘻嘻，终吝"：意思是家人苦家法之严，虽不舒泰，但结局是好的。妇子嘻嘻戏笑，不守家法，则终有艰难。嗃，读音同"贺"。

思想内涵：治家的关键之道，以谨慎严肃为主。《易经·家人卦》中的义理极为完备。其中说："家人嗃嗃，悔厉吉；妇子嘻嘻，终吝。""嗃嗃"，与烦琐相接近，然而虽然严厉但结局是好的。"嘻嘻"，流于放纵，虽然开始舒泰，但是最终却有艰难。我想在居宅中自己题写一块匾额，上写"惟肃乃雍"，经常以自警，也希望我的子孙共同遵守。

子孙故违家训，会众拘到祠堂，告于祖宗，重加责治，谕其省改。若抗拒不服，及累犯不悛①，是自贼其身也。

（明）庞尚鹏：《庞氏家训·严约束》

注释：① 累犯不悛：累犯不改。悛，读音同"圈"，悔改。

思想内涵：子孙故意违犯了家训，应当众抓到祠堂，祷告祖宗，对其重加惩治，晓谕他反省改正。若抗拒不从，并且累犯不改，则是自毁其身。

5. 持家之要，不可不知

或曰："既有子孙，当为子孙计，人之情也。"余曰："君子岂不为子孙计？"然其子孙计，则有道矣。种德，一也。家传清白，二也。使之从学而知义，三也。受以资身之术，如才高者，命之习举业，取科第。才卑者，命之以经营生理，四也。家法整齐，上下和睦，五也。为择良师友，六也。为娶淑妇，七也。常存俭风，八也。如此八者，岂非为子孙计乎？循理而图之，以有余而遗之，则君子之为子孙计，岂不利？而父子两得哉！

（南宋）倪思：《经锄堂杂志》

思想内涵：有人说既然有了子孙，就应当为子孙打算，这是人之常情。我说，君子难道不为子孙打算？但是君子为子孙打算，他有自己的方法。培养高尚的道德，这是其一。家传清白，这是其二。使子孙学习，知道道义，这是其三。教授子孙如何立身做人的道理，才能高的，让他努力学习，应试科举；才能低的，让他努力劳动，自理生活，这是其四。家法整齐，上下和睦，这是其五。为子孙选择良师益友，这是其六。为子孙选择淑妇，这是其七。常常保持节俭风尚，这是其八。这八个方面难道不是在为子孙打算吗？按照仁道教育子孙，遗留给子孙保长远的东西，就是君子在为子孙打算，这样难道不是长久之利而使父子两者都受益吗？

居家或有失物，不可妄①猜疑人。猜疑之当，则人或自疑，恐生他虞②；猜疑不当，则真窃者反自得意。况疑心一生，则所疑之人，揣③其行坐辞色，皆若窃物，而实未尝有所窃也。或已形于言，或妄有执治，而所失之物隔见，或正窃者方获，则悔将若何？

（南宋）袁采：《袁氏世范·治家》

注释：①妄：胡乱。②虞：忧患，忧虑。③揣：测度，估摸。

思想内涵：家中有时被窃，不要胡乱猜疑某人。这种猜疑徒劳无益。猜疑对了，被猜疑的人难堪，必致报复，就会做出又一件坏事来。如果猜不中，那么真的窃者就会洋洋自得。况且人的疑心一旦产生，对所猜疑的人，你越看他，他就越像是盗窃你家财物的人，而实际上他并不是真正的窃者。你或者说出了你的猜疑，甚至是把他抓去吃官司，但你家被窃的财物却又找到了，或者是真的窃者被逮住了，他并不是你所猜疑的人，那时，你怎么面对呢？肯定是后悔莫及了。

夫治家莫如礼，男女之别，礼之大节也。故治家者必以礼为先，男女不杂坐，不同椸枷①，不同巾栉②，不亲授受，嫂叔不通问，诸母不漱裳③，外言不入于梱④，内言不出于梱。女子许嫁，缨⑤，非有大故，不入其门。姑姐妹女子，已嫁而反⑥，兄弟毋与同席而坐，毋与同器而食。

（北宋）司马光：《家范·治家》

注释：①椸枷：椸，读音同"疑"，衣架；枷，通"架"，衣架。②巾栉：手巾和梳篦。泛指洗沐用具。③漱裳：在激流的浅水中洗衣物。④梱：通"阃"，门限。⑤缨：女子许嫁时所系的一种彩带。⑥反：通"返"，回娘家。

思想内涵：治理家庭首要的是重视礼节，男女之间有别是礼节中的最关键所在。所以治理家庭一定先要讲求礼教。男女之间不杂乱相坐，不共同使用一个衣架，不要有亲肤之授，嫂嫂和叔子之间不相通问。不让庶母洗刷内衣。有关家事以外之事不要传到内室，家庭私事之言也不要在外面传布。女子已经许配了，就佩戴香囊，除非有大的变故，不准进入丈夫的门。姑姊妹的女儿已经出嫁了，回家来的时候，兄弟不要和她们同坐一床席子，也不要同吃一套餐具。

居家之病有七：曰笑，曰游，曰饮食，曰土木，曰争讼，曰玩好，曰惰慢。有一于此，皆能破家。其次贫薄而务周旋，丰余而尚鄙啬，事虽不同，其终之害，或无以异，但在迟速之间耳。夫丰余而不用者，疑若无害也。然己既丰余，则人望以周济。今乃怓①然，必失人之情。既失人情，则人不佑。人惟恐其无隙，苟有隙可乘，则争媒糵②之。虽其子孙，亦怀不满之意。一旦入手，若决隄③破防矣。

(南宋) 陆九韶：《居家正本制用篇》

注释：① 怓：读音同"夫"，无愁的样子。② 媒糵：媒，酒母。糵，读音同"聂"，酒曲。本意是酝酿，比喻构陷诬害，酿成其罪。③ 隄：通"堤"。

思想内涵：居家有七种弊病：就是笑骂戏谑、不务正业、大吃大喝、大兴土木、与人争讼、讲究玩乐、懒惰散漫。有了其中某一方面的坏毛病，都足以破家。其次就是家庭贫穷、底子薄，却爱好应酬，家庭丰余而一味吝啬，这两种情况不同，但其有害的结果却是一样的，只是时间的快慢不同罢了。家庭丰余，不随便乱花，好像没有害处。但你既然有了余财，那么别人就指望你予以周济。你却无所谓的样子，一定会得罪人。既然得罪了别人，那么，别人就不会帮助你。甚至只担心你没有空子可钻，一旦有了可钻的空子，那么，就会有人争着构陷诬害你。即使是他的子孙，也会心怀不满，一旦有了动手的机会，那你就难逃厄运了。

予之立训，更无多言，止有四语：读书者不贱，守田者不饥，积德者不倾，择友者不败。尝将四语律身训子。夫虽至① 寒苦之人，但能读书为人，必使人钦敬，不敢忽视，其人德性亦必温和，行事决不颠倒，不在功名之得失，遇合之迟速也②。守田之说，详于《恒产琐言》③。积德之说，"六经"、《语》《孟》，诸史百家④，无非阐发此义，不须赘说。择交之说，予目击身历，最为深切。此辈毒人⑤，为鸩之入口⑥，蛇之螫⑦肤。断断不易⑧，决无解救之说。尤四者之纲领⑨也。

(清) 张英：《聪训斋语》

注释：① 至：表示程度，极、最。② 遇合之迟速：彼此相遇并且投缘的早晚快慢。③《恒产琐言》：是作者张英的另外一部著作。此书宣扬儒家处世哲学，告诫子孙知止知足，以保持久远，为当时官僚地主教育子弟的必读书目，在康熙朝尤其受到重视。④ "六经"：指先秦儒家经典《诗经》《尚书》《礼》《易》《乐》《春秋》，为孔子所删订。《语》：指《论语》，是孔子教育学生的记录，为语录体著作。《孟》：指《孟子》，是孟子教育学生的记录，为语录体著作，由孟子生前定稿。诸史：指历代史书。百家：指春秋以至汉代多家学派的著作，为道家、兵家、儒家、墨家、农家、阴阳家、杂家，等等。⑤ 毒人：坏人、歹人的概称。⑥ 鸩之入口：毒酒入口。鸩，读音同"振"，传说中的一种毒鸟，用它的羽毛泡酒喝，可以置人于死地。⑦ 螫：读音同"是"，毒虫刺人，毒蛇咬人。⑧ 断断不易：绝对不要交往。断断，坚决果断的样子。易，交往。⑨ 纲领：指对于事物有支配性的原则要求。

思想内涵：我立下的家训，没有更多话要说了，只用四句话总括其要：读书可以致富贵，守住田土就没有有饥寒之忧，积德行善不会身败名裂，交良友就能立于不败。我曾用这四句话要求自己，并用来训诫子弟。即使是出身极其寒苦的人，如能读书做文章，必然能够受到别人的钦佩尊敬，人们更不敢小看你。这样的人情性也必然温和，行事也很稳健，不在意功名得失，不在乎在什么时候遇上性情相投的人。关于守住田土的道理，我已在《恒产琐言》中做了详细的解说。关于积德行善的道理，只要看一看"六经"、《论语》《孟子》和历代史书、诸子百家的著作，其中道理就会了然于心，我也不再重复了。关于交友的道理，我见过听过，也亲身经历过，体会最为深切。对于那种坏人，如毒酒入口、毒蛇咬人一般恶毒，绝对不要结交。一旦误交，就一定没有办法补救。择友慎交的问题，非常重要，它是这四条的纲领啊。

初一日接尔十六日禀，澄叔 ① 已移寓新居，则黄金堂老宅，尔为一家之主矣。昔吾祖星冈公 ② 最讲求治家之法，第一起早，第二打扫洁净，第三诚修祭祀，第四待善亲族邻里，凡亲族邻里来家，无不恭敬款接，有急必周济之，有讼必排解之，有喜必庆贺之，有疾必问，有丧必吊。此四事之外，于读书种菜等事，尤为刻刻留心。故余近写家信，常常提及书、蔬、鱼、猪，四端者，盖祖父相传之家法也。尔现读书无暇，此八事纵不能一一亲自经理，而不可不识得此意，请朱运四先生细心经理，八者缺一不可。其诚修祭祀一端，则必须尔母随时留心。凡器皿第一好者，留做祭祀之用。饮食第一等好者，亦备祭祀之需。凡人家不讲祭祀，纵然兴旺，亦不久长，至要至要。

（清）曾国藩：《曾国藩全集·家书·谕纪泽》

注释：① 澄叔：曾国藩之弟曾国潢，原名国英，字澄侯。② 星冈公：曾国藩之祖，名玉屏。

思想内涵：初一日收到你二月十六日的信，知道你澄叔已经移住到新居，那么在黄金堂的老屋你就是一家之主了。当年我的祖父星冈公最讲究治家的方法，第一是起早，第二是打扫洁净，第三是虔诚恭敬地办好祭祀，第四是善待亲戚和邻里。凡是有亲戚或邻人来家里，都要恭敬款待，有急事难处一定要去接济，有纠纷争议一定要去排解，有喜事一定要去庆贺，有疾病一定要去问候，有丧事一定要去凭吊。除了这四种事之外，在读书种菜等方面更是时刻留心。所以我近来写家信常常提到读书、种菜、养鱼、养猪这四件事情，因为这是祖父传下的家法。你现在读书，没有闲暇，纵然对这八件事不能一一亲自办理，但不能不明白这个意思，请朱运四先生细心经营这些事，八样事情缺一不可。其中虔诚恭敬地办理祭祀之事，必须要你母亲随时留心。凡是最好的器具，都要留作祭祀时使用。最好的饮食，也要备祭祀之需。一个家庭不讲究祭祀，即使一时兴旺，也不会长久，这是至关重要的事情。

二、理财之道

处理好家庭的经济关系，是治家的一个重要内容。

在中国传统社会，"孝""礼"盛行，繁文缛节，婚丧嫁娶、人情客往，都需耗资。尤其是丧葬，人们在古代社会十分看重。将厚葬视为死者社会地位的反映和生者对死者尽孝的体现，因此十分铺张。古代一些有识之士对此十分反感，认为铺张则浪费，浪费则家败，这都有违治家理财之道，因此将节俭视为理财的一大要则。此外，对于衣、食、住、行也提出了节俭的看法。这些都是十分明智的，也是可取的。

中国传统社会居于主导地位的经济思想，是本业思想，即所谓力本务农。主张以农桑为根本，衣食足，则备温饱。这种经济思想不能不影响古代的家庭理财之道。古代一些人认为，要使家庭经济生活安定，收支有度，温饱有常，必须勤劳务本。

1. 节俭持家

吾前后仕进①，十要②银艾③。不能和光同尘④，为谗邪所忌⑤。通塞⑥，命也；始终⑦，常⑧也。但⑨地底冥冥⑩，长无晓期⑪，而复⑫缠⑬以纩绵⑭，牢⑮以钉密，为不喜耳⑯。幸有前窀⑰，朝⑱殒⑲夕⑳下㉑，措尸灵床，幅巾㉒而已㉓。奢非晋文㉔，俭非王孙㉕，推情㉖从意㉗，庶㉘无咎吝㉙！

（南朝·宋）范晔：《后汉书·张奂列传》

注释：① 仕进：做官。② 十要：要，通"腰"，用作动词，系在腰间。十次在腰间佩戴东西。③ 银艾：也称银青，银印绿绶。绶带用艾草染为绿色，故称为银艾。汉代制度，不同官阶佩戴不同的印绶，俸禄在二千石（相当于郡守）以上，佩戴银印青绶。④ 和光同"尘"：典出《老子》："和其光，同其尘。"本意是将光亮和尘垢同样看待，避免偏向一方。后世引申为与世浮沉、随波逐流的处世态度。⑤ 为谗邪所忌：为……所，被；谗邪，说坏话的人；忌，忌恨，妒嫉。⑥ 通塞：畅通与阻塞。⑦ 始终：从头到尾，一以贯穿。⑧ 常：永恒不变的法则。⑨ 但：只是，仅仅。⑩ 冥冥：昏暗不明。⑪ 晓期：天亮的时候。⑫ 复：又，再。⑬ 缠：裹。⑭ 纩绵：棉絮。⑮ 牢：用作动词，钉牢。⑯ 耳：语气词。⑰ 前窀：窀，读音同"谆"，墓穴。一般指夫妻中某一人先逝为前窀。⑱ 朝，读音同"招"，早晨。⑲ 殒：死。⑳ 夕：傍晚。㉑ 下：指下葬。㉒ 幅巾：一幅绢帛。用作动词，缠一幅绢帛。㉓ 而已：罢了。㉔ 晋文：晋文公，姓姬，名重耳，献公之子，春秋五霸之一。晋文公为周代诸侯，用天子之礼，谓之奢。㉕ 王孙：杨王孙，西汉人。死前嘱儿子裸葬，不用棺木、衣被之类，只身入土。亲友们不赞成，称为俭。㉖ 推情：推求要这样办的本意。㉗ 从意：遵从意愿。

㉘庶：差不多。㉙咎吝：咎，读音同"究"，罪过；吝，耻辱。

思想内涵：我十次入朝为官，佩戴银青，终因不能随波逐流，同流合污，遭到小人忌恨。人做官畅达与否，这是命中注定的；保持节操始终如一，这是永恒的法则。只是我死后埋在地下，昏暗不明，永无天明之日，而又裹上棉絮，钉牢铁钉，这不是我所高兴的事。幸得有你母亲在地下作陪，如果我早上死，傍晚就下葬，将尸骨放在灵床上，裹一幅绢帛算了。既不要像晋文公那样奢侈，也不要像杨王孙那样简陋，你们遵从我的意愿，大概就不会遭灾罹祸了。

吾为将①，知将不可为也。吾数②发冢③，取其木④以为攻战具⑤，又知厚葬无益⑥于死者也。汝必敛⑦以时服。且人，生有所处⑧耳，死复何在耶？今去⑨本墓远，东西南北⑩，在汝而已。

（晋）陈寿：《三国志·魏书·明帝纪》

注释：①将：读音同"降"，将领。②数：多次。③发冢：发，挖掘；冢，坟墓。④木：棺木。⑤战具：打仗的用具。⑥益：好处。⑦敛：死时着丧服。⑧所处：住的地方。所，表示方位。⑨去：离开。⑩东西南北：名词用作动词。处在东西南北。

思想内涵：我担任将领，知道这不是一件容易的事。我多次挖掘死者的坟墓，取出棺木作为攻打敌人的用具，知道厚葬对死者并没有什么好处。我死后，你只给我穿上平常的衣服就行了。人生前有居住的地方，死后又哪里知道在什么地方呢？现在离祖先的墓地远，将我葬在哪里，就由你安排了。

吾死之后，持①大服②如存③时，勿遗④。百官当临殿中者，十五举音，葬毕⑤便除⑥服；其将⑦兵⑧屯戍⑨者，皆⑩不得离屯部；有司各率乃⑪职。敛以时服，葬于邺之西冈上，与西门豹相近，无⑫藏金玉珍宝。

（魏）曹操：《曹操集·遗令》

注释：①持：保持，这里指穿戴。②大服：古时帝王死时着装称为大服。③存：活着。④遗：忘记。⑤毕：结束。⑥除：解除。⑦将：率领。⑧兵：军队。⑨戍：守卫。⑩皆：都。⑪乃：你们的。⑫无：不。

思想内涵：我死之后，穿戴的衣服如活着时一样，你们不要疏忽了。百官来大殿吊唁，只需哭十五声，葬后就解除丧服；带兵驻守在各地的将领，不要离开驻地；官吏各司其职。入殓时穿平时的服装，将我葬在邺城西面的山冈上，与西门豹的祠庙相邻，在墓中不要埋葬金玉珍宝。

我家入魏之始，即为上客①。自尔至今，二千石方伯不绝②，禄恤③甚多。于亲姻知故吉凶之际④，必厚加赠襚⑤，来往宾僚，必以酒肉饮食⑥，故六姻朋友无憾⑦焉。国家初，丈夫好服彩色⑧，吾虽不记上谷翁时事，然记清河翁时服饰。恒⑨见翁着布衣韦带⑩，常自约敕⑪诸父曰："汝等后世若富贵于今日者，慎勿积金一斤，彩帛百匹已上⑫，用为富也⑬。"不听兴生求利⑭，又不听与势家作婚姻。至吾兄弟，不能遵奉。今汝等服乘渐华好，吾是以⑮知恭俭之德，渐⑯不如上也……吾今日不为贫贱，然居住舍宅，不作壮丽华饰者，正虑汝等后世不贤，不能保守之，将为势家所夺。

（唐）李延寿：《北史·杨椿传》

注释：①上客：上流社会，指社会地位高。②不绝：不间断。③禄恤：禄，俸禄；恤，国家所救济、赐予。④于亲姻知故吉凶之际：于，在；亲，亲戚；姻，联姻，姻亲；知，知己，朋友；故，旧识；吉，好事；凶，丧事；之际，的时候。⑤赠襚：馈赠。⑥饮食：用作动词。饮，喝；食，吃。⑦无憾：没有怨言。⑧丈夫好服彩色：丈夫，指成年男子；好，喜欢；服，用如如词，穿；彩色，华贵衣物。⑨恒：一贯。⑩布衣韦带：布衣，用粗布做的衣服；韦带，牛皮带。这里用作动词，穿布衣，系牛皮带。⑪敕：命令。⑫已上：以上。⑬用为富也：用以示富。⑭兴生求利：指做生意赚钱。⑮是以：所以。⑯渐：慢慢地。

思想内涵：我家自入魏以来，世代高官，俸禄优厚，遇亲戚故旧家中有喜庆丧葬的事，必然慷慨相助。来客待以酒食，所以亲戚朋友都无意见。建国初，贵家男子竞相穿着华贵衣服，曾任清河太守的祖父，却穿布衣，系牛皮带，常训诫父辈们说："你们将来会比现在更加富贵，家中积蓄切不可满一斤黄金，超过一百匹彩帛，使自己成为富家。"不许做买卖或放高利贷，不许与世家联姻。现在你们的衣服、车马越来越华丽讲究，说明恭谨俭朴的美德已不如祖辈……现在我家已经不算贫贱了，住宅不追求豪华壮美，原因就是担心后世子孙不贤，将来为世家大族掠夺去。

夫恭俭福之舆①，傲侈祸之机②。乘福舆者浸以康休③，蹈祸机者忽而倾覆④，汝其⑤戒欤！吾没⑥后，敛以时服，祭无牢饩⑦，棺足以周⑧尸，瘗⑨不泄露而已。

（唐）李延寿：《北史·崔棱传》

注释：①舆：车乘。②机：机关，先兆。③康休：平安。④忽而倾覆：忽而，突然；倾覆，翻车。⑤其：语气词，表示祈使。⑥没：死。⑦牢饩：牢，作祭品用的牛羊猪；饩，读音同"戏"，活牲口，常与牢连用。⑧周：环绕。这里是容纳的意思。⑨瘗：读音同"易"，尸体。

思想内涵：恭敬节俭是载福的车乘，骄傲奢侈是引起祸患的机栝。乘福舆者得到安康，踏着祸机者立即倾覆，你们要引以为戒啊！我死之后，入棺穿平时的服装，祭祀不用牛羊猪，棺木只需容得下尸体，入葬不要露着棺木就行了。

死者是常，古来不免，所造经像，何所施为。夫释迦之本法，为苍生之大弊，汝等各宜警策，勿效儿女子曹，终身不悟也。吾亡后，必不得辄用余财，为无益之佛事；也不得妄出私物，徇追福之虚谈。道士者本以元牝为宗，初无趋竞之教，而无识者慕僧家之有利，约佛教而为业，欲寻老君之说，也兴道斋之文，又用僧例，失之弥远。汝等勿拘鄙俗，辄屈于家。汝等身没之后，也教子孙依吾此法。

（唐）姚崇：《遗令戒子孙》

思想内涵：死是人生常事，自古以来没有人能够避免，佛经佛像是无能为力的。你们要看到释迦牟尼所创佛教对天下百姓的弊病，警惕自己，不要终身不觉悟。我死后，一定不得用钱财去做那些无益的佛事，也不得妄出私物，相信什么追求福泽的虚妄空谈。道士本以元牝为宗，起初并无趋利争竞的教义，没有认识到这一点的人美慕僧家做佛事有利可图，纷纷以佛教为业，想寻求老君的学说，仿效佛教做斋醮祀文，离原义甚远。你们切不可拘泥于这种鄙陋的习俗，在家里屈从众俗。你们将来死后，也要像我这样教导你们的子孙。

我家盛名清德，当务俭素，保守门风，不得事于泰侈，勿为厚葬，以金宝置柩中。

（元）脱脱：《宋史·王旦传》

思想内涵：我家向来有美好名声和清高德行，应当注意节俭素朴，保持这种门风，切不可骄纵奢侈。我死以后，也不可厚葬，千万不要把金银珠宝放在棺材里。

人家用度，皆可预计。惟横用①不可预计。若婚嫁之事，是闲暇时，子弟自能主张。若乃丧葬，仓卒之际，往往为浮言所动，多至妄用，以此为孝。世俗之见，切不可徇②，则当随家丰俭也。

（南宋）倪思：《经锄堂杂志》

注释：① 横用：意外的开支。② 徇：顺从，曲从。

思想内涵：家庭的日常开支，都可以预计。只有意外事件的开支不可预计。像婚嫁之事，在闲暇的时候，子弟自己才能从容安排。像丧葬之事，来得突然，仓卒之际，往往为世俗浮言所动，多半要大规模开支，以此作为孝的标准。世俗的意见，千万不可屈从，应当根据家庭经济情况来计划开支。

人家至于破产，先自借用官物钱始。既先借用官物钱，至于官物催趱①，不免举债典质，久而利重。虽欲存产业，不可得矣。故当先须留官物钱，则无此患。

（南宋）倪思：《经锄堂杂志》

注释：① 趱：读音同"赞"的三声，赶，走得快的意思。

思想内涵：导致家庭破产，先从借用公家钱物开始。既然先借用了公家钱物，那么到公家催促归还时，就不免举债典当，时间久了，利息增加，虽然想积累产业，那就不可能了啊！所以先留下归还公家的钱物，就可以免除祸患了。

俭者，君子之德。世俗以俭为鄙，非远识也。俭则足用，俭则寡求，俭则可以成家，俭则可以立身，俭则可以传子孙。奢则用不给，奢则贪求，奢则掩身，奢则破家，奢则不可以训子孙。利害相反如此，可不念哉？富家有富家计，贫家有贫家计，量入为出，则不至乏用矣。

（南宋）倪思：《经锄堂杂志》

思想内涵：节俭，是君子的美德。世俗以节俭为吝啬，这不是远见卓识。节俭，就可足用，减少贪欲，可以成家，可以立身做人，可以传给子孙后代。奢侈，就必定贪求，庇护自己，破败家庭，不能以此来训诫子孙后代。俭、奢的利害相差如此，人们能不注意吗？富家有富家的打算，贫家有贫家的筹划，只要做到量入为出，就不至于用度缺乏。

衣以岁计，食以日计。一日缺食，必至饥馁^①。一年缺衣，尚可藉旧。食在家者也，食粗而无人知。衣饰外者也，衣敝而人必笑。故善处贫者，节食以完衣；不善处贫者，典衣而市食^②。

（南宋）倪思：《经锄堂杂志·子孙计》

注释：① 馁：饥饿。② 市食：买食物吃。

思想内涵：衣服按年计算，吃饭按日计算。一日缺食，必定导致饥饿。一年缺少衣服穿，还可以拿旧衣服解燃眉之急。吃饭是在家里，吃得粗一些，尚无人知道。衣服显示外表，衣服破了就会被人取笑。所以，善于处理贫穷家庭的人，就会节约饮食来补充衣服；不善于处理贫穷家庭的人，就会典质衣服来购买粮食。

俭而能施，仁也。俭而寡求，义也。俭以为家法，礼也。俭以训子孙，智也。俭而悭吝^①，不仁也。俭而贪求，不义也。俭于其亲，非礼也。俭其积遗子孙，不智也。

（南宋）倪思：《经锄堂杂志·子孙计》

注释：① 悭吝：吝啬小气。悭，读音同"千"。吝啬。

思想内涵：生活俭朴，又能帮助别人，这是一种仁慈。生活俭朴，又自力更生，这是一种德义。把俭朴作为治家之道，这是一种礼俗。把俭朴作为家训来教育子孙，这是一种生活智慧。生活俭朴，但对人小气，这是不仁慈的；生活俭朴，但经常求助于人，这是违背道德的；对于父母讲俭朴，这是违背礼俗的；生活俭朴，只是为了给子孙积攒家产，这是不明智的。

盖聚居则百费皆省，析居①则人各有费也。然须上下和睦。若自能奋飞，不藉父业，则听其挈出。不可将带父业，留以与不能奋飞者，可也。

（南宋）倪思：《经锄堂杂志·岁计》

注释： ① 析居：分家单独过。

思想内涵： 一般来说，整个家庭住在一起，各项开支可以节省一些，兄弟们分出去单独开伙，那么人人都得开支，费用就开支得多一些。聚居需要家庭成员上下和睦。子弟们若能自己独立，不依靠父辈产业，那么就可以让他搬出去单独成家。而把他没带走的父辈产业，留给那些不能独立成家的子弟，这样也很好。

吾本寒家，世①以清白相承。吾性不喜华靡，自为乳儿，长者加以金银华美之服，辄②羞赧，弃去之。二十忝③科名④，闻喜宴，独不戴花⑤。同年⑥曰："君赐不可违也。"乃簪一花。平生衣取蔽寒，食取充腹，亦不敢服垢弊以矫俗干名⑦，但顺吾性而已。众人皆以奢靡为荣，吾心独以俭素为美。人皆嗤吾固陋，吾不以为病⑧……古人以俭为美德，今人乃以俭相诟病，嘻，异哉！

近岁风俗尤为侈靡，走卒类士服，农夫蹑⑨丝履……近日士大夫家，酒非内法⑩，果肴非远方珍异，食非多品，器皿非满案，不敢会宾友。常数月营聚⑪，然后敢发书⑫。苟或不然，人争非之，以为鄙吝。故不随俗靡者盖鲜矣。嗟呼！风俗颓弊如是，居位者虽不能禁，忍助之乎？

又闻昔李文靖公⑬为相，治居第于封丘门内，厅事前仅容旋马，或言其太隘。公笑曰："居第当传子孙，此为宰相厅事诚隘，为太祝奉礼厅事已宽矣。"参政鲁公⑭为谏官，真宗遣使急召之，得于酒家。既入，问其所来⑮，以实对。上曰："卿为清望官，奈何饮于酒肆？"对曰："臣家贫，客至，无器皿肴果，故就酒家觞之。"上以无隐，益重之。张文节⑯为相，自奉养如为河阳掌书记时，所亲或规之曰："公今受俸不少，而自奉若此，公虽自信清约，外人颇有公孙布被之讥⑰，公宜少从众。"公叹曰："吾今日之俸，虽举家锦衣玉食，何患不能？顾人之常情，由俭入奢易，由奢入俭难。吾今日之俸岂能常有？一旦异于今日，家人习奢已久，不能顿俭，必致失所⑱。岂若吾居位去位，身存身亡，常如一日呼？"呜呼！大贤之深谋远虑，岂庸人所及哉！

御孙⑲曰："俭，德之共也；侈，恶之大也。"共，同也，言有德者皆由俭来也。夫俭则寡欲。君子寡欲。则不役于物，可以直道而行；小人寡欲，则能谨身，节用，远罪丰家⑳。故曰："俭，德之共也。"侈则多欲。君子多欲，则贪慕富贵，枉道速祸。小人多欲，则多求妄用，败家丧身。是以居官必贿，居乡必盗。故曰："侈，恶之大也。"

昔正考父饘粥以糊口，孟僖子知其后必有达人㉑。季文子相三君㉒，妾不衣帛，马不食粟，君子以为忠㉓。管仲镂簋朱纮㉔，山节藻棁㉕，孔子鄙其小器㉖。公叔文子享卫灵公，史鳅知其及祸㉗。及戌，果以富得罪出亡。何曾日食万钱，至孙以骄逸倾家㉘。石崇以奢靡夸人，卒以此死东市㉙。近世寇莱公㉚豪侈冠一时，然以功业大，人莫之非，子孙习其家风，今多穷困。其余以俭立名，以侈自败者，多矣，不可遍数，聊举数例以训汝。汝非徒身当服行㉛，当以训汝子孙，使知前辈之风俗云。

（北宋）司马光：《温国文正司马公文集·训俭示康》

注释：① 世：累世，几代入。② 辄：每每，常常。③ 忝：忝列。谦辞，比较低调的说法。④ 科名：考中科举。这里是指考取进士。⑤ 戴花：皇帝赏赐新科进士的宴会，参加者都要簪花，表示喜庆。⑥ 同年：同一年考取进士，称为同年。⑦ 服垢弊以矫俗干名：故意穿着破烂衣服，以示与众不同，因而博得人们的称赞。⑧ 病：毛病，缺点。⑨ 蹑：读音同"聂"。踩踏。⑩ 内法：宫廷内的酿造方法。⑪ 营聚：商议聚会。营，谋划。⑫ 书：请束。⑬ 李文靖公：名沆（947—1004），字太初，洛州肥乡（今属河北）人。宋真宗时宰相，时人称为"圣相"，死后谥文公。⑭ 参政鲁公：名宗道，字贯之，亳州谯（今安徽亳县）人。宋真宗时为右正言，后为户部员外郎兼右谕德，又迁升左谕德，宋仁宗时任参知政事。时人称为"鱼头参政"，以刚正著称，死后谥肃简。⑮ 所来：来的地方，来自某地。⑯ 张文节：名知白，字用晦，沧州清池（今属河北）人。宋真宗时为河阳节度判官，宋仁宗初年为相。为官以清廉自守，无毫厘之私，虽身居显位，而俭朴如寒士。死后谥为文节。⑰ 公孙布被之讥：典出班固《汉书·公孙弘传》。西汉武帝时期公孙弘位列之公，俸禄很高，但经常衣着朴素，别人认为他是假装的。这就是"布被之讥"。⑱ 失所：饥寒无着，失去依靠。⑲ 御孙：春秋时期的鲁国大夫。事迹见左丘明《左传》庄公二十四年。⑳ "远罪丰家"句：《论语·卫灵公》有"直道而行"语；《孝经·庶人章》有"谨身节用，以养父母，此庶人之孝也"句。这里暗用典故，恰到好处。㉑ "必有达人"句：参见《左传》昭公七年。正考父，春秋时期的宋国大夫，孔子的远祖。馆，读音同"詹"，稠粥。孟僖子，鲁国大夫孙貜（读音同"绝"）。㉒ 季文子相三君：参见《左传》襄公五年。季文子，春秋时期的鲁国大夫季孙行文。三君，指鲁文公、鲁宣公和鲁襄公。㉓ 君子以为忠：语出《左传》襄公五年："君子是知季文子之忠于公室也。"㉔ "管仲"句：管仲（？—前645），名夷吾，字仲，亦称敬仲，商人出身，春秋时期的齐国宰相，辅佐齐桓公成就霸业。簋，读音同"鬼"。盛食物的器皿，多为圆形。镂簋，在簋上刻有花纹。朱，红色。纮，帽带。㉕ 山节藻棁：节，柱子上的斗拱。山节，是说刻有山岳的斗拱。棁，读音同"琢"，梁上的短柱。藻棁，是说在短柱上画着水藻。㉖ 孔子鄙其小器：语出《论语·八佾》：子曰："管仲之小器哉！"这是对管仲奢侈生活的批评。器，度量，胸怀。㉗ "公叔文子"句：参见《左传》定公十三年："初，卫公叔文子朝而请享灵公，退，见史鳅而告之。史鳅曰：'子必祸矣！子富而君贪，罪其及子乎？'""及文子卒，卫侯始恶于公孙戌，以其富也。"定公十四年春，卫侯驱逐公孙戌。公孙戌于是逃亡鲁国。公孙文子，春秋时期的卫国大夫公孙发。史鳅，也是卫国大夫。享卫灵公：请卫灵公到家中做客。㉘ "何曾"句：何曾，字颖考，晋武帝时官至太傅。《晋书·何曾传》说，何曾"性奢豪，务在华侈，食日万钱，犹曰：'无下箸处。'"又说，何曾的子孙都奢侈傲慢。但是到了晋怀帝永嘉年间，何氏一族灭亡，荡无遗存。㉙ "石崇"句：石崇，字季伦。《晋书·石崇传》说，石崇"财产丰积，室宇宏丽……与贵戚王恺、羊琇之徒以奢靡相尚。崇有妓曰绿珠，美而艳，善吹笛，孙秀使人求之，崇竟不许。琇怒，乃劝赵王伦诛崇。车载诸东市，崇乃叹曰：'奴辈利吾家财。'收者答曰：'知财致害，何不早散之？'崇不能答。"东市，洛阳城东行刑的地方。㉚ 寇莱公：姓寇名准（961—1023），字平仲，华州下邽邽（今陕西渭南）人。为官直言敢谏。宋真宗初年间宰相，后封为莱国公，死后谥忠愍。《宋史·寇准传》载："准少年富贵，性豪侈，家未尝爇油灯，虽庖厩所在，必燃炬烛。"爇，点燃；厩，厕所；炬，烛。㉛服行：实行。服，行，从事。

思想内涵：我家本来就清寒贫苦，清白家风，代代相传。我生性不喜欢豪华奢侈，还在乳儿之时，长辈给我戴上金银，穿上华美的服装，我羞得脸发红，脱下扔到一边。二十岁那年侥幸考上进士，在皇上赐给的喜宴上，别人都戴着花，我独独不肯戴花，同时录取的进士对我说："皇上的意旨不可违背。"我这才插上一枝花。我平常不讲究吃穿，只求饱暖而已；同时，也不故意穿得破烂而沽名钓誉，只是顺着我的性情而已。大家都以奢侈、铺张为荣，我却以节俭朴素为美。别人都讥笑我寒碜，而我不以此为缺点……古人都以节俭为美德，而今人却以节俭为不光彩。唉，这是多么奇怪啊！

近年来社会风气更为奢侈浪费。连役人穿的衣服也和士人差不多，农民穿起了丝绸做的鞋子……士大夫家庭，酒不是按宫中酿造方法所造，果肴不是远方珍异，食品种类不多，盛食物器皿不摆满桌子，就不敢请客了。通常要准备几个月，然后才敢发请柬。如果不是这样，别人就会议论纷纷，认为他客啬。所以能不随大流的人很少。唉！风俗败坏成这个样子，在位者虽然不能禁止，但我怎么忍心助长这种风气呢？

又听说李沆在宋真宗时任宰相，在封丘门建造住宅，厅堂前狭窄，仅能让一匹马转身子。有人对他说太狭窄了，李沆笑着说："住宅是要传给子孙的。它作为宰相厅堂是小了点，但做太祝、奉礼郎一类小官家的厅堂已经够宽了。"真宗时，鲁宗道为谏官，真宗有急事派人去找他，在酒馆里找着了。他进宫见真宗，真宗问他从哪里来，鲁宗道以实相告。真宗说："你担任清贵而有名望的官，怎么会到酒馆里去饮酒？"鲁宗道回答说："我家贫寒，客人来了，没有像样的餐具和果肴，所以就到酒馆里请客。"由于鲁宗道没有隐瞒，真宗更加看重他。张知白当宰相时，日常生活跟他在做河阳节度判官时一样，跟他亲近的人劝诫说："你如今俸禄不少，而自己的生活如此平常，外面有人议论你，说你像汉武帝时的公孙弘一样，是在装穷，你应该稍微随俗一点。"张知白感叹地说："我如今的俸禄，虽然可以保证全家人吃好穿好，但就人之常情而言，从节俭到奢侈非常容易，从奢侈到节俭就相当困难了。我今天的薪水能保持多久呢？一旦情况发生了变化，不像今天这样了，生活奢侈惯了的全家人，不能立即节俭，到那时生活就会没有着落。哪里比得上我在位去位、身存身亡的生活天天如常好?"这些大贤圣人的深谋远虑,难道是平庸人所能做到的吗?

春秋时鲁国大夫御孙说:"节俭,是所有德行中的大德;奢侈,是所有邪恶中最坏的品德。"意思是说,有德的人都从节俭而来,节俭欲望就少,有权位的人欲望少,就不会受外物支配和驱使,他能按正道而行。老百姓欲望少了,就能约束自己,节约用度,避免犯罪,使家庭富裕起来。所以说:"节俭,是所有德行中的大德。"追求奢侈的人则欲望多,因此,有权位的人就会贪图富贵,不按正道而行,从而招致祸患。普通百姓多欲,那就会多方逐利,任意挥霍浪费,最后,弄得丧身败家。所以,凡是奢侈多欲的人,做官必然贪赃受贿;即使不做官也会去作贼;即使所以说:"奢侈,是所有邪恶中的大恶。"

古时候的正考父用稀饭来勉强维持生活,孟僖子因此推断他的后世必有显达的人。季孙行父做过三位鲁君的宰相,妾不穿绸,马不喂粟,当时有名望地位的人都称赞他忠于王室。管仲生活奢侈,住宅画栋雕梁,穿用物品也都十分讲究,孔子鄙视他,认为他器量狭小。卫国公叔文子要设筵招待卫灵公,史鳅料定必然会惹出祸来,后来他的儿子公叔戍果然因富有而得罪卫灵公,只得逃亡到外国去了。晋朝的何曾,生活十分奢侈,每天花万钱吃喝,他的孙子何绥也很骄狂,结果到永嘉末年就倾家荡产了。西晋石崇过着骄奢淫逸的生活,还不断向人夸耀富有,最后他为此死在刑场。近代的寇准,豪爽奢侈在当时是有名的,只因他功劳大,无人非议他。他的子孙也染上奢豪家风,后来多数穷困。其他以节俭树立名声,以奢侈而自我毁败的事例,不胜枚举,我只是略举数例来告诫你。你不但要自己去履行,而且还要用此去训诫你的子孙,使他们知道前辈尚俭的风尚。

其田畴① 不多,日用不能有余,则一味节啬②。裘葛③ 取诸蚕绩④,墙屋取诸蓄养,杂种蔬果,皆以助用。不可侵过次日之物。一日侵过,无时可补,则便有破家之渐。当谨戒之。

(南宋)陆九韶:《居家正本制用篇》

注释:① 田畴:已耕种的田地。② 节啬:节俭。③ 裘葛:皮衣和布衣。泛指衣服。④ 绩:通"织"。

思想内涵:田地不多,日用开支不充裕,就要讲究节约,使用度有节余。

衣服用蚕丝纺织而成，房屋用蓄养家禽的收入来建造，杂种蔬菜果品，都可以补助家庭开支。日常开支要精打细算，不可超用次日的东西，一天用超了，无可补还，就会逐渐破家，你们应当谨慎，引为鉴戒。

婚礼不用乐，三日后管领亲家，即随宜使酒成礼可矣。不当效彼俗子，徒为虚费，无益有损。

祭礼重大，以至诚严洁为主，别置盘盏碗碟之类，常切封锁，以待使用。

丧礼贵哀，佛事徒为观看之美，诚何益？不若节浮费而依古礼，施惠宗族之贫者。

宾客尽诚尽礼可也，恣①烹炮，饰器用，又群集妇女，言语无节，昏志损财，为害莫大。

（南宋）张浚：《遗令》

注释：① 恣：肆意。

思想内涵：婚礼不要奏乐，三天后用普通的酒席款待亲戚就可以了；不要仿效那些俗家子弟，白白地花费钱财。浪费没有益处，只有坏处。

祭祀礼仪重大，以至诚、庄严、净洁为主，另外置购一些盘盏碗碟之类的东西，经常清洁放好，到时使用。

丧葬礼节最紧要的是致哀，做佛事不过外观好看，有什么实在的意义呢？不如节省不必要的开支，而按古礼办事，用节约的钱财施舍给家族中的贫穷者。

宴请客人只要尽诚意，尽礼节就可以了，在烹爆和餐具上讲求排场，又招来一群妇女，说话无节度，损害志趣，耗费财物，没有比这有更大的危害了。

一、子孙各要布衣蔬食，惟祭祀宾客之会，方许饮酒食肉，暂穿新衣。幸免饥寒足矣，敢以恶衣食为耻乎？他如手持背负之劳①，力能自举，不必请人供使令之役。幸不为人役足矣，敢役人乎？尺帛、半钱不敢浪用，庶几不至于饥寒。

一、亲戚每年馈问②，多不过二次，每次用钱，多不过一钱。彼此相期，皆以俭约为贵，过此者，拒勿受。其余庆吊，循序举行，不在此限。

一、待客品物，本有常规，如亲友常往来，即一鱼菜亦可相留。司马温公③曰："先公为群牧判官，客至未尝不置酒，或三行，或五行，不过七行。酒沽于市，果止于梨栗枣柿，肴止脯醢④菜羹，器用瓷漆，当时士大夫皆然，会数而礼勤，物薄而情厚。今后客至，肴不必求备，酒不必强劝，淡薄能久，宾主相欢，但求适情而已。"本房人众，客至欲遍请，恐力不能及，听临时轮流请陪，以省繁费，各不得视彼此为厚薄，致相猜嫌。

一、亲友往来，拜帖、礼帖、请帖、谢帖、俱单柬，不用封筒。

一、造酒，先计每年合若干，计用银若干，量存一二盈余，以备他费，各登簿查考。若饮酒，不许沉醉⑤，非惟乱性，抑亦伤生，世多死于酒，可鉴也。

（明）庞尚鹏：《庞氏家训·禁奢靡》

注释：① 手持背负之劳：指一般的体力劳动。② 馈问：赠送礼品。③ 司马温公：指北宋名臣、著名史学家司马光(1019—1086)，曾封为温国公。④ 脯醢：脯，肉干。醢，读音同"海"，肉、鱼等制成的酱。⑤ 沉醉：大醉。

一、每年计合家大小人口若干，总计食谷若干，预备宾客谷若干，每月一次照数支出，各另收贮。务令封固仓口，不许擅开，以防盗窃。其支用谷数，仍要每次开写簿内，候下次支谷之前，查前次有无余剩若干，明白开载查考。

一、每年通计夏秋税粮①若干，水夫民壮丁料若干，各该银若干，即于本年二月内照数完纳。或贮有见银②，或临期粜③谷，切勿迁延，累本甲比征，如遇偏差，先计用银若干，预算积贮，以备应用。若待急迫而后图之，或称贷于人，则荡覆无日矣。

一、女子六岁以上，岁给吉贝④十斤，麻一斤。八岁以上，岁给吉贝二十斤，麻二斤。十岁以上，岁给吉贝三十斤，麻五斤，听其贮为嫁衣。妇初归，每岁吉贝三十斤，麻五斤，俱令亲自纺绩，不许雇人。

丈夫岁用麻布衣服，皆取给于其妻，吉贝与麻，各计每年给若干，皆令身自为之，不许雇人纺绩。惟僮仆衣布，随时买给。

一、租谷上仓，除供岁用及差役外，每年仅存十分之二，固封积贮，以备凶荒⑤。如出陈入新，亦须随宜补处。

一、置岁入簿一扇，凡岁中收受钱谷，挨顺月日，逐项明开，每两月结一总数，终年经费，量入为出，务存盈余，不许妄用。

一、岁置出簿二扇，一扇为公费簿，凡百费皆书，一扇为礼仪簿，书往来庆吊祭祀宾客之费。每月结一总数于左方，不许涂改及窜落。

（明）庞尚鹏：《庞氏家训·考岁用》

注释：① 夏秋税粮：明朝实行两税制，分夏秋二季征收。② 见银：现钱。③ 粜：读音同"跳"，卖粮食。④ 吉贝：棉花。⑤ 凶荒：指凶年、荒年。如同现在所说的灾年、饥年。

思想内涵：一、每年统计全家人口多少，总共需要吃多少稻谷，要预备待客的稻谷多少，每月照预计数量一次支出，分别另外储藏。必须把仓口封牢，不允许擅自打开，以防盗窃。支出的稻谷数量，仍然要每次记账，等下次支取时，检查上次有多少剩余，要明白记账，以备查考。

一、每年统计夏秋两税的税粮是多少，船夫壮丁的口粮是多少，各需多少银两，当在本年的二月内如数缴纳。或存现钱，或到时卖粮，切勿拖延，免得地方甲长追征。如果遇到有差错，先计算需要多少银两，预先储存，以备应用。如果等到紧迫时才想办法，或者向别人借贷；那么，离家庭衰败的日子就不远了。

一、女孩子六岁以上的，每年给棉花十斤，麻一斤；八岁以上的，每年给棉花二十斤，麻二斤；十岁以上的，每年给棉花三十斤，麻五斤。允许她们储存起来将来作嫁妆。新媳妇一进门，每年给棉花三十斤，麻五斤，都要求她们亲自纺纱织布，不准雇人。

丈夫每年穿的麻布衣服，都应该由他们的妻子供给。每年给棉花和麻若干，要求他们的妻子亲自纺纱织布，不准雇人。只有仆人的衣布，可以随时买给。

一、租谷入仓后，除去供一年之用和差役外，每年只剩下十分之二，应该封固储存起来，以防备荒灾之年。并且应该随时用新谷来更换陈谷。

一、每年准备收入账簿一本，凡一年之中所收入的稻谷、钱两，按照时间顺序，逐项记账，每两月结算一次。全年的用费，应该量入为出，一定要有所结余，不准乱用。

一、每年准备支出账簿二本，一本为公费簿，各种费用都记上。一本为礼仪簿，记载用于庆祝、吊丧、祭祀及招待宾客的费用。每月结算一次，将总数写入左栏，不准随时涂改、多记或漏记。

由俭入奢易，由奢入俭难。饮食衣服，若思得之艰难，不敢轻易费用。酒肉一餐，可办粗饭几日；纱绢一匹，可办粗衣几件。不饥不寒足矣，何必图好吃好看？常将有日思无日，莫待无时思有时，则子子孙孙常享温饱矣。

（明）周怡：《谕儿辈》

思想内涵：由俭朴变为奢侈非常容易，而由奢侈变为俭朴就非常困难了。饮食衣服，如果经常想想它们得之不易，就不敢轻易浪费了。一顿丰盛的酒肉之餐，可以办几天的粗茶淡饭；一匹纱绢，又可置多少件粗布衣服，只要不饿肚子不受冻就满足了，何必贪图好吃好穿呢？常将有日思无日，莫待无时思有时，这样，子子孙孙就能永享温饱了。

谓诸子曰：居家勤俭，孰为居要？博雅曰："勤非俭，终年劳瘁，不当一日之侈靡。《书》曰：'慎乃俭德，惟怀永图。'① 子曰：'礼，与奢也，宁俭。'② 似俭尤要。"望雅曰："一生之计在勤，一年之计在春，一日之计在晨。治家、治国、治身、治心，道岂有先于此者乎？似勤尤要。"曰："二者皆要，尤要在克勤克俭之人耳。八年于外，三过门而不入，方得地平天成，万世永赖。如非其人，胼手胝足③，朝夕经营，何济乃事？宋仁宗夜半惜烧羊之费，恭己化成，几致刑措。若唐文宗举衫袖示群臣曰：此衣已三浣矣，虽云俭德，然受制家奴，自谓不如赧献④。泣下沾襟，亦何益乎？勤俭一源，总在无欲，无欲自不敢废当行之事，自无礼外之费，不期勤俭而勤俭矣。"

（清）孙奇逢：《孙夏峰全集·孝友堂家规》

注释：① 慎乃俭德，惟怀永图：出自《尚书·太甲上》，意思是要养成俭朴的习惯，以作长久之谋。② 礼，与奢也，宁俭：《论语·八佾》："礼，与其奢也，宁俭。"意思是与其奢侈，宁可俭约。③ 胼手胝足：手足都长满很厚的老茧。胼，读音同"便"；胝，读音同"之"。④ 赧献：指东周的亡国之君周赧（读音同"楠"）王和东汉的亡国之君汉献帝。

思想内涵：我曾问几个儿子："治家勤劳俭约，哪个更为重要？"博雅说："只勤不俭，全年辛辛苦苦劳动所得，还不够一天奢侈浪费。《尚书》说：'只有养成俭朴的美德，才能作长远的打算。'孔子说：'礼节上与其奢侈，宁可俭约。'似乎俭朴更为重要。"望雅说："一生之计在于勤，一年之计在于春，一日之计在于晨。治家、治国、修身、养性的办法还没有超过以勤劳为本的。似乎勤劳更重要。"我说："二者都很重要，关键在于人要克勤克俭。夏禹治水，在外八年，三过家门而不入，才立下了恩泽万世的伟大功业。如果不是他，胼手胝足，朝夕经营，怎么能够成功呢？宋仁宗吝惜半夜烧羊充饥的费用，并且自己以身作则来改变旧习惯，几乎动用了刑律。像唐文宗那样举起衣袖给群臣看，说：此衣已洗了三次了，虽说具有俭朴的美德，但受宦官的挟持，所以自己认为还不如亡国之君周赧王和汉献帝。即使哭湿了衣裳，那又有什么用呢？勤与俭同出一源，即在于没有贪欲。无贪欲自然不敢耽搁当行之事，自然没有礼节之外的花费，不有意追求勤俭而自然勤俭了。"

　　勤与俭，治生之道也。不勤，则寡入，则妄①费。寡入而妄费，则财匮②。财匮，则苟取③。愚者为寡廉鲜耻④之事，黠者⑤入行险侥幸之途。生平行止，于此而表。祖宗家声于此而堕。生理⑥绝矣。又说一家之中，有妻有子，不能以勤俭表率，而使相趋于贪惰，则自绝其生理，而又绝妻子之生理矣。

（清）朱柏庐：《劝言·勤俭》

注释：① 妄：随意。② 匮：读音同"溃"。缺乏。③ 苟取：通过不正当的手段获得利益。苟，随便。④ 寡廉鲜耻：不讲廉洁羞耻。寡，鲜，少的意思。⑤ 黠者：既聪明而又狡猾的人。黠，读音同"霞"。⑥ 生理：谋生之道。

思想内涵：勤劳与俭朴，这是经营家业的要诀。不勤俭，就会减少收入；不俭朴，就会随意浪费。收入少而又浪费大，就会缺乏财富。财富匮乏，就会想着用不正当的手段获得它。愚蠢的人，会做出不知廉耻的事情来；狡猾的人，则会想着运用手腕去取巧。一个人一生的德行，就会由此丧失。祖先留下来的家风也会由此败落。家庭的生计也会由此窘迫。况且，家庭之中有妻有子，家长不能给他们做出表率，特别是在勤俭方面，而使他们争先恐后地滋长贪图享受和懒惰好吃的思想，这样，不仅断送了自己，而且也断送了妻儿。

一粥一饭，当思来处不易；半丝半缕，恒念物力维艰①。宜未雨而绸缪②勿临渴而掘井。自奉必须俭约，宴客切勿流连。器具质而洁③，瓦缶胜金玉；饮食约而精，园蔬愈珍馐④。勿营华屋，勿谋良田。三姑六婆⑤，实淫盗之媒；婢美妾娇，非闺房之福。童仆勿用俊美，妻妾切忌艳装。

（清）朱柏庐：《治家格言》

注释： ① 物力维艰：物产资财来之不易。② 宜未雨而绸缪：天还未下雨，应先修补好屋舍门窗，比喻凡事要预先做准备。③ 质而洁：器具质朴实用而又洁净。④ 珍馐：珍奇精美的食品。⑤ 三姑六婆：三姑，指尼姑、道姑、卦姑；六婆，指牙婆、媒婆、师婆、虔婆、药婆、稳婆。这里泛指社会上不正派的女人。

思想内涵： 一粥一饭，应该想着来之不易；半丝半缕，要经常想到是通过艰苦劳动而来。平时应该未雨绸缪，勿到时临渴掘井。生活必须节俭，宴客千万不要流连。器具只要质朴实用洁净，瓦缶胜过金银玉器；饮食要少而精，菜园的新鲜蔬菜胜过山珍海味，勿要建造华丽的住房，勿要谋取别人的良田。三姑六婆，实际上是淫盗之媒；婢美妾娇，并非是闺房之福。童仆勿要用那些长得俊美的，妻妾最忌浓妆艳抹。

家中加盖后栋已觉劳费，现又改做轿厅，合买地基及工料等费，又须六百余两。孝宽①竟不禀命，妄自举动，托言尔伯父所命。无论旧屋改作非宜，且当此西事未宁、廉次将竭之时，只此可已不已之工，但求观美，不顾事理，殊非我意料所及。据称欲为我做六十生辰，似亦古人洗腆②之义，但不知孝宽果能一日仰承亲训，默体亲心否？养口体不如养心志，况数千里外张筵受祝，亦忆及黄沙远塞、长征未归之人苦况否？贫寒家儿忽染脑满肠肥习气，令人笑骂，惹我恼恨。计尔到家，工已就矣。成事不说，可出此谕与尔诸弟共读之。今年满甲之日，不准宴客开筵，亲好中有来祝者，照常款以酒面，不准下帖，至要！至要！

（清）左宗棠：《左宗棠全集·家书·与孝威》

注释： ① 孝宽：左宗棠的次子。② 洗腆：洗涤器皿，陈设丰盛酒食。语出《尚书·酒诰》："肇牵车牛，远服贾用，孝养厥父母，厥父母庆，自洗腆致用酒。"

思想内涵：家中加盖后屋，我已觉得过分浪费；现在又改造前厅，总计买地皮及工料等费用，又须六百多两银子。孝宽竟然不向我禀明，擅作主张，托词是你伯父的意思。不要说改造旧屋并不适宜，现在在西北边疆未宁、廉项将尽之时，兴此可已不已之工，只求外观华丽，不顾事理，实在是出乎我的意料之外。据说是想为我做六十大寿，似乎是古人洗腆之义。只是不知孝宽能否有一日遵循父母教训，体会父母之心？奉养口体不如顺从父母的心志，何况几千里外在家摆筵祝寿，是否也曾想老父在满目黄沙的塞外远征未归、备尝艰辛的景况？贫家儿沾上这种脑肥肠满的习气，使别人笑骂，惹我恼恨。等你到家，估计已经完工了。过去的事情就不再多说，可将此信让你的几个弟弟读一读。今年我的六十岁生日，不准摆酒席请客，亲朋好友中来祝寿的，照平常以酒面招待，不准下请帖，至要！至要！

2.勤劳务本

公父文伯退朝，朝其母，其母方绩①。文伯曰："以歜之家而主犹绩，惧忤季孙之怒也，其以歜为不能侍主乎！"其母叹曰："鲁其亡乎！使僮子②备官而未之闻耶？居③，吾语汝。昔圣王之处民也，择瘠土而处之，劳其民而用之，故长王天下。夫民劳则思，思则善心生；逸则淫，淫则忘善，忘善则恶心生。沃土之民不材，逸也；瘠土之民莫不向义，劳也。"

《国语·鲁语下》

注释：① 绩：搓线。② 僮子：儿童，这里是糊涂蛋的意思。③ 居：坐。

思想内涵：公父文伯退朝后，去拜见他的母亲，他的母亲正在搓线。文伯说："在我这样的家庭里，还要您亲自搓线，惧怕季孙的恼怒，大概是因为我不能侍奉您吧！"他的母亲叹道："鲁国大概要灭亡了吧！让稚童小子做官还从未听说过吧，坐下来，我来说给你听。以前圣王安排老百姓，选择贫瘠的土地让他们居住，让他们专心从事劳作而不生淫逸，故能使天下长久。老百姓不停劳作就会想着俭约，因想着勤俭节约而生善心；安逸就会淫荡，淫荡就会忘善，忘善就会产生恶心。生活在肥美土地上的老百姓不堪重用，是因为过于安逸；生活在贫瘠土地上的老百姓莫不向义，是因为经常劳作的缘故。"

古人欲知稼穑①之艰难，斯盖贵②谷务本之道也。夫食为民天，民非食不生矣，三日不粒，父子不能相存。耕种之，莸钼③之，刈④获之，载积之，打拂之，簸⑤扬之，凡几涉手，而入仓廪⑥，安可轻农事而贵末业哉！

（北齐）颜之推：《颜氏家训·涉务》

注释：①稼穑：种庄稼。泛指农活。②贵：用作动词，使……珍贵。③莸钼：莸，读音同"蒿"，拔草；钼，通"锄"。④刈：割草。⑤簸：用簸箕扬弃谷皮及杂物。⑥仓廪：粮库。

思想内涵：古代人想了解农业生产的艰难，这大概是贵重谷物，以农业为本的道理。粮食是民众的上帝，民众没有粮食就不能生存，三天不吃东西，父亲和儿子就不能生存。粮食的由来，从耕种，到田间管理，再到收获，脱打、晒干、簸扬，一共经过几次手工，才得以进入仓库之中，怎么能轻视农业生产而重视别的末业呢？

闻义贵能徙，见贤思与齐①。食尝甘脱粟②，起不待鸣鸡。萧索园官菜，酸寒太学齑③。时时语④儿子，未用厌锄犁。

（南宋）陆游：《剑南诗稿·示儿》

注释：①这句用典分别出自《论语·述而》和《论语·里仁》，今为成语闻义能徙，见贤思齐。②脱粟：糙米。③园官：主管园圃的官；齑，读音同"鸡"，切碎的菜末。④语：对人说话。

思想内涵：做人可贵的是能够改变自己，追求正义；看到贤才，就能自觉地向他学习看齐。我们能够三餐吃到甘美的食物，全靠劳动者鸡不鸣就早早起床劳动。在冷冷清清的菜地里种植蔬菜，与一个在太学里读书的人相比，似乎是寒酸的，但是，我总是要经常告诫孩儿们，不能厌恶锄耕这些农家活。

一、田地土名丘段①，俱要亲身踏勘耕管，岁收稻谷，及税粮徭役，要细心磨算②。若畏劳厌事，倚他人为耳目，以致菽麦不辨，为人所愚，如此而不倾覆，吾不信也。

一、民家常业，不出农商，通查男妇仆几人，某堪稼穑，某堪商贾③，每年工食衣服，某若干，某若干，各考其勤能果否相称。如商贾无厚利，而妄意强为，必至亏尽资本，不如力田④，犹为上策。若旷远不能尽耕，方许招人承佃⑤。审己量力，常取决于老农。

一、池塘养鱼，须要供粪草，筑塘墙。桃李荔枝，培泥铲草。人无遗力，则地无遗利。各源定某管某处，开列日期，不时查验，毋令失业。

一、柴用耕田稻草，如不足，即于收获时并工割取，用船载回，堆积隔溪树下，如空间去处，务足一岁之用而后已。若用银买柴，必立见⑥困乏，岂能常给乎。

一、菜蔬各于园内栽种，分畦⑦浇灌，各考其成。某人种某处，某人种某物，随时加察，以验勤惰。家有余地，而买菜给朝夕，彼冗食者何事乎？

一、置田租簿，先期开写某佃人承耕其土名田若干，该⑧早晚租谷若干。如已纳完，或拖欠若干，各明书项下，如遇荒歉⑨，慎勿刻意取盈。

一、妇主中馈⑩，皆当躬亲为之。凡朝夕柴米蔬菜，逐一磨算稽查，无令太过不及。若坐受豢养，是以犬豕自待，而败吾家也。

一、大小僮仆⑪，俱先一夕⑫派定。明日某干某事，该某日完，每夕回令回报，以考勤惰。若纵容习懒，非惟误我家事，亦误彼终身也。

（明）庞尚鹏《庞氏家训·务本业》

注释：① 丘段：丘，古代划分田地的单位。丘段指田地的界限。② 磨算：慢慢地仔细清算。③ 商贾：商人，这里指商业。贾，读音同"古"。④ 力田：努力耕田。⑤ 承佃：承租。⑥ 见：通"现"。⑦ 畦：读音同"齐"，有土埂围着的一块块排列整齐的田地，一般是长方形的。⑧ 该：欠。⑨ 荒歉：因灾荒而歉收。⑩ 中馈：指妇女在家里主管的饮食等事。⑪ 僮仆：家僮与仆人。这里泛指仆人。⑫ 先一夕：先一天晚上。

3.取之有道

王数封我矣，吾不受也。我死，王则封汝，必无受利地。楚越之间有寝丘者，此其地不利而名恶，可长有者惟此矣。

《戒子通录》

思想内涵：君王多次封给我土地，我都没有接受。我死后，君王如果要封给你土地，你一定不要接受那些好地方啊。楚越之间有一个叫寝丘的地方，这个地方不好且不说，其名字也令人讨厌，我看，能够长期占有的只有这个地方了。

田地财物，得之不以义，其子孙必不能享。古人造"钱"字，一金二戈，盖言利少而害多，旁有劫夺之祸。其聚也，未必皆以善得之；故其散也，奔溃四出，亦岂能以善去，殃其身及其子孙。多藏必厚亡①，老子之名言，信矣。人生福禄自有定分，惟择其理之所当为、力之所能为者，尽其在我。俟命②于天，此心知足，虽蔬食菜羹，终身有余乐。苟不知分量，曲意求盈，虽欺天罔人而不顾，有不颠覆者乎？若能勉给岁月，不以饥寒遗子孙，此身之外，皆为长物，何自苦为？

（明）庞尚鹏：《庞氏家训·严约束》

注释：① 多藏必厚亡：《老子》："是故甚爱必大费，多藏必厚亡。"意思是聚财过多而不能施以济众，必引起众怨，最终会损失更大。②俟命：听天由命。俟，读音同"四"，等待。

思想内涵：田地财物，不是靠正道取得的，其子孙必定不能享用。古人造"钱"字，一"金"二"戈"，大概就是说好处少而坏处多，随之而来的必然是劫夺之灾。财富的聚集，未必都是以正当手段取得，因而失去钱财也必定很快，而且大多又以不正当的方式失去，不仅祸害自己而且还要殃及子孙。"多藏必厚亡"，老子的这句话真是至理名言啊。生死有命，富贵在天，只从事那些理所当为，力所能及的事情，才值得自己去尽最大努力，成与不成，悉听天命。如果不自量力，刻意追求财富，为达到目的而不择手段，这样做如果不是家毁人亡那才怪了！只要能够刚好维持生活，子孙不致饥寒，除此之外，钱财都是多余的，那又何必苦苦追求它呢？

三、教子之道

重视家庭教育，是治理家庭的又一项重要内容。古代思想家和贤哲志士对此阐发了许多很精辟的见解。

他们中间有的临终遗言，教子承父志，建功立业，用自己的嘱托激励少辈努力成才。有的则从爱护子女、关心子女成长的角度，指出重视少辈教育的重要性。在他们看来，孩子的天性要经过后天的严格教育，才能具备人性，子不教，要变坏；如果溺爱子女，实质上害了子女，这是爱子不当的危害。对子女不进行严格教育，而有成才的，实际上几乎是不可能的。正确的爱子途径，是寓爱于教之中。

教育子女，要有正确的目的和手段。教育子女的目的，是为了让他们能够很好地立身处世，甚至有所成就，光耀门楣。除了父母教育子女外，还要选择严师进行教育。父子天性，有些知识和内容，不适于父亲或长辈教育儿子或少辈。教育子女的内容，十分广泛，包括立志、立德、立行、立言；包括完善自我修养，正确地处理人际关系、社会关系；包括做人的道理，做官的道理，做学问的道理。总之，教育子女，是为了用正确的知识和优良的品德充实子女、砥砺子女、提升子女，使他们成为合乎圣贤之教，有所作为的人。

中国古代思想重视家庭教育的思想，在今天看来仍然是有价值的，关于教育的方法和内容，也不乏可取之处和合理性成分。

1.继承父志

予①死，汝必为太史②；为太史，毋忘吾所欲论著矣。且夫孝，始于事③亲，中于事④君，终于立身；扬名于后世，以显父母，此孝之大者……今汉兴，海内一统，明主贤君忠臣死义之士，予为太史而弗⑦记载，废天下之史文，予甚⑥惧焉⑦，汝其⑧念哉！

（西汉）司马迁：《史记·太史公自序》

注释：① 予：我，第一人称。② 太史：西汉官名，掌史书。③ 事：服侍。④ 事：服务。⑤ 弗：不。⑥ 甚：十分，很。⑦ 焉：指代词，这件事。⑧ 其：虚词，无实际意义。

思想内涵：我死后，你一定会继任太史官；做太史官，不要忘记我想要写的史书。孝，从服侍亲人开始，经历做臣子，最后做一个完完全全的人，使自己名扬后世，使父母英名显赫，这是孝道中最大的事。……如今汉朝兴盛，全国得到统一，对于开明的君主，贤能的大臣，舍身忘我的义士，作为太史而未能记载他们的事迹，让国家废弃了这么多史文，我感到十分内疚，你应该牢记我的缺憾啊！

临死，谓其子彌曰："吾志平江南^①，今而不果^②，汝必^③成吾志。吾以舌死^④，汝不可不思。"

（北宋）司马光：《资治通撩》卷169

注释：① 平江南：平，安定；江南，长江以南。② 果：果然，成功。③ 必：一定。④ 以舌死：因舌而死，指死于说话。

思想内涵：临死的时候，他对儿子彌说："我立志平定江南，但现在没能成功，你一定要继承我的遗志。我因为说话不慎而招致亡身，你要引以为诫。"

忠义之节，不可亏违^①。

（唐）令狐德棻：《周书·王轨列传》

注释：① 亏违：亏损，减弱，违背。

思想内涵：对于忠、义的节操，不能违背。

消息^①汝躬，调和^②汝体，思乃考^③言，念陋^④考训，必博学以著书，以续受父母之业。我十七而作郦篇，二十四而州书矣，二十七而作二平矣。

《古文苑》卷十《郦炎临终遗令》

注释：① 消息：休息。② 调和：调节使身体各部分和谐。③ 乃考：乃，你的；

考，死去的父亲。④ 陋：谦辞，相当于乃。

思想内涵：使你的身体得到休息，使你的身体得到调理，记住你父亲的训诫啊！一定要广泛地学习，著书立说，以此来继承父母的未竟之业。我十七岁写出了《郦篇》、二十四岁写出了《州书》、二十七岁作了《七平赋》。这是值得你学习的。

葛云飞知败局已定，将印信交给随从的军官，并说："可为我缴大营，并请趁逆未集，发兵剿灭，某死有知，当为厉鬼相助。"又嘱咐一位同乡亲兵说："此我尽忠时也，家有老母八十矣，知某死，泪眼欲枯，当为某百计慰之，并转饬儿辈力图奋勉，继乃父未竟之志。"

《振武将军葛壮节公年谱》

思想内涵：葛云飞知道败局已无法挽回，遂将印信交给随从的军官，并说："请你代我交回大本营，并请求他们趁敌人还未集中，迅速派兵消灭敌人。我死后有知，必当作厉鬼来帮助你们。"又嘱咐一位同乡的亲兵说："这是我为国尽忠的时候，家里的老母亲已经八十岁了，知道我死了，必然会哭瞎双眼，希望你为我百般地安慰她，并转告我的儿女们，要他们奋发上进，继承他们父亲未竟的遗志。"

2. 爱子之道，教也

君子之于子也，爱而勿面 ① 也，使而勿貌 ② 也，导之以道而勿强 ③ 也。

《大戴礼记·曾子立事》

注释：① 勿面：是说不要表现在脸上。② 勿貌：是说不要表现在仪态上。③ 勿强：是说不要勉强他做不愿做的事。

思想内涵：君子对于儿子，爱他，但不要表现在脸上；差使他，但不要表现在仪态上；教导他有一定的方法，但是不要勉强他。

人之爱子，罕亦能均 ①，自古及今，此弊多矣。贤俊者自可赏爱，顽鲁^②者亦当矜怜。有偏宠者，虽欲以厚之，更所以祸之。共叔之死，母实为之；赵王之戮，父实使之^③。刘表^④之倾宗覆族，袁绍^⑤之地裂兵亡，可为灵龟明鉴也。齐朝有一士大夫，尝^⑥谓吾曰："我有一儿，年已十七，颇晓书疏^⑦，教其鲜卑语及弹琵琶，稍欲通解，以此伏事^⑧公卿，无不宠爱，亦要事^⑨也。"吾时俯^⑩而不答。异哉，此人之教子也！若由此业，自致卿相，亦不愿汝曹^⑪为之。

（北齐）颜之推：《颜氏家训·教子》

注释：①均：平均。②顽鲁：顽，愚蠢；鲁，愚钝。③为之、使之：促成。④刘表：字景升（142—208），东汉末山阳高平（今山东省鱼台东北）人，远支皇族。190年，任荆州刺史，取得亲族蒯良、蒯越等人的支持，据有今湖南、湖北等地。后为荆州牧。死后，其子刘琮降于曹操。⑤袁绍：字本初（？—202），东汉末汝南汝阳（今河南省离水西南）人。出身于四世三公的大官僚家庭。在诛灭董卓之乱中，他起兵据有今山东、河北、山西等大遍地方。官渡之战被曹操打败后，不久病死。其子袁谭、袁尚互相攻击，先后为曹操所灭。⑥尝：曾经。⑦颇晓书疏：颇，很；晓，通"晓"；书，写书信；疏，作奏疏。⑧伏事：服侍，侍奉。⑨要事：大事，重要的事。⑩俯：低头。⑪汝曹：你们。

思想内涵：世人对子女的爱，很少能做到均平，这样的弊端很多。贤德聪明的自然要加以赏识和爱护，钝拙愚笨的也应当怜惜。对自己偏爱的人，主观上是要厚爱他，其实是害了他。共叔段之死，其实是由他母亲造成的；赵王如意的被害，是由他父亲造成的。刘表宗族覆灭，袁绍失地败兵，都可以作为镜子。齐朝有一个有地位有声望的读书人，曾经对我说："我有一个儿子，年已十七，会写书信奏疏，又教他学鲜卑语和弹琵琶，也稍可通晓，用这点本事去为大官服务，无不得到宠爱，这也是很重要的事情。"我当时低头无语。这样去教育儿子，真是奇怪得很，如果靠这种路子即使当上卿相什么的官，我也不希望你们去干这种事。

吾见世间，无教而有爱，每不能然^①。饮食运为^②，恣^③其所欲。宜诫翻奖^④，应诃^⑤反笑。至有识知^⑥，谓法^⑦当尔。骄慢已习，方复制之，捶挞至死而无威，忿怒日隆^⑧而增怨，逮^⑨于成长，终为败德。孔子云，"少成若天性，习惯如自然"，是也⑩。俗谚日："教妇初来，教儿婴孩"。诚⑪哉斯语！凡人不能教子女者，亦非欲陷⑫其罪恶，但⑬重于诃怒，伤其颜色，不忍楚挞惨其肌肤耳。当以疾病为谕⑭，安得不用汤药鍼⑮艾救之哉？又宜思勤督训者，可愿⑯苛虐于骨肉乎？诚不得已也。

（北齐）颜之推：《颜氏家训·教子》

注释： ①每不能然：每，经常；然，这样。经常不能肯定这种做法。②饮食运为：饮，喝；食，吃；运为，举止，行为。③恣：放纵。④宜诚翻奖：应该训诫的反而予以鼓励。宜，应该；翻，通"反"，反而。⑤诃：训斥。⑥识知：懂得事情，知世事。⑦法：效法。⑧隆：盛，大。⑨逮：等到。⑩是也：是这样。是，这样，指代词。⑪诚：实在，真实。⑫陷：使动用法，使陷于。⑬但：只。⑭谕：使知道，弄明白。⑮鍼：读音同"针"，治病用的工具。⑯愿：希望。

思想内涵： 我发现世上有些父母，对子女不加教育，一味溺爱，常常不能肯定这种做法。不论饮食住行，让他们要怎么就怎么，应该告诫的反而鼓励，应当斥责的反而赞赏。等到孩子懂事时，以为应该这样，而这时骄横傲慢的习惯已经养成，再来制止，即使把他打个半死。也没有什么威力了。愤怒日增，愤恨也随之增加。等到长大成人，终于道德沦丧。孔子说："少时养成的习惯，就像天性如此；长期养成的习惯，就像本来如此。"俗话说，"教育媳妇要从刚过门开始，教育子女要从婴儿时期开始。"这是很实在的话。凡是不善于教育子女的人，也不是想让子女走向犯罪的道路，只是不想大声怒斥，伤其脸面，加以鞭打，伤其肌肤。如以疾病作比，哪有不用汤药、针灸就能治好病的呢？那些勤于督促教育子女的人，难道是愿意苛刻地虐待亲生骨肉？实在是不得已罢了。

　　然则爱而不教，适①所以害之也。《诗》称：鸤鸠之养其子，朝从上下，暮从下上，平均如一。②至于人，或不能然。《记》曰：父之于子也，亲贤而下无能。③使其所亲果贤也，所下果无能也，则善也。其溺于私爱者，往往亲其无能，而下其贤，则祸乱由此而生矣。

（北宋）司马光：《家范》

注释： ①适：正，才。②"《诗》称"句：语出《诗经·国风》："鸤鸠在桑，其子七兮。淑人君子,其仪一兮。其仪一兮,心如结。"意思是说布谷鸟饲养自己的幼子。早上从上到下,晚上从下到上,平均如一,像物体凝固那样稳固不变。鸤鸠,读音同"尸纠"。布谷鸟。③"《记》曰"句:语出《礼记·表记》:"今父之亲子也,亲贤而下无能。母之亲子也,贤则亲之,无能则怜之。"意思是说,父亲对待他的儿子的方式,是亲近贤能的,嫌弃无能的;母亲对待儿子的方式,是贤能的就喜爱他,无能的就同情他。

思想内涵: 所以说,只是疼爱而不教育子女的父母,恰恰是害了孩子。《诗经》上说,布谷鸟饲养它的幼子,每天早上从树上下去觅食,晚上又飞到树上去,天天如此,从不间断。至于我们人类,有的就不是这样。《礼记》中说,父亲对待儿子,往往是喜爱有本事的,嫌弃没有能耐的。如果真是这样,那还算是不错的。但问题是,往往出于偏爱,所喜爱的儿子恰恰是没有出息的,而被嫌弃的儿子则是最有能耐的,那么,一个家庭中就要有麻烦了。

石碏谏卫庄公曰:"臣闻爱子,教之以义方,弗纳于邪,骄奢淫泆①,所自邪也,四者之来,宠禄过也。"自古知爱子不知教,使至子危辱乱亡者,可胜数哉?夫爱之当教之使成人,爱之而使陷于危辱乱亡,乌在其所爱子也。人之爱其子者,多曰儿幼未有知耳,俟其长而教之,是犹养恶木之萌芽,曰:俟其合抱而伐之,其用力顾不多哉?又如开笼放鸟而捕之,解缰放马而逐之,曷②若勿纵勿解之为易也。

(北宋)司马光:《家范》

注释: ① 泆:通"逸",安闲。② 曷:读音同"何",通"盍",难道不是。

思想内涵: 石碏劝卫庄公说:"我听说喜爱儿子,就应当以道义教导他,使他不要走上邪路。骄傲、奢侈、放荡、安逸,这些全是走上邪路的原因。这四种邪恶的产生,都是由于宠爱得太过分了。"自古以来,做父母的只知道爱子而不知道教子,结果导致他危及生命,身体受辱,或者作乱灭亡,像这样的人数得清吗?爱子女就应当教育他们成人。如果爱他们而让他们陷于危险的境地,受辱、作乱以至身亡,这哪里是爱护子女,完全是坑害子女。世上那些爱护子女的人,往往说孩子年幼,尚不懂事,等长大了以后再进行教育。这样做就好像病树还在萌芽的时候,说:等它长大到可以合抱的时候再砍掉它,那时需要用的力不是更大了吗？又好像打开鸟笼让它飞走，然后再去捕捉；又好像解开马缰，把马放走，然后才去追逐。其实，不如不放鸟、不解缰绳，还省事一些，难道不是这个道理吗？

今之为后世谋者，不过广营生计以遗①之，田畴连阡陌，邸肆②跨坊曲，粟麦盈囷③仓，金帛充筴笥④，慊慊然⑤求之犹未足，施施然⑥自以为子子孙孙累世用之莫能尽也。然不知以义方训其子，以礼法齐其家。自于十数年中，勤身苦体以聚之，而子孙以岁时之间，奢靡游荡以散之，反笑其祖考之愚，不知自娱。又怨其吝啬无恩于我而厉之也。始则欺绐⑦攘窃以充其欲，不足则立约举债于人，以俟其死而偿之。观其意惟患其祖考之寿也。甚者至于有疾不疗，阴行鸩毒，也有之矣……夫生生之资，固人所不能无，然勿求多余，多余希不为累矣。使其子孙果贤耶，岂蔬粝布褐不能自营，死于道路乎？若其不贤耶，虽积金满室，又奚益哉！故多藏以遗子孙，吾见其愚之甚也。

（北宋）司马光：《家范》

注释：①遗：读音同"魏"，赠予。②邸肆：商店、囤酒肆之类的店铺。③囷：读音同"俊"，圆形谷仓。④筴笥：夹存物什的用具。笥：读音同"四"，盛东西的方形竹器。⑤慊慊然：不满足的样子。慊，读音同"欠"。⑥施施然：喜悦得意的样子。⑦绐：读音同"待"，欺骗。

思想内涵：现今为子孙打算的人，不过是多方聚积财产，以便遗留给子孙。田地连片，店铺跨街，粮食满仓，黄金绸布装满木箱，还不满足，又自以为子子孙孙世代都用不完，显露出得意的神态。但他不知道对子女进行礼仪教育，没有规矩来约束家庭成员，以致十数年辛苦积累下来的财产，不长时间即被子孙挥霍掉，子孙们反过来还讥笑祖、父愚蠢，不知道自己享受，又埋怨他们吝啬，不给自己留点恩惠，从而粗暴地虐待长辈。一开始是用欺骗盗窃的手段来获取钱财，来满足自己的贪欲，不能满足时就立契约向别人借钱，等到上辈死后再偿还。于是担心祖父辈长寿。甚至生病不给治疗，暗地里下毒药的事情也有……人们为了维持生活，当然少不了钱财，但是不可追求多余，剩余过多，反而成为负担。假如其子孙果然贤能，难道不能自谋布衣粗食维持生活，而会死于道路吗？假如子孙本来就不贤能，即使积金满屋，那又有什么用呢？

所以，多藏财物遗留给子孙，我认为是愚蠢极了。

为人母者，不患不慈，患于知爱而不知教也。古人有言曰："慈母败子。"爱而不教，使沦于不才，陷于大恶，入于刑辟，归于乱亡。非他人败之也，母败之也，自古及今，若是者多矣，不可悉数。

（北宋）司马光：《家范》

思想内涵：做母亲的，不怕她不爱儿子，只怕她只知道给予爱而不知道进行教育。古人说："溺爱儿子的母亲往往会坑害儿子。"爱儿子但不教育，就会使他陷入没有才德的境地，促使他多端作恶，触犯刑律，最后自取灭亡。这不是别人败坏了他，而是他母亲自己。从古到今，像这样的例子实在太多了，不胜枚举。

同母之子，而长者或为父母所憎，幼者或为父母所爱，此理殆不可晓。窃尝细思其由，盖人生一二岁，举动笑语，自得人怜。虽他人犹爱之，况父母乎！方三四岁，至五六岁，恣性啼号，多端乖劣，或损动器用，冒犯危险。凡举动言语，皆人之所恶，又多痴顽，不受训诫，故虽父母，亦深恶之。方其长者可恶之时，正值幼者可爱之日，父母移其爱长者之心，而更爱幼者，其憎爱之心从此而分，遂成迤逦①。最幼者当可恶之时，下无可爱之者，父母爱无所移，遂终爱之。其势或如此。为人子者当知父母爱之所在，长者宜少让，幼者宜自抑。为父母者，又须觉悟，稍稍回转，不可任意而行，使长者怀怨，而幼者纵欲，以至破家。

（南宋）袁采：《袁氏世范·睦亲》

注释：① 迤逦：读音同"以里"，相继，连接起来。
思想内涵：同一个母亲生的儿子，大的往往为父母讨厌，小的往往为父母喜爱。这究竟是什么原因？几乎不可理解。对此，我注意过，大概是因为人刚生下来，一二岁的时候，言语行动，幼稚可爱，逗人喜欢。即使是外人也会喜欢，何况是父母？到了三四岁至五六岁时，任性哭闹，行动乖劣，不是损坏东西，就是去做一些危险的事，不论言语或行动，都为大人所厌恶，再加上顽皮无知，不听大人的话，所以虽然身为父母也十分讨厌他。大儿子令父母厌恶的时候，正是小儿子受到父母宠爱之时，所以父母的爱心便由大儿子身上转移到小儿子身上了。对儿子的好恶从中产生区别，由此前后转移并连续不断。最小的儿子长到令人讨厌的时候，下面已经没有再小一点逗人喜爱的儿子了，父母的爱心也就不再转移，只能一直爱着小儿子。情况就是如此吧。做儿子的应当知道父母的爱在哪儿，大的不应当计较，小的应当抑制自己。做父母的也应该觉悟，回心转意，不可偏心，一意孤行，导致大的心怀不满，小的恣意放纵，家庭从而不再平安。

　　家无贫富，人无智愚，子孙皆不可不教。非欲使其便取功名，登科第，以光门户，且使粗知礼义廉耻，稍通晓世务，庶几免为小人不肖之归……能由是以处子孙，则虽不遗以金谷爵禄，彼必能自致之；如其不教，遗以金谷爵禄，彼也不能守之。不然古人何必谓"遗子黄金满籝，不如一经"①，信哉，斯言也。

（南宋）杨万里：《诚斋集》

　　注释：①"遗子"句：语出《汉书·韦贤传》。籝，读音同"盈"，竹器。

　　思想内涵：家无贫富，人无智愚，子孙都不能不教育。不仅要使其获取功名，考中科举，光耀门户，而且要使其知道一般的礼义廉耻，稍微通晓世务，从而使其不至于走到不肖小人的圈子里去了……能够这样去教训子孙，那么，即使不遗留给子孙金谷爵禄，他们一定能通过自己努力获得；如果不是这样，即使遗留给金谷爵禄，他们也不能守住这些东西。不然，古人怎么会说"遗子黄金满籝，不如一经"呢！这是至理名言。

　　今父兄之爱其子弟，非不知教，要其有成，十不能二三，此岂特子弟与其师之过？为父兄者，自无一定可久之见，曾未读书明理，遽①使之学文。为师者虽明知其未可，也欲以文墨自见，不免于阿意②曲徇③，失序无本，欲速不达。不特文不足以言文，而书无一种精熟，坐失岁月，悔则已老。且始学既差，先入为主，终身陷于务外。为人而不自知，弊宜然也。

（元）程端礼：《读书分年日程》

注释：①遽：读音同"巨"，突然；很快地。②阿意：迎合，曲从。③曲徇：迎合地顺从。曲，邪而不正；徇，读音同"迅"，顺从。

思想内涵：现今父兄爱他们的子弟，不是不知道进行教育，但他们的兄弟子孙有所成就的不过十分之二三，这难道是子弟和他们老师的过错吗？做父兄的人，自己并无一定深刻的见解，子弟没有读过多少书，道理知道得也不多，就赶快让他们学习作文。当老师的虽然知道这样不行，但也想以文墨自见，不免阿意曲从，失序无本，欲速不达。不仅作文不足以达意，而且书也没有一种能够精通，坐失岁月，等到后悔时已经老了。如果开始学习没有打好基础，而且先入为主，那么，就终身不得入门。为人而不知道这些道理，当然会出现弊病。

　　父母同负教育子女之责任。今我旅居京华①，义方之教，责在尔躬。而妇女心性，偏爱者多，殊不知爱之不以其道，反足以害之焉。其道维②何？约言之有四戒四宜：一戒晏③起，二戒懒惰，三戒奢华，四戒骄傲。既守四戒，又须规以四宜：一宜勤读，二宜敬师，三宜爱众，四宜慎食。以上八则④，为教子之金科玉律，尔宜铭诸肺腑，时时以教诲三子。虽仅十六字，浑括⑤无穷，尔宜细细领会，后辈之成功立业，尽在其中焉。

（清）纪昀：《纪晓岚家书·寄内》

注释：①京华：首都北京。②维：是。③晏：晚。④则：条则，准则。⑤浑括：全都包含；浑，全，都。

思想内涵：父亲和母亲共同负有教育子女的责任，现在我旅居京城，教育子女的责任，就落在你一个人身上了。妇女偏爱子女的多，不知道不讲原则的爱，反而害了子女。教育子女的原则，简单地说来，有"四戒""四宜"。"四戒"是：一戒迟睡晚起，二戒懒惰，三戒奢华，四戒骄傲。"四宜"是：一宜勤奋读书，二宜尊敬老师，三宜爱众乐群，四宜谨慎饮食。以上八条，是教育子女的金科玉律，你应该牢记心间，经常用它来教诲三个儿子。虽然只有简单的十六个字，但内容十分丰富，你要细细领会。不要小看了这十六个字，后辈们的成功立业的大事，全部都在这十六个字当中啊。

　　余五十二岁始得一子，岂有不爱之理！然爱之必以其道，虽嬉戏顽①耍，务令忠厚悱恻②，毋为刻急③也。平生最不喜笼中养鸟，我图娱悦，彼在囚牢，何情何理，而必屈物之性以适吾性乎！至于发系蜻蜓，线缚螃蟹，为小儿顽具，不过一时片刻便折拉而死。夫天地生物，化育劬④劳，一蚁一虫，皆本阴阳五行之气絪缊⑤而出。上帝亦心心爱念。而万物之性人为贵，吾辈竟不能体天之心以为心，万物将何所托命乎？……我不在家，儿子便是你管束。要须长其忠厚之情，驱其残忍之性，不得以为犹子而姑纵惜也。家人儿女，总是天地间一般人，当一般爱惜，不可使吾儿凌虐他。凡鱼飧⑥果饼，宜均分散给，大家欢嬉跳跃。若吾儿坐食好物，令家人子远立而望，不得一沾唇齿，其父母见而怜之，无可如何，呼之使去，岂非割心剜肉乎！夫读书、中举、中进士、做官，此是小事；第一要明理做个好人。可将此书读与郭嫂、饶嫂听，使二妇人知爱子之道在此不在彼也。

（清）郑燮：《郑板桥集·潍县署中寄舍弟墨第二书》

注释：① 顽：通"玩"。② 悱恻：读音同"匪册"，同情心。③ 刻急：凶暴残忍。刻，残害；急，凶险。④ 劬：读音同"渠"，劳苦。⑤ 絪缊：通"氤氲"，读音同"因晕"，烟气弥漫的样子。⑥ 飧：读音同"孙"，饭食。

思想内涵：我五十二岁始得一子，岂有不疼爱之理！然而爱之必以其道，即使嬉戏玩耍，也一定要求他心地忠厚，为人善良，行为沉稳。我平生最不喜欢笼中养鸟，我图娱悦，彼在囚牢，何情何理，而一定要屈物之性以适我之性！至于用头发系蜻蜓，用线缚螃蟹，作为小孩的玩具，不过一时片刻便被拉折而死。天地生长万物，变化孕育十分辛劳，一蚁一虫，都是由阴阳五行之气氤氲而出，上帝也十分爱护。万物性灵中人最高贵，我们竟然不能体察天地之心作为自己的心，万物将在什么地方寄托生命？……我不在家，儿子便由你管束。一定要增长他的忠厚之情，驱逐他的残忍之性，不得认为是侄子而姑息放纵。家人的儿女，也是天地间一般人，应当一般爱惜，不可使我的儿子欺侮他们。凡是鱼肉水果点心，应该平均分给，大家一起欢喜跳跃。如果我的儿子坐吃好东西，而家人的儿女站得远远地观望，不得沾一沾唇齿，他们的父母看到了疼爱他们，没有办法，就只好叫他们走开，岂不是割心剜肉吗？读书，中举，中进士，做官，这是小事，最重要的是明白做个好人的道理。可将此信读给郭嫂、饶嫂听，使二妇人知道爱子之道在此不在其他。

3.尊师重教

古人有言:"非知之难,唯行不易;行之可勉,惟终实难。"是以暴乱之君,非独明于恶路;圣哲之主,岂独见于善途。良由大道远而难遵,邪径近而易践。小人皆俯从其易,不能力行其难,故祸败及之。君子劳处其难,不能逸居其易,故福庆流之。是知祸福无门,惟人所召。欲悔非于既往,惟慎过于将来。择哲王以师,与无以吾为前鉴。夫取法于上,仅得为中;取法于中,故其为下;自非上德,不可效焉。吾在位已来,所缺多矣。奇丽服玩,锦绣珠玉,不绝于前,此非防欲也。雕楹刻桷①,高台深池,每兴其役,此非俭志也。犬马鹰鹘②,无远必致,此非节心也。数有行幸③,以亟人劳,此非屈己也。斯数事者,吾之深过也。勿以兹为是而后法焉。但我济育苍生,其益多矣;平定区宇,其功大矣。益多损少,民不以为怨。功大过微,德未以之亏。然犹尽美之踪,于焉多愧。尽善之道,顾此怀惭。况以尔无纤毫④之功,直缘基而履庆,若崇善以广德,则业泰而身安。若肆情以纵非,则业倾而身丧。且成迟而败速者,国之基也;失易得难者,天之位也,可不惜哉,可不慎哉!

(唐)李世民:《帝范·后序》

注释:①桷:读音同"觉",方形的椽子。②鹘:读音同"胡"。鹰类中的一种猛禽。③行幸:专指帝王出巡。④纤毫:细小。

思想内涵:古人说:认识事物不难,只是实行不容易;事情可以努力去做,但坚持到底很难。所以暴虐的君主,并不是只知道干坏事的人。圣明的君主,也并非独自看到行善的途径。实际上是由于正道遥远而难以遵循,邪路近而容易走。凡是小人都情愿走容易走的路。而不愿意去做艰难的事,所以祸灾和失败随之而来。君子知难而进,不图安逸而去光做容易的事,所以福庆成功随之而来。由此可见祸福的降临是没准的事,都是由人自己招来的。要想悔改过去的错误,唯一的办法就是对将来可能犯的错误进行预防。要选择圣贤的先王为师,而不要以我为榜样。凡是效法上等人,只能成为中等人。效法中等人,就会变成下等人。所以如果不是德行非常高的人,不可效法。我在位以来,缺点很多。华丽的衣服,珍奇的玩物,锦绣珍珠宝玉,源源不断地送到我的面前,这样就无法控制自己欲望的扩张。大兴土木,在梁柱和屋椽上雕刻彩绘,建造高台深池，这不是立志节俭。良犬骏马鹰鹘之类，不管路途有多远，都要捕着送来，这不是心存节俭之意。几次巡幸游玩，使百姓备受劳苦，这样不算克己从人。这几点都是我的大错误。你们不要把这些当作正确的东西来效法。但我救世济民，做过不少好事。平定海内，功劳很大，益多损少，百姓不会生怨，功大过小，品德没有亏损。然而从完美的高度要求自己，不能不感到惭愧。何况你没有丝毫的功业，只是因祖父创建的基业而登上帝位。如果能崇善而广施恩泽，就可保住基业和自身。假如放纵情欲，胡作非为，就会毁掉基业和自身。国家基业创立艰难，败亡很快，皇帝的宝座丧失容易得到难，能不珍惜和谨慎吗！

将罢，谓弼曰："我即死，欲有言，恐悲哭不得尽，故一诀耳！我见房玄龄、杜如晦、高季辅皆辛苦立门户，亦望诒^①后，悉为不肖子败之。我子孙今以付汝，汝可慎察，有不厉言行、交非类者，急榜^②杀以闻，毋令后人笑吾，犹吾笑房、杜也。"

（北宋）欧阳修：《新唐书·李勣传》

注释：① 诒：传，遗留。② 榜：鞭打。

思想内涵：酒宴快要结束的时候，李勣对弟弟李弼说："我快死了，有话想说，恐怕悲哀哭泣不能说完，所以找大家来诀别。我见房玄龄、杜如晦、高季辅三人都辛辛苦苦建立门户，希望传给后人，都被不肖之子败坏了。现在我将子孙付托给你，你要慎重地考察他们，如有不约束检点自己的言行，与坏人交往的，就马上打死他，然后再报告皇上，不要让后人笑我，就像我笑房玄龄、杜如晦一样。"

士大夫教诫子弟，是第一紧要事。子弟不成人，富贵适以益其恶。子弟能自立，贫贱益以固其节。从古贤人君子，多非生而富贵之人，但能安贫守分，便是贤人君子一流人。不安贫守分，毕世经营，舍易而图难，究竟富贵不可求得，徒自丧其生平耳。余谓蒙童时，便宜淡其浓华之念，子弟中得一贤人，胜得数贵人也。非贤父兄，乌能享佳子弟之乐乎？

（清）孙奇逢：《孙夏峰全集·孝友堂家规》

思想内涵：士大夫训诫子弟，是第一要紧的事。子弟不成器，富贵反而增长他的恶习。子弟能够自立，贫贱更加坚定了他的节操。历代的贤人君子，都不可能一出生就是富贵之人。人只要能够安贫乐道，便可以成为贤人君子；如果不安贫乐道，一生经营，舍近求远，最后不仅得不到富贵，反而白白浪费了生命。我认为在子弟幼年之时就应该对他们严格教育，使他们能够淡泊明志。子弟中出一贤人，胜过出多个富贵之人啊。不是贤明的父兄，又怎能享受子弟的天伦之乐呢？

童子年五岁诵《训蒙歌》，不许纵容骄惰；女子年六岁诵《女诫》，不许出闺门①。若常啖②以果饼恣其欲，娱以戏谑荡③其性，长而凶狠，皆从此始，当早禁而预防之。

（明）庞尚鹏：《庞氏家训·遵礼度》

注释：①闺门：指女子居住的内室房门。②啖：读音同"淡"，吃。③荡：放纵。

思想内涵：男孩五岁背诵《训蒙歌》，不准他骄纵懒惰。女孩六岁背诵《女诫》，不准她出房门。如果经常给他们果子点心吃，过分地满足他们的欲望，让他们经常打闹嬉戏，放纵他们的坏习性，他们长大了凶狠暴戾，都是由小时候放纵不羁开始的，因此，应当及早教育他们，做到防微杜渐。

事无大小，必有成法。循之为力既易，终焉无敝；违之，为力虽劳，终必失之。是以不可不学也。然欲务学，必先求师。稼穑必于老农，《诗》《书》必于宿儒①，下至巫医②百工，各有所传所受；况为人之道，而可无所受教乎？

古者易子而教，后世负笈从师，近代延师教子，世变虽殊，要无不教其子者。天子之子，特重师傅之选，为国家根本在是也。下自公卿大夫以逮士庶，显晦③贫富不同，其为身家根本，一而已。虽有美质，不教胡成④？即使至愚，父母之心安可不尽？中等之人，得教则从而上，失教则流而下。子孙贤，子以及子，孙以及孙；子孙弗肖，倾覆立见，可畏已。近日师道不立，为子孙计者，孰知尊师崇傅之道？甚之生子不复延师。盍思为人父母，将以田宅金钱遗子之为爱其子乎？抑以德义遗子之为爱其子乎？不肖之子，遗此田宅，转眄⑤属之他人，遗此多金，适资丧身之具，孰若遗以德义之可以永世不替？

夫贤师世未尝少，求则得之，存乎诚敬而已。司马温公虽谓积阴德于冥冥之中，然何若求贤师教之于昭昭之际乎？古称民生于三，事之如一。世人但知不可生而无父，岂知尤不可生而无师乎？

子弟三十以前，心志血气未有所定，虽贫且贱，不可辄离师傅。贤智者可使义理日进，愚不肖者可使非慝日远，全身保世，无出于此。师必择其刚毅正直、老成有德业者，事之终身。

（清）张履祥：《杨园先生全集・训子语上》

注释: ① 宿儒：博学老成的儒士。② 巫医：古代以祈祷鬼神为人治病的人。③ 晦：昏暗不明。这里是不通达的意思。④ 胡：怎么。⑤ 盻：读音同"戏"，眼睁睁，怒视着。

思想内涵: 事情无论大小，必然有一定的规律。遵照规律办事不仅容易而且最终没有弊端；反之，虽则用了很大的气力，最终还是失败。因此，不可以不学习。然而想要学习，必须首先拜师。种田必然向老农学习，《诗经》《尚书》必须跟宿儒学习，往下至巫医百工，各有所传所受，而况为人之道，怎么能够没有地方接受教育呢？

远古的时候，人们互相交换子弟来教育；后来，人们背着书籍去从师；到了近世，人们延请老师来教育子弟。虽然随着时代的变化而有所不同，但都是为了教育子弟。皇帝特别重视为儿子挑选师傅，因为皇子是国家的根本所在。下自公卿大夫以至庶民百姓，虽然他们的地位高低和贫富不同，但是，他们为了家庭的根本却是一样的。虽然有良好的资质，不教育怎么能够成才？即使资质愚钝，父母之心怎么能够不尽到责任？中等资质的人，受到良好的教育，就会变为上等资质的人；反之，失教就会变成下等资质的人。子孙贤，子又及子、孙又及孙；子孙不肖，立刻就会家道衰败，真是可怕极了！近来师道不立，那些为子孙打算的人，哪里知道尊师之道，这比生子不再延请老师还要严重啊。何不想一想，为父母的是将田宅金钱留给子弟算是疼爱其子，还是将道德留给子弟算是疼爱其子呢？不肖之子，遗留给他的田宅金钱转眼就要属于别人了，留给他们这么多金钱，恰好成了他们丧身的工具，哪里比得上将道义传给子孙可以永世不衰呢？世上的好老师并没有减少，只要孜孜以求就能够得到，关键是要心存诚敬。司马光虽然说积阴德于冥冥之中可以庇佑子孙，然而怎么比得上在活着的时候就延请贤师以教育子弟呢？古称人生于君、亲、师，要事之如一。世上只知道不可生而无父，哪里知道尤其不可生而无师呢？

子弟三十岁以前，心志血气尚未定型，因此，他们即使非常贫贱，也不可轻易离开老师。要使资质好的子弟义理日进，资质差的子弟离错误邪恶日远，全身保世，无出于此。老师必须选择那些刚毅正直、老成持重、道德水平高的人，事之终身。

子孙虽愚，经书不可不读。居身务期俭朴，教子要有义方。

（清）朱柏庐：《治家格言》

思想内涵：子孙即使资质愚钝，经书也不可不读。生活一定要俭朴，教育子女要有正确的方法。

4. 教子必以义方

晏子病，将死，凿楹①纳书焉，谓其妻曰："楹语也，子壮而示之。"及壮，发书。书之言曰："布帛不可穷②，穷不可饰③；牛马不可穷，穷不可服④；士不可穷，穷不可任；国不可穷，穷不可窃⑤也。"

《晏子春秋·内篇杂下第六》

注释：① 楹：房屋的柱子。② 穷：匮乏。③ 饰：指穿着打扮。④ 服：使用。这里是驱使的意思。⑤ 窃：非法占有。这里是容身的意思。

思想内涵：晏子病重，就要死去，凿开楹柱把遗书放在里面，并对他的妻子说："楹柱里的遗书，儿子长大后取给他看。"等到儿子长大，打开遗书，遗书上说："布帛不能没有，没有就不能穿衣打扮；牛马不能缺少，缺少就不能够拉车做活；士人不能居于困境末路，否则不能做官任职；国家不能灭亡，灭亡就不能借以寄身。"

孟子既娶，将入私室，其妇袒①而在内。孟子不悦，遂去②不入。妇辞孟母而求去曰："妾闻夫妇之道，私室不与③焉，今者妾窃堕在室，而夫子见妾勃然④不悦，是客⑤妾也。妇人之义，盖不客宿，请归父母。"于是，孟母召孟子而谓之曰："夫礼，将入门问孰存，所以致敬也；将上堂声必扬，所以戒人也；将入户视必下，恐见人过也。今子不察于礼而责礼于人，不亦远乎。"孟子谢，遂留其妇。君子谓孟母知礼而明于姑母⑥之道。

《古列女传》

注释：①袒：脱去上身的外衣，露出里面的短衣。②去：离开。③与：读音同"遇"。干预。④勃然：盛怒的样子。⑤客：用作动词。把……当作客人一样。⑥姑母：妇女和母亲。这里是指婆婆和媳妇。姑：妇女的统称。

思想内涵：孟子娶妻之后，准备进入卧室，他的妻子在里面脱去了上衣。孟子不高兴，于是离开卧室不进去。他妻子向孟母辞行，请求回娘家，说："我听说夫妇之道，私室不与焉，今天我在卧室偷偷地脱去上衣，但夫子看见后非常不高兴，这是把我当作客人。妇人之义，大概不像客人那样留宿，因此我要回娘家。"于是，孟母叫来孟子，对他说："礼，就是将要进门时问问谁在里面，是为了向人致敬；将要上堂时必提高声音，是为了向人示意；将要入门时眼睛必向下看，这是害怕看见别人的过错。现在你不察于礼却用礼来责怪别人，不是太苛求了吗？"孟子感谢母亲的教诲，留下了妻子。君子认为孟母知礼而且明白婆媳之道。

邹孟轲之母也，号孟母。其舍近墓。孟子之少也，嬉游为墓间之事，踊跃筑埋。孟母曰："此非吾所以居处子也。"乃去，舍①市傍，其嬉戏为贾人炫卖②之事。孟母又曰："此非吾所以居处子也。"复徙舍学宫之旁，其嬉游乃设俎豆揖让进退，孟母曰："真可以居吾子矣。"遂居。及孟子长学六艺，卒成大儒之名，君子谓孟母善以渐化。

《古列女传》

注释：①舍：读音同"射"。住房。②炫卖：沿街叫卖。

思想内涵：邹国孟轲的母亲，号孟母。她的住所靠近墓地。孟子年少时，以墓地的一些事情作为游玩娱乐的项目，对于筑埋之类的事情十分踊跃。孟母说："这里不是我用来让儿子居住的地方。"于是搬迁，住在闹市旁边，孟子便以商人们沿街叫卖的事情作为嬉耍游玩的项目。孟母又说："这不是我用来让儿子居住的地方。"再一次搬迁,居住在学宫的旁边,孟子所从事游戏的项目也就是陈设俎豆以及揖让进退等礼仪了,孟母这才说："这里真可以让我的儿子居住。"于是定居下来。后来孟子长大学成六艺,终于成为一代大儒,君子认为孟母善于教子。

少年欲立婴便 ① 为王,异军苍头 ② 特 ③ 起。陈婴母谓婴曰:"自我为汝家妇,未尝闻汝先古之有贵者。今暴得大名,不祥。不如有所属,事成犹得封侯,事败易以亡 ④,非世所指名 ⑤ 也。"婴乃不敢为王。

(西汉)司马迁:《史记·项羽本纪》

注释:① 便:简易的,非正式的。② 苍头:秦末农民起义军的一支,叫苍头军。③ 特:突然。④ 亡:逃亡。⑤ 指名:指出名号。这里是留下名字的意思。

思想内涵:一伙年轻人想立陈婴马上为王,又有另外的苍头军起义了。陈婴母对陈婴说:"自从我进你们家做媳妇起,还没听说过你家的先祖有过贵人。你现在突然享有盛名,不吉祥。不如归别人所属,事情成功还可以得到封侯,事情失败容易逃亡,也不会留下恶名。"陈婴最后不敢称王。

伯俞有过,其母笞之,泣,其母曰:"他日笞子,未尝见泣,今泣何也?"对曰:"他日俞得罪,笞尝痛。今母之力衰,不能使痛,是以泣也。"故曰,父母怒之,不作于意,不见于色,深受其罪,使可哀怜,上也;父母怒之,不作于意,不见于色,其次也;父母怒之,作于意,见于色,下也。

(西汉)刘向:《说苑·建本》

思想内涵:伯俞有了过错,他的母亲鞭打他,他哭了起来,他的母亲问他:"以前打你,还没有看见你哭过,你今天是为什么而哭?"他回答说:"以前我得罪了你,你鞭打我打得很疼。现在母亲的体力已经衰弱了,不能使我疼痛,因此哭了起来。"所以说,父母发怒,不要放到心里去,也不要流露在表面上,自己承受其罪,使可哀怜,这是上策;父母发怒,不往心里去,也不流露在表面上,是中策;父母发怒,既往心里去,又流露在脸上,是最不可取的。

人之居世，忽去便过，日月可①爱也。故禹不爱尺璧②，而爱寸阴③。时过不可还，若年大，不可少也。欲汝早之，未必读书，并学作人。欲令见举动之宜，观高人远节，志在善人。左右不可不慎④，善否之要，在此际也。行止与人⑤，务在饶之⑥。言思乃⑦出，行祥乃动，皆用情实⑧。道理违，斯⑨败矣。父欲令子善，惟不能煞身，其馀无惜也。

（唐）欧阳询：《艺文类聚》卷二三

注释：①可：值得。②禹不爱尺璧：禹，夏王韩禹，又称禹王、大禹。尺璧，指直径一尺的璧，比喻为稀有珍宝。③寸阴：片刻时间。④左右：周围的人。⑤行止与人：行止，行为举止；与人，对待别人。⑥饶：用作动词，指宽容。⑦乃：才。⑧皆用情实：皆，都；用，根据；情实，实际情况。⑨斯：指示代词，这。

思想内涵：人生在世，一晃便过去了，时间值得珍惜。所以大禹不爱宝物而爱惜每一寸光阴。时间闪过便不可追回，如同老年人不能变成年轻人一样。想使你早有所成，就一定要读书，成为一个有用的人。希望你见识社会，效法那些道德高尚的人，获得多方面的知识，目的在于成为一个有德行的人，因此，对你周围的人要慎重。好与坏的区别，就体现在这上。人的一举一动，重在谨慎，说话要经过思考，做事要周密考虑；否则，就会招致失败。父亲要使儿子做一个有德行的人，只是不想让他有杀身之祸，其余的就没有什么痛惜的了。

予幼闻先训，讲论家法，立身以孝悌为基，以恭默为本，以畏怯为务，以勤俭为法，以交结为末事，以义气为凶人。肥家以忍顺，保交以简敬。百行备，疑身之未周；三①缄密，虑言之或失……莅官则洁己省事，而后可以言守法；守法而后可以言养人。直不近祸，廉不沽②名。廪禄虽微，不可易黎氓⑨之膏血；榎楚④虽用，不可恣褊狭之胸襟。

（后晋）刘昫等：《旧唐书·柳玭传》

注释：①三：同前文"百"一样，表示多。②沽：买。③黎氓：老百姓。④榎楚：用榎木、荆条做成的鞭挞刑具。榎，读音同"假"。

思想内涵：我年幼时听祖父讲论家法，作人立身要以孝顺父母、尊敬兄长为基点，恭敬沉静为根本，小心谨慎为要务，勤劳节俭为准则，而以与人交结为渺小的事情，以讲私人义气为恶人。以忍让和顺使家庭富裕，以诚实恭敬保持朋友间的交情。对自己多方面严格要求，还唯恐万一有失；三思而言，仍恐怕说话有失误……做官要清廉简政，才可谈得上正确执法，遵守法令才可谈得上培养人才。为人耿直不去接近祸事，廉洁而不沽名钓誉。薪俸虽微薄，不可轻视这些百姓膏血；手中掌管刑法大权，不可凭意气为所欲为。

夫坏名灾己，辱先丧家，其失尤大者五，宜深志①之。其一，自求安逸，靡甘淡泊，苟利于己，不恤人言。其二，不知儒术，不悦古道；懵②前经而不耻，论当世而解颐；身既寡知，恶③人有学。其三，胜己者厌之，佞己者悦之，唯乐戏谭，莫思古道。闻人之善嫉之，闻人之恶扬之，浸渍颇僻，销刻德义，簪裾④徒在，厮养何殊？其四，崇好慢游，耽嗜曲蘖⑤，以衔杯为高致，以勤事为流俗，习之易荒，觉已难悔。其五，急于名宦，昵近权要，一资半级，虽或得之，众怒群猜，鲜有存者。兹五不是，甚于痤疽⑥。痤疽则砭石可瘳⑦，五失则巫医莫及。

（后晋）刘昫等：《旧唐书·柳玭传》

注释：①志：记住。②懵：读音同"蒙"，无知。③恶：读音同"务"，厌恶。④簪裾：衣服上的饰物。簪，古代男女用来缠住头发或把帽子别在头发上的一种针形首饰；裾，衣服的大襟。⑤蘖：被砍去的树木重新发芽。⑥痤疽：疖子和毒疮。⑦瘳：读音同"抽"，病愈。

思想内涵：凡损名害己，辱没祖先，丧失家风的，其最大的过失有五个方面，你们应深深地牢记，引以为戒。其一，自求安逸，不甘淡泊生活，不顾惜他人的议论，尽做些自私自利的事。其二，不懂儒家学说，不以对儒家经典一无所知为可耻，谈到当世只会开颜欢笑，自己知道很少，却嫉妒有学问的人。其三，厌恶比自己强的人，喜欢讨好自己的人，只知道嬉笑言谈，不想想古代端庄为人之道。听到别人的优点就嫉妒，听到别人的缺点就宣扬，久而久之妒贤忌能成为嗜好，道德和正义一点一点地消失，只剩下那么一点高贵和显赫的表象，那活在世上有什么意义呢？其四，一心只想吃好穿好，游山玩水，嗜酒如命，以饮酒为高雅，以勤事为可耻，养成了这种习惯，要想醒悟悔改是很难的。其五，急于当官，亲近权要，得到一官半职，引起大家的不满和猜疑，很少有能保持到最后的。这五个方面的过失，比患了毒疮还要厉害。毒疮还可以治疗，这五个方面的过失，医生都没有办法医治。

　　魏国长公主尝衣贴绣铺翠襦①入宫中，太祖曰："汝当以此为我，自今勿复为此饰。"主笑曰："此所用翠羽②几何？"太祖曰："不然，主家服此，宫闱③戚里④皆相效，京城翠羽价高，小民逐利，伤生浸广，实汝之由。汝生长富贵，当念惜福，岂可造此恶业之端？"

（北宋）赵匡胤：《戒公主》

　　注释：① 襦：读音同"儒"，短袄，或短衣。② 翠羽：翠鸟的羽毛。③ 宫闱：后妃的住处。闱，内室。④ 戚里：外戚。

　　思想内涵：魏国长公主曾经穿着贴着绣花用翡翠羽毛装饰的衣服进入宫中，宋太祖看见了，便对她说："你把这件衣服脱下来给我，从今以后不要再作这样的装束了。"公主笑着回答说："这样一件衣服，能用得了多少翠羽？"太祖说："不是这样简单。公主穿上这种衣服，后妃外戚都会效仿你，京城翠羽的价格就会因此而增高，百姓为了追逐利益，杀生害命的人就会多起来，这完全是由你引起的。你生长在富贵之家，应当珍惜自己的幸福，怎能为这种坏事开头呢？"

　　及易简参知政事，召薛氏入禁中①，赐冠帔②，命坐，问曰："何以教子成此令器③？"对曰："幼则束以礼让，长则教以《诗》《书》。"上顾左右曰："真孟母也。"

（元）脱脱：《宋史·苏易简传》

　　注释：① 禁中：宫内。② 帔：读音同"佩"。披肩。③ 令器：卓越的人才，人杰。

　　思想内涵：到苏易简担任参知政事的时候，宋太宗召他的母亲薛氏进宫，赐给她礼帽披肩，命她坐下后，问道："你是怎样教育儿子成为如此优秀的人才的?"薛氏回答说:"他年幼时,我就教他懂礼貌和谦让,长大后则教他学习《诗》《书》。"宋太宗对身边的人说:"真是像孟母一样。"

世之教子者,惟教之以科举之业。志在于荐举登科,难莫难于此者。试观一县之间,应举者几人,而与荐者有几,至于及第,尤其希罕,盖是有命焉,非偶然也。此孟子所谓求在外者,得之有命,是也。至于止欲通经知古今,修身为孝弟^①忠信之人,此孟子所谓求则得之,求在我者也。此有何难,而人不为耶。况既通经知古今,而欲应今之科举,也无难者。若命应仕宦,必得之矣。而又道德仁义在我,以之事君临民,皆合义理,岂不荣哉!

(南宋)陆九韶:《居家正本制用篇》

注释:① 弟:通"悌"。

思想内涵:世上父母教诲子女,只教他们应试科举。志向定在荐举登科上,困难也集中在这一点上。想想看,一个县应举的有多少人,真能成功的又有几人。至于考中进士的,那就更少了。大概这是命中注定的,不是偶然的。这就是孟子所说的要想在外当官,必须有命运和机遇。至于教子女做一个通晓经术知道古今变化,加强自身修养成为孝悌忠信的人,则是孟子所说通过主观努力可以达到的,这又有什么难处呢?但人们不向这个方面努力,那又有什么办法呢?何况,你既然精通经术知道古今变化,那么,参加科举考试也就没有困难。如果朝廷任命我当官,那也是得心应手的事情。自己拥有道德仁义的高度修养,用它侍奉君王、治理百姓,都能符合义理要求,难道不是一件值得荣耀的事情吗?

诫尔学立身,莫若先孝弟^①。怡怡^②奉亲长,不敢生骄易,战战复兢兢^③,造次必于是。诫尔学干禄^④,莫若勤道艺。尝闻诸格言,学而优则仕。不患人不知,惟患学不至。诫尔远耻辱,恭则近乎礼。自卑而尊人,先彼而后己。相鼠与茅鸱,宜鉴诗人刺。诫尔勿放旷,放旷非端士……诫尔勿嗜酒,狂药非佳味。能移谨厚性,化为凶险类。古今倾败者,历历皆可记。诫尔勿多言,多言众所忌。苟不慎枢机^⑤,灾厄从此始。是非毁誉间,适足为身累。

(北宋)范质:《戒从子诗》

注释:① 弟:通"悌"。② 怡怡:喜悦快乐的样子。怡,读音同"疑",欢乐。③ 战战复兢兢:即"战战兢兢",谨慎小心的样子。④ 干禄:求官。干,读音同"甘"。⑤ 枢机:朝廷中的关键职位和重要部门,也用于国家大事。

思想内涵:告诫你学会做人,首先孝敬父母,友爱兄弟。高兴地侍奉长辈,不可骄傲和轻慢,轻手轻脚,不可鲁莽草率。告诫你要靠自己努力求得职位和俸禄,首先要钻研治国理民的道理和才能。曾有格言说,学而优则仕。人不怕不知道,只怕学习不到家。告诫你要远离耻辱的事情,恭敬就接近礼了。自己要谦虚,对人要尊敬,先考虑别人,再考虑自己。相鼠与茅鸱,应该以诗刺为鉴。告诫你不要放纵自己,放纵自己就不是端庄之人……告诫你不要嗜酒,酒是狂药,不是佳味。酒能够改变谨慎厚道的性情,使人变成凶险的样子。古今酒后败倒的人,一个一个地都载入史册。告诫你不要多说话,多说话是大家忌讳的。假如不小心得罪朝廷,灾祸厄运就会降临。处身是非毁誉之间,足够造成苦恼。

后生才锐者,最易坏,若有之,父兄当以为忧,不可以为喜也。切须常加简束 ①,令熟读经子 ②,训以宽厚恭谨,勿令与浮薄者游处。如此十许年,志趣自成。不然,其可虑之事,盖非一端。吾此言,后人之药石 ③ 也。各须谨之,毋贻后悔。

(南宋)陆游:《放翁家训》

注释:① 简束:教育约束。② 经子:古代经典文献。经,儒家经典;子,重要思想家的著作。③ 药石:药物及砭石。这里泛指救人的药物。

思想内涵:子孙后代中锋芒毕露的人最容易变坏。如果有这种人,做父母兄长的应该引以为忧,不可轻视。一定要经常地加以管束,命令他们熟读经书和诸子百家的言论。教训他们必须宽容、厚道、恭敬、谨慎,不要让他们与轻浮浅薄的人结交来往。像这样坚持十多年,那么好的志向和情趣就会自然养成;否则,令人忧虑的事情大概不止一件。我所说的这些话,都是后人的良药,可以预防过错。各人都要谨慎,不要留下悔恨啊。

凡子侄,多忌农作,不知幼事农业,则知粟入艰难,不生侈心。幼事农业则习恒敦实，不生邪心。幼事农业，力涉勤苦，能兴起善心，以免于罪戾①，故子侄不可不力农作。

凡富家，久则衰倾，由无功而食②人之食。夫无功而食人之食，是谓历民自养。凡历民自养，则有天殃。故久享富佚，则致衰倾，甚则为奴仆，为牛马，故子侄不可不力农作。

汉取士，设孝弟力田科③，敦实务本也。凡为官者，如皆出自农家，有不恤民艰者或寡矣。子侄入社学④，遇农时俱暂力农，一日或寅卯力农，未申读书；或寅卯读书，未申力农；或春夏力农，秋冬读书；勿袖手坐食，以致穷困。

（明）霍韬：《渭厓家训》

注释：① 罪戾：罪过。戾，读音同"利"。② 食：吃。③ 孝弟力田科：汉代选拔官吏的科目之一。名义上是奖励有孝悌的德行和能努力耕作的人。弟，通"悌"。④ 社学：乡学。

思想内涵：凡是作子侄的人，大多轻视农作。他们不知道从小参加农业劳动，懂得粟米来之不易，不会产生奢侈之心；从小参加农业劳动，有利于端正习性，使人厚重诚实，不会产生邪恶之心；从小参加农业劳动，体验到勤苦的滋味，能够产生善心，可以避免过错。所以，子侄们不可不尽力参加农业生产。

凡是富贵人家，时间久了就会衰败，这是因为没有任何功劳而享用了别人生产的粮食。不劳而获，这是盘剥百姓以奉养自己的行为。凡是盘剥百姓以奉养自己的人，都会遭到上天的报应；久享富贵的家庭，必然会衰败，其子孙甚至做奴仆，做牛马。所以，子侄们不可不尽力参加农业生产。

汉朝取士，特设孝悌力田科，是为了敦实务本。凡做官的人，如果都出自农夫之家，那么，出现不体恤民生艰难的人，就是很少的。子侄们入社学，遇到农忙时，都要暂时放下功课去参加农业生产。一天之内，或早上劳动，下午读书；或早上读书，下午劳动。一年之内，或春夏劳动，秋冬读书。总之，不能袖手旁观坐着吃白食，以至穷困。

古人仕学兼资，吾独驰驱军旅。君恩既重，臣谊安辞？委七尺于行间，违二亲之定省。扫荡廓清未效，艰危困苦备尝。此于忠孝何居也？愿吾子弟思其父兄，勿事交游，勿图温饱，勿干戈而俎豆，勿弧矢而鼎彝。名须立而戒浮，志欲高而无妄。殖货矜愚，乃怨尤之咎府；酣歌恒舞，斯造物之僇①民。庭以内悃愊②无华，门以外卑谦自牧。非惟可久，抑且省愆③。凡吾子弟，其佩老生之常谈；惟我一生，自听彼苍之祸福。

（明）卢象升：《忠肃集·寄训子弟》

注释：①僇：读音同"路"，羞辱。②悃愊：读音同"捆毕"。十分诚恳。③愆：读音同"千"。罪过，过错。

思想内涵：古人做官而兼治学，我独奔驰于军旅之间。皇上的恩典既重，为臣之义怎可推托？委七尺之身于行伍间，不能早晚向父母请安问好。扫荡敌人、安定天下的功效未见，而艰难困苦备尝，忠孝又表现在何处？希望我家子弟想着你们父兄，不要从事交游，不要只图温饱，不要值兵戎而想祭享，不要执弓矢而想铭之鼎彝。名声要立，但要戒浮名；志气要高，不可狂妄。殖货财以炫耀愚民，是引起怨尤的根源；沉溺于酒醉歌舞，实在是造物主的罪人。居家要至诚质朴，对人要尊重谦虚，不但可保长久，还可以减少过失。凡我家子弟，希望记着这些老生常谈；我的一生是祸是福，就只好听天由命吧！

昔杨介夫谓其子用修曰："尔有一事不如我，尔知之乎？"曰："大人为相，位冠群臣之上，此慎之所不如也。"曰："非也。"曰："大人为相，三归而为乡人创大利三焉，此慎之所不如也。"曰："非也。"曰："天子南征，大人居守，政事取决，如伊尹、周公之摄①，此慎之所不如也。"曰："非也。""敢问慎之所不如者何事？"杨公笑曰："尔子不如我子也。"

唐子曰："鄙②哉！杨公之语其子也。多其子之为状元，而又有望于其孙，请为更之。谓其子曰：'慎乎，尔知尔之不如我乎？君子之道，修身为上，文学次之，富贵为下。苟能修身，不愧于古之人，虽终身为布衣，其贵于宰相也远矣。苟能修身，不愧于古之人，是老于青衿，其荣于状元也远矣。我之教子，仅得其次；尔之教子，且不如我，我复何望哉？'"

（清）唐甄：《潜书·诲子》

注释：①摄：摄政。②鄙：粗俗。

思想内涵：杨介夫曾经对儿子用修说："你有一事不如我，你知道是什么事吗？"用修说："父亲官至宰相，位居群臣之上，这是我不如父亲的地方。"杨介夫回答说："不对。"用修说："父亲为宰相，三次回乡为家乡办了三件好事，这是我不如父亲的地方。"杨介夫仍然说："不对。"用修说："皇上南征，委派你留守京城，大小政事都取决于你，像伊尹、周公一样摄政，这是我不如父亲的地方。"杨介夫还是说："不对。"用修说："敢问我不如父亲的到底是何事呢？"杨介夫笑着说："你的儿子不如我的儿子。"

唐子说："杨介夫的话真是庸俗啊！因为自己的儿子多为状元，就希望孙子像儿子一样。请让我来纠正杨介夫的话。对他的儿子说：'用修，你知道你为什么不如我吗？君子之道，以修身为上，文学次之，富贵为下。如果能够修身，无愧于古人，即使终身做布衣，也比做宰相高贵。如果能修身，无愧于古人，即使老死民间，也比状元光荣。我教儿子，仅得其次，你教儿子，还不如我，我还有什么希望呢！'"

忠信笃敬，是一生做人根本。若子弟在家庭不敬信父兄，在学堂不敬信师友，欺诈傲慢，习以性成，望其读书明义理，日后长进，难矣。

欺诈与否，于语言见之；傲慢与否，于动止见之，不可掩也。自以为得，则害己；诱人出此，则害人。害己必至害人，害人适以害己。人家生此子弟，是大不幸，戒之戒之。

（清）张履祥：《杨园先生全集·示儿》

思想内涵：忠诚守信用，笃实有礼貌，是一生做人的根本。如子弟在家不敬信父兄，在学堂里不敬信师友，欺诈傲慢，习以成性，而希望他读书明理，日后有所长进，那是很困难的。

一个人是否狡诈，能从他的言语中了解到；是否傲慢，能从他的行为举止中发现，那是掩盖不了的。自以为得计，是害己；诱使别人如此，是害人。害己必害人，害人终害己。一个家庭出了这种子弟，是大不幸，切记要戒备防止。

《中庸》有言："率性之谓道"；再言："修道之谓教。"盖言性之所无，虽教亦无益也。孔、孟深明此理，故孔教伯鱼不过学《诗》、学《礼》①，义方之训，轻描淡写，流水行云，绝无督责。倘使当时不趋庭，不独立，或伯鱼谬对以《诗》《礼》之已学，或貌应父命，退而不学《诗》、不学《礼》，夫子竟听其言而信其行耶？不视其所以察其所安耶？何严于他人，而宽于儿子耶？至孟子则云："父子之间不责善"，且以责善为不祥。似乎孟子之子尚不如伯鱼，故不屑教诲，致伤和气，被公孙丑一问，不得不权 ② 词相答，而至今卒 ③ 不知孟子之子为何人，岂非圣贤不甚望子之明效大验哉？善乎北齐颜之推曰："子孙者不过天地间一苍生耳，与我何与，而世人过于宝惜爱护之。"此真达人之见，不可不识。

（清）袁枚：《小仓山房集·与弟香亭书》

注释：① 参见《论语·季氏》。② 权：变通。③ 卒：最终。

思想内涵：《中庸》曾说"率性之谓道"，又说"修道之谓教。"意思是说，本性所无，即使教育也没有益处。孔子、孟子深明此理，所以孔子教导儿子伯鱼不过是学习《诗经》，学习《礼记》，对儿子的教训轻描淡写，如行云流水，一点也没有过分地督促责备。倘若当时伯鱼不从堂前经过，不单独站在那儿，或者伯鱼假装回答《诗经》和《礼记》已学过，或者当时表面上答应了但过后不学习《诗经》《礼记》，夫子竟然是听其言而信其行呢？或者不视其所以察其所安呢？那又为什么对别人要求很严，而对自己的儿子要求很松的呢？至于孟子，则说"父子之间不责善"，而且认为督促儿子为善不吉祥。似乎孟子之子还不如伯鱼，所以不屑于教诲，以免伤了和气，被公孙丑一问，不得不权且回答。至今也不知道孟子的儿子是何人，岂不是圣贤不太指望子孙的明证吗？北齐颜之推说得好："子孙不过是天地一苍生罢了，与我有什么相干，而世人却如此过分地疼爱他们。"这真是达观之人的见识，不可不懂得。

尔兄在京供职，余又远戍塞外，惟尔奉母与弟妹居家，责任綦重，所当谨守者有五：一须勤读敬师，二须孝顺父母，三须友于爱弟，四须和睦亲戚，五须爱惜光阴。

（清）林则徐：《林则徐家书·训次儿聪彝》

思想内涵：你哥哥在京城供职，我又远戍塞外，只有你侍奉母亲和弟妹们在家里，责任甚重，应当谨慎遵守的有五条：一须勤奋读书尊敬老师，二须孝顺父母，三须友爱兄弟，四须和睦亲戚，五须爱惜光阴。

　　凡人多望子孙为大官，余不愿为大官，但愿为读书明理之君子。勤俭自持，习劳习苦，可以处乐，可以处约，此君子也。余服官二十年，不敢稍染官宦气习，饮食起居，尚守寒素①家风，极俭也可，略丰也可，太丰则吾不敢也。凡仕宦之家，由俭入奢易，由奢返俭难。尔年尚幼，切不可贪爱奢华，不可惯习懒惰。无论大家小家，士农工商，勤苦俭约，未有不兴；骄奢倦怠，未有不败。尔读书写字，不可间断，早晨要早起，莫坠②高曾祖考③以来相传之家风，吾父吾叔，皆黎明即起，尔之所知也。

　　　　　　　　　　　　（清）曾国藩：《曾国藩全集·家书·谕纪鸿》

　　注释：① 寒素：家世清贫。② 坠：失掉。③ 高曾祖考：高祖、曾祖、祖父和父亲。

　　思想内涵：凡人多指望子孙做大官，但我不愿意你去做大官，但愿你能成为读书明理的君子。勤俭自持，习惯于劳苦，就可以过上宽裕快乐的日子，也可以过艰苦俭约的日子，这就是君子。我为官二十载，不敢稍稍沾染一点点官场上的习气，饮食起居方面还保持简朴的作风。家风极其俭朴也行，稍稍丰裕一点也可以，但太奢华我就不敢了。凡是仕宦家庭，从俭朴变成奢侈容易，由奢侈返回俭朴就难了。你年纪还小，不可以贪恋奢华，养成懒惰的习惯。无论是大家小家，也无论是士农工商，只要勤苦俭约，没有不兴旺的；骄奢懒惰，没有不衰败的。你读书写字，不能间断，早晨要早起，不要败坏了高祖、曾祖、祖父、父亲传下来的家风。我的父亲和叔父，都是黎明就起身，这是你所知道的。

　　吾教子弟不离八本三致祥。八者曰读古书以训诂为本，作诗文以声调为本，养亲以得欢心为本，养生以少恼怒为本，立身以不妄语为本，治家以不晏起为本，居官以不要钱为本，行军以不扰民为本。三者曰孝致祥，勤致祥，恕致祥。吾父竹亭公①之教人，则专重孝字，其少壮敬亲，暮年爱亲，出于至诚，故吾纂墓志，仅叙一事。吾祖星冈公之教人，则有八字三不信。八者曰考、宝、早、扫、书、蔬、鱼、猪，三者曰僧巫、曰地仙、曰医药，皆不可信也。处兹乱世，银钱愈少，则愈可免祸；用度愈省，则愈可养福。尔兄弟奉母，除劳字俭字之外，别无安身之法。

（清）曾国藩：《曾国藩全集·家书·谕纪泽纪鸿儿》

注释：① 竹亭公：曾国藩之父，名麟书。

思想内涵：我教导子弟不离"八本"和"三致祥"。"八本"是指读古书以训诂为本，作诗文以声调为本，侍养亲人以其欢心为本，保养身体以少烦恼为本，立身处世以不胡言乱语为本，治家以不晚起为本，当官以不要钱为本，行军以不扰民为本。"三致祥"是指孝顺致祥，勤劳致祥，宽恕致祥。我父亲竹亭公教导子弟专门重在讲求"孝"字，他年轻时敬爱长辈，晚年时疼爱晚辈，都出于一片至诚，所以我撰写墓铭时仅仅叙述了这一件事。我祖父星冈公教导子弟则另外有"八字三不信"。"八字"是考、宝、早、扫、书、蔬、鱼、猪，"三不信"是僧巫不可信，地仙不可信，医药不可信。生活在这样的乱世，银钱越少，就越可以免除祸灾；花钱越省，就越可以养福。你们兄弟侍奉母亲除了劳、俭二字外，另外再没有别的安身方法了。

诸孙读书，只要有恒无间，不必加以迫促。读书只要明理，不必望以科名。子孙贤达，不在科名有无迟早，况科名有无迟早亦有分定，不在文字也。不过望子孙读书，不得进科名，是佳子弟，能得科名，固门闾 ① 之庆；子弟不佳，纵得科名，亦增耻辱耳。

吾平生志在务本，耕读而外别无所尚。三试礼部，既无意仕进。时值危乱，乃以戎幕 ② 起家。厥后以不求闻达之人，上动天鉴，建节锡封，忝窃非分。嗣复以乙科入阁，在家世为未有之殊荣，在国家为特见之旷典，此岂天下拟议所能到？此生梦想所能期？子孙能学吾之耕读为业，务本为怀，吾心慰矣。若必谓功名事业、高官显爵无忝乃祖，此岂可期必之事，亦岂数见之事哉？或且以科名为门户计，为利禄计，则并耕读务本之素 ③ 志而忘之，是谓不肖矣！

（清）左宗棠：《左宗棠全集·家书·与孝宽》

注释：① 门闾：家庭。② 戎幕：军事幕僚。③ 素：平素，一向。

思想内涵：孙子们读书，只要有恒心，不间断，不必逼迫督促。读书只要明白道理，不必希望取得科名。子孙的贤达，不在科名的有无迟早，何况科名迟早有无早已有分定，不在文字。不过希望子孙读书，不得追求科名。好子弟能够取得科名，固然是门庭的喜庆；子弟不好，纵得科名，也徒然增加耻辱。

我平生志在着力根本，除耕田读书外不再追求其他。三次应试之后，即无意仕途。时值危乱，才以军事幕僚起家。嗣后因为不追求官爵、名声，感动了朝廷，受到皇上重视而被加官晋爵，后来又以举人身份进入内阁，这在我家历史上是从未有过的殊荣，在国家也是少见的例子，这岂是天下人在行动之前所能预料到的？又岂是一辈子梦想所能达到的？子孙们能够学我以耕读为业，以专心根本为怀，我就十分欣慰了。如果硬要追求功名事业、高官显爵无愧于他们的祖父，这怎么能够期望是必定的事呢？或者为了门户，为了功名利禄去追求科名，把祖上耕读务本的一贯志向都忘记了，那就成为不肖子孙了。

第三章　修身养性

一、立志为要

人生在世，总要有所作为。要想成就一番事业，就一定要树立志向，矢志追求。因此，立志就是做人的一种内在要求，是自我完善的一种价值尺度。没有志向，便不会对自己有所要求，就不会实现自我完善。因此，中国古代思想家把立志作为修身的根本问题来看待。他们认为，做人，一定要立志；不立志，不能算作一个真正的人。如果没有志向，一生勤劳，也只会是庸庸碌碌，而建立不起什么功业。确立志向，坚定地追求，这就是一种自我要求，是一种人生修养。他们认为，确立志向，应该崇高远大，追慕先贤，节制情欲，去掉疑虑，无所畏惧，一往直前，做一个有所作为的人。

立志建功，立德成仁，是中国传统社会对大丈夫的激励，是对人立身的基本要求。这也是一直为中国古代思想家所重视、推崇的思想，并认为这是一种自我完善，是一种人生境界，所以要依此对人进行格律。这是有启发性的。

1. 做人须立志

子曰："士志于道，而耻恶衣恶食者，未足与议也。"

《论语·里仁》

思想内涵：孔子说："读书人有志于追求真理，而以穿破旧衣服、吃粗劣食物为耻辱的人，是不值得与他们谈论真理的。"

言不远身，言之主也；行不远身，行之本也；言有主，行有本，谓之有闻矣。君子尊其所闻，则高明矣；行其所闻，则广大矣，高明广大，不在于他，在加之志而已矣。

《大戴礼记·曾子疾病》

思想内涵：曾子接着说："说话不远离自身所知的事，是言论的重心；所行不远离自身该做的事，是德行的根本；言论有重心，德行有根本，可说从贤人处有所听受了。君子崇尚他所听到的善言，其品格就会崇高而光明，若是实行他所听到的善言，其功业就会宽广而博大；要品德高明、功业广大，不在别的途径，只在立起志向罢了。"

吾①昔②为③顿丘令④，年二十三。思此时所行⑤，无悔于⑥今。今汝⑦年亦二十三矣，可不勉⑧欤⑨！

（晋）陈寿：《三国志·陈思王植传》

注释：①吾：我。即曹操（155—220），字孟德，沛国谯（今安徽亳县）人。三国时期魏国创立者，政治家、文学家。二十岁举孝廉，二十三岁为顿丘令。②昔：过去，往日。③为：担任。④令：县令。⑤行：作为。⑥于：在。⑦汝：你。即曹植（192—232），字子建，曹操之子。在诸兄弟中最有才华，诗人。⑧勉：勉励，努力。⑨欤：语气词，用于句末。

思想内涵：我过去任顿丘县令时，才二十三岁。反思那时的作为，在今天也没有什么悔恨。现在你也有二十三岁了，可要好好努力呵！

人无志，非人也。但君子①用心②，所欲准③行，自当量④其善者，必拟⑤议而后动。若志之所之⑥，则口与心誓，守死无二，耻躬不逮⑦，期于必济⑧。若心疲体懈，或牵于外物，或累⑨于内欲，不堪⑩近患，不忍小情⑪，则议于去就⑫，议于去就则二心交争，二心交争则向所以见役之情胜⑬矣。或有中道⑭而废，或有不成一篑⑮而败之，此之守则不固，以之攻则怯弱⑯，与之誓则多违，与之谋则善泄，临⑰乐则肆⑱情，处逸则极意，故虽繁华熠耀⑲，无结秀之勋，终年之勤，无一旦之功，斯君子所以叹息也。

若夫申胥㉑之长吟，夷、齐㉑之全洁，展季㉒之执信，苏武㉓之守节，可谓固矣。故以无心守之，安而体之，若自然也，乃是守志之盛者也。

所居长吏，但㉔宜敬之而已矣，不当极㉕亲密，不宜数㉖往，往当有时。其有众人，又不当宿留。所以然者㉗，长吏喜问外事，或时发举㉘，则恐或者为人所说㉙，无以自免也。宏行寡言㉚，慎备自守，则怨责之路解矣。

立身自当清远，若有烦辱，欲人之尽命，托人之请求，当谦言辞谢㉛。某素不豫㉜此辈㉝事，当相亮㉞耳。若有怨急，心所不忍，可外违拒，密为济㉟之；所以然者，上远宜适之几㊱，中绝常人淫辈之求，下全束脩㊲无玷之称，此又秉志㊳之一隅也。

（清）严可均辑校：《全三国文卷五十一·嵇康家诫》

注释：①君子：有德行的人。②用心：考虑事情。③准：准绳、效法。④量：衡量。⑤拟：准备。⑥志之所之：志之，为……立志；所之，做某事。⑦躬：自身。⑧济：成功。⑨累：拖累。⑩堪：忍受。⑪小情：小事。⑫去就：去，离开；就，接近。⑬胜：占上风。⑭中道：半途。⑮篑：盛土的竹筐。⑯怯弱：胆小。⑰临：接近。⑱肆：放纵。⑲熠耀：闪光。熠，明亮。耀：光明。⑳申胥：即申包胥，春秋时期楚国贵族，又称王孙包胥。楚君蚡冒的后代，申氏，名包胥，又写作勃苏。楚昭王十年（公元前506），吴国用伍子胥计攻楚，他到秦国求救，在宫廷痛哭七日七夜，最终说服秦王救楚。㉑夷、齐：即伯夷、叔齐。伯夷，商末孤竹君长子，墨胎氏。孤竹君以次子叔齐为继承人，孤竹君死后，叔齐不肯继位，让于伯夷，他不受。后来二人投奔到周。反对周武王进兵讨伐商王。武王灭商后，他们不食周朝俸禄，逃到首阳山饿死。叔齐，商末孤竹君次子，伯夷之弟。㉒展季：即展禽。春秋时期鲁国大夫。展氏，名获，字禽。食邑在柳下，谥惠，后世称柳下惠。以执守贵族礼节著称。㉓苏武：苏武(？—前60)，字子卿，西汉杜陵（今陕西省西安市东南）人。天汉元年（前100）奉命赴匈奴被扣，匈奴贵族多方诱降，未果；又把他迁到北海（今贝加尔湖）边牧羊。在匈奴十九年，坚贞不屈。后因西汉与匈奴和解被放回。"苏武节"成为后世的典故。㉔但：只。㉕极：顶点。㉖数：表示多。㉗所以然者：这样的原因。㉘发举：发，揭发；举，举报。㉙为人所说：为……所，即被，表示被动。㉚宏行寡言：宏，大；寡，少。㉛辞谢：拒绝。㉜豫：介入，参与。㉝此辈：这类人。㉞亮：通"谅"，谅解。㉟济：帮助。㊱几：通"机"，机关，关键，征兆。㊲脩：通"修"，严格要求，约束。㊳秉志：矢志不渝。秉，持，握着。

思想内涵：人不立志，不能算人。君子考虑事情，应当效法好人好事，经过认真思考筹划后，再付诸行动。立志要做的事，就在心里发誓做好，始终不二。只怕自己力量不济，期于必成。如果放松懈怠，或因外物的牵挂，或受私欲的拖累，对眼前小事或私情摆脱不开，就会考虑去做还是不做，心里引起矛盾斗争，那么小事私情就会占上风，妨碍立志所要做的事，或半途而废，或功败垂成。这样用于防守则不坚固，用于攻取则胆小懦弱，和他立誓约则相违反，和他商量事情则多泄密。碰上欢乐的事情则多放纵情感，自处安逸则极意声色，所以表面上虽繁华闪耀，而无实效，无结果，这是君子所为之叹息的地方。

至于申包胥到秦国哭援兵救楚，伯夷、叔齐饿死在首阳山，鲁国柳下惠守信不欺，西汉苏武持节不降，可称矢志不移。他们认为这样做才心安理得，出之自然。这是立志特别坚定的表现。

对于县中长吏，对他表示尊敬就行了，不要很亲密，不要时常去，去时要有个选择。和别人一同去，不要独自在前或独自在后；其所以要这样，是因为长吏喜好打听外事，恐怕有所举发，被他人猜疑，不能自免。多做少说，谨慎自守，就免受埋怨责备。

立身处世，自然应当清高淡泊，如有烦劳之事嘱托于我，要使人尽力，或托人之请求，应当婉言谢绝。我向来不干预这些人的事，当可取得谅解。如果事情急迫，不帮助心里不忍，可外面表示拒绝，而私下秘密帮助。这样做的原因，上者可以远离善恶是非的机兆，中者可以杜绝平常人的许多请托，下者可以保全清廉的名声，这也是立志的一个重要方面。

北邻卖饼儿，每五鼓未旦，即绕街呼卖，虽大寒烈风不废，而时略不少差也，因为作诗，且有所警，示秬秸：城头月落霜如雪，楼头五更声欲绝。捧盘出户歌一声，市楼东西人未行。北风吹衣射我饼，不忧衣单忧饼冷。业无高卑志当坚，男儿有求安得闲！

（北宋）张耒：《柯山集》卷一三

思想内涵：我的北边邻居有个小孩，以卖饼为业。每天五更，天没亮，就绕街叫卖，即使天气极度寒冷，刮着刺骨的北风，他也会来卖，并且很准时，让人为之感动，因此作诗，来告诫儿子张枏、张秸：城头月落霜如雪，楼头五更声欲绝。捧盘出户歌一声，市楼东西人未行。北风吹衣射我饼，不忧衣单忧饼冷。业无高卑志当坚，男儿有求安得闲！

立志以明道，希文自期待。立心以忠信，不欺为主本。行己以端庄，清慎见操执。临事以明敏，果断辨是非。又谨三尺，考求立法之意而操纵之。斯可为政，不在人后矣，汝勉之哉！治心修身，以饮食男女为切要，从古圣贤，自这里做工夫，其可忽乎？

君实见趣本不甚高，为他广读史书，苦学笃信，清俭之事而谨守之。人十己百，至老不倦，故得志而行，亦做七分已上人。若李文靖澹然 ① 无欲，王沂公俨然 ② 不动，资禀既如此，又济之以学，故是八九分地位也。后人皆不能及，并可师法。

（南宋）胡安国：《与子寅书》

注释： ① 澹然：清净寡欲的样子；澹，读音同"淡"。② 俨然：庄重的样子。

思想内涵： 立志以明圣贤之道，使自己成为范仲淹一样的人。居心忠厚守信用，诚实不欺。行为端庄正直，操守清廉谨慎。处理事情精明敏捷，果断辨别是非曲直。考究立法的原意，便于谨慎执法。这样做，你的政绩就不会落在别人之后。你要努力啊！修身养性，要注意饮食和节制房事，自古圣贤都在这里下功夫，你不可忽视。

司马君实的志趣本来就不是很高，但也能有所成就。因为他广读史书，勤苦用功，诚信可靠，持身清俭，而且能够坚持下去，从不轻易改变。别人用十分力气，他用百分力气，至老不倦。所以得志行于世，十分能够做到七分以上。像李沆恬淡无欲，王曾庄严自守，天资禀赋既好，又加上好学，所以十分中能够做到九分。虽然后人都赶不上他们，但是，他们的经验是值得效法的。

吾非徒望尔辈但取青紫 ①，荣身肥 ② 家，如世俗所尚，以夸市井小儿。尔辈须以仁礼存心，以孝弟 ③ 为本，以圣贤自期。务在光前裕后 ④，斯可矣。吾惟幼而失学无行，无师友之助，迨 ⑤ 今中年，未有所成，尔辈当鉴吾既往，及时勉力，毋又以贻他日之悔，如吾今日也。

习俗移人，如油渍⑥面，虽贤者不免；况尔曹初学小子，能无溺乎？惟痛惩深创⑦，乃为善变。昔人云："脱去凡近，以游⑧高明。"此言良足以警，小子识⑨之！吾尝有《立志说》与尔十叔，尔辈可从抄录一通，置之几间，时一省览，亦足以发⑩。方虽传于庸医，药可疗夫真病，尔曹勿谓尔伯父只寻常人尔，其言未必足法⑪；又勿谓其言似有理，亦只是一场迂阔之谈⑫，非我辈急务。苟如是，吾未如之何矣。

（明）王守仁：《王阳明全集·赣州书示四侄正思等》

注释：①青紫：泛指在朝廷做大官。②荣、肥：用作动词，使……荣耀，使……富裕。③弟：通"悌"。④光前裕后：为前人争光，为后人造福。光、裕，用作动词。⑤迨：读音同"待"，等到。⑥渍：污染。⑦痛惩深创：狠狠地整肃自身弱点，深刻地解剖自身毛病。⑧游：达到的意思。⑨识：记住。⑩发：启发。⑪法：效法，学习。⑫迂阔之谈：脱离实际的看法。

思想内涵：我并不希望你们读书只为了做官，荣身肥家，像俗人所追求的那样，借此夸耀乡里小儿。你们要把仁和礼随时放在心上，以孝顺父兄尊敬长辈为本，以圣贤自许，只要能够为前人争光，为后代造福，那就可以了。我幼年失学，品行不好，又没有老师朋友的帮助，到现在人到中年，也没有任何成就，你们应当以我为鉴，随时努力学习，以免将来后悔，就像我今天这样。

习俗移人，像灰尘沾面，即使贤明的人也不免有时受到影响；何况你们这些刚进学的年轻人，能够抵抗得住吗？只有痛惩深创，才会醒悟而有所改变。古人说："摆脱庸俗浅近的人，以就教于高明的人。"此话实足以作为警言，你们应该记住。我曾写有《立志说》交给你们的十叔，你们可以抄录一份，放在书桌上，经常看一看，对你们是有所启发的。药方虽是庸医所传，药却是可以治好真病的，你们不要认为伯父是寻常人，说的话未必值得效法；又不要认为说的话虽然似乎有理，但也只是一些不切实际的空谈，并非急务。如果你们果真这样认为，那我就真不知道该怎么办了。

人须要立志。初时立志为君子，后来多有变为小人的；若初时不先立下一个定志①，则中无定向，便无所为，便为天下之小人，众人皆贱恶②你。

你发愤立志要做个君子，则不拘做官不做官，人人都敬重你。故我要你第一先立起志气来。

（明）杨继盛：《杨忠愍集·给子应尾、应箕书》

注释： ① 定志：不轻易改变的人生志向。② 贱恶：讨厌，憎恶。恶，读音同"务"，厌恶。

思想内涵： 做人一定要立志。有很多人开始立志是做君子的，可是后来有很多变为小人；但如果不先立下一个确定的志向，那么，心中就没有确定的方向，便会胡作非为，成为天下的小人，大家都讨厌你，瞧不起你。你发愤立志要做个君子，那么，不管做官不做官，人人都会敬重你。所以，我希望你首先要立起志气来。

儿年几弱冠，懦怯无为，于世情毫不谙练①，深为尔忧之。男子昂藏六尺于二仪问，不奋发雄飞而挺两翼，日淹岁月，逸居无教，与鸟兽何异？将来奈何为人？慎勿令亲者怜而恶者快，兢兢业业，无怠夙夜。临事须外明于理而内决于心。钻燧之火，可以续朝阳；挥翮②之风，可以继屏翳③。物固有下而益大，人岂无全用哉？习业当凝神仟思，戡④足纳心。骛精于千仞之巅，游心于八极之表。浚⑤发于巧心，摅⑥藻如春华。应事以精，不畏不成形；造物以神，不患不为器。能尽我道而听天使，庶不愧于父母、妻矣。循此则终身不堕沦落，尚勉之励之。以我言为箴，勿愦愦⑦于衷，毋蒙蒙⑧于志。

（明）徐媛：《训子》

注释： ① 谙练：有经验。谙，读音同"暗"。② 翮，读音同"和"，翅膀。③ 翳：读音同"义"，遮盖。④ 戡：读音同"急"，停止。⑤ 浚：读音同"俊"，深。⑥ 摅：读音同"书"，舒发。⑦ 愦愦：稀里糊涂。愦，读者同"溃"，糊涂。⑧ 蒙蒙：迷茫的样子。

思想内涵： 你年近二十，懦弱胆小，无所作为，对人情世故毫不熟悉，我非常为你担忧。堂堂六尺男儿，立身于天地之问，不挺起翅膀奋发雄飞，让时光空过，贪求安逸，不求进德修业，这与鸟兽有何区别？将来怎么做人？千万不要让亲人痛惜而让仇人称快。兢兢业业，早晚都不要懈怠。遇事要外明道理，内有决断。钻木产生的火虽小，可以延续朝阳；鸟翼鼓动的风虽微，可以连接大风。事物虽在下等而用处很大，人岂是毫无用处的？学习要聚精会神，专心致志。探索到极高的境界，涉想到很远的地方，深刻的思想来于善用心智，舒展辞藻如春天的花朵。处事精细，不怕不成形；造物用心，不患不成器。尽到自己的最大努力，听从天命的安排，才可无愧于父母妻子。这样做下去，就可终身不会堕落，你可要努力啊！你要把我的话当作箴规，不可心里糊里糊涂，立志不明确不坚定。

立志之始，在脱习气，习气薰人，不醪^① 而醉。其始无端，其终无谓。袖中挥拳，针尖竞利。狂在须臾，九牛莫制。岂有丈夫，忍以身试！彼可怜悯，我实惭愧。前有千古，后有百世。广延九州，旁及四裔。何所羁络^②，何所拘执？焉有骐驹^③，随行逐队？无尽之财，岂吾之积。目前之人，皆吾之治，特不屑耳，岂为吾累。潇洒安康，天君无系。亭亭^④ 鼎鼎^⑤，风光月霁。以之读书，得古人意。以之立身，踞豪杰地。以之事亲，所养惟志。以之交友，所合惟义。惟其超越，是以和易。光芒烛天，芳菲匝地。深潭映碧，春山凝翠。奉考^⑥ 维祺^⑦，念之不昧。

（清）王夫之：《姜斋文集·示子侄》

注释：① 醪：读音同"劳"，老酒。② 羁络：束缚住。③ 骐驹：骏马奔腾。④ 亭亭：遥远的样子。⑤ 鼎鼎：盛大的样子。⑥ 考：长寿。⑦ 祺：福气。

思想内涵：人想立志有所作为，首先要摆脱旧有的庸俗习气。旧习气对人的影响，就像人闻到醇厚的酒气，不饮而醉。一开始就没个头绪，到头来又不知所以。袖子里挥拳，为针尖小的利益争斗，一时间的疯狂，九头牛也拉不回。哪有男子汉，甘心去试做这种事啊。说起来这些人着实可怜，我实在为他们感到惭愧。前有千古，后有百世；广到全中国，旁及四极八荒，有何羁绊，有何拘束，使人受到束缚啊！哪有志在千里的人，而愿意和他们混在一起。那些无穷无尽的财富，岂能成为我的积蓄？目前这些人，都是我正己的镜子，特别不值得当一回事儿，怎能让这些人这些事情拖累了自己！为人要清高脱俗，潇洒健康，心无拘束，高洁适中，如雨过天晴，一片明净景象。这样去读书，就能领略到古人的深意；立身处世，就能成为英雄豪杰；侍奉双亲，就能仰承其志；去交朋友，就能符合道义。因为志趣高洁，所以能谦和平易。如灯烛辉煌，光芒照人，花草满地，香气袭人。像深潭映着碧波，春山凝成翠色。这样，才能高寿多福，万古长青。希望你们切记勿忘。

传家一卷书，惟在汝立志。凤飞九千仞，燕雀独相视。不饮酸臭浆，闲看旁人醉。识字识得真，俗气自远避。人字两撇捺，原与禽字异。潇洒不沾泥，便与天无二。

（清）王夫之：《姜斋诗剩稿·示侄孙生蕃》

思想内涵：我只有一卷书传给你啊，希望你立志做个高尚的人。凤凰高飞九千仞之上，燕子和山雀只能在下面看着它。不去喝那些酸臭的酒，就可以闲在一边看旁人喝得烂醉。识字真切，俗气自然就能远离。"人"字一撇一捺，本来就和禽兽的"禽"字不同。洒脱不沾污泥，便是顶天立地的好男儿。

人之气质，由于天生，本难改变，惟读书则可以变化气质。古之精相法并言读书可以变换骨相，欲求变之之法，总须先立坚韧之志。即以余生平言之，三十岁前，最好吃烟①，片刻不离。至道光壬寅十一月廿一日立志戒烟，至今不再吃。四十六岁以前作事无恒，近五年深以为戒，现在大小事均尚有恒。即此二端，可见无事不可变也。尔于厚重二字，须立志变改，古称金丹换骨，余谓立志即丹也。

（清）曾国藩：《曾国藩全集·家书·谕纪泽纪鸿儿》

注释：① 好：读音同"浩"，喜爱。

思想内涵：人的气质，是天生而来，本来难以改变，惟有读书能够影响气质。古代精于相术的人都认为读书可以变换人的骨相。要想得到改变的方法，总必须先立下坚忍不拔的志气。就以我这一生来说，三十岁以前，最喜欢吸烟，片刻不能离身。到道光壬寅十一月廿一日立志戒烟，至今已不再吸烟。四十六岁以前，做事没有恒心。近五年来深以为警戒，现在做大小事情都还有点恒心。就从这两件事来看，可以知道没有什么事情是不能改变的。你对于厚重两字，必须立志变改，古人说金丹换骨，我说立志就是金丹。

2. 志当存高远

夫志当存高远。慕①先贤，绝②情欲，弃疑滞③，使庶几④之志，揭然⑤有所存，恻然有所感⑥；忍屈伸，去细碎，广咨问⑦，除嫌吝⑧，虽有淹留⑨，何损于美趣⑩，何患于不济⑪？若志不强毅，意不慷慨，徒碌碌滞于俗⑫，默默束于情⑬，永窜伏于凡庸，不免于下流矣？

《诸葛亮集·诫外甥书》

注释：①慕：向往。②绝：摈弃。③疑滞：疑惑，阻碍。④庶几：指努力成才的人。⑤揭然：高而突出的样子。⑥恻然：伤痛的样子。⑦咨问：征询。⑧嫌吝：厌恶，怜惜。⑨虽有淹留：虽，即使；淹留，滞留。即使有才德而不被录用。⑩美趣：美好的志趣。⑪何患于不济：何，哪里；患，担心，害怕；济，成功。⑫徒碌碌滞于俗：徒，白白地；碌碌，平庸无能；滞于俗，被世俗所困惑。⑬束于情：被情欲所束缚。

思想内涵：应该树立远大的理想，追慕先贤，节制情欲，去掉疑惑，无所畏缩，树立好学成才的志向，能屈能伸，豁达大度，不局限于琐屑的事情，虚心地广泛学习，确立宽大的气量，即使未能得到升迁，也不要损害自己美好的志趣，何愁理想不能得到实现？如果意志不坚强，意气不昂扬，沉溺于习俗私情，碌碌无为，就将永远处于平庸的地位，甚至沦落到下流社会。

夫君子之行，静以修身，俭以养德，非淡泊无以明志①，非宁静无以致远②。夫学，须静也；才，须学也。非学无以广才③，非志无以成学。慆慢④则不能励精⑤，险躁⑥则不能冶性⑦。年与时驰⑧，意与日去⑨，遂成枯落⑩，多不接世⑪，欲守穷庐⑫，将复何及！

《太平御览》卷四五九《诸葛亮诫子书》

注释：①淡泊明志：胸怀恬淡，安于贫贱，表明志向。②宁静致远：沉稳冷静，实现远大理想。③广才：增长才干。④慆慢：放任懈怠。⑤励精：振奋精神。⑥险躁：奸邪浮躁。⑦冶性：陶冶品性。⑧年与时驰：年岁跟时间一道流逝。⑨意与日去：意志随日月一起消磨。⑩枯落：枯枝落叶。⑪接世：应付时务。⑫ 庐：屋子。

思想内涵：品德高尚者的作为，通过宁静加强自身修养，通过节俭培养良好的德行。不恬淡寡欲，不能表明志趣；没有宁静的心境，不能确立高远的志向。求学，一定要安心；取得才干，一定要学习。不学习，就不能增长才干；不立志，就不能成就学业。轻浮怠惰不能钻研学问，偏傲浮躁不能陶冶性情。年华易逝，意志消磨，就会成为枯叶一般，不合世用，悲守穷屋，最终后悔不及！

　　觅句新知律 ①，摊书解满床。试吟青玉案 ②，莫羡紫罗囊 ③。暇日从时饮，明年供我长。应须饱 ④ 经术，已似爱文章。十五男儿志，三千弟子行 ⑤。曾参与游夏 ⑥，达者得升堂。

（唐）杜甫：《杜工部集·又示宗武》

注释：① 律：诗的格律。② 青玉案：指古诗。这里是用东汉学者张衡《四愁诗》的典故。③ 紫罗囊：贵族子弟佩戴的用紫罗做成的香袋。④ 饱：用作动词，学饱学问。⑤ 行：读音同"航"，行列。⑥ 曾参与游夏：孔子的学生曾参、子游和子夏，都有贤名。

思想内涵：刚刚懂得诗的格律，就寻觅词句作诗，满床摊着书好象已经弄懂了。尝试着吟诵古诗佳句，不要美慕佩戴紫罗香囊。闲暇的时候饮上几杯，但不可贪酒而荒废时间。要知道，你明天就和我一样高了。应该饱读《诗》《书》，通晓经典的奥秘，看来你似乎已经很爱读文章了。十五岁男儿应当立志求学，像孔子的三千弟子一样，要有出息有作为。曾参和子游、子夏，通晓经术，已升堂入室了，你可以向他们学习啊。

　　脱去凡近，以游高明。莫为婴儿之态，而有大人之器。莫为一身之谋，而有天下之志。莫为终身之计，而有后世之虑。不求人知而求天知，不求同俗而求同理。

（北宋）谢良佐：《训子求同理》

思想内涵：脱离才识浅陋的人，与道德高尚的人交往。不要学习小孩子那种傻态，而要有大人的气魄和度量。不要只为个人打算，而要胸怀天下。不要只考虑自己的一生，还要为后世着想。不要只求让别人知道，而要让天知道你。不要求与世俗在一起，而要求与理同在。

凤凰不与凡鸟同群，麒麟不代凡驷伏枥。大丈夫既不能为名世硕人，洗荡乾坤，即当居高山之顶，目视云汉，手扪星辰，必不随群逐队，自取羞辱也。

（明）袁中道：《珂雪斋近集·寄祈年》

思想内涵：凤凰不与凡鸟同群，麒麟不能关在普通的马厩。男子汉大丈夫既然不能成为举世闻名的巨人，涤荡乾坤，就当隐居在高山之巅，眼望云汉，手扪星辰，一定不要随波逐流，自取羞辱。

二、修身为本

树立崇高远大的志向，矢志不渝，就是使自己符合志向的要求，使自己的思想、言论、行为不断地贴近奋斗的目标。砥砺自己，去掉一切不利于自我完善、实现远大目标的东西。这就需要修身、自律，不断地努力完善自己。

在中国传统社会，志士贤人奉行一种入世的人生观，主张对社会有所作为，同时强调自己不断地改铸自新，适应社会从而改变社会。为此，对修身提出了崇高的要求，譬如，认为诚信守志，恭兄友弟，孝敬长老，谦虚不骄，礼让仁厚，是人的立身之本；认为人生处世，要尚操守节，净化德行，孝父忠君，为人楷模；认为自我要不断苦修，驱除杂念，使自己具备圣贤那样的品格；等等。我国古代思想家不断指出了修身的基本要求、内容、途径，而且指出了它的最终目标，就是要追慕圣贤，经世济民，改变社会。这就是由修身出发的一种人生宇宙图式：修身是齐家的基础，更是治国、平天下的人格基础。在他们看来，如果离开了自我苦修，想要入世干大事业，却是万万不可能的。

我国古代思想家围绕修身问题，有许多独到见解和合理的意见，值得今人重视。

1. 修身为立身之本

夫言行可覆①，信之至②也；推美引过③，德之至也；扬名显亲，孝之至也；兄弟怡怡，宗族欣欣，悌之至也；临财莫过乎让。此五者，立身之本④也。

（晋）王隐：《晋书·王祥传》

注释：① 覆：审察。典出《汉书·李寻传》："臣自知所言害身，不辟死亡之诛，惟财留神，反覆愚臣之言。"② 至：十分，最。③ 推美引过：推，推让；美，好；引，招致；过，错。④ 本：根本。

思想内涵：言论与行为经受得起审察，这是最诚实的；推让利益反省过失，这是最好的德性；光宗耀祖，这是最大的孝；兄弟欢悦，宗族和睦，这是最大的悌；有好处能推让别人。这五条，是自己成就事业的根本。

事①君莫如忠，事亲莫如孝，朋友②莫如信，修身莫如礼，汝哉其③勉之。

《古文苑》卷十《郦苟临终遗言》

注释：① 事：侍奉。② 朋友：用作动词，交朋友。③ 其：语气词，用于祈使句。

思想内涵：侍奉君主一定要忠，扶侍父母一定要孝，交朋友一定要诚信，修身一定要守礼法，你要努力啊！

临终执世子①骏，泣曰："昔吾先人，以孝友②见称③。自汉初以来，世执忠顺。今虽华夏大乱，皇舆播迁④，汝当谨守臣节，无或失坠。"

（北魏）崔鸿：《十六国春秋》卷七一《前凉二》

注释：① 世子：嫡长子。② 孝友：孝悌。对父母孝顺，对弟弟友善。③ 见称：被称道。见，被。④ 皇舆播迁：皇舆，国君所乘的车，借喻为国君、朝廷。典出屈原《离骚》："岂余身之殚殃兮，恐皇舆之败绩。"播迁，流离迁徙。

思想内涵：临死时拉着长子骏的手，边流泪边说："你的祖先，因为孝悌被人称道。从汉朝初年到现在，世代忠顺。现在虽然中原战乱皇室迁徙，但你还是要谨守作为臣子的节操，不要有任何闪失。"

发人私书，拆人信物，深为不德，甚者遂至结为仇怨。余得人所附书物，虽至亲卑幼者，未尝辄留，必为附至。及人托于某处问迅干求，若事非顺理，而己之力不及者，则可至诚面却之；若已诺之矣，则必须达所欲言，至于听与不听，则在其人。凡与宾客对坐，及往人家，见人得亲戚书，切不可往观及注目偷视。若屈膝并坐，目力可及，则敛身而退。候其收书，方复进以续前话。若其人置书几上，也不可取观，须俟其人云"足下可观"，方可一看。若书中说事无大人，以至戏谑之语，皆不可于他处复说。

凡借人书册器用，苟得已者，则不须借。若不获已，则须爱护过于己物。看用才毕，即便归还，切不可以借为名，意在没纳①，及不加爱惜，至有损坏。大率②豪气者于己物多不顾惜，借人物岂可亦如此。此非用豪气之所，乃无德之一端也。

凡与人同坐，夏则己择凉处，冬则己择暖处，及与人共食，多取先取，皆无德之一端也。

（南宋）吕祖谦：《辨志录》

注释：① 没纳：吞贪，据为己有。② 大率：大凡。

思想内涵：为人送信而去拆看信件，是很不道德的行为，严重的甚至为此结怨结仇。人家托我随带的信件，即使是至亲，或是卑贱、幼小的人，我也不曾擅自滞留，一定带到。趁着人家委托之时，赶快将地点询问清楚，如果所托之事由不合情理，而自己又力所不及，就可真诚地当面推却；如果已经答应人家，就必须把托付给自己的真实情况告诉对方，至于人家听与不听，就在他自己了。凡是陪同宾客，或去别人家里，看到人家收到亲戚的书信，千万不要去看，也不能注目偷看。如果屈膝并坐，眼睛能看到，应当缩身而退，等到他把书信收叠起来，方可再进一步谈论前面未尽的话题。如果人家把书信放在桌上，你也不能拿来观看，要等人家说你可以看，方可观看。如果信中说的事没有分寸，甚至玩笑诙谐的话，你都不能到别处宣扬。

凡是借别人的书籍用具，自己暂时有用的，就不要借；假如自己没有，借来之后，就要更加爱护。看完用完之后，要随手归还，切不可以借为名，存心占为己有，不加爱惜，甚至损坏。大凡气魄大的人对自己的东西多不爱惜，借人家的东西哪里可以也这样呢？这不是显示气魄大的地方，而是一种没有道德的表现。

凡是与人同坐，天热时就只顾自己选择阴凉的地方，天冷时则只顾自己选择暖和的地方。与别人一块吃饭，就只顾自己多取先取。这些也都是没有道德的种种表现。

吾人立身天地间，只思量作得一个人，是第一义，余事都没要紧。作人的道理，不必多言，只看《小学》便是。依此作去，岂有差失？从古聪明睿智，圣贤豪杰，只于此见得透，下手早，所以其人千古万古，不可磨灭，闻此言不信，便是凡愚，所宜猛省。

作好人，眼前觉得不便宜，总算来是大便宜；作不好人，眼前觉得便宜，总算来是大不便宜。千古以来，成败昭然，如何迷人尚不觉悟，真是可哀！吾为子孙发此真切诚恳之语，不可草草看过。

（明）高攀龙：《高子遗书·家训》

思想内涵：人立于天地之间，学做人是人生第一件重要的事，其余的事都没有这么要紧。做人的道理，不必多说，只看《小学》便是。依照上面所说的去做，哪会有什么差错呢？自古以来的聪明睿智之士，圣贤豪杰，只对此看得透，下手早，所以他们流芳后世，不可磨灭。听了这话不信的，便是平庸愚昧，应该深刻反省。

作好人，眼前总觉得占不了便宜，总算来却是大便宜。做不好的人，眼前觉得占了便宜，总算来却是大不便宜。自古以来，成功失败昭然若揭，如果还执迷不悟，真是可悲！我为子孙说这些真切诚恳的话，你们切不可草草看过。

陶侃①运甓②，自谓习劳，盖有难以直语人者。劳则善心生，养德养身咸在焉。逸则妄念生，丧德丧身咸在焉。吾命言儿稽③孙，不外一"劳"字，言劳耕稼，稽劳书史，汝父子其图之。

（明）史桂芳：《惺堂文集·训家人》

注释：① 陶侃：字士行（259—334 年），为东晋名臣。② 甓：读音同"辟"，砖。③ 稽：考查。这里是教育的意思。

思想内涵： 陶侃运砖，自称习劳，大概是有难以用语言说明的益处。习劳就会产生善心，养德、养身都从这里开始。安逸则会产生恶念，丧德、丧身都由此而起。因此我，教导子孙，不外一个"劳"字，言儿劳耕稼，稽孙劳书史，你们父子要努力为之。

孝、友、勤、俭，最为立身第一义，必真知力行，奉此心为严师。就事质成①，反躬体验，考古人前言往行，而审其所以，必思有所持循②，无为流俗所蔽。若残忍骄奢，百行裂矣③，他复何望哉。

（明）庞尚鹏：《庞氏家训·务本业》

注释：① 就事质成：探索事情的成因。② 持循：遵循。③ 百行裂矣：各种品行都败坏了。

思想内涵： 孝顺父母，友爱兄弟，勤劳节俭，是做人最基本的准则。必须真知力行，将此奉为圭臬。探索事情的成因，并且反躬自省，考察前人的嘉言善行，研究其所以然，必定想有所遵循，只有这样才能不为流俗所蒙蔽。如果残忍骄奢，各种品行都败坏了，其他还有什么希望呢。

凡做人，在心地。心地好，是良士。心地恶，是凶类①。譬树果，心是蒂。蒂如坏，果必坠。

（明）庞尚鹏：《庞氏家训·训蒙歌》

注释：① 凶类：凶恶的人。

思想内涵： 做人的关键在于心地是否善良。心地善良的人，就是好人。心地坏的人，就是坏人。譬如树的果子，心好比是蒂，蒂如果坏了，果子必定坠落。

2. 万事都要不亏志节

孟子曰："事孰为大？事亲①为大；守孰为大？守身②为大。不失其身而能事其亲者，吾闻之矣；失其身而能事其亲者，吾未之闻也。孰不为事？事亲，事之本也。孰不为守？守身，守之本也。"

《孟子·离娄上》

注释： ① 事亲：侍奉父母。② 守身：操守自身，使不陷于不义。

思想内涵： 孟子说："侍奉谁最为重要呢？侍奉父母最为重要；操守什么最为重要呢？操守一个人自身（使它不陷于不义）最为重要。不使自身陷于不义而又能侍奉好他的父母的人，我听说过；本身陷于不义，却能侍奉好父母的人，我没有听说过。什么长者不应该侍奉呢？可侍奉父母却是最根本的；什么正义的事不应该坚持呢？可操守本身使不陷于不义却是最根本的。"

夫孝则竭力所生 ①，忠则致身所事 ②，未有孝而遗其亲，忠而后 ③ 其君者也……况仆之先人 ④，世传儒业，训仆以为子之道，励 ⑤ 仆以事君之节，今仆之委质 ⑥，有年世 ⑦ 矣，安可自同于匹庶 ⑧，取笑于儿女子 ⑨ 哉！是以肠一夕而九回 ⑩，心终朝 ⑪ 而百虑，惧当年之不立 ⑫，耻没世而无闻 ⑬，慷慨怀古，自强不息，庶几伯夷之风 ⑭，以立懦夫之志 ⑮。

（唐）李延寿：《北史·魏长贤传》

注释： ① 所生：所由生，指父母。② 致身所事：致身，奉献自己的一切；所事，指君主。③ 而后：把（君主）抛到后边，抛弃。④ 先人：指祖先。⑤ 励：激励，鞭策。⑥ 委质：做官，事奉君主。委，放下；质，身体。⑦ 年世：年代。古代以三十年为一世。⑧ 匹庶：平民，普通的人。⑨ 儿女子：妇女小孩，指没有见识的人。古时视妇女为最卑贱无知的人。⑩ 九回：多次转动。古时以回肠表示内心愁苦。九，表示多。⑪ 终朝：早晨，自早起至食时。⑫ 当年之不立：当年，壮年；不立，不能立身；不能建立事业。⑬ 耻没世而无闻：耻，用作动词，以……为耻；没世，死去。典出《论语·卫灵公》："君子疾没世而名不称焉。"⑭ 庶几伯夷之风：庶几，或许，表示推测；伯夷，商末孤竹君长子，与弟叔齐互相推让君位，最后都不肯即君位，逃往国外。西周初年，饿死在首阳山中。风，风格气节。⑮ 以立懦夫之志：立，使动用法，促使……树立。连同上句，典出《孟子·万章下》："故闻伯夷之风者，顽夫廉，懦夫有立志。"

思想内涵：孝，就是要对父母竭尽自己的感情；忠，就是要对君主倾注自己的心智。没有抛弃父母的孝，也没有背叛君主的忠……况且我的祖先，代代传颂儒家的教导，训导我做一个儿子的道理，鞭策我侍奉君主的节操。现在，我已经侍奉君主有好几年了，怎么能同老百姓一样，而被愚昧无知者所讥笑呢！所以，我内心愁苦，心里装满了忧虑，恨我壮年不能建立功业，不能留名后世。慷慨怀古，自强不息，或许有伯夷的节操和风骨，用来促使懦夫确立远大的志向。

　　仆虽固陋①，亦尝奉教于君子矣。以为士之立身，其路不一。故有负鼎俎以趋世②，隐渔钓③以待时，操筑④傅严之下，取履⑤圯桥之上者矣。或有释赁车以匡霸业⑥，委挽辂⑦以定王基，由斩祛⑧以见礼，因射钩⑨而变相者矣。或有三黜不移⑩，屈身以直道⑪；九死不悔⑫，甘心于苦节⑬者矣。皆奋于泥滓⑭，自致青云⑮。虽事有万殊，而理终一致，权其大要，归乎忠孝而已矣。

（唐）李延寿：《北史·魏长贤传》

　　注释：①固陋：顽固鄙陋，愚钝无知。②负鼎俎以趋世：负鼎俎，背靠大鼎（古代烹饪器具，类似后世三足大锅），举着案板。这是指商汤辅相伊尹的故事，典出《史记·殷本纪》。伊尹（名挚）想见汤王，没有机会，就做了汤王妻有莘氏的陪嫁奴隶。他背靠大鼎，举着摆满菜肴的案板来见汤王，借谈滋味劝说汤王实现王道，获得任用。他辅佐汤王伐夏桀，建立殷朝；后又辅佐太甲，被尊为阿衡（主宰一切的意思）。③隐渔钓：隐于渔翁钓客之中。这是指吕尚求见周文王的故事。典出《史记·齐太公世家》：吕尚为了躲避商纣暴政，钓于渭水之滨，周文王聘为师。武王即位，尊为师尚父。辅佐武王伐纣，灭商，建立周朝，封于齐，为齐国始祖。④操筑：拿着夯土的木杵。这是指傅质（读音同"悦"），殷高宗武丁的相。传说是筑墙的工匠，在傅严（地名）为人筑墙（筑墙时先竖起两道夹板，把土倒进夹板里，用杵夯实），高宗发现他是个贤人，选拔出来，委以要职。⑤取履：提起鞋子。这是指张良拜师的故事。典出《史记·留侯世家》：秦末人张良，为韩国宗室之后。秦灭韩国，他策划行刺秦始皇未成，逃到下邳隐避，一天他到圯桥上散步，遇到一老者，老人让他给自己到桥下去提鞋子，他恭敬地将鞋提起，并为老人穿好。于是老人授以《太公兵法》一书。后来张良追随刘邦，为其出谋划策，终于打败项羽，统一天下。⑥ 释赁车：放下租用的车。这是指齐桓公用宁戚的故事。典出《吕氏春秋》：宁戚，春秋时期卫国人，有贤才，不被用，于是贩货到齐，在齐国都城郭门之外露宿。一次，齐桓公夜里出城迎客，宁戚正在喂牛，敲着牛角唱着歌，"南山矸，白石烂，生不遭尧与舜禅。短布单衣适至骭（胫骭），从昏饭牛薄夜半，长夜漫漫何时旦？"桓公派人令他前去交谈，很喜欢他，任为大夫。⑦ 委挽辂：放下挽车的横木。委，放下；辂，读音同"何"，挽辇（用人拉的车）的横木，缚在辕上。这里指周文王用胶鬲（读音同"立"）的故事。胶鬲，商末贤士，纣王残暴，忠良被害，胶鬲隐遁行商，贩卖鱼盐，周文王发现了他，举为臣。⑧ 斩祛：斩去衣袖。祛，读音同"驱"，袖子。这是指寺人勃鞮救晋文公重耳的故事。典出《国语·晋语》：晋献公晚年，宠爱骊姬，听信骊姬谗言，逼死太子申生，迫害公子重耳（后为晋文公）。寺人勃鞮（又名披，宫中小臣，相当于后世的宦官）被晋献公派去杀重耳，斩掉一只袖子，重耳逃亡国外。后来在秦国的帮助下返国执政，赦免其罪。吕甥、郤芮阴谋杀害国君，勃鞮得到消息，又及时报告，救了重耳。⑨ 射钩：射中衣带上的钩。这里指管仲射齐公子小白（齐桓公）的故事。《史记·管晏列传》记载：齐国内乱，公子纠和公子小白逃往国外。齐襄公死，公子小白由莒国赶回去即位，为齐桓公。公子纠同时也被鲁国用军队护送回国。于是齐、鲁交战。管仲其时追随公子纠，用箭射中桓公带钩。公子纠战败身死，管仲被俘回国。桓公不记前仇，采纳鲍叔牙的意见，任管仲为执政大臣，国富兵强，称霸诸侯。⑩ 三黜不移：三次被罢官，却不能动摇他的意志。指楚国令尹孙叔敖被三次罢官的故事。《史记·循吏列传》有载：孙叔敖曾三次得相楚庄王。"三得相不喜，知其才之自得也；三去相不悔，知非之罪也。"⑪ 屈身以直道：屈身，委屈自己；直道，坚持道义、真理。⑫ 九死不悔：九，谓其多。即使死过多少回，也不悔恨自己的追求。语出屈原《离骚》诗句："亦余心之所善兮，虽九死其犹未悔。"屈原，战国末期楚国爱国诗人，楚国宗室，曾任左徒，辅佐楚怀王办理外交事务，制定法令，坚决主张联齐抗秦。后遭人诬陷，被贬官，流放到湘水流域，愤而自沉。⑬ 苦节：艰苦卓绝，保持气节。⑭ 泥滓：污泥渣滓。比喻地位卑下，处境屈辱。⑮ 自致青云：自致，凭自己的能力达到；青云，比喻高官显爵。

思想内涵：我虽然愚钝无知，但曾经求教过君子。士在世上做一番事业，其途径各不一样。所以伊尹通过背靠大鼎，举起案板的方式见到商汤，吕尚垂钓渭水之滨见到周文王，传说傅严为人筑墙而被殷高宗武丁发现，张良恭敬长者获得智慧秘籍。有的人如宁戚放下租用的车担任齐桓公时的辅佐大臣，襄助霸业；有的人如胶鬲放下挽车的横木被周文王启用，奠定了称王的基业；有的人如管仲因俘虏而被拜为国相，有的人如孙叔敖三次被罢官但不能动摇他的意志，委屈自己，追求真理；有的人如屈原至死不悔，不改追求，保持节操。这些人都从卑贱和屈辱中奋起，凭自己的力量取得了高官厚爵，居临众人之上。虽然事情有千差万别，但道理总是一样的，归纳其中的真谛，主要是他们具有忠和孝的品质。

教人使之，必先使有耻，又须养护其知耻之心。督责之，使有所畏；荣耀之，使有所慕。皆所以为教也。到无所畏、不知慕时，都行不将去。

（元）许衡：《许鲁斋语录》

思想内涵：教导他人，首先要让他有耻辱感，还必须培养他知耻之心。督责他，使他有所畏惧；表扬他，使他有所追慕。这都是教导的办法。待到他无所畏惧、不知追慕时，无论如何使力都没有办法了。

可恨者，吾家以四代科甲，鼎鼎名家，世传忠孝，汝当此变故之来，不为避地之策，而甘心与诸人为亏体辱亲之事①。汝固自谓行权②也，他事可权，此事而可权乎？邑中在庠③诸友，轰轰烈烈，成一千古之名，彼岂真恶生而乐死乎？诚以名节所关，政④有甚于生者。死固吾不责汝，家第已破矣，复所何恋？不早觅隐避处所潜身，而反以快仇人之志，谓清浊不分，岂能于八斗槽中议论人乎！

（明）瞿式耜：《瞿式耜集·与子书》

注释：①亏体辱亲之事：指瞿式耜的儿子瞿玄锡接受了清统治者剃发的命令。②权：权宜。③庠：读音同"详"，古代的学校，特指乡学。④政：通"正"，只，仅仅。

思想内涵：可恨的是，我家以四代科甲，鼎鼎名家，世传忠孝，你当此变故来临之际，不思考躲避的策略，却甘与别人一样做亏体辱亲的事。你还自认为是权宜之事，其他的事可权变，这等事情也是可以权变的吗？邑中同在学校的朋友们，轰轰烈烈，成就千古英名，他们难道真是厌恶活着而喜欢去死吗？实在是名节所关，比生命还要重要。如果你死了，我还不责备你。家第已残破了，又有什么可留恋的？不及早寻觅隐身避祸的地方藏身，反而快仇人之志，倘若认为别人清浊不分，岂能在八斗槽中议论别人！

我虽妇人，身受国恩，与国俱亡，义也。汝无为异国臣子，无负世世国恩，无忘先祖遗训，则吾可以瞑于地下。

（清）顾炎武：《顾亭林诗文集·先妣王硕人行状》

思想内涵：我虽然是一个妇道人家，但身受国家的恩泽，以身殉国，是为了取义。你不要做异国的臣子，不要背弃世世代代所受国家的恩泽，不要忘记先祖遗训，那么我就可以死而瞑目了。

汝辈既贫窭，能闭户读书为上；农、圃、渔、樵，孝养二亲，亦上也。百工技艺，自食其力者次之；万不得已，佣工度日又次之；惟有房官不可为耳！古人版筑[1]、鱼盐，不亏志节，况彼在平安无事之时耶？发黄齿豁，手足胼胝[2]，来亦无妨。汉王章为京兆尹，见其子面貌蠢恶，毛发焦枯，对僚属便黯然销声；我则不然也。为贫而仕，抱关击柝[3]，亦不足羞。惟有治民管兵之官，必不可为。既为房官者，必不可来。既为房官，虽眉宇英发，气度娴雅，我亦不以为孙。

（清）朱舜水：《朱舜水集·与诸孙男书》

注释：① 版筑：建筑工作。② 胼胝：读音同"骈只"，手掌、脚掌上生出的茧。形容工作劳苦。③ 击柝：敲打梆子以报警。柝，读音同"唾"，古时巡夜用的梆子。

思想内涵：汝辈既然贫穷，能够闭门读书为上；务农、种菜、捕鱼、打柴，奉养双亲，亦属上等。其次从事百工技艺，自食其力。万不得已，做工度日又在其次。只是不可做清朝的官啊！古人作建筑工，贩鱼盐，还不亏志节，何况你们在平安无事的时候呢？头发焦黄牙齿豁露，手脚长满老茧，来我这里也无妨。汉代王章为京兆尹，看到他的儿子面貌丑陋，毛发焦枯，见到僚属便黯然销声。我则不然，因为贫穷而做官，即使守门打更，亦不足羞。唯有治民管兵之官，必不可为。凡做清朝官员的人，千万不要来我这里。凡做满清的官员，即使眉宇英发，气度娴雅，我也不认他作孙子。

3. 谦逊忍让，忠信笃敬

闻仲祉①轻傲耆老②，侮狎③同年④，极口⑤恣意⑥，当崇⑦长幼，以礼自持⑧。闻敦煌有人来，同声相道，皆称叔时⑨宽仁，闻之喜而且⑩悲：喜叔时得美称，悲汝得恶论。经⑪言："子⑫于乡党⑬，恂恂如也⑭。"恂恂者，恭谦之貌⑮也。经难知，且⑯自以汝资父为师，汝父宁⑰轻乡里邪⑱？年少多失，改之为贵。蘧伯玉⑲年五十见四十九年非⑳，但㉑能改之，不可不思吾言。不自克责㉒，反云，"张甲谤我，李乙怨我，我无是㉓过尔"，亦已矣㉔。

（唐）欧阳询：《艺文类聚》卷二三

注释：① 仲祉：人名，作者张奂侄儿。张奂（104—181），字然明，东汉敦煌（今甘肃敦煌市西）人。举贤良对策第一，拜为仪郎。桓帝永寿元年(155)任安定属国都尉，抗击匈奴有功。后任武威太守、大司农。因得罪宦官，被禁锢归故里，著有《尚书记难》三十余万言。张仲祉，早年丧父，家境略好，便滋长了一种傲慢习气，在乡里名声不好。张奂此封书信，教育他要学习孔子对乡里谦恭谨慎的精神，好好做人。② 耆老：耆，读音同"齐"，古时称六十岁以上的人为耆。老年人。③ 侮狎：狎，读音同"霞"，对人轻侮。侮辱，戏弄。④ 同年：同辈人。⑤ 极口：极，极点，尽点。夸口。⑥ 恣意：恣，读音同"字"。随意放纵自己，无所拘束。⑦ 崇：用作动词。尊重，敬重。⑧ 自持：自我约束。⑨ 叔时：人名，即仲祉父。⑩ 而且：又。⑪ 经：古时的经典。这里指《论语》。⑫ 子：指孔子，春秋时期鲁国思想家，教育家，儒家学派的创始人。死后，他的学生将其言论编为《论语》。⑬ 乡党：古时地方行政区划。这里是指本乡。⑭ 恂恂如也：恂恂，恭敬谨慎的样子；如也，像这样。⑮ 貌：样子，模样。⑯ 且：姑且，暂且。⑰ 宁：反诘句用语。难道。⑱ 邪：通"耶"，疑问虚词，吗。

⑲蘧伯玉：人名，名瑗，字伯玉，谥成子。春秋时期卫国贤臣。卫国大夫史鳅知其贤能，屡次向灵公推荐他，不被任用。典出《淮南子·原道》："蘧伯玉年五十而知四十九非。"⑳非：过错。㉑但：不过，尚且。㉒克责：克制，反省。㉓是：这，这个。㉔亦已矣：亦，也，已，罢了；矣，语气词，也就罢了。

思想内涵：听说仲祉对老年人傲慢无礼，对同辈人戏谑随便，谈话随意。以后要注意尊重别人，按照礼法约束自己。听说有人从敦煌来，异口同声，都称道叔时宽厚仁爱，听到后又喜又悲。高兴的是，叔时有这么好的口碑；忧虑的是你有这么糟的名声。经典上说："孔子对于他周围的人，总是谦恭谨慎的样子。"经典难以知道，姑且以你的父亲作为榜样吧，你的父亲难道看不起别人吗？年轻的时候总是少不了犯错误的，改了就好。蘧伯玉在五十岁时，反思了自己四十九年中的过错，还能改正，你不能不想一想我所说的话。自己不作检讨，反而归咎别人，就没有什么好说的了。

今我告尔以老①，归尔以事，将闲居以安性，覃思②以终业③。自非④拜⑤国君之命，问族亲之忧⑥，展敬⑦墓坟，观省⑧野物⑨，胡尝⑩扶杖出门乎？家事大小，汝一承之。咨尔茕茕一夫，曾无同生相依。其勖求君子之道，钻研勿替，敬慎威仪，以近有德。显誉成于僚友，德行止于己志。若致声称，亦有荣于所生，可不深念邪，可不深念邪！

（南朝·宋）范晔：《后汉书·郑玄传》

注释：①我：指郑玄（127—200）。字康成，北海高密（今山东省高密市）人。他辞去大司农（相当于后世的户部尚书）的高官不做，毕生从事学术研究和教育工作，是一位卓有成就的文献学家，语言学家，大经学家和著名教育家。他用毕生精力遍注群经，创立了糅合古今文经学、集经学之大成的"郑学"，结束了经学今古文之争。他一生著述甚丰。至今传世的只有《诗》和《三礼》四种笺注本。尔：指其子郑益恩。这里郑玄在七十岁时写给郑益恩的家信。信写成后的第4年，郑玄便去世了。②覃思：覃，读音同"谭"，深。深入思考。③终业：指完成著述的事业。④自非：如果不是。⑤拜：接受。⑥忧：疾病。⑦展敬：祭祀。⑧观省：省，读音同"醒"，察看。观看。⑨野物：指庄稼。⑩胡尝：何尝，何曾。一：完全。咨：感叹词。茕茕：茕，读音同"穷"，孤单的样子。同生：兄弟姐妹。其：用于祈使句，语气词。勖：读音同"絮"，努力，勉励。勿替：替，废弃。不要放弃。威仪：庄严的仪态。显誉：显赫的名声。止于：止，通"只"。只取决于。声称：声誉。所生：由……生，指父母。邪：通"耶"。语气词。

思想内涵：现在我老了，把家事托付给你吧，以便我日后安闲地生活，以颐养性情；深思熟虑，完成著述。如果不是接受皇帝的委托，过问亲族的大事，祭祀墓坟，察看庄稼，我是不会轻易走动的。家里的大事小事，完全由你处理。唉，你没有兄弟姐妹依靠，力量孤单。但你要勤勉地追求有道德的人为人处事的道理，不间断地研究学问，注意行为仪态的庄重，使自己接近品德高尚的境界。赞誉从同僚和朋友那里发出，良好的德行要靠自己的追求去树立。如果能得到别人所称颂的好名声，我一生也就感到光荣了。你可要牢记啊，你可要牢记啊！

夫富贵声名，人情所乐，而君子或得而不处[1]，何也？恶不由其道耳[2]。患[3]人知进而不知退，知欲[4]而不知足，故有困辱之累[5]，悔吝之咎[6]。语[7]曰："如不知足，则失所欲[8]。"故知足之足常足矣[9]。览[10]往事之成败，察将来之吉凶，未有干名要利[11]，欲而不厌[12]，而能保世持家[13]，永全福禄[14]者也。欲使汝曹立身行己[15]，遵儒者之教，履道家之言[16]，故以玄默冲虚[17]为名，欲使汝曹顾名思义[18]，不敢违越[19]也。古者盘杆有铭[20]，几杖有诫[21]，俯仰[22]察焉，用无过行[23]；况在之名，可不戒之哉！

（晋）陈寿：《三国志·王昶传》

注释：①处：居，占有。②恶不由其道耳：恶，读音同"务"，无，没有；由，因为；道，手段，方法，途径；耳，语气词。罢了。③患：害怕，担心。④欲：贪求。⑤累：包袱。⑥悔吝之咎：吝，痛惜；咎，灾难；悔吝，悔恨。⑦语：指《论语》，孔子的学生们编写的孔子言行。多被后世引用。⑧所欲：想要得到的。⑨故知足之足常足矣：知足，知道满足；足，满；常足，经常不亏损。⑩览：察看。⑪干名要利：干名，谋求名位；要利，获取利禄。干，求；要，读音同"腰"，获取。⑫厌：满足。⑬保世持家：世，世系，按照宗法制度代代相传的传统。保持家族世系。⑭永全福禄：全，保全；福禄，福分食禄。

⑮汝曹立身行己：汝曹，你们；立身，在世上挺立；行己，对待自己。⑯履道家之言：履，遵行；道家之言，道家经典《老子》等书。道家主张清净虚无，返璞归真，反对追名逐利。⑰玄默冲虚：玄默，沉静无为；冲虚，冲淡虚静，无所作为。玄，自然无为；默，清净；冲，空虚。⑱顾名思义：顾，看到；名，名称；思，考虑，思想；义，含义。⑲违越：违背正道，超越常规。⑳盘杅有铭：盘杅，古代器皿，平而浅的秤盘；浴盆叫杅。铭，刻在器铭上的文字，含有训诫的意味。㉑几杖有诫：几杖，古代老人用的几案、手杖。诫，即铭。㉒俯仰：低头和抬头，比喻一会儿。㉓用无过行：用，因为；过行，错误行为。

思想内涵：财富多，地位高，名声大，是人们所希望的，而一些道德高尚的人有时可以得到它，却放弃不要，这是什么原因呢？是因为他们想通过正当的途径得到它。人的忌讳在于只知获取而不知退让，只知道索取而不知道满足，因而有受困受辱的牵累，有对以往过失的悔恨。《论语》中说："如果不知道什么是满足，就要失去你的利益。"所以，知道满足就永远不会有亏损。察看往事成败，可以预测一个人将来的吉凶，没有求名要利，贪得无厌，而能保全禄位家业不败的。为了让你们立身处世遵循儒家的教导，履行道家的格言，所以用玄默冲虚作为你们的名字。你们将来在行为处世中，要顾名思义，不敢违反。古时人们在盘子和杅上都刻有铭文，在几案和手杖上刻有训诫，以便抬头和低头时都看得到，引起自己的注意，提醒自己的行为举止，何况我现在把训诫包含在你们的名字中，难道不应该作为戒律吗？

及其财用先九族①，其施舍务周急②，其出入存故老③，其议论贵无贬④，其进仕尚⑤忠节，其取人⑥务实道，其处世戒骄淫，其贫贱慎无戚⑦，其进退念⑧合宜，其行事加九思⑨，如此而已。吾复⑩何忧哉！

（晋）陈寿：《三国志·王昶传》

注释：①及其财用先九族：及，至于；财用，经济需要；先，优先考虑；九族，古代人的九种亲属关系，这里指亲戚。②施舍务周急：施舍，馈赠；周，周济，资助；急，困境。③出入存故老：出入，收入与支出，这里是指支出；存，慰问；故老，旧识与老人。④贵：用作动词，以……为贵。⑤进仕尚：进仕，做官；尚，通"上"。⑥取人：与人相交。⑦戚：通"慽"，悲伤。⑧念：考虑。

⑨九思：九，古时表示多常用"九"。反复思考。⑩复：又，再。

思想内涵：至于经济需要上则首先考虑到亲戚。馈赠财物一定要考虑到急用，送礼一定要表示对故旧和老年人的慰问，谈论问题千万不要贬损人和事，做官要崇尚节操，要同朴实的人交朋友，在生活中要戒除骄狂淫邪，身处贫贱中不要悲伤，出世和入世要考虑到是否合适，做事要反复思考。做人的要求，也就这么几条。如果你们能够做到，我又有什么忧愁呢？

夫物，速成则疾亡①，晚就则善终②。朝华③之草，夕而零落④；松柏之茂，隆寒⑤不衰。是以大雅⑥君子，恶速成，戒阙党⑦也。若范匄对秦客⑧，至武子⑨击之，折其委笄⑩，恶其掩人⑪也。夫人有善，鲜不自伐⑫；有能者，寡不自矜⑬。伐则掩人，矜则陵⑭人。掩人者，人亦掩之；陵人者，人亦陵之。故三郤为戮于晋，王叔负罪于周⑮，不惟矜善自伐好争之咎⑯乎？故君子不自称⑰，非以让⑱人，恶其盖⑲人也。夫能屈以为伸⑳，让以为得，弱以为强，鲜不遂矣㉑。夫毁誉㉒，爱恶之原㉓，而祸福之机㉔也，是以㉕圣人慎之。孔子曰："吾之于人，谁毁谁誉？如有所誉，必有所试㉖。"又曰："子贡方人。赐也贤乎哉？我则不暇㉗。"以圣人之德，犹尚如此，况庸庸之徒㉘而轻毁誉哉？

（晋）陈寿：《三国志·王昶传》

注释：①速成疾亡：速成，成熟得早；疾亡，死得快。疾，急。②晚就善终：晚就，成熟的晚；善终，结局好。终，结果。③朝华：朝，早晨；华，通"花"，开花。④零落：凋零衰败。⑤隆寒：严寒。隆，高、深。⑥大雅：十分美好。用于人，是指才德高尚的意思。⑦戒阙党：戒，禁绝。阙党，地名，党，是古代基层行政区域单位。这里是指阙党童子。典出《论语·宪问》："阙党童子将命。或问之曰：'益者与？'子曰：'吾见其居于位也，见其与先生并行也。非求益者也，欲速成者也。'"大意是说，阙党的一个毛孩子来给孔子送信。有人问孔子说："这个孩子是要求上进的吗？"孔子说："我见他一个孩子，坐在大人的位置上，又见他跟长辈并肩走路，他不是一个追求上进的人，只是一个急于求成的人罢了。"阙党童子这个典故，是指急于求成、轻薄浮躁的人。⑧范匄对秦客：范匄，范燮之误。典出《国语·晋语》。范燮在秦国外交使者面前夸耀自己的才能，引起其父武子的愤怒；用杖敲打他，击落礼帽上的笄子。秦客，秦国的使臣。⑨武子：人名，即范士会，晋国正卿，范文子之父。⑩委笄：委，古代的礼帽，又名立冠；笄，读音同"基"，是别在帽子、发髻上的簪子，男女通用。⑪掩人：掩盖别人的才能。⑫鲜不自伐：鲜，读音同"显"，很少；自伐，自我夸耀。⑬矜：骄狂。⑭陵：通"凌"。侵犯，欺压。⑮三郤为戮于晋，王叔负罪于周：三郤，春秋时期晋国大夫郤犨、郤至、郤锜，因为他们家族很有权势，仗势欺人，夺人妻，占人田，广树怨敌，最后都被厉公杀死。为，表示被动，戮，杀。晋，春秋时期的周朝诸侯国，治地在今山西和河北及河南部分地区。王叔：王叔陈生，周灵王卿士。《左传·襄公十年》："王叔陈生与伯舆争政，王右伯舆。"⑯咎：罪过，错误。⑰称：夸耀。⑱让：谦让。⑲盖：掩盖，遮盖。⑳屈以为伸：以屈为伸，后两句句式同此。㉑遂：成功，达到目标。㉒毁誉：毁谤称赞。㉓原：通"源"。㉔机：关键。㉕是以：因此。㉖孔子曰：语出《论语·卫灵公》。所试，所试用。㉗又曰：语出《论语·宪问》。暇：空闲。子贡，孔子的学生，姓端木，名赐。方，讥讽。㉘况庸庸之徒：况，何况；庸庸，十分平庸；之徒，之流，之类。

思想内涵：大凡物什，成熟得早，死亡得也快；反之，成熟得晚，结局就好。早晨开花的草，傍晚就凋零衰败；松柏的茂盛，在严寒中也不衰落。所以，有高尚德行的人，不希望早熟，而禁绝阙党童子那样急于求成和浮躁轻率。如范文子在朝廷上对秦国使臣夸耀自己，受到范武子的敲打，甚至打落了他礼帽上的簪子，教训他掩盖了别人的才能。一个人有长处，很少能够做到不自我夸耀的；有才能，很少有不骄狂的。夸耀自己，就掩盖了别人的长处；骄狂就侵害了别人的自尊心，掩盖别人长处的人，别人就要打击他；欺凌别人的人，就要受到别人的围攻。所以郤犨、郤至、郤锜被晋厉公杀戮，而王叔陈生就向周王请罪，这不就是由骄狂、自夸、好胜引发的罪过吗？所以，有德行的人不自我夸耀，这并不是对别人表示谦让，而是防备掩盖了别人的长处和才能。如果能够以屈为伸，以让为得，以弱为强，很少有人不成功的。毁谤和荣誉，是产生好感和恶感的根源，这也是导致祸与福的关键，所以圣人对此十分慎重。孔子说："我对别人，毁谤过谁？称颂过谁？如果称颂过谁，那一定经过我考察过。"又说，"子贡讥讽别人，他自己就那么完善了吗？我就没有空闲议论人的长短。"凭着圣人的德行，尚且如此慎重，何况是平庸之类的人，能够看轻毁谤与称颂这件事吗？

昔伏波将军马援戒其兄子①，言："闻人之恶②，当如闻父母之名，耳可得而闻，口不可得而言也。"斯戒至矣③！人或毁己，当退而求。之于身④若己有可毁之行，则彼言当⑤矣；若己无可毁之行，则彼言妄⑥矣。当则无怨于彼，妄则无害于身，又何反报⑦焉？且闻人毁己而忿者，恶丑声⑧之加人也。人报者滋甚，不如默而自脩己也⑨。谚曰："救寒莫如重裘，止谤⑩莫如自脩。"斯言信⑪矣。

（晋）陈寿：《三国志·王昶传》

注释：①伏波将军马援戒其兄子：伏波将军马援，东汉著名军事家，一生征战，到六十二岁时病殁于军帐之中。因为抗敌有功，封为伏波将军。戒其兄子，即《戒兄子俨、敦书》。②闻人之恶：闻，听说；人，别人；恶，读音同"饿"。③斯戒至矣：斯，这个；至，十分。④求：反省，检讨。⑤彼言当：彼，那个，那人；言，说，当，准确。⑥妄：虚妄，胡说。⑦反报：反复，回报。⑧丑声：名声不好。⑨不如默而自脩己也：不如，比不上；默：悄悄地，不做声；脩己，修己，严格要求自己。⑩止谤：让诽谤的言语停顿下来。⑪信：的确，诚然。

思想内涵：过去伏波将军马援教育他的侄儿们说："听说别人的过失，就要像听到父母的大名一样，耳朵听，口不能说。"这是至理名言。有人给你提意见，你就要好好反省了；如果自己没有什么值得检讨的，那么他所说的就是不正确的。应该不要埋怨别人，别人说错了对你并无损害，何必要报复别人呢？听到别人提意见而怨恨，就给别人留下了坏名声。与其抱怨别人，不如悄悄地进行自我反省，严格要求自己。常言说得好："御寒要多穿衣服，消除流言则要严于律己。"这是一句大实话啊！

吾少受先君①之教，能言之年②，便召③以典文④；年九岁，便诲以《诗》《书》，然尚犹无乡人之称，无清异之名。今之职位，谬恩⑤之加耳，非吾力所能致也。吾不如先君远矣，汝等⑥复不如吾。

谞度弘伟⑦，恐汝兄弟未之能也；奇异独达⑧，察汝等将无分也。恭为德首⑨，慎为行基⑩。愿⑪汝等言则忠信，行则笃敬，无口许人以财，无传⑫

不经之谈，无听毁誉之语。闻人之过，耳可得受，口不得宣，思而后动。若言行无信⑬，身受大谤，自入刑论，岂复惜汝？耻及祖考。⑭

思乃⑮父言，纂乃父教⑯，各讽诲之。

（清）严可均辑校：《全晋文·羊祜诫子书》

注释：①先君：先父，去世的父亲。②能言之年：会说话的年纪。③召：招引。④典文：经典，指儒家著作。⑤谬恩：皇恩错加。谦虚的说法。⑥汝等：你们。等，之类，之辈。⑦谘度弘伟：筹谋大事。谘，商议；度，读音同"夺"，揣度、推测；弘，大；伟，高大。⑧奇异独达：达到不同常人的地步。奇，奇特；异，不同；独，独特；达，到。⑨恭为德首：恭敬是最大的德行。⑩基：根基，根本。⑪愿：希望。⑫传：读音同"船"，流传。传达。⑬信：真实，诚实。⑭祖考：祖宗。考，死去的父亲。⑮乃：你的。⑯纂：通"缵"，继承。

思想内涵：我从小受到你们祖父的教育，刚会说话，就教学文，才九岁，便教我读《诗经》《尚书》，然而没有受到乡里的称赞，无清俊奇异的名声，今天我能够奉职朝廷，是皇帝过分的恩宠，不是由于我的能力而获得的。我远不如先父，你们又不如我。

筹谋国家大计，恐怕你们没有这种能力；独自致身于不同常人的境界，我看你们没有这个缘分。恭敬是道德修养中的首要事情，谨慎应是日常行事的基础。希望你们讲话诚实，行为则重笃敬，不要空口许人钱财，不要传播那些荒唐没有依据的言论，不要听那些攻击人或赞赏人的话。听到别人的过失，听了不要去宣扬，凡事考虑好了以后再行动，如果言行没有信用，受到公开指责，甚至受到刑法的惩戒，就没有人来怜惜你们了。这种耻辱，还要累及祖宗呢。

希望你们接受我的教育，时常背诵我的教导。

凡富贵少不骄奢①，以约失②之者鲜矣。汉世以来，侯王子弟，以骄恣之故③，大者灭身丧族④，小者削夺邑地，可不戒哉！

（唐）李延寿：《南史·萧嶷传》

注释：①少不骄奢：少，读音同"扫"，少有；骄奢，骄傲、奢侈。②约失：约束、过失。③以……故：因为……原因。④族：家庭。用作动词，指诛族。

思想内涵：大凡富贵人家子弟少有不骄傲奢侈的，而能够约束自己却犯了过错的人很少。汉代以来，各诸侯王国的子弟，因为骄横放纵的缘故，大者身遭杀戮，遭族诛之刑；小者削去封地，这难道不应该引以为戒吗？

吾无后，当共相①勉励，笃睦②为先。才有优劣，位有通塞③，运④有富贫，此自然理，无足以相陵侮⑤。勤学行，守基业，修闺庭⑥，尚闲素，如此足无忧患。

（唐）李延寿：《南史·萧嶷传》

注释：①共相：互相。②笃睦：笃，诚实；睦，和睦。③位有通塞：位，官位，仕途；通塞，通达与阻塞。④运：命运，运气。⑤陵侮：陵，通"凌"，欺凌；侮，羞辱。⑥闺庭：闺，家中小门；庭，庭院。指家庭。

思想内涵：我没有后代（按：本文是对养子讲的），你们要互相勉励，首要的是笃实和睦。才能有优劣，处境有好坏，命运分贫富，这是自然的道理，不能因此互相欺凌。要勤奋学习，守住家业，治好家庭，崇尚闲静质朴。如果能这样做；那么，我就没有什么担心的了。

吾顷①以老患②辞事③，不悟天降慈恩，爵逮④于汝。汝其毋⑤傲吝，毋荒怠⑥，毋奢越，毋嫉妒。疑思问，言思审⑦，行思恭，服思度⑧。遏恶扬善⑨，亲贤远佞。目观⑩必真，耳属⑪必正，忠勤以事君，清约⑫以临己。吾终⑬之后，所葬，时服单椟⑭，足申⑮孝心，皝灵明器⑯，一无用也。

（唐）李延寿：《北史·源贺传》

注释：①顷：一会儿，顷刻。②老患：年老而有疾。③辞事：辞官。④逮：达到。⑤毋：读音同"务"，不。⑥荒怠：荒废主业，懈怠热情。⑦审：周详。⑧度：得体。⑨遏恶扬善：遏，制止；扬，宣扬，张扬。⑩目观：用眼睛看。目，眼睛。⑪耳属：用耳朵听。耳，耳朵。⑫清约：清廉和睦。⑬终：死。⑭单椟：单棺，没有椁的棺。椟，读音同"读"。⑮申：表明。⑯皝灵明器：皝灵，茅草扎的人马；明器，随葬用的冥器。

思想内涵：我因年老患病不久将辞官休息，没想到皇上降恩，使你们也得到官爵。你们不要傲慢吝啬，不要荒废怠懈，不要嫉妒别人。有疑问就向人请教，言语要慎重周密，行为要恭敬，穿着要得体。制止恶行，发扬美德。亲近正直有德的人，疏远逢迎谄媚的人。看事物要真切，听声音要雅正。忠于皇上，勤劳务实，清廉俭约地对待自己。我死后，下葬时不要太奢华，时服单棺就够了，这样，就足以表达你的孝心了。

我历①观前代帝王，未有奢华而能长久者。汝当储②后，若不上称③帝心，下合人意，何以承宗庙④之重，居兆人⑤之上？吾昔衣服，各留⑥一物，时复看以自警戒。

（唐）李延寿：《北史·隋宗室诸王传》卷七一

注释：① 历：遍。② 储：太子别称，即储君，准备继承君位的人。③ 称：符合。④ 宗庙：天子的宗庙，也是封建国家举行重大典礼的地方，作为国家政权的象征。⑤ 兆人：万民，民众。《礼记·内则注》："万亿曰兆，天子曰兆民，诸侯曰万民。"⑥ 留：留存，保存。

思想内涵：我统览前朝皇帝的历史，没有因骄奢淫逸而能长久不败的。你当了太子，如果不符合上天的心意，下合万民之心，凭什么担负祖宗的重托，驾临万民之上？我过去的衣服，各留一件给你保存，你要经常地看一看，用来自律。

用其言，弃其身，古人所耻。凡有一言一行，取于人者，皆显称之。不可窃①人之美以为己力，虽轻虽②贱者，必归功③焉。窃人之财，刑辟之所处；窃人之美，鬼神所责④。

（北齐）颜之推：《颜氏家训·慕贤》

注释：① 窃：偷。② 虽：即使。③ 归功：将功劳归还。④ 责：责怪。

思想内涵：用别人的言论，却不任用别人，这是古人都感到羞耻的事情。凡是有一言一行，是从别人那里取来的，都应该明白地予以说明。不能够偷窃别人的美名作为自己的功劳。即使说话的对方地位很卑微，也一定要将功劳归还给别人。偷别人的财产，就会受到刑罚的追究；偷窃别人的美名善言，鬼神也不会饶恕他的。

太宗尝谓皇属曰："朕即位十三年矣，外绝游观之乐，内却声色之娱。汝等生于富贵，长自深宫。夫帝子亲王，先须克己，每著一衣，则悯蚕妇；每餐一食，则念耕夫。至于听断之间，勿先恣其喜怒。朕每亲临庶政，岂取惮于焦劳。汝等勿鄙人短，勿恃己长，乃可永久富贵，以保贞吉，先贤有言：'逆吾者是吾师，顺吾者是吾贼。'不可不察也。"

（唐）李世民：《戒皇属》

思想内涵：唐太宗曾对皇室子弟说："我即位十三年了，外绝游览观赏的乐趣，内却歌舞女色的欢娱。你们生于富贵之家，长在深宫之内。帝子亲王，先要能克制自己，每穿一件衣服，要体恤养蚕妇女的辛勤；每吃一顿饭，要想到农夫耕种的辛苦。至于处理案件，不要凭自己的喜怒，恣肆妄为。我总是亲自处理各种政务，从来不敢怕劳累辛苦。你们不可鄙视别人的短处，不要倚仗自己的长处，这样才能长保富贵，终身吉祥。先贤曾说过：'敢于揭我短处的是我的老师，顺人逢迎我是我的贼子。'你们不可不知。"

富贵，天下之至荣；位势，人情之所趋①。然古之智士，或山藏林窜②，忽而不慕③，或功成身退，逝若脱履者④，何哉？盖⑤居高畏其危，处满惧其盈。富贵荣势，本非祸死，而多以凶终⑥者，持之失德，守之背道，道德丧而身随之矣。是以留侯、范蠡⑦，弃贵如遗⑧；叔敖、萧何⑨，不宅⑩美地。此皆知盛衰之分，识倚伏之机⑪，故身全名著，与福始卒⑫。自此以来，重臣贵戚，降盛之族，莫不罹患搆祸⑬，鲜⑭以善终，大者破家，小者灭身。惟金、张子弟⑮，世履⑯忠笃，故保贵持宠，祚钟昆嗣⑰。

（唐）欧阳询：《艺文类聚》卷二三国吴《陆景戒盈》

注释：① 趋：快步走，引申为追逐。② 山藏林窜：窜，隐匿。在岩穴中隐居，在林丛里躲藏。③ 忽而不慕：忽，轻忽，看得渺小；慕，仰慕；向往。④ 逝若脱履者：逝，跑得很远，离开；脱履，脱下草鞋扔掉。古代常用脱履表示看轻名位。典出《孟子·尽心上》："舜视弃天下，犹弃敝蹝（同"履"）也。"⑤ 盖：大概因为，表示推测。⑥ 以凶终：凶，灾难，不幸。结局悲惨。⑦ 留侯、范蠡：留侯，即张良，字子房，战国时期韩国人。西汉刘邦的重要谋士，刘邦平定天下，被封为留侯，但他以养病为名退隐。范蠡，字少伯，春秋时期楚国宛（今河南南阳市）人，为越王勾践大夫，与文种等辅助勾践发愤图强，灭吴雪耻。功成以后，认为勾践只可共患难，难以共安乐，乃携西施离越经商。⑧如遗：像粪便一般。遗，便溺。⑨叔敖、萧何：叔敖，即孙叔敖，春秋时楚国令尹（相当于后世的丞相），相传三为令尹而不喜，三去令尹而不悔，不贪利禄，清廉自守。楚王多次给他封地，他不接受。临终嘱咐儿子不要接受厚封。萧何，汉初功臣，沛县（今江苏沛县）人。为沛县主吏，佐助刘邦起兵。楚汉战争中，以丞相身份留守关中，保证了前方给养，后封侯。所受赏赐，尽献军中作为资用。田宅都在荒僻之地，不立墙垣。⑩宅：用作动词，造房。⑪倚伏之机：祸福互相转化的契机。典出《老子》："福兮祸之所伏，祸兮福之所倚。"机，事物变化中隐伏的起因、征候。⑫始卒：始终。⑬雁、撄：同义词，遭受。⑭鲜：读音同"癣"。极少。⑮金、张子弟：金，指金日（读音同"眯"）䃅（读音同"低"），西汉武帝时人。本为匈奴休屠王太子，归顺汉朝后，武帝赐金姓，字翁叔。由马监迁侍中，忠诚笃厚，深受宠幸。与霍光等受遗诏辅幼主（汉昭帝）。从武帝至平帝七代，任内侍。张，即张汤，汉杜陵（今陕西省西安市东南）人，汉武帝时任太中大夫、廷尉、御史大夫，执法严厉，抑制富豪。其后代任侍中、中常侍者十余人。⑯履：履行，施行。⑰祚钟昆嗣：祚，天降福分，指命运；钟，集中，聚集。昆嗣，子孙后代。昆，后嗣，子孙。

思想内涵：富贵，被人们视为最大的快乐；地位和权势，是人们追求的常情。但是，古代的有识之士，有的隐居山林，轻视富贵位势而不向往；有的功成身退，就像扔掉草鞋一样放弃富贵权位，这是为什么呢？大概是因为居安思危，处满惧盈吧。富贵荣华，本来不是灾祸的开端，而大多数人最终蹈入不幸，是因为为政失德，守财背道，丧失了道德而身遭灾祸。所以留侯张良、范蠡，放弃富贵就像粪便一样；孙叔敖、萧何，不建造豪华的房子和圈占肥沃的田地。他们这些人都知道盛与衰的分别，辨别隐藏在事物发展过程中的征兆，所以保全了生命，名留后世，福禄有始有终。古往今来，重臣贵戚，世家大族，没有不遭受祸患的，很少有好的结局，严重地祸及全家，轻微的也身遭杀戮。只有金日䃅、张汤的子孙们，世代忠顺敬笃，所以能够保全高贵的地位，保持皇帝的恩宠，而这种恩泽又嘉惠后人。

汝有^①厚德，蒙恩^②甚厚，将^③何以^④报？董生^⑤有云："吊^⑥者在门，贺者在闾^⑦。"言有忧则恐惧敬事^⑧，敬事则必有善功^⑨，而福至也。又曰："贺者在门，吊者在闾。"言受福则骄奢，骄奢则祸至，故吊随而来。齐顷公^⑩之始，藉霸者之馀威^⑪，轻侮诸侯，亏^⑫跛蹇之容，故被鞍之祸^⑬，遁服^⑭而亡。所谓"贺者在门，吊者在闾"也。兵败师破，人皆吊之，恐惧自新，百姓爱之，诸侯皆归其所夺邑。所谓"吊者在门，贺者在闾"也。

（唐）欧阳询：《艺文类聚》卷二三

注释：① 有：疑为"何"之误。② 蒙恩：特指受到朝廷厚待，皇帝恩宠。③ 将：用。④ 何以：即"以何"倒置句，凭什么。⑤ 董生：指西汉大儒董仲舒（前179—前104），著有《春秋繁露》等书，在汉代影响甚大。⑥ 吊：慰问，哀悼。⑦ 闾：读音同"屡"，街巷的门。⑧ 敬事：以严肃认真的态度对待职守。⑨ 善功：良好的成绩。⑩ 齐顷公：即姜无野，春秋时齐国国君，齐桓公之孙，齐惠公之子，在位十七年（前598—前582）。齐顷公在鞍之战中，恃强自大，骄傲轻敌，终获惨败。⑪ 藉：凭借，依仗；霸者：指齐桓公，顷公祖父，春秋五霸之一。⑫ 亏：轻亏。⑬ 被鞍之祸：被，招受；鞍之祸，即鞍之战，齐国军队惨败，顷公险些被俘。⑭ 遁服：遁，隐藏。改换服装。鞍之战中，晋军追上齐顷公战车，卫士恐国君被俘，和他交换位置，又让他下车取水，顷公因而逃脱。

思想内涵：你并没有什么超乎常人的德行，而得到了深厚的恩惠，准备怎么报答呢？董仲舒说过："吊哀的人上了家门，贺喜的人就会到里门了。"这是说人有忧患，则心怀恐惧，处事谨慎恭敬，而因此得到好的事功，福惠也就随之降临了。他又说："贺喜的上了家门，吊哀的人就会到里门了。"这是说，享福容易导致骄傲、奢侈，而由此招致祸事，而致哀的人也随之到来。春秋时期，齐顷公起初凭借霸主的余威，藐视和侮辱邻国，齐国太夫人戏笑晋国使臣郤克跛脚，后来晋国派郤克率师救鲁、卫，攻打齐国，会战鞍地，大败齐军。顷公只得下车易服逃走。这就是所谓贺喜的人上了家门，吊哀的人就到了门里。顷公损兵折将，人们都去慰问他，使他恐惧自新，因此得到了老百姓的拥护，诸侯把侵夺齐国的土地归还给他，这又是所谓吊哀的人还在家门，贺喜的人已到了里门的生动案例。

终身让路，不枉百步；终身让畔①，不失一段。

（唐）朱仁轨：《诲子弟言》

注释：① 畔：田界。

思想内涵：一辈子让路，不会多走百步；一辈子让田界，不会失掉一段。

告仑等：吾谪窜①方始，见汝未期②，粗以所怀，贻③诲于汝。汝等心志未立，冠岁行登。古人讥十九童心④，能不自惧？吾不能远谕他人，汝独不见吾兄之奉家法乎？吾家世俭贫，先人遗训，常恐置产怠子孙，故家无樵苏⑤之地，尔所详也。吾窃见吾兄自二十年来，以下士之禄，持窘绝之家，其间半是乞丐羁游⑥，以相给⑦足，然而吾生三十二年矣，知衣食之所自始。东都为御史时⑧，吾常自思：尚不省受吾兄正色之训，而况于鞭笞诘责乎？呜呼！吾所以幸而为兄者，则汝等又幸而为父矣。有父如此，尚不足为汝师乎！

吾尚有血诚⑨，将告于汝：吾幼乏岐嶷⑩，十岁知文，严毅之训不闻，师友之资尽废。忆得初读书时，感慈旨⑪一言之叹，遂志于学。是时尚在凤翔⑫，每借书于齐仓曹⑬家，徒步执卷，就陆姊夫师授，栖栖勤勤⑭。其始也若此。至年十五，得明经及第⑮，因捧先人旧书于西窗下，钻仰沉吟，仅于不窥园井⑯矣。如是者十年，然后粗霑一命⑰，粗成一名。及今思之，上不能及乌鸟之报⑱复，下未能减亲戚之饥寒。抱畔⑲终身，偷活今日。故李密⑳云："生愿为人兄，得奉养之日长。"吾每念此言，无不雨涕。

汝等又见吾自为御史来，效职无避祸之心，临事有致命之志，尚知之乎？吾此意，虽吾弟兄未忍及此，盖以往岁忝职㉑谏官，不忍小见，妄干朝听㉒。谪弃河南㉓，泣血西归，生死无告。不幸余命不殒，重戴冠缨㉔，常誓效死君前，扬名后代，殁㉕有以谢先人于地下耳。

呜呼！及其时而不思，既思之而不及，尚何言哉！今汝等父母天地，兄弟成行，不于此时佩服诗书，以求荣达，其为人耶？其日人耶？

吾又以吾兄所职，易涉悔尤，汝等出入游从，也宜切慎。吾诚不宜言及于此。吾生长京城，朋从不少，然而未尝识倡优㉖之门，不曾于喧哗纵观，汝信之乎？

吾终鲜姊妹，陆氏诸生，念之倍汝、小婢子等。既抱吾殁身之恨，未有吾克己之诚，日夜思之，若忘生次，汝因便录吾此书寄之。庶其自发，千万努力，无弃斯须㉗。稹付仑、郑等。

（唐）元稹：《元稹集诲侄等书》

注释： ① 谪窜：贬官调动。谪，读音同"折"。贬官。唐宪宗元和五年（810），本文作者元稹被贬到今湖北荆州做官。② 未期：确期，确切的时候。③ 贻：送给。④ 十九童心：这句话与"冠岁行登"句相呼应，指男子20岁行冠礼（成年礼），就算成人了，成年人要有相应的模样和作为。⑤ 樵苏：打柴。樵，柴禾，指砍柴；苏，柴苏，一种植物，和"樵"一样，用作动词，指打柴。⑥ 乞丐羁游：为了生计，向人乞求，外出奔波。羁，"羁"的异体字，寄居在外。⑦ 给：读音同"己"，供应。⑧ 东都为御史时：元和五年，元稹奉使川东归来，分务东台，即到东都洛阳任监察御史。⑨ 血诚：至诚。⑩ 岐嶷：常人所不具备的见识。岐，高低不平的样子；嶷，读音同"昵"，高峻的样子。合用成词，常常用来形容幼年聪慧。⑪ 慈旨：母亲的教谕。元稹少孤，由母亲郑氏一手培养成人，少时即由母亲教授《诗》《左传》等经典著作。⑫ 凤翔：地名，今陕西省凤翔县。⑬ 仓曹：郡刺史管理粮秣的属官。⑭ 栖栖勤勤：辛勤忙碌。栖栖，急迫的样子。⑮ 明经及第：考中明经科。明经，唐代科举制的一种，意指精通经典。根据唐代科举制，以诗赋中为进士及第，以经义中为明经及第。⑯ 不窥园井：专心读书，足不出户。典出班固《汉书·董仲舒传》，董生下帷读书，"三年不窥园"。窥，看。⑰ 粗霑一命：勉强做点小官。霑，浸润，特指统治者对老百姓的恩泽；一命，指作为官阶的九命之一，根据周朝官制，官阶由一至九，称为九命。⑱ 乌鸟之报：即俗称的"乌鸦反哺"。人们将乌鸦视为孝鸟，老鸦不能觅食了，小鸦就衔回食物喂养老鸦。⑲ 抱衅：怀抱遗憾。衅，间隙，这里是指不足。⑳ 李密：字令伯(224—287)，武阳(今四川彭山县)人。长于文学，为人刚正，曾在蜀汉为官，屡次出使东吴，颇有辩才，为时人所重。蜀汉灭亡，晋武帝司马炎为笼络蜀汉旧臣，征他为太子洗马，催逼甚急。他就写了《陈情表》，以奉养祖母为由，推辞不就。祖母死后，丧服期满，他出到任。后官至汉中太守。因怨怀免官，老死家中。《陈情表》为文学名篇。㉑ 忝职：愧任。忝，辱没。㉒ 朝听：朝廷的听闻。向朝廷表达意见、建议。㉓ 谪弃河南：在东都洛阳被免官。㉔ 冠缨：古时官冠上有红缨。泛指任官。㉕ 殁：

读音同"墨"。死亡。㉖ 倡：通"娼"，妓女。优：伶优，以乐舞戏谑为业的艺人。古时候职业有贵卑之分，卑视艺人，故将优与倡并称。㉗ 斯须：片刻。

思想内涵：我刚被流放，不知何时才能与你们见面。现在我把心里的大致想法写出来，与你们共勉。你们快成年了，但思想、志向尚未确立，古人讥笑鲁昭公十九岁还有孩子气，这能不忧虑、不畏惧吗？我且不去说远的，你们难道没看见我兄所信奉的家规吗？我家世代贫困节俭，祖宗有遗训，常常担心购置产业而使子孙懒惰，所以家里连打柴割草的山地都没有，这你们很清楚。我亲眼看见我的兄长二十年来，以一个小官吏的收入，维持着十分贫困的家，其间一半是求食漂泊过日子。然而我生下来三十二年了，才知道衣食是怎样来的。在洛阳做御史时，我常想：我的兄长没有严厉地训斥过我，更何况是打骂？唉，我为有这样的好兄长而感到荣幸，你们也应当为有这样的父亲感到荣幸。你们有这样的父亲，难道还不足以作为你们的师表吗？

我还有由衷的话要告诉你们：我幼时并不聪明，十岁才知道作文，没有受到严格的家庭和学校教育。记得开始读书时，有感于母亲的一声叹息，我才下定决心努力读书。当时家在凤翔，我常到齐仓曹家借书，然后带着书步行到我的陆姊夫家求教，十分勤奋，一开始就像这样。到十五岁时，考中明经科的进士，接着又埋头攻读家藏的旧书，像汉代董仲舒一样闭门不出，这样刻苦学习十年，才勉强得到一个小官，并小有名气。到如今回想起来，上不能报答父母兄长养育之恩，下不能减少亲戚们的饥寒，惭愧终生，一直苟活到今天。所以李密说："希望生下来做兄长，这样，得到弟弟们奉养的时间就长。"我每当想到这句话，就要流泪。

你们又看见我自从当御史以来，尽职没有回避祸灾的想法，处理政事有献身的精神。从前我当谏官时，小小一点见解都要直说出来，冒犯朝廷，以致获罪。流放到河南后，心里痛苦，每天都盼望回家，生死都无法预料。幸运的是，我命不该死，又恢复了官职，常常发誓愿为君王报效，死而后已，扬名于后世，这样也对得起九泉之下的亲人。

我兄长在世的时候，我没有去思念他；如今想念他，又来不及了。这又有什么可说的呢？如今你们得到父母的厚爱，兄弟成行，不在这时发奋读书以求荣耀显达，怎可成人呢？又怎么叫作人呢？

我又想到我兄长所执掌的事，易犯过错，所以你们的行为交往，特别应该谨慎。我本不想说这些。我生长在京城，朋友来往不少，然而从来不知道倡优的家门，也不曾在闹市中放肆地看过她们，你相信吗？

我的姊妹很少，陆家的几个孩子，我猜想他们胜过你们。既然我抱恨一辈子，但我丝毫没有减少自己的诚心，日思夜想，真是痛不欲生。你们有空抄录我的这封信寄给他们，希望他们能自己发奋刻苦学习，千万要努力，切莫浪费一分一秒的大好时光。

元稹给仑、郑等。

凡为人要识道理，识礼数。在家庭事父母，入书院事先生。并要恭敬顺从，遵依教诲。与之言则应，教之事而行，毋得怠慢，自任己意。

（南宋）真德秀：《教子斋观》

思想内涵：为人要通晓道理，知道礼貌。在家庭侍奉父母，进书院事奉老师。都要恭敬顺从，遵守教诲。父母、老师同自己说话，要回答，教自己做的事情要立即办，不得怠慢，孤行己意。

近蒙圣恩除门下侍郎，举朝嫉者何可胜数，而独以愚直之性处于其间，如一黄叶在烈风中，几何不危坠也！是以受命以来，有惧而无喜。汝辈当识此意，倍须谦恭退让，不得恃赖我声势，作不公不法，搅扰官司，侵陵小民，使为乡人此厌苦，则我之祸，皆起于汝辈，也不如人也。

（北宋）司马光：《温国文正司马公文集与侄书》

思想内涵：近来承蒙皇上施加恩惠，任命我为门下侍郎，满朝嫉妒的人，哪里数得过来。而我生性愚直，处在这样的环境中，犹如一片黄叶在凛冽的寒风中，不知能保持多久就会坠落！所以自从接受任命以来，心里只感到忧惧，并不高兴。你们要理解我的处境和用心，遇事须倍加谦恭退让，不得依仗我的声势，做不公不法之事，干扰官府，欺压百姓，使乡人讨厌痛恨你们；否则，我的罪过将由你们引起，你们就连一个普通的人都不如了。

忠、信、笃、敬，先存其在己者，然后望其在人者。如在己者未尽，而以责人，人亦以此责我矣。今世之人，能自省其忠、信、笃、敬者盖寡，能责人以忠、信、笃、敬者皆然也。虽然，在我者既尽，在人者亦不必深责。今有人能尽其在我，乃欲责人之似己，一或不满吾意，则疾之已甚，亦非有容德者，只益贻怨于人耳。

（南宋）袁采：《袁氏世范·处己》

思想内涵：忠诚、守信、厚道和谦敬这些美德，首先要自己做到，然后才能要求别人做到。如果自己没有做到或做得不好，而责备别人没有做好，那么，别人也会责备你没做好。现在的人，能够认识到自己必须具备这几种美德，做得到人大概很少，大多数都要求别人具备这几种美德。即使自己，完全做到了具备这几种美德，别人没做到，也不可深深责备和埋怨别人。现在有的人自己具备这几种美德，于是要求别人与自己一样，一旦不合己意，就十分地仇恨别人，这也是没有度量的表现，只会增加结怨别人的机会。

人言居家之道，莫善于忍。然知忍而不知处忍之道，其失尤多。盖忍或有藏蓄之意，人之犯我，藏蓄而不发，不过一再而已。积之既多，其发也，如洪流之决，不可遏矣。不若随而解之，曰此其不思尔，曰此其无知尔，曰此其失误尔，曰此其所见者小尔，曰此其利害宁几何，不使入于吾心。虽日犯我者十数，也不至形于颜色，然后见忍之功效甚大。此所谓善处忍者。

（南宋）袁采：《袁氏世范·睦亲》

思想内涵：人们说居家的道理，最重要的是善于忍让。但知道忍让却不知道如何忍让，这种失误还要多。一般来说，忍让有藏蓄的意思，别人侵犯我，我藏而不露，含蓄地对待他，这样坚持一两次。但积少成多，就不可能再含蓄对待了，原有的性情就会爆发，像洪流溃决一样凶猛，不可阻挡。与其这样忍让，还不如当初随事而和斛。或者说这是他没有好好想一想造成的，或者说这是他无知造成的，或者说这是他失误造成的，或者说这是他目光短浅造成的，或者说这样做无关紧要，不要记在心上。这样一来，每天虽有十几次侵犯我，也不至于动怒，这样才显示出忍让的好效果。这样做就是善于忍让的人。

人虽至愚，责人则明；虽有聪明，恕己则昏。苟能以责人之心责己，恕己之心恕人，不患不至圣贤地位也。

（元）脱脱：《宋史·范纯仁传》

思想内涵：人即使是很愚蠢，但在责备别人时还是很明白的；即使是聪明人，宽恕自己就显得昏庸。如果能做到以责备别人的心去责备自己，用宽恕自己的心去理解别人，就不用担心自己不能达到圣贤的境界了。

干戈恣烂熳，无人救时屯①。中原竟失鹿，沧海变飞尘。我自揣何能，能存乱后身。遗芳袭远祖，阴理出先人。俯仰意油然，此乐难拟伦。家无担石储，心有天地春。况对汝二子，岂复知吾贫。大儿愿如古人淳，小儿愿如古人真。生平乃亲多辛苦，愿汝苦辛过乃亲。身居畎亩②思致君，身在朝廷思济民。但期磊落忠信存，莫图苟且功名新。

（元）许衡：《训子诗》

注释：① 时屯：相当于"时艰"，时事的艰难。屯，艰难。② 畎亩：田地。畎，读者同"犬"，田间的水沟。

思想内涵：战争连绵不断，没有人出来挽救时局。中原大地沦陷，沧海尘土飞扬。我没有什么能耐，能在战乱后存身也是幸运。我的为人都是先祖遗风影响所致。家里虽然连一石粮食都没储存，心里却像天地一样宽广，像春天一样温暖。两个儿子你们知道我家贫困吗？希望大儿像古人一样淳朴，希望小儿子像古人一样真诚。你的父亲平生历经辛苦，希望你们吃更多的苦。从事农耕要听君主的话，报效国家。在朝廷当官要想到救济民众。总之，希望你们保持磊落忠信的家风，不要贪图功名利益。

凡有朋侪①中，切戒自满。惟虚故能受，满则无所容。人不我告，则止于此耳，不能日益也。故一人之见，不足以兼十人，我能取之十人，是兼②十人之能矣。取之不已，至于百人千人，则在我者，可量也哉！

（元）许衡：《许鲁斋语录》

注释：① 朋侪：朋辈。侪，读音同"柴"，类，辈。② 兼：胜过。

思想内涵：在朋友们中间，切戒自满。只有谦虚才能被人接受，自满则无地自容。别人不告诉我，也就算了，不能强迫别人。一个人的见解，不可胜过十个人的长处，我能吸取十个人的长处，那么我就具有胜过十人的才能。取之不停，至于一百人一千人，那么，我的才能也就无量了。

傲，凶德也。凡以富贵学问而骄人，皆自作孽 ① 耳。

（明）庞尚鹏：《庞氏家训·严约束》

注释：① 自作孽：自己招致灾祸。《尚书·太甲》："天作孽，犹可违；自作孽，不可活。"

思想内涵：高傲自大，是一种十分坏的德性。凡是因为财富和学问自高自大而瞧不起别人的，都是自己招致灾祸。

吾先代来称素封 ① 者八世，至征君 ② 家声益大。吾兄弟以文学为当路 ③ 所礼，又肯出气力为人，故门第虽小，在僻邑中尝若气焰，族里姻友于汝兄弟辈多礼貌，优容 ④ 其失，汝勿以此为得意。夫吾何德何能于姻族，而姻族乃折节 ⑤ 包荒 ⑥ 若此？吾惧乎有失而背督 ⑦ 之者相倍蓰 ⑧ 也。吾幼补诸生，长而有闻，今碌碌 ⑨ 若此。汝辈不逮 ⑩ 吾，不知几寻丈，敢长傲乎？孔子曰："后生可畏，焉知来者之不如今也。四十五十而无闻焉，斯亦不足畏也已。" ⑪ 吾手所提抱人，今为祖父者，不知凡几。汝童而长，壮而老，直 ⑫ 旦暮 ⑬ 间事。吾家五世无六十上人，他日思吾言始知之。

（清）魏禧：《魏叔子集·与子世侃书》

注释：① 素封：没有官爵封邑的富豪。② 征君：对征士们的尊称。君士，不接受朝廷征聘做官的人。③ 当路：当权者。④ 优容：宽容。⑤ 折节：强制克制自己。⑥ 包荒：宽容谅解。⑦ 背督：背地里责备。督，责备。⑧ 倍蓰：概指倍数。蓰，读音同"洗"。⑨ 碌碌：平凡无奇。⑩ 逮：赶得上。⑪ "孔子曰"句：参见《论语·子罕》。⑫ 直：通"只"。⑬ 旦暮：早晚。

思想内涵：我家八代与有官爵封邑之家一样昌盛，到我们兄弟这一代名声更大。我们兄弟因为文章有名为朝廷所重，又肯出力气帮助别人，所以门第虽小，但在偏僻小县很有声势。亲戚朋友对你们兄弟很有礼貌，你可不能因此就得意忘形。我有何德何能于亲戚朋友，使亲戚朋友对你们如此尊敬、宽容？怕的是有过失背后责备的人会多出几倍。我小时候中秀才，长大后又有文名，现在碌碌无成，你们比我又差了一大截，怎么还敢滋长傲气呢？孔子说："后生可畏，怎么能够断定后一辈人不及今天这一代人呢？一个人到四五十岁还没有一点声名，他也就不值得敬畏了。"我抱过的人，现在做了祖父的，不知有多少。你由儿童到长大，由壮年成为老年，只是早晚间的事。我家五代未到六十就去世，将来你回想我的话，就会懂得这些道理。

汝资性略聪明，能晓事。夫聪明当用于正，亲师取友，并归一路，则为圣贤，为豪杰，事半而功倍。若用于不正，则适足以长傲、饰非、助恶，归于杀身而败名。不然，即用于无益事。小若了了①，稍长，锋颖②消亡，一事无成，终归废物而已。

（清）魏禧：《魏叔子集·与子世侃书》

注释：① 了了：聪明懂事。② 锋颖：聪明劲；锋，锐气。

思想内涵：你资质比较聪明，能够明白事理。但聪明要用在正道上，所接近的师友都是志同道合的人，做圣贤豪杰，就可事半功倍。聪明不用在正道上，只会增长傲气，掩饰过失，助长了恶的发展，结果是身败名裂。再不然，就是用于那些无益之事。小时候好像十分聪明懂事，等到年岁大一点，那点小聪明也没有了，只落得一事无成，成为废物一个。

每思天下事，受得小气，则不至于受大气；吃得小亏，则不至于吃大亏。此生平得力之处。凡事最不可想占便宜。子曰："放于利而行，多怨。"① 便宜者，天下人之所共争也。我一人据之，则怨萃②于我矣；我失便宜，则众怨消矣。故终身失便宜，乃终身得便宜也。

（清）张英：《聪训斋语》

注释：①"子曰"句：参见《论语·里仁》。放，读音同"仿"，依据。② 萃：

聚集。

思想内涵：经常想到天下事情的道理，能够多忍受得小气，就不至于受大气；吃得了小亏，就不至于吃大亏。这是我一生体会最深的地方。凡事最不可想占便宜。孔子说："依个人之利而行，乃取怨之道。"便宜，全天下人都想争抢，我一个人占有，那么怨恨就集中于我一个人身上；我放弃了便宜，那么众怨就消失了。所以，一个人一辈子不贪图便宜，那就要一辈子享受便宜了。

京中浮华，须立定主意，不为所染。盖天下惟诚朴为可久耳！吾家世守寒素①，岂可忘本？读书见客，事事检点，即学问也。来京途中，有一刻闲，便当看书，古人游处皆学，不过为收放心耳。骄傲奢侈，一点不能沾染。即会客说话，固须周旋，然不可套语太多，多则涉②于油滑而不真矣。

（清）陈宏谋：《培远堂全集·与四侄钟杰书》

注释：① 寒素：门第卑微而又无官爵。② 涉：落入。

思想内涵：京城之中浮靡奢华，你一定要心志坚定，不要沾染上这些坏习气。只有诚恳俭朴，才能保持长久。我们家世代以清贫为本，怎么可以忘了家规？读书待客，事事都要检点，生活就是学问。来北京的路上，只要有一点空闲，就要读书。古人所到之处都离不开学习，游学只不过是一种调剂罢了。骄傲自大、奢侈豪华的坏习气，反而是一点都不能沾染的。虽然会客说话，固然须要应付，但不可套语太多，太多了就流于油滑，反而缺乏真诚了。

吾壮年好骂人，所骂者都属推廓不开①之假斯文。异乎当世恃才傲物者之骂人：动谓人不如我，见乡墨②则骂举人不通，见会墨③则骂进士不通；未入学者，见秀才考卷，则骂秀才不通。既然目空一切，自己之为文，必能远胜于人，讵④知实际非特不能胜人，反不如所骂之秀才、举人、进士远甚。所为不反求诸己，徒见他人之不通。自己傲气既长，不肯用功深造，而眼高手低，握管作文，自嫌弗及不通秀才，免得献丑，索性搁笔不为文，于是潦倒终身，永无寸进。

余壮年傲气亦盛，而对于胜我者，却肯低首降伏；见佳文，爱之不肯释手，虽百读不厌，故能侥幸成名。然亦四下乡场，始得脱颖而出，亦为傲气所阻也。至今思之，犹如芒刺在背。

尔资质钝，赖李师辛苦栽培之力，得以冠年入场。初试原为观场计，李师与我，皆不望尔一试成名。不过有此一度经验，下届入场，便老练而不起恐慌，一试不售，奚⑤可即出怨言？只须自知文字不佳，下帷⑥攻苦，既有名师指导，进步较易。苟火到功到，取青紫⑦易如拾芥⑧矣。

（清）郑燮：《郑板桥集·再与麟儿》

注释：① 推廓不开：迂腐而不潇洒。推，扫除；廓，清除。② 乡墨：乡试。科举考试的一种。③ 会墨：会试。科举考试的一种。④ 讵：读音同"举"。难道。⑤ 奚：疑问代词，何事。⑥ 下帷：放下室内悬挂的帷幕。指读书、讲学。⑦ 青紫：汉代如丞相、太尉都授金印紫绶，御史大夫授银印青绶。后世指高贵显爵。⑧ 芥：小草。常常用来比喻微小。

思想内涵：我年轻的时候喜欢骂人，但所骂的人都是些推廓不开的假斯文。不同于目前那些恃才傲物的人骂人。他们动不动就认为别人不如他，看见乡试的考卷就骂举人狗屁不通；见了会试的考卷又骂进士狗屁不通；还没有进学，只要看见秀才的考卷，就骂秀才狗屁不通。既然目空一切，自己的文章，必定能够远远超过别人，谁知实际上不仅不能胜过别人，反而远远不如他所骂的那些秀才、举人、进士。不拿镜子照照自己。只看见别人的不通。自己傲气一长，就不肯用功深造，眼高手低。握笔作文，自己觉得还不如那些狗屁不通的秀才，免得献丑，索性搁笔不写，于是潦倒终身，永无寸进。

我年轻的时候傲气也很盛，但对超过我的人，却肯低首降服。看到好的文章爱不释手，百读不厌，所以能够侥幸成名。然而也参加过四次乡试，最后才考中举人，这也是受了傲气的影响。现在想起来，还像有芒刺在背的感觉。

你的资质愚笨，赖李师栽培，得以在二十岁上参加科举考试。初次考试只是试一试。李师和我，并不希望你一试成名，只不过是指望你有了这一次的实战经验，下届再考，便能老练沉着。你怎么能一次没考中，就口出怨言？考试失利只能说明自己文字欠佳。你回家后闭门苦读，又有名师指点，进步是必然的，等到火候到了，功夫深了，获得官位那是十分容易的事。

尔在外以谦谨二字为主，世家子弟门第过盛，万目所属，临行时教以三戒之首末二条，尽力去傲惰二弊，当已牢记之矣。

（清）曾国藩：《曾国藩全集·家书·与纪鸿》

思想内涵：你出门在外，要以谦逊、谨慎为重，世家子弟因为门第过于显盛，为万人所瞩目，你临出发时，我教导你三戒的头尾两条，还有尽力革除傲慢、懒惰两大毛病的这些话，你当已牢牢记住了吧！

至于作人之道，圣贤千言万语，大抵不外敬恕二字。"仲弓问仁"①一章，言敬恕最为亲切。自此以外，如"立则见其参于前也，在舆则见其倚于衡也"②；君子无众寡，无小大，无敢慢，斯为泰而不骄；正其衣冠，俨然人望而畏，斯为威而不猛。是皆言敬之最好下手者。孔言"欲立立人，欲达达人"③；孟言"行有不得，反求诸己"④。以仁存心，以礼存心，有终身之忧，无一朝之患。是皆言恕之最好下手者。尔心境明白，于恕字或易著功，敬字则宜勉强行之。此立德之基，不可不谨。

（清）曾国藩：《曾国藩全集·家书·与纪泽》

注释：① 仲弓问仁：参见《论语·先进》："仲弓问仁，子曰：出门如见大宾，使民如承大祭；己所不欲，勿施于人；在邦无怨，在家无怨。"意思是说：出门办事要像会见贵宾一样，役使百姓要像举行重大祭祀一样；自己不愿意要的东西，就不要强加于人；在为国家做事时不怨恨，不做官在家里也不怨恨。② 立则见其参于前也，在舆则见其倚于衡也：参见《论语·卫灵公》，意思是说：站着就好像看见敬恕两字矗立在面前，坐车时就好像敬恕两字刻在车前横木上。③ 欲立立人，欲达达人：参见《论语·雍也》："夫仁者，己欲立而立人，己欲达而达人。"意思是说：仁，自己要想自立，也会帮助别人自立；自己望通达，也会帮助别人通达。④ 行有不得，反求诸己：参见《孟子·离娄章句上》："行有不得者，皆反求诸己。"意思是说：如果你的行动得不到别人的赞许，就应该反过来在自己身上找原因。

思想内涵：至于做人的道理，圣贤说了千言万语，不外乎"敬恕"两字。《论语》"仲弓问仁"这一章，谈论"敬恕"最让人感到亲切。除此之外，像"立则见其参于前也，舆则见其倚于衡也"，君子不管面对人多人少、人大人小，都不敢轻慢，这就叫作泰而不骄。衣冠穿戴整齐，态度俨然使人望而生畏，这就叫作威而不猛。这都是做到"敬"时最好下手的地方。孔子说："欲立立人，欲达达人。"孟子说："行有不得，反求诸己"，心存仁爱和礼貌，一辈子都会战战兢兢，人就不会有意外的祸患，这都是做到"恕"时最好下手的地方。人的心境淡泊平和，在"恕"字方面或许容易见效，在"敬"字方面恐怕只能勉强为之了。这是道德修行的根基，任何人都不可不认真对待。

忍让为居家美德。不闻孟子之言三自反乎？若必以相争为胜，乃是大愚不灵，自寻烦恼。人生在世，安得与我同心者相与共处乎？凡遇不易处之境，皆能长学问见识。孟子"生于忧患"，"存乎疢①疾"，皆至言也。

（清）吴汝伦：《桐城吴先生全书·与儿书》

注释：① 疢：读音同"衬"，证。

思想内涵：忍让是居家的一种美德。难道没听过孟子说过吗，假如有人对我横蛮无理，我就一定要反躬自问，自己是不是不仁、无礼或者不忠？如果认为只有和别人争竞才是胜利，那就是最愚蠢的，简直是自寻烦恼啊。人生在世，怎么可能都是和自己志同道合的人在一起呢？大凡遭遇逆境，也都能增长学问见识。孟子说过，忧患使人充满生机，人之所以有道德、智慧、本领、知识，常常是因为他的忧患。这些都是至理名言啊。

我在军中，作一日是一日，作一事是一事，日日检点，总觉得自己多少不是，多少欠缺，方知陆清献公诗"老大始知气质驳"一句，真是阅历后语。少年志高言大，我最欢喜。却愁心思一放，便难收束，以后恃才傲物、是己非人种种毛病都从此出。如学生荒疏之后，看人好文章总觉得不如我，渐成目高手低之病。人家背后讪笑，自己反得意也。尔当识之。

（清）左宗棠：《左宗棠全集·家书·与孝威》

思想内涵：我在军中，工作一天就是一天，做一件事就是一件事，每天检点自己，总觉得有许多欠缺，许多过失，才知道陆清献公诗中"老大始知气质驳"确有真意，真是阅历之语。少年人志高言大，我最喜欢。却担心思想一放松，便难以收束，以后像恃才傲物、刚愎自大、瞧不起人等等毛病，都是由此而生。做学生荒废学业之后，看到人们称赞的好文章，总觉得还不如自己的好，就逐渐形成了眼高手低的坏习惯。不知道别人在背后嘲笑，自己反而更加得意忘形。你应当记住我的话啊。

4.慎独修心，刻苦自励

曾子疾病，曾元抑①首，曾华抱足。曾子曰："微②乎！吾无夫颜氏③之言，吾何以语④汝哉！然而君子之务，尽有之矣；夫华繁而实寡者天也，言多而行寡者人也；鹰鹯以山为卑，而曾⑤巢其上，鱼、鳖、鼋、鼍以渊为浅，而蹶穴其中，卒其所以得之者，饵也；是故君子苟无以利害义，则辱何由至哉？"

《大戴礼记·曾子疾病》

注释：①抑：按。②微：无。③颜氏：指颜回。④语：告诉。⑤曾：读作"增"。

思想内涵：曾子的病势加重了，他的儿子曾元扶着他的头，曾华抱着他的脚，曾子说："不要动我吧！我假如不引用颜回的话，那么，我还能告诉你们什么呢？然而君子应做的事，全部都包括在这些话里了；开花繁盛而结果寥寥的，这总是天生的现象；言论多端而行事少成的，这都是人为的现象。鹰和鹯认为山还是太低，而把巢增加到山顶的树上；鱼、鳖、鼋、鼍认为潭水还是太浅，而在水底另挖洞穴；最后它们还是被人抓到，那就是因为贪吃诱饵啊！因此，君子如果真能够不贪利而妨害义，那么，耻辱会从哪里来呢？"

心犹①首面②也，是以③甚④致饰焉⑤。面一旦⑥不修饰，则尘垢⑦秽⑧之；心一朝⑨不思善，则邪恶入之。人咸⑩知饰其面而不修其心，惑⑪矣。夫面之不饰，愚者谓之丑；心之不修，贤者谓之恶。愚者谓之丑犹⑫可，贤者谓之恶将何容焉⑬？故⑭照览⑮拭首面⑯，则思其心之洁也；傅⑰脂则思其心之和也；加粉则思其心之鲜⑱也；泽⑲发则思其心之顺也；用栉⑳则思其心之理也；立髻则思其心之正也；摄鬓则思其心之整也。

（清）严可均校辑：《全汉文·蔡邕》

注释：① 犹：像。② 首面：脸面。③ 是以：所以。④ 甚：十分。⑤ 焉：指示代词，在那儿。⑥ 一旦：一天。⑦ 尘垢：尘，粉末状灰土；垢，尘土一类的脏物。⑧ 秽：用作动词，污染。⑨ 一朝：一天。⑩ 咸：都。⑪ 惑：糊涂。⑫ 犹：还。⑬ 何……焉：怎么……呢。焉，语气词。⑭ 故：所以。⑮ 照览：照，照影；览，看。照镜子。⑯ 拭：擦。⑰ 傅：通"敷"。⑱ 鲜：读音同"显"，少，不够。⑲ 泽：用作动词，润泽。⑳ 栉：梳子。

思想内涵：人心就像人的脸面一样，所以要精心完善呵护。脸面不清洗，灰尘就要污染它；内心不严格要求，邪恶的思想就要侵蚀它。世上许多人只知道洗脸的重要性，而不知道净化心灵的重要性，这是十分错误的啊。不洗脸，糊涂的人称它为丑陋；不净化心灵，贤达的人称它为邪恶。糊涂人称不洗脸为丑陋，还说得过去；贤达的人称不净化心灵为邪恶，那就很难办了！所以，当你照镜子擦脸的时候，就要想到纯洁心灵的问题；在脸上涂脂时，就要想到内心明净的问题；在脸上抹粉时，就要想到内心需要增强修养的问题；在润泽头发时，就要想到内心和顺的问题；在梳理头发时，就要想到内心的条理问题；在立髻整髻时，就要想到如何使内心严正的问题。

人谁无过，贵其能改①；宜追前愆②，深自咎责③。

（晋）陈寿：《三国志·吴书·宗室第六》

注释：① 贵：用作动词，以……为贵。② 宜追前愆：宜，应该；追，反省；前，过去；愆，读音同"千"，过失。③ 深自咎责：深，深入地；咎责，悔过自谴。

思想内涵：人哪能没有过失呢，如果能够改正，那就是十分宝贵的品行；应该反思过去的错误啊，深入地解剖自己。

不善人，虽人所共恶，然也有益于人。大抵见不善人则警惧，不至自为不善。不见不善人，则放肆，或至自为不善而不觉，故家无不善人，则孝友之行不彰。乡无不善人，则诚厚之迹不著。譬如磨石，彼自销损耳，刀斧资之以为利。老子云："不善人乃善人之资。"谓此尔。若见不善人而与之同恶相济，及与之争为长雄，则有损而已，夫何益。

（南宋）袁采：《袁氏世范》

思想内涵：不善良的人，虽然大家都很憎恶他，但他对人们也是有好处的。这是因为大凡见了不善的人，人们能够从中引以为戒，不至于自己也去做不善的事。如果看不到不善的人，人们就会放肆，或者自己做了坏事之后还不觉得。所以说，家里没有不善的人，那么孝顺父母、友爱兄弟的行为就得不到张扬；乡里没有不善的人，诚实厚道的事迹也就得不到光大。社会上有不善良的人，他就像磨石，虽然自己被磨损了，但刀斧凭借它而锋利起来。《老子》说："不善良的人是善良人的反面教材。"说的正是这个道理。如果看到不善良的人而与他一起干坏事，甚至与他争高低，这样只会损害自己，却没有任何益处。

凡饮食知所从来，五谷则人牛稼穑^①之艰难，天地风雨之顺成，变生作熟，皆不容易……随家丰俭，得以充饥，便自足矣。门外穷人无数，有尽力辛勤而不得一饱者，有终日饥而不能得食者，吾无功坐食，安可更有所择。若能如此，不惟少欲易足，亦进学之一助也。

（南宋）江端友：《家训》

注释：① 稼穑：稼，种谷；穑，收获。稼穑指农业劳动。

思想内涵：人有吃喝，但总要知道食物的来历。五谷是靠人和牛艰难劳动，加上风调雨顺得来的，变生作熟，都不容易……依照家庭的经济情况的好坏，可以充饥，就满足了。很多穷人终年辛苦劳动还不能吃一顿饱饭，有的整天挨饿不能吃上饭，我们无功坐食，怎么可以挑选山珍海味呢。若能做到不过分奢求，不仅可以减少欲望，获得满足，也有利于学问的长进。

前人谓得便宜事，莫得再做；得便宜处，不得再去。休说莫得再，只先一次，已是错了。汝既多取了他人底，便是欠下他底，随后却要还他。世间人都有合得底分限，你如何多得他便宜，万无此理。又人道得便宜，是落便宜，实是所得便宜无几，而于天理人心欠缺不可胜道。天理也不容汝，人心也放你不过。

（元）许衡：《许鲁斋语录》

思想内涵：前人说白占便宜的事，不要再做；得过便宜的地方，不要再去。

且不说不能第二次，就是先得便宜的第一次，已经是错了。你多拿取了别人的，就等于欠了别人的，然后还是要还给别人的。世上人都有应得的界限，你怎么可以占别人的便宜呢？万万没有这样的道理。又有人说占便宜，是别人剩下的东西，所得便宜实际上没有多少，但相对于天理人心来说，欠缺的就多了。天理不容你，人心也不会放过你。

夫谋利而遂①者，不百一；谋名而遂者，不千一。今处世不能百年，而乃徼幸于不百一、不千一之事，岂不痴甚矣哉！就使遂志，临政不明仁义之道，亦何足为门户之光耶？愚深思熟虑久矣，而不敢出诸②口。今老矣，恐一旦先朝露③而灭，不及与乡曲④父兄子弟语及于此，怀不满之意于冥冥⑤之中，无益也。故辄冒言之，幸垂听⑥而择焉！

（南宋）陆九韶：《居家正本制用篇·正本》

注释：①遂：获得成功。②诸："之于"的合用。③朝露：早晨的露水。常用来比喻时间的短暂。朝，读音同"招"。④乡曲：乡里乡亲。⑤冥冥：糊涂。⑥垂听：对别人听自己说话的谦敬词。

思想内涵：谋利而如愿的人，百人中间没有一个。谋名而如愿的人，千人中间没有一个。人活不到一百年，而侥幸想获取成功率不高的名和利，难道不是太愚蠢了吗？即使是如愿获取了名利，但参与管理国家事务时不知道仁义的道理，这怎么可称得上是家门的荣光呢？我深思熟虑了很长一段时间，而一直没有开口说出。如今我老了，恐怕一旦去世，来不及跟乡亲父兄子弟谈谈这一想法，留有遗憾，以致在九泉之下也不甘心。所以，就提出这些想法，希望你们能够认真听取，慎重选择啊！

世之贪夫，谿壑①无厌，固不足责。至若常人之情，见他人服玩②，不能不动，亦是一病。大抵人情慕其所无，厌其所有。但念此物若我有之，竟亦何用？使人歆羡③，于我何补？如是思之，贪求自息。若夫天性澹然④，或学问已到者，固无待此也。

（南宋）陆游：《放翁家训》

注释：① 谿壑：两山之间的大沟。谿，读音同"溪"。② 服玩：服用和玩赏之物。③ 歆羡：美慕。④ 澹然：恬淡平静，不慕名利。

思想内涵：世上贪婪的人，欲壑难填，本来就不足为怪。至于一般人的性情，看到他人的华丽服饰和珍奇玩物，也不能不动心，这是一种不好的毛病。大凡人的性情，总是美慕自己没有的东西，不满足于自己拥的东西。但如果你仔细想一想，一旦拥有你想得到的这些东西，究竟有什么用处？你的东西使别人美慕，对我究竟有什么益处？像这样去想一想，贪心欲望就会自然而然消失。至于那些天性淡泊或学问已经达到很高境界的人，就不用这样了。

见人嘉言善行，则敬慕而纪 ① 录之。见人好文字胜己者，则借来熟看，或传录之，而咨问之，思与之齐 ② 而后已。不拘长少，惟善是取。

（南宋）朱熹：《朱文公文集·与长子受之》

注释：① 纪：通"记"。② 齐：用作动词，看齐。

思想内涵：见到别人有善言美行，就要敬慕他，并且记录下来。看到人家比自己好的文章，就要借来熟看，或抄录下来，进一步向他请教，一直到赶上他才止。不管别人是老是少，只要他有优点，就要学习吸取。

圣贤犹不能无过，况人非圣贤，安得每事尽善？人有过失，非其父兄，孰肯诲责？非其契爱，孰肯谏谕？泛然相识，不过背后窃议之耳。君子惟恐有过，密访人之有言，求谢而思改。小人闻人之有言，则好为强辩，至绝往来，或起争讼者有矣。

（南宋）袁采：《袁氏世范》

思想内涵：圣人贤人也不能没有过失，何况不是圣贤的普通人，怎能要求每件事都做到完美无缺呢？人有过失，不是他的父兄，谁愿意站出来教诲、指责他？不是相好的至交朋友，谁又愿意当面劝谏阻止他？交情一般的人，只会在背后私下将他议论一番。德才兼备的君子惟恐自己犯错误，暗中去打听别人的议论，向议论自己的人表示感谢并决心改正。不肖之人听到别人的议论，则喜欢狡辩；以至同议论自己的人断绝往来，或者争斗起来打官司，这样的事时有发生，真是不可思议啊！

　　此去冥路，吾心浩然。刚直之气，必不下沉，儿可无虑。世难时艰，努力自护。幽明①虽异，宁不见尔？

（元）脱脱：《金史·韩玉传》

　　注释： ① 幽明：人与鬼的界域。
　　思想内涵： 我这次去阴曹地府，我的心地光明磊落，十分坦然。我刚直不阿的精神，决不会因此而消解，你完全不必为此忧虑。如今世道正是混乱的时候，时事艰难，你要好好保护自己。阴间和阳间虽然殊途阻隔，各处不同的世界，我就不信：难道就再也见不到你了吗？

　　屡得弟辈书，皆有悔悟奋发之意，喜慰无尽。但不知弟辈果出于诚心乎，亦谩为之说云耳。本心之明，皎如白日，无有有过而不自知者，但患不能改耳。一念改过，当时即得本心。人孰无过，改之为贵。蘧伯玉，大贤也，惟曰："欲寡其过而未能。"成汤、孔子，大圣也，亦惟曰："改过不吝，可以无大过而已。"人皆曰："人非尧舜，安能无过？"此亦相沿之说，未足以知尧舜之心。若尧舜之心自以为无过，即非所以为圣人矣。其相授受之言曰："人心惟危，道心惟微，惟精惟一，允执厥中。"彼其自以为人心之惟危也，则其心亦与人同耳。危即过也，惟其兢兢业业，尝加精一之功，是以能允执厥中而免于过。古之圣贤，时时自见己过而改之，是以能无过，非其心果与人异也。戒慎不睹，恐惧不闻者，时时自见己过之功。吾近来实见在，学有用力处，但为平时习染深痼，克治欠勇，故切切预为弟辈言之，毋使亦如吾之习染既深，而后克治之难也。

（明）王守仁：《王文成公全书·寄诸弟》

　　思想内涵： 多次收到你们的来信，都有后悔和奋发之意，我感到十分高兴。只是不知道你们果真是出于诚心，而是口头上说说而已。人的本心之明，皎洁如白天，没有有了过失而自己不知道的，毛病在于不能改正罢了。只要一心一意地诚心改过，就可以恢复本心。人谁无过？能改正就很好。像蘧伯玉这样的贤人，还说："想减少过错还是不能够轻易做到。"像成汤、孔子这样的大圣人，也还说："改正自己过失不遗余力，就不会有大的过失了。"人们经常说："人非尧舜，安能无过?"这也是世代沿袭的成说，未能真知尧舜本心。如果尧舜心里自认为没有过失，那他们就不是圣人了。尧舜心心相传的名言是："人心惟危，道心惟微。惟精惟一，允执厥中。"他们自认为人心是很容易出现过失的，所以他们的心与普通人没有两样。危即过失的意思。只是因为他们兢兢业业，始终如一，所以能够保持本心。古代的圣贤，时时发现自己的过失并及时予以改正，所以能够做到没有过失，并不是他们的心灵与别人有什么两样。戒慎不睹，恐惧不闻，就是经常发现自己过失的有效方法。我近来确实感受到了这种成效，学习也有了用力之处，只是平时习染太深，又不能勇敢克治，所以恳切地预先对你们说明白，勿要像我习染太深，以致后来难以克服。

居常只见人过，不见己过，此学者切骨病痛，亦学者公共病痛。此后读书做人，须苦切点检自家病痛。盖所恶人许多病痛，若真知反己 ①，则色色 ② 有之也。

（明）唐顺之：《荆川文集·与二弟正之》

注释：① 反己：反躬自省。② 色色：多种多样。

思想内涵：平常只看到别人的过错，看不到自己的过错，这是学者最大的毛病，也是学者的通病。今后读书做人，要切实检查自己的过失。如果认真地反省自己，就会发现自己所讨厌的别人身上的毛病，其实在自己身上样样都有啊。

心为人一身之主，如树之根，如果之蒂，最不可先坏了心。心里若是存天理，存公道，则行出来便都是好事，便是君子这边的。心里若存的是人欲，是私意，虽行好事，也有始无终，虽欲外面作好人，也被人看破。你如根衰则树枯，蒂坏则果落，故我要你休把心坏了。心以思为职，或独坐时，或夜深时，心头一念，则自思曰："这是好念是恶念?"若是好念，便扩充起来，必见之行；若是恶念，便禁止勿思。方行一事，则思之以为："此事合天理不合天理?"若是不合天理，便止而勿行；若是合天理，便行。不可为分毫违心害理之事，则上天必保护你，鬼神必加佑你；否则，天地鬼神必不容你。

（明）杨继盛：《杨忠愍集·与子应尾、应箕书》

思想内涵：心是人的整个身体的主宰，就如同树木的根、果实的蒂一样，因此，最不可先坏了心。心里如果存的是天理、是公道，那么，你做出来的行为，便都是好事，便是君子这边的人。心里如果存的是人欲、是私意，那么，即使你想做好事，也是有始无终的，虽然想表面上做个好人，也是会被别人识破的。如同根衰树必枯、蒂坏果必落的道理一样，所以，我希望你休要把心变坏了。心以思为功能，在独坐时，或者夜深的时候，心念一动，就应自我反省："这是好念头还是坏念头？"如果是好念头，便充分地去想，并且要见之行动；如果是坏念头，便禁止勿想。刚想做一件事，就应该先想一想："这件事合不合天理？"如果不符合天理，便不要去做；如果符合天理，便认真去做。不做丝毫伤天害理的事，那么上天就会庇护你，鬼神就会保佑你；否则，天地鬼神一定不会容忍你。

昔人云："见利思义。"① 见色 ② 亦当思义，则邪念自息矣。《四十二章经》③ 数语甚好："老者以为母，长者以为姊，少者如妹，幼者如女。敬之以礼。"予少时每乐诵此数语，然细味 ④ 之，犹有解譬降伏 ⑤ 之劳。若能思义，则男有室，女有家，自不得一毫乱动，何烦解譬降伏？

（明）陆世仪：《思辨录》

注释：①"昔人云"句：意思是，遇到有利可图的事，首先要考虑到是否合乎道义原则。语出《论语·宪问》："见利思义，见危授命，久要不忘平生之言，亦可以为成人矣。"② 色：美色，女色。③《四十二章经》：佛教经书，一卷，相传为东汉时译作。④ 味：体会，玩味。⑤ 解譬降伏：使人明白事理，令人信服道理。

思想内涵：古人说："遇到一己之私，就要想到道义原则。"同样的道理，见到女色就要想到义理律条。这样，邪恶的念头就会自行消亡。《四十二章经》里的几句话说得特别在理："把年岁大的妇女当作自己的母亲来看待，把年长一点的妇女当作自己的姐姐来看待，把年龄小一点的女性作为妹妹来看待，把幼女作为自己的女儿来看待。这样，就会对妇女多一些尊重。"我小的时候，每每读到这几句话，都要细细品味其中的道理，由此起到明白事理，使人清醒的作用。假如平常能够经常想到义理原则，懂得男子有妻室，女子有家室，自己就不会产生一点邪念，不会有一丝一毫的非礼越轨行为，哪里还再需要别人说服教育、提醒警戒呢？

少年须常有一片春暖之意①，如植物从地苗出，天气浑含②，只滋③根土，美闷④春融，绝无雕节⑤，自会发生盛大。

今之少年，往往情不足而智有余，发泄⑥多岐，本地单薄⑦，专力为己，饰意⑧待人，展转效摹，人各自为，过失莫知，患难莫救，殖落⑨岁逝，竟成孤立。千年之木，华尽一朝，良可惜也。

（清）彭士望：《耻躬堂文集·示儿婿（一）》

注释：① 春暖之意：借指人的蓬勃向上精神。② 浑含：这里指天气阴雨迷蒙。③ 滋：滋润。④ 闷：热。⑤ 雕节：人工雕饰。⑥ 发泄：本意是散发。这里是尽量瞎想的意思。⑦ 本地单薄：指根基浅薄。⑧ 饰意：假意。⑨ 殖落：本来是有作为的，因没有抓住机会而落空。殖：树立。

思想内涵：人生少年时期，要经常保持一片春日融融、生机勃勃的气象，有如植物受雨露的滋润、和风的吹拂，茁壮成长，不必人工地雕饰，它自然会发芽长大。

现在有些年轻人，往往情感不足而智巧有余，多方发泄，根基浅薄，专门为己，假意待人，互相仿效，各干各的，有了过失也不知道，碰到患难也互不救援，随着岁月的消逝，终于成为一个孤立无助、无所作为的人。他的人生就像可以生长千年的大树，只开了一次花就枯萎了一样，这实在是太可惜了。

人生适意之事①有三：曰富，曰贵，曰多子孙。然是②之者，善处之则为福，不善处之则足为累③，至为累而求所谓福者不可见矣。何则？高位者，责备之地，忌嫉之门，怨尤之府，利害之关，忧患之窟④，劳苦之薮⑤，谤讪之的⑥，攻击之场，古之智人，往往望而却步⑦。况有荣则必有辱，有得则必有失，有进则必有退，有亲则必有疏。若但计邱山之得⑧，而不容铢两之失⑨，天下安有此理？但已身无大谴过，而外来者平淡视之，此处贵之道也……予每见世人处好境而郁郁不快，动多悔咎忧戚，必皆此三者之故。由不明斯理，是以心褊见隘，未食其报，先受其苦。能尽体吾言，于扰扰之中，存荧荧一亮，非热火炕中清凉散，苦海波中入宝筏哉 ⑩ ！

（清）张英：《聪训斋语》

注释：① 适意之事：自己觉得满意的事。② 是：这。③ 累：读音同"类"，麻烦。④ 窟：人或物聚集的地方。⑤ 薮：读音同"叟"。指人或物聚集的地方。⑥ 的：标的，目标。⑦ 望而却步：看到了危险或遇到力所不能及的事情向后退缩。⑧ 邱山之得：比喻得到了像山那样大的好处。邱山，山名。⑨ 铢两之失：比喻损失很小，只有那么一点点。铢，古代的重量单位，一两的二十四分之一。⑩ 心褊见隘：心胸狭窄，见识短浅。褊，读音同"扁"，窄小。扰扰：纷乱的样子。荧荧：光亮微弱的样子。荧，读音同"营"。微弱的光。宝筏：救命的筏子。筏，读音同"伐"。水上的木排或竹排。

思想内涵：人生之中让人心满意足的事情有三件：一是富有，二是高贵，三是多子多孙。但是，对于这三件事情，能够妥善处理，那便是福气；如果不是这样，那便是些麻烦事了。好事一旦变成麻烦事，你再希望得到福气，那就不可能了。为什么这样说呢？高贵地位，是受人责备的地方，是被人嫉妒的地方，是滋生怨恨的地方，是产生冲突的地方，是忧虑祸害的地方，是辛苦劳顿的地方，是被人讥讽诽谤的目标，是争权夺利的地方。古代的聪明人，往往面对高位要向后退缩。况且，荣耀与耻辱相依，收益与损失共存，长进与退步相关，亲近与疏远关联。只是算计着如能够得到更大的好处，而不能容忍有些小损失，天下哪有这样的道理？只要做到自身没有大的缺点而遭到别人诋毁，使别人就够能用平常眼光看待你，这就是身处高位者的诀窍啊……我常常看到有些人，生活在好环境中却闷闷不乐，动不动就悔恨忧伤，这必定是因为富有、高贵和多子孙所致。由于不明白对待这三种情况的道理，心胸见识狭窄，还没有得到它们的益处，就已经先遭受了它们所带来的坏处。希望你们能够尽量理会我所讲的这番话。果然如此，就能在纷乱复杂之中，看到人生的一线光亮。这并不是在热炕上求散热，而是在苦海中跃上了救命的竹筏，因此，不是没了希望，而是大有希望啊！

圣贤领要之语曰：人心惟危，道心惟微 ① 。危者，嗜欲之心，如堤之束水，其溃甚易，一溃则不可复收。微者，理义之心，如帷之映灯，若隐若现，见之难而晦之易也。人心至灵至动，不可过劳，亦不可过逸，唯读书可以养之。每见堪舆家②，平日用磁石养针，书卷乃养心第一妙物。闲适无事之人，镇日③不观书，则起居出入，身心无所栖泊④。耳目无所安顿，势必心意颠倒，妄想生嗔，处逆境不乐，处顺境亦不乐。每见人恓恓皇皇⑤，觉举动无不碍者，此必不读书之人也。古人有言，扫地焚香，清福已具。其有福者，佐以读书；其无福者，便生他想。旨哉斯言，予所深赏。且从来拂意之事，自不读书者见之，似为我所独遭，极其难堪。不知古人拂意之事，有百倍于此者，特不细心体验耳。即如东坡先生⑥，殁后遭逢高孝⑦，文字始出，名震千古。而当时之忧谗畏讥，困顿转徙潮惠⑧之间，苏过⑨跣足涉水，居近牛栏，是何境界。又如白香山⑩之无嗣，陆放翁⑪之忍饥，皆载在书卷。彼独非千载闻人，而所遇如此，诚一平心静观，则人间拂意之事，可以涣然冰释⑫。若不读书，则但见我所遭甚苦，而无穷怨尤嗔忿之心，烧灼不宁，其苦何如耶。且富盛之事，古人亦有之，炙手可热⑬，转眼皆空。故读书可以增长道心，为颐⑭养第一事也。

（清）张英：《聪训斋语》

注释： ①人心惟危，道心惟微：参见《尚书·大禹谟》。意为人心很容易变坏，而良好的品德却不容易培养起来。②堪舆家：风水先生。③镇日：整天，从早到晚。镇，一个时间段。④栖泊：像鸟那样停留在树上，像船那样停靠在岸边。⑤恓恓皇皇：形容惶恐不安。⑥东坡先生：北宋文学家苏轼，号东坡居士。⑦高孝：指南宋宋高宗和宋孝宗时期。⑧潮惠：潮州和惠州，今广东汕头市和惠州市一带。⑨苏过：苏轼少子。⑩白香山：唐代诗人白居易。⑪陆放翁：南宋诗人陆游。⑫涣然冰释：像冰块融化那样快速离散。常常用来指消除隔阂。⑬炙手可热：手一挨近就感觉到热。形容气焰很盛。炙，读音同"志"，烤火。⑭颐养：保养。

思想内涵： 圣贤的重要语录说：人心惟危，道心惟微。危，指贪欲之心如堤坝围水，溃决十分容易，而且一溃就不可复收。微，指理义之心像纱罩中的灯光，若隐若现，使它明亮难而使它熄灭却很容易。人的心灵是最敏感的，既不可过于劳累，又不可过于清闲，只有读书可以保养它。经常看到风水先生平时用磁铁来保养指南针，书卷是保养心灵的第一妙物。清闲无事的人，整天不看书，那么吃饭、睡觉、做事，就没有寄托。眼睛没有书看，势必心浮气躁，妄生贪念，处于逆境时不高兴，处于顺境之中也不高兴。每当看到有人每天惴惴惶惶，举手无措，不知干什么好，就知道他们是不读书的闲人。古人说，扫完地焚起香，清福就有了。会享福的人，就伴以读书；那些不会享福的人，便产生邪念。这真是至理名言，我十分赞同啊。即便是一些不如意的事，对那些不读书的人来说，便认为只有自己一个人遇到了，所以常常感到愤愤不平。不知道古人不如意的事情，比这更甚百倍，只是他们不细心地去体会罢了。就像苏轼，死后五六十年，文章才广为流传，声名才流传千古。而在他活着的时候，受人讥谤，被贬到潮州、惠州，他的儿子苏过也跟着父亲过着颠沛流离的艰苦生活，也又是什么境界呢？又如白居易没有子嗣，陆游挨饿，这些都记在书上。这些名震千古的人，他们都遇到了如此的遭遇，你只要认真地平心想一想，那么，对人世间的一些不如意的事情便可以涣然冰释了。如果不读书，只看到自己的不幸遭遇，就去怨天尤人，那又有什么用呢？而且暴富的事，古人也有，虽然一时炙手可热，但转眼成空。所以，读书可以增长道心，是养心最重要的一件事。

汝等索居寡见闻，又鲜良师友，习俗移人，贤者不免，如行烂泥中，行一步拔一步，须立定脚跟，稍懈则倾陷不得出矣。俗之熏人，又如室中烧恶草，衣带皆臭，行人过之，皆掩鼻，而其人自己不知，岂不可叹？孟子曰："生于忧患，死于安乐。"韩子曰："食焉而怠其事者，必有天殃。"余每读古人书，与作人行事相感触，不觉面赤汗下。今将有远行，书此以告诸子，且用自警省焉。

（清）谢启昆：《树经堂文集·训子侄文》

思想内涵：你们一向深居简出，孤陋寡闻，又缺乏良师益友，习俗移人，贤者不免，如在烂泥中行走，走一步拔一步，要立定脚跟，稍一懈怠很快陷进去拔不出来了。习俗对人的影响，潜移默化，就像在房中烧烂草，衣带都带臭味，行人从旁经过，都要掩鼻而行，而你自己还不知道，真是令人感叹。孟子说："生于忧患，死于安乐。"韩愈说："饱食终日，无所事事，必有天灾。"我每读古人的书，就反省自己的所作所为，不觉得面红汗下。现在将要远行，写下这些来劝告你们，希望你们对照反省。

　　君不见，猩猩嗜酒知害身，且骂且尝不能忍。飞蛾爱灯非恶灯，奋翼^①扑明甘自陨。不为形役为名役，臧谷亡羊复何益！月攘一鸡待来年，年复一年头雪白。得掷且掷即今日，人生百岁驹过隙^②。试问巫峡连营^③七百里，何如蔡州雪夜^④三千卒。

　　　　　　　　　　　　　　（清）魏源：《魏源集·读书吟示儿耆》

　　注释：① 翼：翅膀。② 驹过隙："白驹过隙"的省称。形容时光飞逝。③ 巫峡连营：指公元 219 年吴蜀彝陵之战，刘备连营被陆逊火烧的故事。④ 蔡州雪夜：指公元 817 年李愬率兵雪夜攻克蔡州，生擒叛将吴元济的故事。

　　思想内涵：你不见，猩猩爱酒，明知酒对自己有害，可又忍耐不住，于是边尝边骂。飞蛾爱灯，奋翼扑向火中，甘心自陨。人不是受形体的奴役，就是受功名的奴役，奴仆牧童不善于亡羊补牢，又有何益！日偷一鸡改为月偷一鸡，以待来年再停止，年复一年，头发已经变得雪白，却还是未能改过自新。一天得过且过，天天如此，人生百年，如白驹过隙。刘备巫峡连营七百里，怎比得上李愬雪夜入蔡州的三千兵卒。

　　余生平略涉先儒之书，见圣贤教人修身，千言万语，而要以不忮不求^①为重。忮者，嫉贤害能妒功争宠，所谓忿者不能修，忌者畏人修之类也。求者，贪利贪名，怀土怀惠，所谓未得患得，既得患失之类也。忮不常见，每发露于名业相侔，势位相埒之人。求不常见，每发露于货财相接，仁进相妨之际，将欲造福，先去忮心，所谓人能充无欲害人之心，而仁不可胜用也。将欲立品，先去求心，所谓人能充无穿窬^②之心，而义不可胜用也。忮不去，满怀皆是荆棘。求不去，满腔日即卑污。余比二者常加克治，恨尚未能扫除净尽，尔等欲心地干净，宜于此二者痛下工夫，并愿子孙世世戒之。附作《忮求诗》二首录右。
　　附《忮求诗》二首：
　　善莫大如恕，德莫凶于妒。妒者妾妇行，琐琐奚比数。己拙忌人能，己塞忌人遇。己若无事功，忌人得成务。己若无援党，忌人得多助。势位苟相敌，畏偪又相恶。己无好闻望，忌人文名著。己无贤子孙，忌人后嗣裕。争名日夜奔，争利东西骛。但期一身荣，不惜他人污。闻灾或欣幸，闻祸或悦豫。问渠何以然，不自知其故。尔室神来格，高明鬼所颂。天道常好还，嫉人还自误。幽明丛垢忌，乖气相回互。重者灭汝躬，轻亦减汝祚。我今告后生，悚然大觉悟，终身让人道，曾不失寸步。终身祝人善，曾不损尺布。消除嫉妒心，普天零甘露。家家获吉祥，我亦无恐怖。右不忮。

知足天地宽，贪得宇宙隘。岂无过人姿，多欲为患害。在约每思丰，居困常求泰。富求千乘车，贵求万钉带。未得求速偿，既得求勿坏。芬馨比椒兰，磐固方泰岱。求荣不知餍，志亢神愈汰。岁燠有时寒，日明有时晦。时来多善缘，远去生灾怪。诸福不可期，百殃纷来会。片言动招尤，举足便有碍。戚戚抱殷忧，精爽日凋瘵 ③。矫首望八荒，乾坤一何大！安荣无遽欣，患难无遽憝 ④。君看十八中，八九无倚赖。人穷多过我，我穷犹如耐。而况处夷涂，奚事生嗟忾。于世少所求，俯仰有余快。俟命堪终古，曾不愿乎外。右不求。

（清）曾国藩：《曾国藩全集·家书·与纪泽纪鸿》

注释：① 不忮不求：参见《诗经·邶风·雄雉》："不忮不求，何用不臧？"忮，读音同"治"，忌恨、嫉妒；求，追求名利。② 穿窬：穿，穿墙破壁；窬同"逾"，越墙翻垣。穿窬指盗窃行为。③ 凋瘵：凋，凋零；瘵，读音同"债"，病。④ 憝：读音同"对"，怨恨。

思想内涵：我这一生略略读了一些先儒的书，发现圣贤教导人修心养身，千言万语，而总以不忮不求为最重要。忮，指嫉贤害能，妒功争宠，即所谓忌者不能修，忌者畏人修这一类的事。求，指贪利贪名，计较实惠，即所谓未得患得，已得患失这一类的事。忮，平时不表现出来，每每总是在名望、功业、势力、地位相同的人之间暴露出来。求，平时不表现出来，每每总是在财物、仕途等利益发生冲突的时候暴露出来。要想造福于己，必先除去忮心，所谓人若是没有害人之心，仁就不可胜用了。要想树立好的人品，必先除去求心，所谓人若没有想跃墙钻洞的心思，义就不可胜用了。忮心不去，满心都是烦恼；求心不去，满心都是卑污。我在这两点上能够经常加以克制，只恨没能扫除净心。你们要想心地纯净，应该在这两点上痛下功夫，并愿子孙世代以之为戒。附《忮求诗》二首于后，你们好好读一读吧！

三、养生为基

在中国传统社会，养生在更大意义上具有伦理意义。在古代社会，人的身体得诸父母，每个人都有保护身体、善养身体的责任和义务，这也是孝的体现。从这个伦理原则出发，古代思想家们十分重视养生，把养生看作人生及其家庭的大事。

如何保养好身体呢？在他们看来，最主要的是养神，保持神清气明，意气平和，气和则心静，心静则体安，这是养生的根本。其次是对身体的保健，包括就寝、饮食、声乐、颜色等，这些都要服从于保健这个原则。

中国古代贤哲把养神与保健联系起来谈养生，把肉体与精神联系起来谈健康，这种眼光和方法是十分睿智的，也符合现代养生保健原理，因而是值得借鉴的。

1.治身，太上养神

老子曰："治身，太上养神，其次养形。"神清意平，百节 ① 皆宁，养生之本也。肥肌肤，弃腹肠，供嗜欲，养生之末也。

《文子·下德》

注释： ① 节：指人身上的关节。

思想内涵： 老子说："养身，最主要的是养神，其次是养形。"神气清明，意气和平，身体各个部位关节都安宁，这是养生的根本。使肌肤肥美，腹肠充满，嗜欲满足，这是养生的下策。

2.知足，才能常乐

世欺不识字，我昂 ① 攻文笔 ②。世欺不得官，我昂居班秩 ③。人老多病苦，我今幸 ④ 无疾。人老多忧累，我今婚嫁毕。心安不移转，身泰无牵率 ⑤。所以十年来，形神 ⑥ 闲且逸。况当垂老岁，所要无多物 ⑦。一裘暖过冬，一饭饱终日。勿言宅舍小，不过寝一室。何用^⑧鞍马多，不能骑两匹。如我优幸身，人中十有七^⑨。如我知足心，人中百无一。傍观^⑩愚也见，当己贤^⑪多失。不敢论他人，狂言^⑫示诸侄。

（唐）白居易：《白香山集·狂言示诸侄》

注释：① 忝：读音同"舔"。谦辞，有愧于。② 攻文笔：致力于做文章。文笔：文章的泛称。③ 班秩：排列在居员的名册中。④ 幸：幸运。⑤ 牵率：牵挂的意思。⑥ 形神：身体和精神。⑦ 物：指物质享受。⑧ 何用：何必要。⑨ 十有七：十人中间不过六七人。⑩ 傍观：旁观，客观地看。⑪ 当己贤：自作聪明。⑫ 狂言：狂妄的话。

思想内涵：世上总是欺侮不识字的人，所以我更加努力地学写文章。世上总是欺侮没做官的人，所以我努力地爬上官场，捞个一官半职。人老之后常常是病痛伴随，我现在幸好无病。人老之后常常是忧虑伴随，我现在办完了儿女的婚嫁大事。我心里安静无憾，身体健康没有牵挂。所以十年来，我心境闲适安逸。况且人一年比一年衰老，需要的东西不多了。一件裘皮衣可以保暖过冬，吃饱饭度过一天。不要说住宅小了，我睡的地方一间房够了。要那么多的鞍马干什么，我又不能同时骑两匹马。像我这样优越幸福的人，十人中间有七个，但像我一样心里知足的人，一百人中间没有一个。旁观者即使愚蠢也看得清楚，但事情临到自己头上，即使贤人也会有过失。我不敢随便评论别人，我只是狂言而已，是对你们侄子说的心里话。

养有五道：修宫室，安床笫^①，节饮食，养体之道也；树五色，施五采，列文章^②，养目之道也；正六律^③，和五声^④，杂八音^⑤，养耳之道也；熟五谷，烹六畜^⑥，和煎调，养口之道也；和颜色，说^⑦言语，敬进退，养志之道也。此五者，代进而厚用之^⑧，可谓善养矣。

《吕氏春秋·孝行览第二》

注释：① 床笫：床铺，这里泛指卧具。笫，读音同"纸"，床上的席子。② 文章：古代绘画，青与赤相间谓之"文"，白与赤相间谓之"章"。这里的"文章"指错综华美的花纹。③ 六律：古代用竹管的长短把乐音按高低分为十二类，又分阴阳各六，阳声叫六律，阴声叫六昌。这里的"六律"指乐律。④ 五声：宫、商、角、徵（读音同"止"）、羽。⑤ 八音：古代对乐器的统称，即金、石、土、革、丝、木、匏、竹。这里的"八音"泛指音乐。⑥ 六畜：指马、牛、羊、猪、狗、鸡。⑦ 说：喜悦。这个意义后来写作"悦"。⑧ 代：更替。厚：当为"序"字之误。序：次第。

思想内涵：养身之道有五条：整修房屋，使卧具安适，节制饮食，这是保养身体的方法，树立五色，设置五彩，排列花纹，这是保养眼睛的方法；使六律准确，使五声和谐，使八音协调，这是保养耳朵的方法；把饭做熟，把肉煮熟，调和味道，这是保养嘴的方法；面色和悦，言语动听，举止恭敬，这是保养意志的方法。这五条，依次更替实行，就可以叫做善于保养身体了。

青春 ① 何苦多病，岂不以摄生 ② 为意耶？门才起立，宗族未受赐，有文学称，亦未为国家用，岂肯循 ③ 常人之情，轻其身汩 ④ 其志哉！

贤弟请宽心将息，虽清贫，但身安为重。家间苦淡，士之常也，省去冗口可矣。请多著工夫看道书，见寿而康者，问其所以，则有所得矣。

（北宋）范仲淹：《告诸子及弟侄》

注释：① 青春：指年轻。② 摄生：养生。③ 循：依照。④ 汩：读音同"古"，沉没。

思想内涵：年纪轻轻为何多病？难道没有注意养生吗？刚刚起立门户，宗族尚未受赐，在文学方面有声誉，也没有对国家贡献出来，怎么能随人之常情，不注意身体而使自己的抱负不能实现呢！

贤弟请宽心静养，家虽清贫，但身体健康要紧。家境清苦，是读书人常有的，减去冗口就可以了。请抽出时间看看书，遇到健康长寿的人，向他们请教其中奥妙，必定有收获。

昔人论致寿之道有四：曰慈，曰俭，曰和，曰静。人能慈心一物，不为一切害人之事，即一言有损于人，亦不轻发。推之戒杀生以惜物命，慎剪伐以养天和 ①。无论冥报不爽，即胸中一段吉祥恺悌 ② 之气，自然灾沴不干 ③，而可以长龄矣。人生享福，皆有分数。惜福之人，福尝有余；暴殄 ④ 之人，易至罄竭 ⑤。故老氏以俭为宝 ⑥。不止财用而已，一切事当思节啬之义，方有余地。俭于饮食，可以养脾胃；俭于嗜欲，可以聚精神；俭于言语，可以养气息非^⑦；俭于交游，可以择友寡过；俭于酬酢^⑧，可以养身息劳；俭于夜坐，可以安神舒体；俭于饮酒，可以清心养德；俭于思虑，可以蠲烦去扰^⑨；凡事省得一分，即受一分之益。大约天下事，万不得已者，不过十之一二。初见以为不可已，细算之，亦非万不可已。如此逐渐省去，但日见事之少。白香山^⑩诗云："我有一言君记取，世间自取苦人多。"今试问劳扰烦苦之人，此事亦尽可已，果属万不可已者乎？当必恍然自失矣。人常和悦，则心气冲而五脏安，昔人所谓养欢喜神。真定梁公^⑪每语人曰："日间办理公事，每晚家居，必寻可喜笑之事，与客纵谈，掀髯^⑫大笑，以发舒一旦劳顿郁结^⑬之气。"此真养生要诀。何文端公时，曾有乡人过百岁，公叩其术，答曰："予乡村人无所知，但一生只是喜欢，从不知忧恼。"噫！此岂名利中人所能哉？语曰："仁者静。"又曰："知者动。"每见气躁之人，举动轻佻^⑭，多不得寿。古人谓砚以世计，墨以时计，笔以日计，动静之分也。静之义有二：一则身不过劳，一则心不轻动。凡遇一切劳顿忧惶喜乐恐惧之事，外则顺以应之，此心凝然^⑮不动，如澄潭，如古井；则志一动气，外间之纷扰皆退听矣。此四者，于养生之理，极为切实，较之服药导引，奚啻万倍哉。若服药则物性易偏，或多燥滞。引导吐纳，则易至作缀。必以四者为根本，不可舍本而务末也。《道德经》五千言，其要旨不外于此，铭之座右，时时体察，当有裨益耳。

（清）张英：《聪训斋语》

注释：① 天和：自然祥和的样子。② 恺悌：和乐平易。③ 灾沴不干：不介入灾祸不祥事。沴，读音同"厉"，灾气。④ 暴殄：任意糟蹋。殄，读音同"舔"，灭绝。⑤ 罄竭：尽绝。罄，尽。⑥ "故"句：见《道德经》第六十七章，老子有"三宝"，俭为"三宝"之一。老氏，即老子。⑦ 养气息非：增进涵养，平息是非。⑧ 酬酢：酒桌上的应酬，主客互相敬酒。酬，向客人敬酒；酢，读音同"坐"，向主人敬酒。⑨ 蠲烦去扰：消除烦扰。蠲，读音同"捐"，除去。⑩ 白香山：即白居易，他晚年自号香山居士。⑪ 真定梁公：明朝河北真定人氏梁梦龙，嘉靖朝进士。⑫ 髯：读音同"然"，两腮的胡子，泛指胡子。⑬ 郁结：在心里积聚不能发泄的恶气。⑭ 轻佻：不稳重。⑮ 凝然：专注保持的样子。

思想内涵：古人认为长寿之道有四：即慈善、俭朴、和顺、清静。人只要对一切事物拥有一颗慈善之心，就不会做那些害人的事。即使只言片语有伤及他人的，也不轻易出口，并扩展到禁止杀生以珍惜动物的生命，小心砍伐以保护自然的和谐。不要说阴德报应，就是心中的吉祥和乐之气，自然就永远也不会丧失，也就可以长寿了。人一生的福分，都有一个定数。珍惜幸福的人，福气经常有余；浪费幸福的人，福气很快就用完了。所以老子以俭朴为宝。这不单单局限于财富的开支，所有的事情都应当节俭，才有余地。在饮食上节俭，可以保养脾胃；在嗜欲上节俭，可以集中精力；在言语上节俭，可以消除是非；在交游上节俭，可以选择好友少犯错误；在应酬上节俭，可以养身以免劳累；在夜晚坐谈上节俭，可以安神舒体；在饮酒上节俭，可以清心养德；在思想上节俭，不胡思乱想就可以省去烦恼；凡事能够节省一分，就能多得一分益处；大概天下之事，不到万不得已，是实在不能节省的，不超过十分之一二。很多事情是这样，起初认为是不可省去的，但仔细想来，也不是什么万不得已的事。像我说的这样逐渐省去，就会每天省事很多。白居易诗云："我有一言君记取，世间自取苦人多。"试问现在那些烦恼不堪的人，这些事是完全可以省去，还是实在是万不得已？只要反思一下，就必然明白自己过去的失误了。人经常和顺高兴，就会心气平和，五脏安定，这就是古人所谓的养欢喜神。真定梁公经常告诉别人，白天办理完公事，回到家里，一定要寻找可笑之事，与宾客畅谈，掀须大笑，以此来消除一天的劳顿郁结之气，这还真是养生的要诀。何文端公时，曾经有个乡下人年过百岁，何文端公去询问养生的方法，乡下老人说："我们乡下人没有什么知识，只是一生常乐，不知什么叫忧愁烦恼。"唉，这岂是那些追求名利的人能够做到的事！《论语》说："仁者无欲故静。"又说："知者日进故动。"经常看见那些心浮气躁的人，行为轻佻，所以，很多人都不能长寿啊。古人认为砚以百年为计，墨以时为计，笔以日为计，这些都是讲动静的区分。清静的含义有二：一是身体不要过分劳累，二是心情不要轻易激动。凡是遇到那些劳累忧愁快乐害怕的事情，都要顺其自然，心情才能岿然不动，如清澈的深潭，如幽深的古井；只要心志坚定，外界的各种烦恼就都消失了。上述四个方面，对于养生的道理，讲得极为切实，比那些吃补药练气功的功效要超过千万倍，因为吃补药有的药性有偏差，或者多燥滞。练气功，则容易时作时辍，难以持之以恒。所以，必须以上述四个方面为根本，不应该去舍本求末。老子《道德经》五千字，其要旨不外于此，应该把它作为座右铭，经常深刻地去体会，这样必定有益于自己健康长寿。

古人以眠食二者，为养生之要务。脏腑肠胃，常令宽舒有余地，则真气得以行，而疾病少。吾乡吴友季善医，每赤日寒风，行长安道上不倦。人问之，曰："予从不饱食，病安得入。"此食忌过饱之明征也。燔炙①熬煎，香甘肥腻之物，最悦口而不宜于肠胃。彼肥腻易于粘滞，积久则腹痛气寒，寒暑偶侵则疾作矣。放翁②诗云："倩盼作妖狐未修，肥甘藏毒鸩犹轻。"此老知摄生哉。炊饭极软熟，鸡肉之类，只淡煮；菜羹清芬鲜洁渥③之，只食八分；饱后饮六安苦茗④一杯。若劳顿饥饿归，先饮醇醪⑤一二杯，以开胸胃。陶诗云："浊醪解劬饥。"盖藉之以开胃气也。如此，焉有不益人者乎？且食忌多品，一席之间，遍食水陆，浓淡杂进，自然损脾。予谓或鸡鱼凫⑥独⑦之类，只一二种，饱食良为有益，此未尝闻之古昔，而以予意揣当如此。安寝乃人生最乐，古人有言："不觅仙方觅睡方。"冬夜以二鼓为度，暑月以一更为度。每笑人晨夜酣饮不休，谓之消夜。夫人终日劳劳，夜则宴息，是极有味，何以消遣为。冬夏皆当以日出而起，于夏犹宜。天地清旭之气，最为爽神，失之甚为可惜。予山居颇闲，暑月日出则起，收水草清香之味，莲方敛而未开，竹含露而犹滴，可谓至快。日长漏永，不妨午睡数刻，焚香垂幕，净展桃笙⑧，睡足而起，神清气爽，真不啻天际真人。

（清）张英：《聪训斋语》

注释：① 燔炙：烤肉。燔，读音同"凡"，把肉放在火上烤。② 放翁：即陆游，放翁是他的号。③ 渥：读音同"怄"。浸泡。④ 茗：茶的一种。⑤ 醇醪：读音同"纯劳"，味道浓厚的酒。⑥ 凫：读音同"伏"，野鸭。⑦ 独：读音同"屯"，猪。⑧ 桃笙：用桃树藤编织的席子。

思想内涵：古人把睡觉饮食这两方面，作为保养身体的重要事情。脏腑肠胃，经常让它们宽舒有余地，真气就能够得以运行，疾病就少。我们乡里有一个名叫吴友季的人，精通医道，经常在烈日炎炎的夏天和寒风嗖嗖的时候走很远的路也不觉得疲倦。有人问他，他说："我从不饱食，病怎么进得去呢？"这是吃饭不要食得过饱的例子。大火爆烧煎炸、香甜肥腻的东西，最可口但又最伤肠胃。因为肥腻之物容易粘滞，日积月累就会腹疼气寒，偶尔受寒受热就生病了。陆放翁诗云："倩盼作妖狐未修，肥甘藏毒鸩犹轻。"这真是深知养生之语。做饭要极其松软，鸡肉之类只清炖，菜汤要用清香新鲜的蔬菜，只吃到八分饱，饱后喝六安茶水一杯。若果是劳累饥饿而回，必须先饮醇酒一两杯，以开肠胃。陶渊明诗云："浊醪解饷饥。"大概是用酒来开胃气的。像这样，当然对人身体有益。忌讳吃的种类过杂，一顿饭便吃尽各种山珍海味，浓淡杂进，自然损伤脾脏。我认为，鸡鸭鱼肉，只一两种，饱食很有好处，这在古书上没有见到，而是我自己的揣摩。睡觉安稳，是人生最快乐的事情。古人曾说："不觅仙方觅睡方。"冬天不超过二鼓，夏天不超过一更就要入睡。我经常感到好笑，有人把通宵达旦的饮酒作乐称做消夜。因为人终日劳累，晚上需要休息，这是一种极好的享受，为什么要把这宝贵的大好时光消遣掉呢？无论冬夏，都应当日出即起，夏天尤其应该这样。此时大自然清旭之气，最为爽神，错过了十分可惜。我在山里隐居十分悠闲，夏天里日出则起，去汲取水草散发的清香之气，莲花含苞待放，竹叶上沾着的露珠一滴一滴地向下滴落，欣赏后心情十分爽快。夜短昼长，不妨午睡片刻，焚起香，放下帷帐，铺开桃枝编织的凉席，睡足起床，感到神清气爽，真不啻天上的仙人。

养身之道，一在谨嗜欲，一在慎饮食，一在慎忿怒，一在慎寒暑，一在慎思索，一在慎烦劳。有一于此，足以致病，以贻父母之忧，安得不时时谨凛也①。

（清）张英：《聪训斋语》

注释： ① 谨凛：心存小心，严肃对待；凛，通"懔"，严肃。

思想内涵： 养身的道理，关键是要做到以下几条：第一是要克制自己的嗜好，第二是要合理地控制日常饮食，第三是要尽量少发怒，第四是要关注天气的冷热变化，第五是不要用脑过度，第六是不要过度劳累。这六条很重要，只要有其中某一条被疏忽了，或者做得不好，就可以使人致病，由此给父母带来忧虑，做儿子的怎能不时时小心，认真对待这些呢？

尔体甚弱，咳吐咸痰，吾尤以为虑。然总不宜服药，药能活人，亦能害人。良医则活人者十之七，害人者十之三；庸医则害人者十之七，治人者十之三。余在乡在外，凡自所见者，皆庸医也。余深恐其害人，故近三年来，决计不服医生所开之方药，亦不令尔服。乡医所开之方药，见理极明，故言极切，尔其敬听而尊行之。每日饭后走数千步，是养生第一秘诀。尔每餐食毕，可到唐家铺一行，或到澄叔家一行，归来大约可三千余步，三个月后必有大效矣。

（清）曾国藩：《曾国藩全集·家书·与纪泽》

思想内涵：你的身体很虚弱，咳吐都是痰，更让我担忧。然而吃药总是不适宜，药能够救活人，也能害死人。良医不过是救活的人多一些，害死的人少一些罢了；庸医则是救活的人少，害死的人多一些而已。我无论是在家乡，还是在外地，但凡见到的大都是庸医，生怕他害死人。所以近三年来，决计不服用医生所开的方药，也不让你服用。乡医给你开的方药，医理分析得很明白，所以很切中实际，你要敬听并遵行。每天饭后走数千步，是养生的第一秘诀。你每餐吃完后，可以到唐家铺或澄叔家走一趟，来回大约有三千余步，三个月后一定大见成效。

吾于凡事皆守"尽其在我，听其在天"二语，即养生之道亦然。体强者如富人，因戒奢而益富；体弱者如贫人，因节啬而自全。节啬非独食色之性也，即读书用心，亦宜检约，不使太过。余八本匾中言养生，以少恼怒为本，又尝教尔胸中不必太苦，须活泼泼地养得一段生机，亦去恼怒之道也。既戒恼怒，又知节啬，养生之道已尽其在我者矣。此外寿之长短，病之有无，一概听其在天，不必多生妄想，去计较他。凡多服药饵，求祷神祇，皆妄想也。吾于医药祷祀等事，皆记星冈公之遗训，而稍加推阐，教尔后辈，尔可常常与家中内外言之。

（清）曾国藩：《曾国藩全集·家书·与纪泽》

思想内涵：我对任何事情都是抱着"尽其在我，听其在天"的态度，即便养生之道，也是这样。身体强壮的人就像富人，因为戒除奢侈而更加富裕；身体瘦弱的人就像穷人，因为节约俭朴也能保全自己。不但只是在饮食男女这些本性方面，应该讲究克制有度；就是在读书用心方面，也要注意收敛检约，不要太过度了。我在八本匾中谈养生之道，把少恼怒作为根本要旨，又曾教导你们心中不必太苦闷，必须培养出一种活泼泼的生机，也是去恼怒的方法。既然戒去恼怒，又知道节约简朴，那么对养生之道来说，我已尽了我的努力；此外，像寿命的长短，会不会生病之类，就一概听其在天，不必多生那些虚妄的想法，去计较它了。像大量服用补药、求神保佑，都是虚妄的想法。我对医药、祈祷这方面的事情，都记着星冈公的遗训，而稍稍加以推理阐发，教导你们后辈，你应该常常和家里的人说起这些。

惟是体气之事，不宜仅恃医药；恃医药者，医药将有时而穷。惟此后谨于起居饮食之间，期之以渐。勿谓害小而为之，害不积不足以伤生；勿谓益小而不为，益不集无由以致健。勿嗜爽口之食，必节而精；勿从目前之欲，而贻来日之病。卫生之道，如是而已。

（近代）严复：《严复集·与甥女何仰兰书》

思想内涵：只有身体一事，不能过分依赖医药。过分依赖医药的，医药有时也会有它的限度。只有今后注意起居饮食，慢慢地保养。不要以为害小而为之，害不积累是不足以伤害身体的；不要认为益小而不为，益不积累是不会带来健康的。不要贪吃好吃的东西，一定要少而精；不要贪图眼前的享受，而造成将来的疾病。身体保健的道理，就是这样。

你常常头病，也是令我不能放心的一件事。你生来体气不如弟妹们强壮，自己便当格外撙节 ① 补救。若用力过猛，把将来一身健康的幸福削减去，这是何等不上算的事呀？前在费校功课太重，也是无法，今年转校之后，务须稍变态度。我国古来先哲教人做学问的方法，最重优游涵饮，使自得之。这句话以我几十年之经验结果，越看越觉得这话亲切有味。凡做学问总要"猛火熬"和"慢火炖"两种工作，循环交互着用去。在慢火炖的时候才能令所熬的起消化作用，融洽而实有诸己。思成，你已经熬过三年了，这一年正好用炖的功夫。不独于你身子有益，即为你的学业计，亦非如此不能得益。你务要听爹爹苦口良言。

《梁启超年谱长编·给孩子们》

注释：① 撙节：克制，节省。撙，读音同"尊"，节制。

第四章　勉学

一、学习志趣

人非生而圣贤。成贤成圣，是后天勤学的结果。一般说来，学习有两种方式和途径：一种是向前人和社会学习；一种是学习书本知识。如果离开了学习求道，人就不能摆脱愚昧，就不能进步。因此，中国古代思想家十分重视学习的作用，并把学习的志趣同人的成长、完善联系起来。

对于学习的重要性，思想家们认为，人不通过学习，就不能获得知识；学习，能够去疑难，解困惑。只有不断地学习，刻苦追求，所获者多，受益者失，才能成为圣贤。对于学习的目的。他们认为，人不是为了学习而学习，学习不是目的，只是为完善自己，获得知识而努力，为社会服务的一种手段。因此，他们主张把学习同修身、济世联系起来。这样，就确立了学习的崇高志趣。学习的志趣高，学习的动力就大，收获也就多。他们认为，把经世济民同儒者的追求割裂开来，是十分错误和有害的，它忽视和抹杀了知识的社会功能，抹杀了读书求道的社会性。他们认为，真正的读书人是把读书同治国平天下、经世济民完整地结合起来的人；沉溺于诗文的人，不是真正的儒者，而是腐儒。

中国古代思想家关于确立崇高的学习志趣，将读书与人生、与担天下之任结合起来的观点，是有很强的社会积极性的，也是一种有见地的看法同，值得珍视。

1. 人不学，不知道

子思谓子上曰："白乎，吾学深有思而莫之得也，于学则悟焉；我常企有望而莫之见也，登高则睹焉。是故虽有本性，而加之以学，则无惑矣。"

《孔丛子·杂训》

思想内涵：子思对子上说道："白啊（子上名白），我常常有经过深入思索却还是不明白的问题，但一学习就省悟了；我常常有引颈企盼而望不见的远方，一登高就看到了。所以，虽然人有颖悟的天性，但也必须再加上用心学习，才不会迷惑。"

汝年时尚幼，所缺者 ① 学也。可久可大 ②，其唯学欤！所以孔丘 ③ 言："吾尝终日不食，终夜不寝 ④，以思，无益，不如学也。"若使墙面而立 ⑤，沐猴而冠 ⑥，吾所不取。立身之道，与文章异 ⑦：立身先须谨重，文章且须放荡。

（南朝·梁）萧纲：《梁简文帝集》

注释：① 所……者：动词的指示对象，……的内容。② 可久可大：能够长存和光大的。③ 孔丘：孔子，名丘，字仲尼。春秋时期鲁国人，著名的思想家，教育家。④ 寝：睡觉。⑤ 墙面而立：面墙而立，对着墙站着考虑问题。⑥ 沐猴而冠：给猴子洗浴后戴上帽子。沐，洗浴；冠，用作动词，戴帽子。⑦ 异：不同。

思想内涵：你年纪还小，所缺的正是学习，可以长存人世和被后世发扬光大的东西，也就是人的学识吧！孔子说："我曾经整天不吃饭，整晚不睡觉，去冥思苦想，没有什么收获，还不如去学习呢。"人不学习，如同面壁而视，一无所见；如同沐浴后的猴子戴帽，徒有其表一样，这是我所不赞成的做法。做人与做文章不同：做人先要注意谨慎持重，做文章却要活泼洒脱。

"玉不琢，不成器；人不学，不知道。"然玉之为物，有不变之常德。虽不琢以为器，而犹不害为玉也。人之性，因物而迁，不学，则舍君子而为小人，可不念哉！付弈。

（北宋）欧阳修：《欧阳永叔集·诲学说》

思想内涵："玉石不经过精雕细琢，就不能变成美丽的工艺品；人不通过读

361

书学习，就不可能明白万事万物的法则。"然而玉石这东西，有不可改变的特性。如果不去雕琢它，使它变成工艺品，它仍然是一块洁白无瑕的玉石。可是，人就不同了，人的性情经常随着环境的改变而变迁，如果不学习，就会远离君子而变成小人，这能不引起注意吗？以此送给三子弈。

学贵变化气质，岂为猎章句①、干利禄哉？如轻浮则矫之以严重②，偏急则矫之以宽宏，暴戾③则矫之以和厚，迂迟则矫之以敏迅。随其性之所偏，而约之使归于正，乃见学问之功大。以古人为鉴，莫先于读书。

（明）庞尚鹏：《庞氏家训·务本业》

注释：①章句：章节和句子。②严重：严肃庄重。③暴戾：粗暴乖张。戾，读音同"力"。

思想内涵：学习的目的贵在改变人的性格和气质，岂是为了仅仅弄懂一章一句的词义，去谋取功名利禄。如性格轻浮便用严肃庄重去矫正，性格偏激便用宽宏大量去矫正，性格粗暴乖张便用和顺仁厚去矫正，性格迟钝便用敏捷去矫正。根据人的性格偏向，通过读书学习而使之归于正道，这样才能真正显现出读书治学的功效。以古人为借鉴，莫先于读书。

古人读书，取科第犹是第二事，全为明道理，做好人

（清）孙奇逢：《孙夏峰全集·孝友堂家规》

思想内涵：古人读书，参加科举以猎取功名还是次要的，最主要的则是通过读书能够明白人生道理，做一个好人。

2. 读书，志在圣贤

勿以恶小而为之，勿以善小而不为。惟贤惟德，能服于人。汝父德薄①，勿效之。可读《汉书》②、《礼记》③，闲暇历观诸子及《六韬》④、《商君书》⑤，益⑥人意智。

（晋）陈寿：《三国志·蜀书·先主传》

注释：① 薄：与"厚"相对，谦称。②《汉书》：书名，东汉班固撰，我国第一部断代史通史。全书一百二十卷。③《礼记》：书名，西汉戴圣编订，采自先秦旧籍。全书共四十九篇。④《六韬》：书名，兵书。西汉时人采辑旧说纂成，伪托吕尚编写。⑤《商君书》：商鞅撰，共五卷二十六篇。⑥ 益：增加。

思想内涵：不要因为是小的错事就去做，不要因为是小的好事就不去做。只有贤能和德行，才能征服别人。你的父亲我感到很惭愧啊，你千万不要效法我。应该读《汉书》《礼记》，有空的时候逐一阅览诸子书籍和《六韬》《商君书》，它们可以增长人的见识和智慧。

读书志在圣贤，为官心存君国。

（清）朱柏庐：《治家格言》

思想内涵：读书应该立志成为圣贤，做官应该忠君报国。

我虽在京，深以汝读书为念。非欲汝读书取富贵，实欲汝读书明白圣贤道理，免为流俗之人。读书做人，不是两件事。将所读之书，句句体贴到自己身上来，便是做人的法。如此，方叫得能读书人。若不将来身上理会，则读书自读书，做人自做人，只算做不曾读书的人。

（清）陆陇其：《三鱼堂文集·示大儿定征》

思想内涵：我虽然在京城，但非常挂念你读书学习。并不想让你读书取得富贵，只是希望你通过读书明白圣贤的道理，免得成为一个平庸之人。读书与做人，并不是两码事。将所读的书，句句体会到自己身上来，便是做人的方法。只有如此，才称得上是真正会读书的人。如果不把所读的书在自己身上加以体会，读书归读书，做人归做人，只能算作是不曾读书的人。

3.学习的目的，在于修身济世

夫学者所以求益①耳。见人读数十卷书，便自高大，凌忽长者②，轻慢同列③；人疾之如仇敌，恶之如鸱枭。如此以学自损，不如无学也。古之学者为己，以补④不足也；今之学者为人，但能说之⑤也。古之学者为人，行道以利世也；今之学者为己，修身以求进也⑥。夫学者犹如种树也，春玩其华⑦，秋登其实。讲论文章，春华也；修身利行，秋实也。

（北齐）颜之推：《颜氏家训·勉学》

注释：①所以求益：补充自己不足的原因。所以……的原因。②凌忽长者：凌忽，轻慢无礼；长者，年高者。③同列：同辈人。④补：弥补。⑤但能说之：只能说说而已。⑥修身以求进也：充实自己用作进身之价。⑦春玩其华：玩，品味，欣赏；华，通"花"，开花。

思想内涵：学习是为了求知，充实自己，弥补不足。现在有的人读了几十卷书就自高自大，欺凌轻慢长者，看不起同辈人，使人厌恶。这样还不如不学的好。古人学习是为了补充自己的不足，现在的人学习却是为了给人看的，说说而已的；古人学习是为了实行自己的主张，有利于社会；而今天的人学习是为了给自己带来好处，作为进身之用。学习如种树，春天欣赏它的花，秋天收获它的果实。讲论文章如春花，修身行事如秋实。

夫吾之所谓经世者，非因时补救，如今所谓经济云尔也。将尽取古今经国之大猷①，而一一详究其始末，斟酌其确当，定为一代之规模，使今日坐而言者，他日可以行耳。若谓儒者自有切身之学，而经济非所务，彼将以治国平天下之业，非圣贤学问中事哉？是何自待之薄，而视圣学之小也……吾窃怪今之学者，其下者既溺志于诗文，而不知经济为何事；其稍知振拔者，则以古文为极轨，而未尝以天下为念；其为圣贤之学者，又往往疏于经世，见以为粗迹而不欲为。于是学术与经济，遂判然分为两途，而天下始无真儒矣，而天下始无善治矣。呜呼！岂知救时济世，固孔、孟之家法②，而己饥己溺若纳沟中，固圣贤学问之本领也哉。

吾非敢自谓能此者，特以吾子之才志可与语此，故不惮③冒天下之讥而为是言。愿暂辍古文之学，而专意从事于此。使古今之典章法制灿然④于胸中，而经纬条贯，实可建万世之长策，他日用则为帝王师，不用则著书名山，为后世法，始为儒者之实学，而吾亦俯仰于天地之间而无愧矣。苟徒竭一生之精力于古文，以蕲⑤不朽于后世，纵使文实可传，亦无益于天地生民之数，又何论其未必可传者耶！况由此力学不为无用之空言，他日发为文章，必更有卓然不群⑥者，又未始非学古文者之事也。吾子其尚从吾言，而无溺于旧学，幸甚幸甚。

（清）万斯同：《石园文集·与从子贞一书》

注释： ①猷：读音同"由"。道术。②家法：治学的方法、理论、原则和风格。③惮：读音同"但"。害怕。④灿然：显著的样子。⑤薪：通"祈"，向鬼神祷告恳求。⑥卓然不群：优秀卓越，超出寻常。卓然，高高直立的样子。

思想内涵： 我所主张的经世，并非补苴罅漏，如目前所谓的经世济民之类。而是尽取古今治国的大谋大策，逐一地详细探究其原因结果，分析其成败得失，定为一代之楷模，使今日坐而论道的人，他日可以遵照实行。如果有人认为儒者自有与自己关系密切的学问，经世济民并不是儒者的追求；那么，他们是否认为治国平天下的事情不是圣贤学问中的事情呢？这对自己的要求也太低了，把圣人的学问也看得太小了……我私下批评现在的学者，其下者沉迷于诗文，不知道经世济民为何物；其稍微知道有所作为的又局限于古文，没有以天下为念；其为圣贤学者的，也往往疏于经世，把经世济民视为粗迹而不想花费时间。于是，学术与经世就判然分为两途而天下从此没有真正的儒者了，从此也就没有善治了。唉！他们哪里知道救济世，这本来就是孔、孟的治学原则和方法；而把天下的苦难看成自己的苦难来解决，这本来就是圣贤学问的本领。

我并不是敢于自称能够做到这一步，只是因为你的才志值得与你谈论这些问题，所以不怕冒天下人讥讽的风险而写下这封信。希望你暂时停下古文之学，而专心专意从事经世致用之学。对古今的典章制度能够了如指掌，认真研究，实在可以建万世之长策。将来被重用就可以成为帝王的老师；即使不被重用，也可以著书立说，藏之名山，为后世取法。这才是儒者的真学问。果真这样，我也可以死而无憾了。如果白白地耗费毕生的精力致力于古文，以希望不朽于后世，纵使文章真正流传千古，也无益于天地生民，又何况还未必能够流传后世呢！况且致力于经世致用之学而不说些毫无用处的空言，他日写成文章，必定卓尔不群，这未始不是学古文者的事情。如果你及早听从我的劝告，不沉溺于旧学，这是非常值得庆幸的。

来札称，鲍甥孔学及汝女婿吴生元定、光生大椿学诵益专以悫①，乞言以进之。夫学非且悫之难，贵先定所祈向耳。

己卯之冬，余信宿河间令孔岯山署中。值迎春，部民效伎于庭，植双竿，系索而横之，有女子年可十四五，缘竿而升，徐步索上，舞且歌，不侧不坠。俄设重案，卧而仰其足，众舁②五钩之瓮，以足承，轻而运之如丸。良久，然后众擎而下。观者皆色骇然，而杂以哗笑；余独闵其惧焉。夫索横于空，猿狙之所不能履也；五钩之瓮，壮夫所难负戴，而弱女以足盘之，益利重糈③，而竭其心与力以驯致焉耳，不重可闵乎？

君子之学，所以复其性也。三才万物之理，生而备之，而古圣贤人所以致知力行以尽其性者，具在遗经；循而达之，其知与力可以无所不极。然其事不越人伦日用之常，非如横索而履之与以足运瓮于高空之危且艰也，而有志于斯者则鲜焉。盖谓是非有利于己之私而无可歆羡焉耳。故学诵之专且悫，有以为名与利之阶者矣，有思以文采表见于后世者矣；又其上，则欲粗有所立，资以稍检其身而备世之用焉；又其上，则务复其性者是也。三生者，吾何以进之哉？达吾言而使其自审处焉可矣。

（清）方苞：《望溪先生文集·壬子七月示道希》

注释：① 悫：读音同"缺"，诚实、谨慎。② 舁：读音同"鱼"。抬。③ 糈：读音同"许"。粮食。

思想内涵：来信说，外甥鲍孔学和你的女婿吴元定、光大椿读书非常专心、诚实，希望我勉励他们几句。我认为，学习并不难在专心和诚实，重要的是先确定学习的志向。

康熙三十八年的冬天，我住在河间县令孙岯山的官署中，当时正值迎春，部民在院子里进献杂技。先树立两根杆子，中间系上一根绳子，有个年刚十四五岁的小姑娘，爬上杆子，慢慢走到绳子上，在上面一边跳舞，边唱歌，既不歪又不掉下来。过了一会，又摆了一张大桌子，小女孩躺在上面，把脚举起来，众人抬起一个一百多斤重的大瓮放在她的脚上，小女孩用脚把瓮盘得飞转，像玩一只小球一样。过了很长时间，众人才把瓮抬下来。观看的人惊骇得脸都变了颜色，然后又大声欢笑。但我却怜悯小女孩的恐惧。绳子横在空中，即使是猿猴也不能在上面像走平地一样；一百多斤重的大瓮，一个强壮的男子扛起来也有些困难，而她一个弱小的女孩却要用脚去盘。大概是为了获得更多的粮食，而用尽心力训练出来的，这难道不更是值得可怜吗？

君子学习，是为了恢复人的本性。天地间万事万物的性理，是从它产生开始就具备了的，古代圣人贤哲关于用致知力行来恢复人本性的方法，都记载在经书里面。只有遵照执行，人的知识和力量用在什么事情上都可以做到。而且这些事情不过是些人伦日用的平常事情，并不像高空走绳和用脚转瓷那样危险艰难，但有志于此的人却非常少。大概是因为这样做不能满足自己的私欲，所以不值得美慕。那些读书专心并且诚实的人，有的是以此作为取得名利的敲门砖，有的想因为文采而流芳后世；更甚一筹的人，是想有所作为，通过读书，提高自己的修养；更有理想有追求的人，是希望通过读书恢复其本性。因此，对三个年轻人，我为什么要鼓励他们呢？把我的话转达给他们，让他们去自己思考吧。

4. 万般皆下品，惟有读书高

天子重英豪，文章教尔曹。万般皆下品，惟有读书高。少小须勤学，文章可立身。满朝朱紫贵，尽是读书人。学问勤中得，萤窗万卷书。三冬今足用，谁笑腹空虚。自小多才学，平生志气高。别人怀宝剑，我有笔如刀。莫道儒冠误，读书不负人。达而相天下，穷也善其身。遗子金满籯，何如教一经。姓名书锦轴，朱紫佐朝廷。古有千文义，须知后学通。圣贤俱间出，以此发蒙童。

（北宋）汪洙：《神童诗》

思想内涵：天子重用才华出众的人，用圣人的文章教诲他们。各行各业都属于下等，只有读书才算高贵。从小就必须勤奋学习，熟读圣人经典能使你出人头地。你看看朝廷里的那些达官显贵，全是熟读经书的人。学问要在勤奋中求得，寒窗苦读万卷书。学习三年，谁能嘲笑你腹中空虚呢？从小博学多才，一生立下雄心壮志。别人依靠武技取得官位，我以锋利如刀的文笔取得功名。不要认为读书当儒生误了前程，读书决不会于人无用，一旦得到机会入朝为官，就可以辅佐朝廷，即使当不上官也可以修身养性，成为德才兼备的人。留给子孙一大筐金银财宝，不如教他们熟读孔孟的经书，这样，自己的姓名就可载入史册，如果当上高官，还可以实现自己的政治理想。自古以来，就有各种各样的文章道义，这些都只能在勤学之后精通掌握。圣贤都是从读书堆里产生的，要以他们的事迹来教育刚刚开始读书的儿童，使他们明确自己的志向啊。

二、学习内容

学习的社会功能在于使人进步，使人完善，使人成为圣贤，那么，应该学习些什么呢？这是中国古代思想家十分关心的问题。

在他们看来，《诗经》是经过至圣先师孔子删订的，很有学问，立意精深，应该好好地学《诗》；而《礼》则是社会准则，人们行为规范的体现，要知礼从礼，就要好好学《礼》。学好《诗》，才能言之有物；读好《礼》，才能立身处世。至于其他学问，如三教九流之类的杂学，不是圣贤所肯定的，因此，最好不要去下功夫学习它。在古代思想家看来，以孝治天下，以礼法治国，必须使每一个家庭做到诗礼传家。这样，就要提倡人们口不绝六艺，手不停百篇。人们做到对《诗》《书》《易》《礼》《乐》《春秋》熟读精思，使它的精辟见解深入人心，学以致用，从而成为社会生活领域里一种巩固的文化积淀。

学习是一个过程，不能一蹴而就。人的生命是有限的，要使有限的生命渗透到无限的空间，闪烁出智慧的光华，只有不断地学习，不断地充实自己，才能最终提升自己，完善自己。这可以说是至诚之理。

1.不学《诗》，无以言；不学《礼》，无以立

陈亢问于伯鱼 ① 曰："子亦有异闻 ② 乎？"对曰："未也。尝独立，鲤 ③ 趋而过庭。曰："学《诗》乎'对曰：'未也。''不学《诗》，无以言'鲤退而学《诗》。他日，又独立，鲤趋而过庭。曰：'学《礼》乎？'曰：'未也。''不学《礼》无以立。'鲤退而学《礼》。闻斯二者。"陈亢退而喜曰："问一得三，闻《诗》闻《礼》，又闻君子之远其子也。"

《论语·季氏》

注释：① 伯鱼：孔丘之子。② 异闻：指异教独闻。③ 鲤：引述父亲之语时的自称。

思想内涵：陈亢向伯鱼问道："您在先生那里听到了什么特别的教导吗？"伯鱼回答："没有。我父亲有一天曾经独个儿站在那里，我快步走过庭院，他说：'学《诗》没有？'我回答说：'没有。'他说，'不学《诗》，就不善于说话。'我回去就学《诗》。又有一天，他又独个儿站在那里，我快步走过庭院。他说：'学《礼》没有？'我回答说：'没有。'他说：'不学《礼》，就不能立身处世。'我回去就学《礼》。只听到这两件事。"陈亢回去高兴地说："我问一个问题却得到了三点收获：知道了学《诗》的意义，知道了学《礼》的意义，还知道了君子不偏爱自己的儿子。"

夫子间居，喟然 ① 而叹，子思再拜请曰："意子孙不修，将忝祖乎？羡尧舜之道，恨不反乎？"夫子曰："尔孺子安知吾志。"子思对曰："伋 ② 于进瞻，亟闻夫子之教：'其父析薪，其子弗克负荷，是谓不肖。'伋每思之，所以大恐而不解也。"夫子忻然 ③ 笑曰："然乎，吾无忧矣，世不废业，其克昌乎。"

《孔丛子·记问》

注释：① 喟然：叹息的样子。喟，读音同"愧"。叹息声。② 伋：即子思。伋是其名，子思是其字。孔子之孙。③ 忻然：高兴的样子。忻，读音同"欣"，喜悦。

思想内涵：孔子闲居于家，喟然长叹。孙儿子思两次拜礼后请问道："你觉得子孙不好，将会有愧于祖先吗？羡慕尧舜之道，为不能与先圣同时而遗憾吗？"孔子道："你小孩子家，哪里知道我的心思。"子思回答："我在吃饭的时候，多次听到祖父的教诲：'父亲砍的柴，儿子却不能担负其重量这就是不肖。'我每每思索这一教诲，感到压力巨大而不敢懈怠。"孔子听了欣喜地笑道："我没有忧虑了，我的事业将世代相传，将会举旺昌盛。"

吾闻圣人 ① 之后，虽不当世，必有达者。今孔丘年少好礼 ②，其达者欤？吾既没 ③，若 ④ 必师之 ⑤。

（西汉）司马迁·《史记·孔子世家》

注释：① 圣人：指周文王、周武王、周公旦。即周初"三圣"。② 孔丘年少好礼：孔丘，字仲尼，又称孔子，春秋时期鲁国人，著名的思想家，教育家，儒家学派的创始人。好，喜欢。③ 既没：一旦死后。④ 若：你。⑤ 师之：以他为师。

思想内涵：我听说圣人以后，不会再有，但一定还有通达饱学之士。现在孔丘年纪很小就喜欢周礼，他就是通达饱学之士吗？我死后，你一定要拜他为师。

孔子曰："鲤，君子不可以不学，其容不可以不饰①。不饰则无根，无根则失理，失理则不忠，不忠则失礼，失礼则不立。夫远而有光者，饰也；近而逾明者，学也。譬之如污池，水潦②注焉，菅蒲③生焉，从上观之，谁知其非源也。"

（汉）刘向：《说苑·建本》

注释：① 饰：修饰。② 水潦：雨后积水。潦，读音同"老"，大雨。③ 菅蒲：水生植物。菅，读音同"兼"。草本植物。蒲，两种水生植物名称。

思想内涵：孔子说："鲤，君子不可以不学习，他的容貌不可以不修饰。不修饰就没有仪容，没有仪容就失理，失理就不忠诚，不忠诚就会失去礼貌，没有礼貌就站立不住。离人远远的而有光彩的，是靠修饰；靠人近近的而更明著的，是因为学习。比如污水池，雨水、流潦都归趋到那里，菅草、蒲草都生长在那里，从上面看下去，哪个知道它不是活水的源泉啊！"

2. 口不绝吟于六艺之文，手不停披于百家之篇

子上①杂所习，请于子思。子思曰："先人有训焉，学必由圣，所以致其材也；厉必由砥，所以致其刃也。故夫子之教，必始于《诗》《书》而终于《礼》《乐》，杂说不与焉。又何请？"

《孔丛子·杂训》

注释：① 子上：孔白的字，子思之子。

思想内涵：子上向他的父亲子思请教该学习什么。子思道："祖先有教诲

在，学习一定要从学圣道开始，这是为了能学习成才；磨刀一定要用磨刀石，这是为了能磨出利刃。所以，先祖孔子立下教诲：必须从学习《诗经》《尚书》开始，而到《礼》《乐》为止，不涉及杂家学说。你还有什么可问的？"

小子何时见？高秋①此日生。自从都邑②语，已伴老夫名。诗是吾家事③，人传世上情。熟精《文选》④理，体觅彩衣轻。凋瘵⑤筵初秩，日欹斜⑥坐不成。流霞⑦分片片，涓滴就徐倾。

（唐）杜甫：《杜工部集·宗武生日》

注释：① 高秋：深秋。② 都邑：特指首都。③"诗"句：杜甫的祖父杜审言是唐代著名诗人，因此说，写诗是我家的祖传事业。④《文选》：南朝梁代昭明太子萧统编《昭明文选》，选录了先秦至梁代的诗文词赋。⑤ 凋瘵：读音同"刁寨"。年老多病。⑥ 欹斜：倾斜。欹，读音同"欺"，斜。⑦ 流霞：神话传说中的仙酒。

思想内涵：什么时候能见到我的孩子啊？深秋的今天是幼子宗武的生日。自从写过思念你的诗后，你的名字已经陪伴着我的名字了。作诗是我家代代相传的事业，而人们以为只是世间寻常的父子之情。你要熟练钻研《文选》，弄懂学其中的道理，不要效法老莱子年老时穿彩衣来娱亲，做那样的孝子，是没有出息的。为儿子设的生日筵已经开始了，宗武向多位长辈敬酒，可是我却因为年老多病而躺下了。你替我少量地斟上一点好酒，让我慢慢地细饮。看着你一天天长大，我内心分外欣慰啊。

独立不惧者，惟司马君实与叔兄弟耳。万事委命，直道而行，纵以此窜逐①，所获多矣。

因风寄书，此外勤学自爱。近年史学凋废，去岁作试官问史传②中事，无一两人详者。可读史书，为益不少也。

（北宋）苏轼：《东坡全集·与侄子之书》

注释：① 窜逐：放逐。② 史传：历史。传，读音同"撰"。
思想内涵：目前有自己独立见解而无所畏惧的，只有司马光和你的叔叔苏辙二人了。万事任其自然，自己坚持正道，勇往直前，纵然因此而被贬逐流放，获得的教益已经很多了。

顺便寄信一封给你，希望你发奋学习，爱惜自己。近年来史学无人研究，久被废置。去年我任考官，询问史书中的事实，没有一两个人能详细地回答得上来。你可要多读史书啊，从中你会获益不少。

侄孙近来为学何如？恐不免趋时①，然亦须多读书史，务令文字华实相副，期于实用乃佳。勿令得一第后，所学便为弃物也。海外亦粗有书籍，六郎亦不废学，虽不解对义②，然作文极峻壮，有家法。二郎、五郎见说亦长进，曾见他文字否？侄孙宜熟先后汉史③及韩柳④文。有便寄旧文一两首来，慰海外老人⑤意也。

（北宋）苏轼：《东坡全集·与侄孙元老书》

注释：① 趋时：赶时髦。② 对义：上呈朝廷的策对文章。③ 先后汉史：即《汉书》和《后汉书》。④ 韩柳：北宋时期的文豪韩愈和柳宗元。其时并称韩柳。⑤ 海外老人：苏轼因贬居海南，因此自况为"海外老人"。

思想内涵：侄孙你近来学习如何？恐怕免不了赶时髦，追潮流，但一定要多读史书，务必使自己所做文章的文采和实际内容相符合。能够实用，才算得上是佳作。不要一旦取得科第功名，便把平时所学的东西丢弃了。海南这里也有一些书籍，六郎没有荒废学业，虽然还不会写对策类的文章，但自己作文的气势极其豪放，有家传的特色。据说二郎、五郎也有长进，你曾看见他们所写的文章吗？你应该熟读《汉书》《后汉书》和韩愈、柳宗元的文章。方便的时候将你近期所作的诗文寄一两首来，安慰一下我这身居海南的老人。

吾尝谓，欲学道当以攻苦食淡为先，人生直①得上寿，也无几何，况逡巡②之间，便乃隔世。不以此时学道，复性反③本，而区区④惟事口腹，豢养⑤此身，可谓虚作一世人也。食已无事，经史文典⑥漫读一二篇，皆有益于人，胜别用心也

（南宋）江端友：《自然庵集·家训》

注释：① 直：只，只是。② 逡，读音同"囷"，显得迟疑。巡：迟疑徘徊，欲

行又止的样子。③ 反：通"返"。④ 区区：自满的样子。⑤ 豢养：像养牲畜那样。豢，读音同"换"，饲养牲畜。⑥ 经史文典：经，指儒家经典；史，指历史书籍；文，指文集；典，指典章制度。

思想内涵：我曾经说过，想学道应当以生活艰苦和辛勤自励为先，人生即使活到高龄，也没有多少岁月。况且立等之间，便到了另一个世界。不利用短暂的人生学道做人，复性反本，而每天去追求口腹之欲，豢养此身，就是白做了一世人。吃完家常饭后，没有重要事情做，漫读经史文典一二篇，对人都是非常有益的，这样就胜过把心思用到其他事情上。

"口不绝吟于六艺之文，手不停披于百家之篇；纪事者必提其纲，纂言者必钩其玄，贪多务得，细大不捐，焚膏油以继晷，恒兀兀以穷年。"① 此文公自言读书事也。其要诀却在"纪事""纂言"两句。凡书，目过口过，总不如手过。盖手动则心必随之，虽览诵二十遍，不如钞撮② 一次之功多也。况必提其要，则阅事不容不详；必钩其玄，则思理不容不精。若此中更能考究同异，剖断③ 是非，而自纪所疑，附以辩论，则浚④ 心愈深，着⑤ 心愈牢矣。近代前辈当为诸生时，皆有经书、讲旨及《纲鉴》《性理》等钞略，尚是古人遗意，盖自为温习之功，非欲垂⑥ 世也。今日学者亦不复讲，其作为书、说、史、论等刊布流行者，乃是求名射⑦ 利之故，不与为己相关，故亦卒无所得。盖有书成而了不省记者，此又可戒而不可效。

（清）李光地：《榕村全书·摘韩子读书诀课子弟》

注释：①"口"句：出自韩愈的名篇《进学解》。后文的韩文公，即唐代文豪韩愈。② 钞撮：抄录。钞：抄写；撮，读音同"搓"，摘录。③ 剖断：分辨裁定。④ 浚：读音同"俊"，启发，指用心思考。⑤ 着：用。⑥ 垂：流传。⑦ 射：追求。

思想内涵："口不停地吟诵《诗》《书》《礼》《易》《乐》《春秋》的文章，手不停地披阅诸子百家的著作；对于记事的著作必须提出书中的要点，对于理论性的著作必须探索其中精深的义理。尽可能多学而务求有所收获，大小要点都不舍弃。点着灯烛夜以继日，经常终年苦学不倦。"这是韩愈自己讲他读书的体会，它的要诀就在"纪事者必提其要，纂言者必钩其玄"两句。凡读书，看一次，念一次，总不如手写一次，因为手一动，心必跟着动，即使看它读它二十遍，也不如抄写一次的功效大。况且，要提炼出它的要点，阅读其中的内容就不能不详细；要探索其精深的义理，思考就不能不精细。如果能够更进一步，考察探究它们的异同，剖析判断它们的是非，记下自己的疑问，加上自己的辨析论断，那么，就用心愈深，记忆也更为牢固。近代的前辈当他们作秀才时，都有经书、讲旨及《纲鉴》《性理》等书的摘录，这种学习方法还是古人传下来的规矩，也是学者自己作温习的功夫，并不是为了流传后世。今天治学的人不再讲求这些学习方法，那些以书、说、史、论等刊布流行的，乃是求名得利，不是为了自己学习，结果也就没有什么收获它。有的文章虽是写成了，而对书的内容却不能理解记住，你们要以此为戒啊，而切不可仿效了。

除诵读作文外，馀暇须批阅史籍；惟每看一种，须自首至末，详细阅完，然后再易他种。最忌东拉西扯，阅过即忘，无补实用。并须预备看书日记册，遇有心得，随手摘录。苟有费解或疑问，亦须摘出，请姚师[1]讲解，则获益良多矣。

（清）林则徐：《林则徐家书·训次儿聪彝》

注释：[1] 姚师：指姚莹（1785—1853），清代文学家。

思想内涵：除了诵读经书、学习写作之外，有空就应该披览史籍；只是每看一种，必须从头到尾，仔细读完，然后再换其他的种类。最忌讳东拉西扯，读过即忘，这样的话，一点用处都没有。并且还要预备读书日记本，遇有心得，随手摘录。如果有费解和疑问的，亦应该摘抄出来，请姚先生讲解。这样，收获就会很多。

3. 学习内容的扩大与生命内容的扩大成正比

学业才识，不日进，则日退。须随时随事，留心著力[1]为要。事无大小，均有一定当然之理。即事穷理[2]，何处非学？昔人云："此心如水，不流即腐。"此为无所用心一辈人说法。果能日日留心，则一日有一日之长进；事事留心，则一事有一事之长进。由此而日积月累，何患学业才识之不能及人邪！作官能称职，颇不容易。做一件好事，亦须几番盘根错节，而后有成。昔人事业到手，即能处措裕如[3]，均由平常留心体验，能明其理，习于其事所致。未有当遇事放过，而日后有成者也。

（清）李鸿章《李鸿章全集·家书·寄四弟》

注释：① 著力：也写作"着力"，下力气，用苦功。② 即事穷理：深入事物内部，认真探索蕴藏在其中的道理。即，接近；穷，尽。③ 裕如：丰足。

思想内涵：学业才识，如果不是每天取得进步；那么，就会每况愈下。必须随时随地留心用功，这对于学习是很重要的事情。事情无论大小，都有必然的道理。注意留心探讨事情物理，哪一件事中没有学问呢？有人说过："人心如水，水不流动就会腐臭。"这是针对那些饱食终日，无所用心的人讲出来的话。如果做到每日留心，事事留心，那么；每天都会有长进，在每件事中都会增益不浅。日积月累，当然就不会担心自己的学业才识不如别人了。当官能够做到称职，这是很不容易的事。做一件好事，也必须经过艰苦的努力，历经曲折最后获得成功。古人经历挫折干成事业后，处事就能得心应手，从容自如，就在于平时留心观察、认真体验，明白了事物发展的道理，从而掌握了处理事情的方法。如果轻易放过了眼前的每一件事情，要想取得日后的成功，获得进步，这是不可能的。

关于思成①的学业，我有点意见。思成所学太专门了，我愿意你趁毕业后一两年，分出点光阴多学些常识，尤其是文学或人文科学中之某部门，稍微多用点工夫。我怕你所学太专门之故，把生活也弄成近于单调，太单调的生活，容易厌倦，厌倦即为苦恼，乃至堕落之根源。再者，一个人想要交友取益，或读书取益，也要方面稍多，才有接谈交换，或开卷引进的机会。不独朋友而已，即如在家庭里头，像你有我这样一位爹爹，也属人生难逢的幸福，若你的学问兴味太过单调，将来也会和我相对词竭，不能领着我的教训，生活中本来应享的乐趣，也削减不少了。我是学问趣味方面极多的人，我之所以不能专职有成者在此，然而我的生活内容，异常丰富，能够永久保持不厌不倦的精神，亦未始不在此。我每历若干时候，趣味转新方面，便觉得像换个新生命，如朝旭升天，如新荷出水，我自觉这种生活是极可爱的，极有价值的。我虽不愿你们学我那泛滥无归的短处，但最少也想你们参采我那烂漫向荣的长处（这封信你们留着，也算我自作的小小像赞）。我这两年来对于我的思成，不知何故常常有异兆的感觉，怕也渐渐会走入孤峭冷僻一路去。我希望你回来见我时，还我一个三四年前活泼有春气的孩子，我就心满意足了。这种境界，固然关系人格修养之全部，但学业上之熏染陶熔，影响亦非小。因为我们做学问的人，学业便占却全部生活之主要部分。学业内容之充实扩大，与生命内容之充实扩大成正比例。所以我想医你的病，或预防你的病，不能不注意及此。

《梁启超年谱长编·给孩子们》

注释：① 思成：梁启超（1873—1929）的儿子梁思成（1901—1972）。

三、学习之道

人们对于知识有一种普遍的热爱，但为什么有的人成就大，有的人成就小？有人学到的东西多？有人学到的知识少？这涉及学习的方法问题。对于学习方法，古代思想家对此非常关注，并总结了许多永恒的法则，至今仍有强大的生命力。譬如，他们认为，知识是通过勤奋学习才获得的；不学，腹中自然空空如也。那些有知识的人，不论是帝王还是圣贤，乃至平常人，他们的知识都是勤学的结果。他们认为，获得一种知识，并不是件容易的事，要有恒心，立恒志，学有专门；见异思迁，终无所获。他们认为，学习要熟读精思，熟悉了，思考了，理解了，再学习新内容，循序渐进，积少成多；如果囫囵吞枣，贪多求快，这不是学习进益之道。他们认为，学习是件辛苦事，在学习的时候，事先就要有吃苦的准备，历代圣贤，都离不开苦学；在学习的道路上，确实没有捷径可走。他们认为，学习要与实践相结合，纸上的知识，只是别人的体会，要转化成自己的，还要自己去实践；只有这样，所得的知识才会牢固。他们认为，学习要贯穿一辈子，年轻时学习，有年轻的优势；老年时学习，也有老年的长处。年轻不学习，老大徒伤悲；年老不学习，如同面墙而行，难以迈开脚步。只有从年轻时学到老，才能使自己得到更好地发展完善。终生学习，终身受益；终生不学，终身受困。

在学习之道中，古代思想家总结出许多格言警句，值得今人记取。

1. 读书乃勤有，不勤腹中空

吾生不学书 ①，但 ② 读书问字而遂知耳 ③。以此故，不大工 ④，然亦足自辞解 ⑤。今视汝 ⑥ 书，犹不如我，汝可勤学习，每上疏 ⑦，宜自书，勿使人也。

《古文苑·刘邦手敕太子》

注释：① 书：写字，书法。② 但：只是，仅仅。③ 耳，语气词，罢了，而已。④ 工：工整，美好。⑤ 辞解：语句通畅。⑥ 汝：你，用于长辈、上级对晚辈、下级的人称代词。⑦ 疏：文体，臣子写给皇帝的奏章。分条陈述，谓之疏。后来亲朋间的书信来往也叫疏。

思想内涵：我生平不学习书法，只是在读书释意时懂得一点书法的道理，因此写得不工整，但是还说得过去。如今看着你写的字，还比不上我。你应该勤奋学习呵，每次上奏章要自己写，不要让别人代劳。

自古明王圣帝，犹须 ① 勤学，况凡庶 ② 乎！此事遍于经史，吾亦不能郑重，聊 ③ 举近世切要，以启寤 ④ 汝耳。士大夫子弟，数岁已上 ⑤，莫不被教，多者或至《礼》《传》，少者不失《诗》《论》。及至冠婚，体性稍定，因此天机，信须训诱 ⑥，有志尚者，遂能 ⑦ 磨砺，以就素业 ⑧；无履立者，自兹堕慢，便为凡人。人生在世，会当有业：农民则计量耕稼 ⑨，商贾则讨论货贿，工巧则致精器用，伎艺则沉思法术，武夫则惯习弓马，文士则讲议经书。多见士大夫耻涉农商，羞务 ⑩ 工伎，射则不能穿札，笔则才记姓名，饱食醉酒，忽忽 ⑪ 无事，以此销日 ⑫，以此终年。或因家世馀绪，得一阶半级，便自为足，全忘修学；及有吉凶大事，议论得失，蒙然张口，如坐云雾；公私宴集，谈古赋诗，塞默低头，欠伸而已。有识旁观，代其入地。何惜数年勤学，长受一生愧辱 ⑬ 哉！

（北齐）颜之推：《颜氏家训·勉学》

注释：① 犹须：还应该。② 况凡庶：况：何况；况且；凡庶，凡夫俗子，老百姓。③ 聊：姑且，暂且。④ 启寤：启发；启，开；寤，明白。⑤ 已上：以上。

⑥ 训诱：训导和诱导。⑦ 遂能：才能。⑧ 素业：素，白。古代儒者、读书人穿白衣。素业指儒者，读书人。⑨ 计量耕稼：估量农时，盘算农活。⑩ 羞务：以务为羞，羞于务。⑪ 忽忽：轻忽，飘忽。⑫ 销日：消日，度日。销，通"消"。⑬ 愧辱：愧，羞愧；辱，耻辱。

思想内涵：自古以来，圣明的帝王还必须勤奋学习，何况是平民百姓。这种事，遍载于经史著作中，我不能深刻地阐述，姑且用近世的例子来阐明大意，试图启发你们。士大夫的子弟，数岁以后，没有不受教育的，课程多的有《三礼》《三传》，少的也有《诗经》《论语》。二十岁以后，更须教育诱导，有志者通过磨炼成为大学者，没有作为的，懒惰成为庸人。人生在世，应当有职业，农民盘算耕种，商人经营财货，工匠制造器具，手艺人探索方法技术，武士练习射术与骑术，文人讲论经书。常见一些士大夫耻于务农经商，或从事公务技艺，每天酒醉饭饱，无所事事，把学习的事儿全都忘掉了。一旦碰到吉凶大事，议论事情得失，他们就要张口结舌，如坐在云雾中，不知所以然。逢公私宴请，谈古作诗，他们也只好默不作声，连声呵欠。旁人也替他们感到惭愧，恨不能代替他们钻进地下啊。为什么不珍惜时间，下功夫勤学几年，以免一生长受羞辱。

劝君莫惜①金缕衣②，劝君惜取③少年时。花开堪折直④须折，莫待无花空折枝。

《唐诗三百首·金缕衣》

注释：① 莫惜：不要留恋。② 金缕衣：用金丝织成的衣服。这是借指奢华的生活。③ 惜取：爱惜。④ 直：径直。

思想内涵：奉劝你不要留恋荣华富贵的生活，要珍惜少年时代宝贵的光阴。在花儿盛开可以折花的季节，你应该尽可能地多折，不要等到没有花的时候，才去折无花的空枝。

学贵身行道，儒当世守经。心心慕绳检，字字讲声形。吾已鬓眉白，汝方衿佩青①。良时不可失，苦语真须听。

（南宋）陆游：《剑南诗稿·示儿》

注释：① 衿佩青：青边衣服。当时年轻人的服饰；衿：衣襟。

思想内涵：读书做学问最可贵的是，对所学的道理能够身体力行。作为一介儒生，应该终生恪守先贤经籍的教导，心中应该始终仰慕圣人的人格，努力以先贤的教诲要求自己，打牢解词释义的基本功，每个字的读法写法都要认真琢磨。我已经老了啊，而你正是读书的大好时光，一定要努力学习，莫失良机。我苦口婆心地叨叨唠唠，都是为你好啊，望你一定要听进我的劝告。

　　盖汝若好学，在家足可读书作文，讲明义理，不待远离膝下，千里从师。汝既不能如此，即是自不好学，已无可望之理。然今遣汝者，恐你在家汩①于俗务，不得专意。又父子之间，不欲昼夜督责。及无朋友闻见，故令汝一行。汝若到彼，能奋然勇为，力改故习，一味勤谨，则吾犹有望。不然，则徒劳费。只与在家一般，他日归来，又只是旧时伎俩人物②，不如汝将何面目归见父母亲戚乡党故旧耶？念之！念之！"夙兴夜寐，无忝尔所生！"③ 在此一行，千万努力。

（南宋）朱熹：《朱文公文集·与长子受之》

　　注释：① 汩：沉溺。② 旧时伎俩人物：依然故我，没有变化，同从前一样。③"夙兴"句：语出《诗经·小雅·水宛》。夙：早晨。兴：起。寐：打瞌睡。忝：辱没。

思想内涵：如果你好学，在家里也完全可以读书作文，深明义理，不必远离父母，千里从师。既然你不能这样，就是自己不好好学习，当然也就不能指望你懂得这个道理。现在让你出外从师，是担心你在家里为俗务所淹没，不能专心学习。同时，父子之间，我也不便于日夜督促责备你。再者在家里也没有朋友和你一起探讨，所以要让你出去走一走。如果你到了那里，能够奋发作为，努力改掉旧习，专心学习，勤勉谨慎，那么，我对你还是抱有希望的；否则，就白费精力，也辜负了我的期望。如果还是和在家里一样，他日归来，依然如故，那么，你还有什么面目见父母乡亲呢？你可要好好想一想啊！古人说，早起晚睡，无辱所生。对于这一趟求学经历，你可千万要努力啊！

　　木之就规矩，在梓匠轮舆。① 人之能为人②，由腹有诗书。诗书勤乃有，不勤腹空虚。欲知学之力，贤愚同一初③。由其不能学，所入遂异闾④。两家各生子，提孩巧相如⑤。少长聚嬉戏，不殊同队鱼。⑥ 年至十二三，头角⑦稍相疏。二十渐乖张⑧，清沟映污渠。三十骨骼成，乃一龙一猪……问之何因尔？学与不学欤。金璧⑨虽重宝，费用难贮储。学问藏之身，身在即有余。君子与小人，不系⑩父母且。不见公与相，起身⑪自犁锄。不见三公⑫后，寒饥无出驴。文章岂不贵，经训乃菑畬⑬。潢潦⑭无根源，朝满夕已除。人不通古今，马牛而襟裾。行身陷不义，况望多名誉？

（唐）韩愈：《昌黎先生集·符读书城南》

注释：① 梓匠轮舆：梓匠，梓人和匠人，轮舆，轮人和舆人。② 为人：长大成才。③ 一初：一开始。④ 异闾：不同的大门。闾，里巷的大门。⑤ 提孩巧相如：提孩，孩童；相如，相似。⑥ 同队鱼：同队列游嬉的鱼。鱼，用作动词，游动的鱼。⑦ 头角：比喻显露才华。⑧ 乖张：不正常，错谬。⑨ 璧：白玉。⑩ 系：关联。⑪ 起身：出身。⑫ 三公：古代官职最高的三种人，如周代的司马、司徒、司空。⑬ 菑畬：读音同"咨余"：耕种。⑭ 潢潦：雨后积水。潦，读音同"老"，积水。

思想内涵：木材能够按圆规曲尺做成各种器具，是因为有木工的辛勤制作。人之所以能够成才，是因读书而满腹经纶。诗书中的知识只有靠勤学才能获得，不勤奋学习就会腹中空虚。人生下来的时候智力都是一样的，没有贤愚的差别存在。由于有的人不勤奋学习，所走的门径也就不同。两家的孩子，生下来一样灵巧聪明，年岁稍长，在一起玩耍嬉戏，就像一群没有不同的鱼一样；但是，到十二三来岁，各人显露出来的气质和才华就渐渐有了差别；再到了二十来岁，差别还会变得更大，就像一条污渠映在清沟中一样；等到三十来岁，人已长成，区别就像龙和猪一样……要问怎么会有这样的区别呢？原因就在于勤学与否。黄金白玉虽是贵重的宝物，却难以储藏。学问藏在自己身上，身在就用之有余。君子和小人，都是父母生下的，公和相，哪个不崛起于农家，三公的后代也会贫寒得出门连驴子都没有。文章难道不贵重吗？经训为本，勤学苦练，才能卓有成就。积水池里的水没有源头，早晨还是满的，但到了晚上就干涸了。做人不懂得古今之事，就像牛马穿上了人的衣服，那又有何益啊？将自身陷于不义之地，怎么能指望得到名誉呢？

阿冕今年已十三，耳边垂发鬓鬓①。好②亲灯火研经史，勤向庭闱③奉旨甘。衔命年年巡塞北，思亲夜夜梦江南。题诗寄汝非无意，莫负青春取自惭。

（明）于谦：《于忠肃集·示冕》

注释：① 鬓鬓：读音同"苏苏"，披着头发的样子。② 好：读音同"浩"，喜欢。③ 庭闱：旧指父母住的地方，借以称父母。

思想内涵：阿冕今年已经十三岁了，耳边垂着乌黑发亮的头发。希望你喜爱在灯前勤读经史，殷勤侍奉长辈。我奉朝命年年巡视塞北，因思念亲人而夜夜梦回江南。题诗寄给你，并非没有缘故啊，希望你不要辜负了大好年华，以免他日深切悔恨。

吾负荷①艰难，宁济之勋②未建，虽外总良能③，凭股肱之力④，而戎务孔殷⑤，坐而待旦⑥。以维城之固，宜兼亲贤⑦，故使汝等⑧，未及师保之训⑨，皆弱年受任。常惧弗克⑩，以贻咎悔。古今之事不可以不知，苟⑪近而可师，何必远也。览诸葛亮⑫训励，应璩⑬奏谏，寻其始终，周、孔⑭之教尽在其中矣。为国足以致安，立身足以成名，质略⑮易通，寓目则了⑯，虽言发⑰往人，道师于此，且经史道德如采菽中原⑱，勤之者则功多，汝等可不勉哉！

（晋）王隐：《晋书·李玄盛传》

注释：① 负荷：担负。② 宁济之勋：安定天下，救济百姓的勋业。③ 总良能：召集贤能的人。④ 股肱之力：股，大腿，从膝盖到胯的部分；肱，读音同"功"，手臂，胳膊由肩到肘的部分。指支柱性力量。⑤ 戎务孔殷：戎务，军事；孔，空隙；殷，充实。指军务充满了整个日程。⑥ 坐而待旦：坐着等待天明。⑦ 亲贤：亲属和贤能的人。⑧ 汝等：你们。等，之类。⑨ 师保之训：老师的教诲。⑩ 弗克：不能胜任。⑪ 苟：如果。⑫ 诸葛亮：字孔明（181—234），琅琊阳都（今山东省沂南县）人。辅佐刘备创建蜀汉政权，任丞相，是三国时期著名的政治家、军事家。他的《诫子书》十分有名，本书有收录。⑬ 应璩：字休琏，三国时期汝南（今河南省平舆县）人。博学多识，善为父亲书牍，历任散骑常侍、侍中等官。他的奏谏十分有名。璩，读音同"渠"。⑭周、孔：周，指周公旦，姬姓，周武王之弟，西周初年的著名政治家。因采邑在周（今陕西省岐山北），称为周公。助武王灭商，武王死后，摄政辅佐年幼的成王。相传他制礼作乐，建立典章制度，成为后世的楷模。孔：即孔子，名丘，字仲尼。春秋时期鲁国思想家，教育家，儒家学派的创始人。⑮质略：文章质朴，言辞省略。⑯寓目则了：一目了然。⑰发：发于，发自。⑱采菽中原：采菽于中原。菽，豆类。

思想内涵：我肩上的担子很艰巨，安定境内、拯济黎民的功业尚未建立，虽外有智谋之士，得到他们的辅助之力，而军务繁忙紧急，每夜只得坐着等到天亮，没有时间休息。为了国家的安定和巩固，我将亲属与能者并用，所以你们还未来得及接受老师的教育，就在年轻时接受了重任啊。我时常担心你们不能胜任，造成过失和悔恨。你们要了解古今成败兴亡的道理，但如果有近时可资效法的，又何必去追慕遥远的时代呢？我看诸葛亮的《诫子书》，三国时魏国应璩的奏谏，寻求始末，包容了周公、孔子的教诲，用这些道理治国，可使国家安定；用以立身，足以成名。其文辞简朴精练，容易了解，一看就懂。虽然是古时候所说的话，但仍然可供今人效法。经史道德上的学问，如同到地里采摘豆子一样，勤快的人就收获得多。你们可要努力啊！

2. 学贵有门，学贵有恒

孟子之少也，既学而归，孟母方绩①，问曰："学所至矣。"孟子曰："自若也。"孟母以刀断其织，孟子惧而问其故，孟母曰："子之废学，若吾断其织也、夫君子学以立名，问则广知，是以居则安宁，动则远害。今而废之，是不免于斯役而无以离于祸患也，何以异于织绩而食，中道废而不为，宁能衣其夫子而长不乏粮食哉？女则废其所食，男则堕于修德，不为窃盗，则为虏役矣。"孟子惧，旦夕勤学不息，师事子思②，遂成天下之名儒。君子谓孟母知为人母之道矣。

《古列女传》

注释：① 绩：织布。② 子思：孔子之孙孔汲。

思想内涵：孟子年少的时候，从学校归来，孟母正在织布，问他："你学到了什么？"孟子说："还是老样子。"孟母用刀把所织的布剪断了。孟子害怕，连忙问其中的缘故，孟母说："你废弃学业，就像我剪断所织的布一样。君子靠学习才能扬名，问什么问题都能知道，这样才能居处安宁，行动远离祸难。现在你荒废学业，这是既不能免于厮役之苦，也不能避开祸患的征兆，这与靠织布来生活，却半途而废有什么区别呀？这样，怎么能够有衣服穿，长大后不缺粮食吃呢？女人废其所食，男于堕于修养德行，不是做窃贼，就是做仆役啊。"孟子害怕母亲的这番教诲，于是早夕勤奋好学，拜子思为师，终于成为天下的一代名儒。因此，君子认为孟母知道做人母亲的道理。

陶士行曰①："昔大禹②不吝尺璧③而重寸阴。"文士何不诵书，武士何不马射④？若乃玄冬修夜⑤，朱明永日⑥，肃⑦其居处，崇⑧其墙仞，门无杂糅，坐缺号呶⑨。以之求学，则仲尼之门人⑩也；以之为文，则贾生⑪之升堂也。古者盘盂有铭⑫，几杖有诫⑬，进退循焉⑭，俯仰观焉⑮。文王⑯之诗曰："靡不有初，鲜克有终。"⑰立身行道，终始若一⑱。"造次必为是"，君子之言欤……吾始乎幼学，及于知命⑲，即崇周、孔之教⑳，兼循老、释之谈㉑，江左㉒以来，斯如不坠，汝能修之，吾之志也。

（唐）姚思廉：《梁书·王规传》

注释: ① 陶士行：即陶侃，字士行，晋鄱阳（今江西省鄱阳县）人，后迁庐江寻阳。生于三国时期魏高贵乡公甘露四年（259），卒于东晋成帝咸和九年（334）。早年孤贫曾为县吏、郡佐。后迁都督荆、雍、益、梁四州诸军事，荆州刺史，征西大将军。平定苏峻大将军有功，为侍中、太尉，封长沙郡公。前后在军中四十多年，果毅善断，廉洁无私，军纪肃然。他能有所成就，与其母湛氏的严格教育是分不开的。② 大禹：相传为夏朝的开创者。③ 尺璧：直径为一尺的玉石。泛指无价之宝。④ 马射：骑马射箭。马，用作动词，骑马。⑤ 若乃玄冬修夜：若乃，不论；玄，深（奥）；修，长。⑥ 朱明永日：朱，红；明，亮；永，久，长。⑦ 肃：用作动词，使……肃穆、安静。⑧ 崇：用作动词，加高。⑨ 号呶：呼号。⑩ 仲尼之门人：仲尼，孔子，宁仲尼，名丘，春秋时期鲁国人，儒家学派的创始人，著名的思想家、教育家。门人，门生，学生。⑪ 贾生：指贾谊（前200—前168），洛阳（今河南省洛阳东）人，时称贾生。西汉著名政治家、文学家。十八岁时，能诵诗书，善文章，为郡人所称誉。廷尉吴公将他推荐给文帝，被任为博士。不久，迁为太中大夫，因受老臣周勃、灌婴等排挤，被贬为长沙王太傅，后又为梁怀王太傅。他的政论文、赋文很有名。⑫盘盂有铭：刻在盘、盂上的铭文。古时习惯将训诫性的文字刻在青铜器皿上。⑬几杖有诫：将训诫刻在几杖上。三代以后，人们又习惯于将格言刻在几案和手杖上，以便随时看到。⑭进退循焉：进退，考虑事情做与否；循焉：依据、遵照铭文。焉，指代词，在那儿。⑮俯仰观焉：俯仰，低头与抬头，比喻快捷，一会儿；观焉，看刻在那上面的训诫。⑯文王：即周文王，商末周族领袖。姬姓，名昌，商纣时为西伯侯，亦称伯昌。曾被拘于羑里，《史记》说他拘于羑里而演《周易》，指矢志不移。在他统治期间，西周兴起，国势日强。⑰靡不有初，鲜克有终：靡，莫，没有；初，开始；鲜，读音同"显"，少；克，能够；终，结束。⑱终始若一：始终如一，一以贯之。⑲知命：指五十岁年纪。典出《论语·为政》，孔子说："三十而立，四十而不惑，五十而知天命。"⑳周、孔之教：周公、孔子的教导。周，指周公旦，姬姓，武王之弟，辅佐年幼的成王摄政有成，古时将他作为贤能之士看待。孔，指孔子。㉑老、释之谈：老子道家、释迦牟尼佛家的意旨。老，老子，姓李，名耳，字伯阳，又称为老聃（读音同"丹"），春秋时期楚国苦县（今河南省鹿邑县东）厉乡曲仁里人，做过周朝的史官，后退隐修道，著有《老子》，是春秋时期著名思想家，道家学派的开创者。崇尚节俭无为。后世根据道家思想创立了道教。释，指释迦牟尼（约前565—前486），佛教的创立者，姓乔达摩，名悉达多。释迦族人。释迦牟尼意思是释迦族的圣人。他出身于古印度北部迦毗罗卫国净饭王王族，二十九岁时出家修道，经过六年苦修，在佛陀伽耶菩提树下顿悟，便开始传教。八十岁时在拘尸那耶城附近的娑罗双树下入灭。佛教主张忍受今世，苦修来世。㉒江左：即江南。晋室东渡以后，人们常称江南为江左。

思想内涵：陶侃说："从前大禹不惜尺璧之宝而贵重寸阴。"不论是漫漫冬夜，还是炎热的夏日，都要让住所保持肃静，墙要高峻，门前不杂乱，座上无喧哗之声。这样，求学就可以如孔门弟子，作文就可以像贾谊一样，取得高深的造诣。为人做事，要始终如一，如孔子所说的，"匆忙紧迫时也应该这样"……我从幼年开始学习，到了五十岁上，既尊崇周公、孔子的教导，又遵循老子、佛教的学说。到江东以来，学业都不曾荒废。希望你们也能做到啊。

知汝恨吾不许汝学①，欲自悔厉②，或以阖棺自欺③，或更择美业④。且得有慨⑤，亦慰穷生⑥；但亟闻斯唱⑦，未睹其实⑧。请从先师⑨，听言观行⑩，冀此不复虚身⑪。

吾未信汝，非徒然也⑫。往年有意于史⑬，取《三国志》⑭，聚置床头百日许⑮，复徙业就玄⑯。自当小差于史⑰犹未近仿佛⑱。曼倩有云⑲：“谈⑳何容易？”见诸玄㉑，志为之逸㉒，肠为之抽㉓。专一书，转诵㉔数十家注，自少至老，手不释卷㉕，尚未敢轻信。汝开《老子》卷头五尺许㉖，未知辅嗣何所道㉗，叔平㉘何所说，马、郑㉙何所异，《指例》何所明㉚，而便盛于麈尾㉛，自呼谈士㉜，此最险事。设令袁命㉝汝言《易》，谢中书㉞挑汝谈《庄》，张吴兴叩汝言《老》㉟，端㊱可复言未尝看邪？谈故如射㊲，前人得破，后人应解，不解㊳即输赌矣。且论注百氏㊴，荆州《八袠》㊵，又《才性四本》㊶，《声无哀乐》㊷，皆言家口实㊸，如客至之有设㊹也。汝皆未经拂耳瞥目㊺岂有庖厨㊻不脩，而欲延大宾者哉㊼？就如张衡思侔造化㊽，郭象言类悬河㊾，不自劳苦，何由至此？汝曾未窥(50)其题目未辨其指归(51)，六十四卦(52)，未知何名，《庄子》众篇，何在内外(53)，《八袠》所载，凡(54)有几家，《四本》之称，以何为长(55)。而终日欺人，人亦不受汝欺也。

（南朝·梁）肖子显：《南齐书·王僧虔传》

注释：①恨吾不许汝学：恨，不满；吾，我；许，称许，赞扬；汝，你。②悔厉：悔改，振作。③阖棺：终生。这句话是说，有时儿子以终生努力，必有所得作为奋斗目标。④美业：好的专业。⑤且得有慨：且，暂且，眼下；慨，慷慨立志。⑥穷生：晚年。⑦但亟闻斯唱：但，只是，仅仅；亟，读音同“气”，多次，屡次。斯，这；唱，同“倡”，口号。⑧睹：看见。⑨先师：指孔子，汉代以后，孔子被尊奉为至圣先师。⑩听言观行：听到一个人所说的，去考察他的行为与言论是否相一致。典出《论语·公冶长》：“子曰：‘始吾于人也，听其言而信其行；今吾于人也，听其言而观其行。’”⑪冀此不复虚耳：冀，希望；虚耳：虚度一生。⑫徒然：白白地，没有根据地。⑬有意：有心研究。⑭《三国志》：书名，晋人陈寿撰，分魏、蜀、吴三书，简略地记述了魏、蜀、吴三国的历史。南朝宋人裴松之作注，引用史料，多有补充，很有价值。它连同《史记》《汉书》《后汉书》被称为“前四史”。⑮许：概数，左右，大约。

⑯ 徙业就玄：徙业，改换专业；就玄，去学老庄玄学。南朝宋代在学官立老庄之学，称为玄学。就，趋向，接近。⑰ 差：读音同"刺"，区别。⑱ 仿佛：大概，轮廓。⑲ 曼倩：人名。东方朔，字曼倩，西汉平原厌次（今山东省阳信县东南）人，为汉武帝宠臣，以文辞和诙谐闻名，官至太中大夫，今存一些散文作品。⑳ 谈：清谈，议论玄学。㉑ 诸玄：道家的各种著述。㉒ 志：精神。这句话是说，精神因而飘逸飞扬。㉓ 肠：指内心世界、感情。是说回肠荡气，感情激荡。㉔ 诵：背会。㉕ 手不释卷：形容认真刻苦攻读的样子。释，放开。㉖《老子》：又称《道德经》，道家的经典著作，分上下卷，五千言。春秋时期楚国人老聃（李耳）所撰。卷头五尺许，是说展开只有五尺左右。㉗ 辅嗣：人名，即王弼，字辅嗣，三国时期魏山阳（今河南省修武县西北）人。少好老庄，与钟会并知名当时。著有《道略论》，开魏晋以后玄学的先声。曾任尚书郎。死于三国魏齐王熹平元年（249），年仅二十四岁。㉘ 叔平：人名，即何晏（190—249），字叔平，三国时期魏宛（今河南省南阳市）人。少有异才，好老庄，尚清谈，为名噪一时的玄学家。著有《论语集解》传世。㉙ 马、郑：马，指东汉著名经学家马融，字季长，扶风茂陵（今陕西省兴平市）人。曾任东观典校秘书，后归家乡，门徒数千，一时名儒卢植、郑玄皆出自门下。著有《易注》《老子注》等。郑，指郑玄，字康成，东汉高密（今山东省高密市）人，青年时出外游学十数年，后师从马融，学成回乡讲学。遍注五经，门徒众多，影响甚大。㉚《指例》：即王弼著《老子指例》。㉛ 盛于麈尾：用于装饰清谈之士。麈尾，驼鹿尾做的拂尘。魏晋名士清谈，经常手执拂尘。麈，读音同"主"，驼鹿，俗称四不像。㉜ 谈士：清谈家。㉝ 袁命：人名，即袁甫，字公甫，东晋淮南（今江苏扬州市）人，好学，以词辩著称于时，自求为松滋令，转淮南国郎中令。㉞ 谢中书：即谢安（320—385），字安石，东晋阳夏（今河南省太康县）人，少有才名，召辟不就。携妓游赏名山。年四十余出仕。孝武时，进中书监。以大都督征前秦苻坚有功，封建昌县侯，拜太保。㉟ 张吴兴：张玄之，字祖希，晋安帝时为冠军将军、吴兴太守，善清谈，号吴中名士。㊱ 端：真的。㊲ 谈故如射：故，通固，本来，当然。射，射覆，古代游戏名称，把物掩盖起来，让人们猜，以能否猜中决定输赢。㊳ 解：解释。㊴ 百氏：百家，上百种注。㊵ 荆州《八裹》：东晋人殷仲堪，好清谈，善骈文，人称荆解。孝武中时任都督，主荆、益、宁三州军事。安帝时与谢玄战，兵败自杀。《八裹》，今佚。

袠，读音同“制”。㊶《才性四本》：三国时人钟会著《四本论》。《世说新语·文学》刘孝标注引《魏志》：“四本者，言才性同，才性异、才性合、才性离也。”㊷《声无哀乐》：魏晋之际名士嵇康崇尚老庄之学，著有《声无哀乐论》。㊸言家口实：言家，好老庄、喜清谈的名士；口实，谈话资料。㊹设：摆设，用以待客的酒食。㊺未经拂耳瞥目：未经，未曾；拂耳瞥目，耳闻目睹，听过看过。㊻庖厨：厨房。庖，厨房。㊼延大宾：延，邀请；大宾，上宾，贵客。㊽张衡思侔造化：张衡，字平子（78—139），东汉南阳西鄂（今河南省南阳市）人，是著名的科学家和汉赋家。曾任太史令、河间相、尚书等。精通天文历算，善于机械制作，创制浑天仪、候风地动仪。思侔造化，精巧的构思赶得上自然的神奇。侔，相等；造化，自然界的创造和变化。㊾郭象言类悬河：郭象，字子玄，晋河南（今河南省洛阳市）人，好老庄，能清言，官至黄门侍郎，东海王司马越任为太傅主簿。传世有《庄子注》。言类悬河，即口若悬河。言辞如同瀑布倾泻，滔滔不绝。㊿窥：看。(51)指归：意旨，宗旨。(52)六十四卦：《周易》八卦，相传为伏羲氏所作。每卦由三爻（读音同“摇”，一阳爻，一阴爻）组成，八卦即☰乾（天）、☳震（雷）、☱兑（泽）、☲离（火）、☴巽（风）、☵坎（水），☶艮（山）、☷坤（地）。八卦两两重复，演为六十四卦，象征自然及人事的发展变化，被当作卜筮符号。(53)内外：《庄子》，由内外篇、杂篇构成。内篇七，外篇十五，杂篇十一，共三十三篇。(54)凡：总共。(55)长：优点、强项。

思想内涵：我知道你恨我不称赞你的学习，想自己有所振作。有时儿子以终生努力有所必得为自己的奋斗目标，有时儿子重新选择好的专业。眼下能够慷慨立志，也能够安慰我度过晚年。只是多次听到类似的话，未能见到你付诸行动。按照至圣先师孔子所说的，察其言，观其行吧，希望你不要虚度此生。

我不信你的话，并非没有根据。过去你对修史感兴趣，将《三国志》放在床头一百多天，后又转头学习玄学。转行也就罢了，就应该比学习历史要有稍好一些的表现吧，但仍然是没有掌握它的概要。西汉东方朔曾经说过：“清谈哪有那么容易？”他接触到道家诸书，精神飘逸，感情激荡。专攻一本书，背诵数十家注释，从少年到年长，手不释卷，勤奋攻读，还不敢随便议论。而你呢，展开五尺左右的《老子》书卷，不知道王弼说了些什么，何晏作什么解释，马融同郑玄的看法又有什么不同，《老子指例》说清了些什么问题，而以清谈家自居，这是最危险的。假使让袁甫命令你谈论《周易》，谢安由你讲解《庄子》，张玄之请你阐发《老子》，真的你能说若干注家的书你未曾读过吗？清谈本来如同射戏，前人能够注解，后人能够阐发，不能讲解就好比射戏输了一般。况且注释本有百家，荆州《八裘》，加上《才性四本》《声无哀乐》，都是清谈家的依据，它们就好比招待客人的酒食。这些，你都没有耳闻目睹过，就好比不经过厨房整酒，哪有招待客人的菜肴一样。就像张衡精巧的构思赶上自然的神奇，就像口若悬河，不亲自经过辛苦学习，哪能达到如此高深的境界？你不曾看过题目，没有辨察过意旨，六十四卦，弄不清名目，《庄子》一书，由哪些篇目构成内篇和外篇，《八裘》述说的，总共有几家，《四本》所讲解的，以哪一种最有权威，而整日欺骗人，别人最后也不受你的骗了。

眉、仁素日读书，吾每嫌其弓钝，无超越兼人之敏。间观人有子弟读书者，复弩钝于尔眉、仁，吾乃复少 ① 恕尔。两儿以中上之资，尚可与言读书者。此时正是精神健旺之会 ②，当不得专心致志三四年。记吾当二十上下时，读《文选》京、都诸赋，先辨字，再点读三四遍，上口则略能成诵矣。戊辰会试卷出，先兄子由先生为我点定五十三篇。吾与西席马生较记性，日能多少。马生亦自负高资，穷日之力，四五篇耳。吾栉沐毕诵起，至早饭成唤食，则五十三篇上口不爽 ③ 一字。马生惊异叹服如神。自后凡书无论古今，皆不经吾一目。然如此能记，时亦不过六七年耳。出三十则减五六，四十则减去八九，随看随忘，如隔世事矣。自恨以彼资性，不曾闭门十年读经史，致令著述之志不能畅快。值今变乱，购书无复力量，间遇之，涉猎之耳。兼以忧抑仓皇，蒿目 ④ 世变，强颜俯首，为蠹鱼 ⑤ 终此天年。火藏焰腾，又恨咭哗 ⑥ 大坏人筋骨，弯强跃马，呜呼已矣！或劝我著述，著述须一幅坚贞雄迈心力，始克纵横，我庚 ⑦ 开府萧瑟极矣！虽曰虞卿（以穷愁著书，然虞卿）之愁可以著书解者；我之愁，郭瑀之愁也，著述无时亦无地。或有遗编残句，后之人误以刘因辈贤我 ⑧，我目几时瞑也！

尔辈努力自爱其资，读书尚友，以待笔性老成、见识坚定之时，成吾著述之志不难也。除经书外，《史记》《汉书》《战国策》《左传》《国语》《管子》、骚、赋，皆须细读。其馀任其性之所喜者，略之而已。廿一史，吾已尝言之矣：金、辽、元三史列之载记，不得作正史读也。

（清）傅山：《霜红龛集·训子侄》

注释：① 少：稍微。② 会：时机。③ 爽：差错。④ 蒿目：举目远望。蒿，读音同"茠"。⑤ 蠹鱼：一种蛀蚀衣物、书籍的小虫子。书虫。蠹，读音同"度"，蛀虫。⑥ 咕哗：低声说话。咕，读音同"彻"，低语。⑦ 庾：读音同"语"。南北朝时学者、文学家庾信。⑧ 贤：用作动词。比我贤能。

思想内涵： 眉和仁平时读书，我总嫌他们资质驽钝，没有资质聪明的人敏锐。偶尔看到别人的子弟读书，还远不如眉和仁，我才稍微宽恕你们。你们两个资质属中上，还可以和你们谈谈求学读书之事。你们这时正是精神健旺的时候，应当专心致志读三四年书。记得我在二十岁上下时，读《昭明文选》中的《二京》《三都》等赋，先认字，再点读三四遍，上口就粗略能背诵。戊辰考进士的会试卷子出来之后，先兄子由为我点定五十三篇，我和家里请的马先生比较记忆力，看一天能背多少。马先生也非常自负，用了一天的工夫，才记下三五篇。我从早晨洗漱完毕开始诵读，到家里喊吃早饭，五十三篇背诵起来，一字不差，马先生大为惊异，叹服如神。以后无论古今图书，都一看即能记住。然而这样能记，不过六七年。三十岁以后就减去十之五六，四十岁后就减去十之八九，随看随忘，如隔了一个世界。自己后悔在那样好的记性时，不曾关起门来读十年经史，致使现在不能顺利完成自己的著述之志。现在时局动乱，再无力量买书，有时遇到了，也只能翻看一下，加之心情忧郁，时间仓促，极目世变，不过对人强颜欢笑，俯首顺之，像书虫一样了此一生。世时火藏而焰腾，又恨诵读坏人筋骨，而弯弓跃马，早已过时。有人劝我著述，而著述须有一副坚贞豪迈的心力，我像从南朝入北朝的庾信一样，萧瑟极了。虽然虞卿以愁穷著书，然而虞卿的愁绪可以通过著述发泄，而我的愁思像东晋时的郭璞在北方一样，著述尚无时机亦无地点。一些剩编残句，使后人误把我当作在元朝以学行著称的刘因一样称赞我，我也就可以瞑目了。

你们要爱惜自己的资质，读书交友，等到笔性老成、见识坚定之时，完成我的著述之志就不难了。除经书外，《史记》《汉书》《战国策》《左传》《国语》《管子》、楚辞、汉赋都应该认真阅读，其余的则根据自己的爱好，略读即可。廿一史，我曾经说过，金、辽、元三史属记载性质，不得作正史读。

夫学贵专门，识须坚定，皆是卓然 ① 自立，不可稍有游移 ② 者也。至功力所施，须与精神意趣相为浃洽 ③，所谓乐则能生，不乐则不生也。晚年过镇江访刘端临教谕，自言颇用力于制数，而未能有得，吾劝之以易意以求。夫用功不同，同期于道。学以致道，犹荷担以趋远程也，数休其力而屡易其肩，然后力有馀而程可致也。攻习之余，必静思以求其天倪④，数休其力之谓也；求于制数，更⑤端而究于文辞，反覆而穷于义理，循环不已，终期有得，屡易其肩之谓也。夫一尺之捶，日取其半，则终身用之不穷。专意一节，无所变计，趣固易穷，而力亦易见绌⑥也。但功力屡变无方，而学识须坚定不易，亦犹行远路者，施折惟其所便，而所至之方，则未出门而先定者矣。

（清）章学诚：《文史通义·家书四》

注释：① 卓然：高高突出的样子。② 游移：形容飘忽不定。③ 浃洽：和谐，融洽。④ 倪：边际。⑤ 更：变换。⑥ 绌：读音同"黜"。不足。

思想内涵：为学贵在专门，识见必须坚定，要能脱颖而出，不可三心二意。至于功夫气力用在什么地方，必须与自己的精神兴趣相符合，所谓高兴去做就能成功，不高兴去做就不能成功。去年我到镇江拜访刘端临教谕，他说自己对术数很用功，然而却没有什么收获，我劝他转换一下。用力的方面不同，目的都是为了获得道理。求学获得道理，就像挑担子走远路，要多次休息和转换肩膀，然后才能做到力量有余，顺利地到达目的地。攻习之余，要坐下来仔细思考一下事物的细微差别，这就等于挑担子坐下来休息一下。研究术数，不妨更换一下去研究文辞，然后再反过来研究义理。如此循环不已，最终期于有所收获，这就等于挑担子不断换肩。一尺长的锤子，每天截取它的一半，终身都用不完。专心致志于一个方面，没有变化，兴趣固然容易枯竭，力量也容易感到不足。但是，用功的方法虽然可以不断变化，而学识必须坚定不易，就像走远路的人，走法可以随自己决定，而方向则是在出门之前就先确定下来了。

天下事有难易乎？为之，则难者亦易矣；不为，则易者亦难矣。人之为学有难易乎？（学之，则难者亦易矣；不学，则易者亦难矣。）吾资之昏①，不逮②人也；吾材③也庸，不逮人也。且旦④而学之，久而不怠⑤焉，迄⑥乎成，而亦不知其昏与庸也。吾资之聪倍⑦人也，吾材之敏倍人也，屏弃⑧（而不用，其与昏与庸）无以异也。圣人之道，卒于鲁也传之。然则昏庸聪敏之用，岂有常哉？

蜀之鄙⑨有二僧，其一贫，其一富。贫者语于富者曰："吾欲之⑩南海⑪，何如？"富者曰："子何恃⑫而往？"曰："吾一瓶一钵足矣。"富者曰："吾数年来，欲买舟而下，犹未能也，子何恃而往？"越明年，贫者自南海还，以告富者，富者有惭色。

西蜀之去南海，不知几千里也，僧之富者不能至，而贫者至焉。人之立志，顾⑬不如蜀鄙之僧哉！

是故聪与敏，可恃而不可恃也。自恃其聪与敏而不学者，自败者也。昏与庸，可限而不可限也，不自限其昏与庸而力学不倦者，自力⑭者也。

（清）彭端淑：《白鹤堂诗文集·为学一首示子侄》

注释：① 昏：愚笨。② 逮：比得上。③ 材：才干。④ 旦旦：每天。⑤ 怠：懈怠。⑥ 迄：达到。⑦ 倍：用做动词，是一倍。⑧ 屏弃：摒弃，屏，读音同"炳"。排除。⑨ 鄙：偏僻的地方。⑩ 之：到。⑪ 南海：浙江省佛教圣地普陀山。⑫ 恃：凭借。⑬ 顾：反而。⑭ 力，用作动词，用力，努力上进。

思想内涵：天下的事情有难易之分吗？认真去做，困难的事情也变得容易了；只说不做，容易做的事情也会变成难事。人们的学习也有难易之分吗？去学，困难的也变得容易了；不去学，容易学的也会变得难学了。我的资质迟钝，赶不上别人；我的才能平庸，也不如别人。但是，如果能天天坚持学习，长久而不松懈，等到学有成就，也就不会觉得迟钝和平庸了。如果我的资质在聪明上强过别人一倍，在能力上强过别人一倍，但放着不去用它，就与那些迟钝、平庸的人没有区别了。孔子的道统，最终由较为迟钝的曾参传了下来。那么迟钝平庸与聪明能干对一个人所起的作用，难道是不变的吗？

四川边远的地方有两个和尚，一个贫穷，一个富有。贫穷的告诉富有的说："我想到浙江普陀山去，你看怎么样？"富的说："你凭什么前去？"贫的说："我只需一个装水的瓶子和一个盛饭的钵子就足够了。"富的说："几年来我想雇条船去，还是没去成，你凭什么前去！"到第二年，贫穷的和尚从普陀山归来，跑去告诉那个有钱的和尚，富有的和尚面有愧色。

四川与普陀山之间，相距不知几千里之遥，富有的和尚没能去，而贫穷的和尚却去成了。人们立志学习，难道还不如那个贫穷的和尚吗？

所以，聪明和能干，可依靠，但又不可以依靠啊！仗着自己聪明能干而不肯学习的人，是自己毁了自己。迟钝与平庸，能限制一个人又不能限制一个人，并不因为自己迟钝平庸而能不倦地学习的人，才是自求上进的人。

人生惟有常是第一美德。余早年于作字一道，亦尝苦思力索，终无所成，近日朝朝暮写，久不间断，遂觉月异而岁不同，可见年无分老少，事无分难易，但行之有恒，自如种树畜养，日见其大而不觉耳。尔之短处在言语欠钝讷①，举止欠端重，看书能深入而作文不能峥嵘②，若能从此三事上下一番苦工，进之以猛，持之以恒，不过一两年，自尔精进而不觉，言语迟钝，举止端重，则德进矣；作文有峥嵘雄快之气，则业进矣。

（清）曾国藩：《曾国藩全集·家书·谕纪泽》

注释：① 钝讷：言语迟钝。讷，口齿不利索。② 峥嵘：高峻挺拔雄奇的样子。

思想内涵：人生惟有持久有恒是第一美德。我早年在书法方面，也曾经用过心思，花过气力，但最后仍无所成就。近来天天摹写，久不间断，就觉得越来越有收获、进步了。可见，年纪不分大小，事情无论难易，只要持之以恒，自然就会像种树养畜一样，它天天长大起来你还却不觉得变化。你的不足之处在于说话不够迟钝，举止不够端重，看书能够深入体会而作文不能气势雄奇。如果能在这三件事上下一番功夫，花大力气，持之以恒，用不了一二年，自然能迅速长进而不自知。言语迟钝，举止端重，那么品德就长进了；作文有磅礴、雄峻的气势，学业就长进了。

学业才识，不日进，则日退。须随时随事，留心著力为要。事无大小，均有一定当然之理。即事穷理，何处非学？昔人云："此心如水，不流即腐。"张乖崖亦云："人当随事用智。"此为无所用心一辈人说法。果能日日留心，则一日有一日之长进；事事留心，则一事有一事之长进。由此而日积月累，何患学业才识不能及人邪！

（清）李鸿章《李鸿章全集·家书·寄四弟》

思想内涵：学业才识，不日进，则日退。必须随时随事认真思考，狠下功夫。事无大小，都有一定的必然之理，即物穷理，何处不是学问？古人说：
"心如流水，不流动就会腐臭。"张乖崖也说："人应当随事用心思。"这都是
对那些无所用心的人说的。如果真能日日留心，就一日有一日的长进；事事留
心，就一事有一事的长进。日积月累，还怕学业才识赶不上别人吗？

看《近思录》① 甚好，但此书不是胡乱看得，非用过功夫人，不知所言
著落② 也。"廿四史"定后尚寄在商务馆，因未定居，故未取至。欲将此及英
文世界史尽七年看了，先生之志则大矣。苟践此语，殆可独步中西，恐未必见
诸事实耳。但细思之，亦无甚难做。俗谚有云：日日行，不怕千万里。得见有
恒，则七级浮图③ ，终有合尖④ 之日。且此事必须三十以前为之，四十以后，
虽做亦无用，因人事日烦，记忆力渐减。吾五十以还，看书亦复不少，然今日
脑中，岂有几微存在？其存在者，依然是少壮所治之书。吾儿果有此志，请今
从中国"前四史"起，其治法，由《史》⑤ 而《书》⑥ 而《志》⑦ ，似不如由
陈而范，由班而马，此固虎头所谓倒啖蔗⑧ 也。吾儿以为如何？

严复：《严复集·与三子严琥书》

注释：①《近思录》：南宋朱熹和吕祖谦同撰。共十四卷，摘录北宋理学家
周敦颐、程颐、程颢和张载的言论。② 著落：落脚点，立足点；著，附着。
③ 七级浮图：浮塔。④ 合尖：指大功告成。⑤《史》：西汉司马迁所著《史记》
的简称。"前四史"第一部。⑥《书》：班固所著《汉书》和范晔所著《后汉书》
的简称。"前四史"的第二、三部。⑦《志》：陈寿所著《三国志》的简称。"前
四史"的第四部。⑧ 啖：吃。

思想内涵：你在看《近思录》，很好。但这是一本阐述儒家性理学说的著
作，不是用过功夫的人，不知其中所记周敦颐、程颢、程颐、张载这些贤哲言
论的着落。廿四史还寄放在商务印书馆里，因没有确定居所，所以没有取出
来。你准备在七年内看完廿四史及英文世界史，恐怕你未必能见诸事实。但我
仔细一想，觉得也不是什么难做之事。俗话说：天天走，不怕千万里。只要有
恒心，即使是七级佛塔，终有建成的一天。不过这事情必须在三十岁以前去
做。四十岁以后，即使做了也没有多大用。因为人事日烦，记忆力也逐渐减
退。我五十岁以来，看过的书也不少，但现在脑中有几多还记得呢？脑中所记

的，仍然大多是少年壮年时候所读的书。你果有此志，可从中国廿史的前四史读起。其顺序由《史记》、前后《汉书》《三国志》，不如由《三国志》《后汉书》《汉书》到《史记》，所谓倒吃甘蔗，渐入佳境。你以为如何？

3. 熟读精思，循序渐进

顷来①闻汝与诸友讲肄②书传③，滋滋④昼夜，衎衎⑤不怠，善矣。人之讲道，唯问其志，取必以渐⑥，勤则得多。山霤⑦至柔，石为之穿；蝎虫至弱，木为之弊⑧。夫霤非石之凿⑨，蝎非木之钻，然而能以微脆之形，陷坚刚之体，岂非积渐之致乎？训⑩曰"徒⑪学知之未可多⑫，履而行之乃足佳⑬"。故学者，所以饬百行⑭也。

《戒子通录·孔藏与子琳书》

注释：① 顷来：近来。② 讲肄：肄，读音同"意"，学习，练习，研究。③ 书传：古代典籍。④ 滋滋：同"孜孜"，勤奋的样子。⑤ 衎衎：读音同"看"，坚毅努力的样子。⑥ 以渐：以，按照；渐，循序渐进。按照循序渐进的方式。⑦ 山霤：霤，读音同"六"，屋檐上滴下的水，也指高处流向低处的水。山坡奔泻而下的水。⑧ 弊：用作动词，破。⑨ 凿：用作名词，石匠用的凿子。⑩ 训：古代先生遗典。⑪ 徒：只是，仅仅。⑫ 多，用作动词，赞许。⑬ 佳，用作动词，夸奖。⑭ 饬百行：饬，读音同"尺"，修治，这里指修养；百行，百业。

思想内涵：近来听说你和学友们讲习经书，研究古籍，不分昼夜，孜孜以求，这是值得称道的。一个人是否进步，要看他是否树立志向。学问必须逐步获得，勤奋的人才能得到许多。山间的细流看来最柔弱无力，但它能穿透石头；小虫子非常弱小，但它能蛀坏木头。滴水比不上凿子，小虫比不上钻子，然而它们能够通过自己脆弱的形体，战胜坚固的物体，难道不是从积累工夫中得来的吗？古训说："仅仅从学习中得来的知识还不值得称赞，只有身体力行才值得赞许。"因此，研究学问的人，必须兼备各业的修养啊。

读书见一件好事，则便思量：我将来必定要行；见一件不好的事，则便思量：我将来必定要戒。见一个好人则思量：我将来必定要与他一般；见一个不好的人则思量：我将来切休要学他。则心地自然光明正大，行事自然不会苟且①，便为天下第一等好人矣。

（明）杨继盛：《杨忠愍集·与子应尾、应箕书》

注释：① 苟且：马马虎虎，不能严肃认真地对待。

思想内涵：读书看到一件好事，就应该想，我将来一定要实行；看到一件不好的事，便要想我将来一定要警戒。看到一个好人，便要想，我将来一定要像他那样；看到一个不好的人，便要想，我将来千万别学他。那么心地自然就光明正大，做事自然就不会糊涂，你便是天下第一等的好人了。

读书以过目成诵为能，最是不济事。眼中了了①，心下匆匆②，方寸无多，往来应接不暇③，如看场中美色，一眼即过，与我何与也。千古过目成诵，孰有如孔子者乎？读《易》至韦编三绝④，不知翻阅过几千百遍来，微言精义，愈探愈出，愈研愈入，愈往而不知其所穷，虽生知安行之圣，不废困勉下学之功也。东坡⑤读书不用两遍，然其在翰林读《阿房宫赋》至四鼓，老吏苦之，坡洒然不倦。岂以一过即记，遂了⑥其事乎！惟虞世南、张雎阳、张方平，平生书不再读，迄无佳文。且过辄成诵，又有无所不诵之陋⑦。即如《史记》百三十篇中，以《项羽本纪》为最，而《项羽本纪》中又钜鹿之战、鸿门之宴、垓下之会为最。反复诵观，可欣可泣，在此数段耳。若一部《史记》，篇篇都读，字字都记，岂非没分晓的钝汉！更有小说家言，各种传奇恶曲⑧及打油诗词，亦复寓目不忘，如破烂橱柜，臭油坏酱悉贮其中，其龌龊⑨亦耐不得！

（清）郑燮：《郑板桥集·潍县署中寄舍弟墨第一书》

注释：① 了了：一晃而过。② 匆匆：匆忙的样子。③ 应接不暇：形容事情很多，来不及应付。暇，空闲。④ 韦编三绝：因为爱读书，使编串书的皮绳断了好几次。形容读书勤奋。韦，熟牛皮。绝，断掉。⑤ 东坡：北宋文豪苏轼，号东坡居士。⑥ 了：结束。⑦ 陋：弊病。⑧ 传奇恶曲：指唐代的文学形式小说和元代的散曲。⑨ 龌龊：读音同"握龊"。本意是指不干净。这里是粗俗的意思。

思想内涵：读书，以为自己有过目成诵的本事就逞能，其实是最不济事的。眼中了了，心下匆匆，人的心只有一个，往来应接不暇，就像看戏场中的美妙景色，一眼晃过，与我毫不相干。自古以来，能够过目成诵的，有谁能比得上孔子呢？但孔子读《易经》以至编竹简的皮绳断了三次，不知道翻阅了几千遍几百遍；对其中精微的义理，是愈探愈出，愈研愈深，愈深入愈觉得永无止境，即使生而知之安身立命的圣人，也还需要克服困难虚心学习，何况是平常人？苏轼读书不用两遍就能背诵了，然而他在翰林院读杜牧《阿房宫赋》时，一直读到深更半夜，守门的老吏十分辛苦，而苏轼仍然精神饱满毫无倦容。岂能因为读一遍就能够背诵，就完事了呢？只有虞世南、张睢阳、张方平，平生读过的书决不读第二遍，所以终究没有佳文传世。而且过目成诵还有无所不读、毫无选择的弊病。就比如《史记》一百三十篇中，以《项羽本纪》最精彩，而《项羽本纪》中又以钜鹿之战、鸿门宴、垓下之围最为精彩。反复诵读，可歌可泣，就在此数段。如果一部《史记》篇篇都读，字字都记，岂不是没有分晓的钝汉！更有些小说家说，各种传奇格调低下的曲子以及打油诗词，也要过目不忘，这不就像破烂的橱柜，臭油坏酱都贮藏其中，就会变得龌龊不堪！

读书能令人心旷神怡，聪明强固，盖义理悦心之效也。若徒然信口诵读，而无行于心，如和尚念经一般，不但毫无意趣，且久坐伤血，久读伤气，于身体有损。徒然揣摸时尚腔调，而不求之于理，如戏子演戏一般，上台是忠臣孝子，下台仍一贱汉！而且描摹刻画，钩心斗角，徒耗心神，尤于身体有损。近来时，事日坏，都是由人才不佳。人才之少，由于专心做时下科名①之学者多，留心本原之学者少。且人生精力有限，尽用科名之学，到一旦大事当前，心神耗尽，胆气薄弱，更不如乡里粗才尚能集事，尚有担当。试看近时人才，有一从八股②出身者否？八股愈做得入格，人才愈见庸下！此我阅历有得之言，非好骂时下自命为文人学士者也。读书要循序渐进，熟读深思，务在从容涵咏③，以博其义理之趣，不可且做苟且草率工夫。所以养心者在此，所以养身者在此！府试④、院试⑤尚未过，即不必与试。我不望尔成个世俗之名，只要尔读书名理，将来做一个好秀才⑥，即是大幸！

（清）左宗棠：《左宗棠全集·家书·与孝威》

注释：① 科名：科举制考试取士的名目。科举制分科举士，有博学鸿词科、经济特科等。同一科目中又分为等级，如进士为甲科，举人为乙科。以开科的年岁而言，又有如甲子科、乙丑科之类的分别。这里是专攻科举考试的意思。② 八股：科举考试的一种文体，段落有严格的规定，每篇文章由破题、承题、起讲、入手、起股、中股、后股、束股等八个部分构成。从起股到束股的四个部分，其中都有两股相互排比的文字，共计为八股。这种文体要求严格，注重形式，空泛死板。③ 涵咏：仔细体会，认真琢磨。④ 府试：又称府考，是明清时期考取生员（秀才）前的预备性考试之一。由知府主持。报名的手续、考法与县试大抵相同。府试通过后，才能进入院试。⑤ 院试：又称郡试、道试，是明清时期科举考试求取生员（秀才）资格的考试，在府城或直属州治所举行。主考官府，初称道学道，所以院试又称为道试，后来称为学院。主持者是由朝廷派往各省的学政，也称提督学院，因而又被称为院试。童生经府试合格后，才能进入院试。院试分为正复两场：正场两篇文章一篇诗，复场一篇文章一篇诗，并要默写"圣谕广训"。⑥ 秀才：起源于西汉武帝时期所设察举科目的"秀才"，东汉避讳光武帝名字，改为"茂才"。三国时期恢复原称。明清时期专指取入府、州、县学的生员为秀才。

思想内涵： 读书能够使人心旷神怡，聪明坚韧，其原因就在于书中的道理能够娱情悦性，增进才识。如果只是随口诵读，而不去用心领会，不但没有一点儿读书的情调，而且对身体有害，如久坐影响血液流通，久读损伤元气。如果只是模仿时下流行的腔调，而不注重探求其中的道理，就像演员演戏一样，在台上是忠臣孝子的角色，在台下却仍然是自己。况且，只是一心模仿别人，用空心思，徒然耗神费力，尤其不利于养身。近来时局越来越令人担忧，都是由于人才匮乏所致。优秀人才奇缺，在于读书人把心思用在科举功名上了。他们致力于科举，一旦天下有变，就会出现心神不宁、胆小怕事的窘况，反而不如乡下的粗人能够应变，敢于担待。你看近年来涌现出来的有限的几个优秀人才，有一个是出身于科举的吗？八股文章做得越好，其才智就越是平庸、低下！这只是我个人的观察和体会。并不是我喜欢骂那些自命为文人学士的人，只是他们全然没有真才实学。读书要循序渐进，熟读深思，加强理解，掌握义理；不能浮在表面，马马虎虎，敷衍塞责。这样学习，不仅可以调养精神，而且还可以调养身体。府试和院试是科举的起点，如果你还没有通过这种考试，就不要再参与科举了。我不指望你徒有一个世俗的虚名，只要能够读书明理，将来对国家有用，这就是人生大幸了！

4. 读书有益，须刻苦

古人勤学，有握锥投斧①，照雪聚萤②，锄则带经③，牧则编简④，亦为勤笃。梁世彭城刘绮，交州刺史勃之孙，早孤家贫，灯烛难办，常买荻尺寸折之，燃明夜读。孝元初出会稽，精选寮采，绮以才华，为国常侍兼记室，殊蒙礼遇，终于金紫光禄。义阳朱詹，世居江陵，后出扬都，好学，家贫无资，累日不爨⑤，乃时吞纸以实腹⑥。寒无毡被，抱犬而卧。犬亦饥虚⑦，起行盗食，呼之不至，哀声动邻，犹不废业，卒成学士⑧，官至镇南录事参军，为孝元所礼。此乃不可为之事，亦是勤学之一人。东莞臧逢世，年二十余，欲读班固《汉书》，苦假借不久，乃就姊夫刘缓乞丐客刺书翰纸末，手写一本，军府服其志尚，卒以《汉书》闻⑨。

（北齐）颜之推：《颜氏家训·勉学》

注释：① 握锥投斧：握锥，指苏秦"头悬梁，锥刺股"苦学的故事。苏秦，字季子，战国时期东周洛阳（今河南省洛阳东）人，纵横家，著有《苏子》三十一篇，今佚。活动于燕齐之间，最后反间计败被车裂而死。投斧，指投斧挂木以示决心的文党。② 照雪聚萤：指映雪读书的孙康和用萤光照读的车胤。③ 锄则带经：指带经而锄的倪宽、常林。④ 牧则编简：指用蒲草编成小简写字的路温舒。⑤ 爨：读音同"窜"，烧火做饭。⑥ 实腹：填肚子。实，用作动词，充实。⑦ 饥虚：饥饿。⑧ 卒：读音同"促"。最后，终于。⑨ 闻：有名。

思想内涵：古人刻苦学习，有用锥子刺大腿的苏秦，有投斧挂木以示决心的文党，有映雪读书的孙康，有用萤光照读的车胤，有带经而锄的倪宽、常林，有用蒲草编成小简写字的路温舒。梁朝的刘绮，幼年丧父，无钱买灯烛，用折断的荻秆点燃照明夜读，以才学受到梁元帝萧绎的重视，做到金紫光禄大夫。义阳县的朱詹，家贫几天吃不上饭，以纸充饥，天冷抱狗取暖，不废学业，终成学士，官至镇南录事参军，受到元帝的器重。东莞人臧逢世，二十多岁时读《汉书》，苦于借阅时间不长，向姐夫要了客人的名片和平日书信的纸尾，手抄一本，终于因研读《汉书》出名。

　　昔仲尼①，师项橐②，古圣贤，尚勤学。赵中令③，读鲁论④，彼既仕，学且勤。披蒲编⑤削竹简，彼无书⑥，且知勉。头悬梁⑦，锥刺股⑧，彼不教，自勤苦。如囊萤⑨，如映雪⑩，家虽贫，学不辍。如负薪⑪，如挂角⑫，身虽劳，犹苦卓。苏老泉⑬，二十七，始发愤，读书籍，彼既老，犹悔迟，尔小生，宜早思。若梁灏⑭，八十二，对大廷，魁多士，彼既成，众称异，尔小生，宜立志。莹⑮八岁，能吟诗，泌⑯七岁，能赋棋。彼颖悟，人称奇，尔幼学，当效之。蔡文姬⑰，能辨琴，谢道韫⑱，能咏吟。彼女子，且聪明，尔男子，当自警。唐刘晏⑲，方七岁，举神童，作正字。彼虽幼，身已仕，尔幼学，勉而致。有为者，亦若是⑳。犬守夜，鸡司晨，苟不学，曷为人。蚕吐丝，蜂酿蜜，人不学，不如物。幼而学，壮而行，上致君，下泽㉑民。扬名声，显父母，光于前，裕于后。人遗子，金满籝，我教子，惟一经㉒。勤有功，戏㉓无益，戒之哉，宜勉力。

（南宋）王应麟：《三字经》

　　注释：① 仲尼：即孔子，名丘，字仲尼。② 项橐：春秋时期鲁国人，七岁为孔子师，十一岁去世，人称小儿神。③ 赵中令：宋朝开国宰相赵普，字则平。一生喜爱《论语》。④ 鲁论：即《论语》。这是西汉开国后《论语》最早的本子之一，二十篇。⑤ 蒲编：用蒲草编织的席子。⑥ 彼无书：指西汉名臣路温舒和公孙弘苦寒勤学的故事。一个学《尚书》，一个学《春秋》终于成名。⑦ 头悬梁：指晋朝孙敬以绳悬发的故事。⑧ 锥刺股：指战国时期苏秦苦读的故事。⑨ 如囊萤：指晋人车胤借萤光读书的故事。⑩ 如映雪：指晋人孙康借雪光读书的故事。⑪ 如负薪：指西汉朱买臣将书置于担柴上边走边读的故事。⑫ 如挂角：指隋朝李密将书随时挂在牛角上勤学的故事。⑬ 苏老泉：北宋文豪苏洵，号老泉，二十七岁才发奋读书，终获成功。⑭ 梁灏：生于乱世五代时期，为人好学，不中状元，决不甘心，终于到北宋初年才中状元及第，时年 82 岁。⑮ 莹：北齐朝祖莹，字元珍，年少好读，八岁时即被称为小神童。⑯ 泌：唐代名臣李泌，七岁能作"棋赋"。⑰ 蔡文姬：名琰，后汉著名学者蔡邕的女儿，通晓音律，作《胡笳十八拍》传世。⑱ 谢道韫：晋朝名相谢安的侄女，聪慧好学，少时能吟诗作对。⑲ 刘晏：中唐名臣，字士安。童年好学，七岁就被唐玄宗举为神童，授翰林院正字。⑳ 若是：像他们那样因为好学而取得成功。㉑ 泽：用作动词，施惠。㉒经：指儒家经典，可以确保人立志成才。㉓戏：嬉戏，玩耍。

思想内涵：古代的孔子，拜项橐为师，孔子是古代的圣贤，还如此勤奋学习。宋朝的宰相赵曾，喜欢读《论语》，他做了官后，学习更加勤奋。汉代的路温舒，少年放羊的时候，用割来的蒲草织成席子，将书抄在上面学习，汉武帝时，公孙弘用竹简抄读《春秋》故事。他们家里没有书籍，尚且知道这样勤勉地学习知识。东汉的孙敬用绳子把头发悬吊在屋梁上，以免打瞌睡。战国时的苏秦在读书时，为了防止打瞌睡，就用锥刺自己的大腿。他们没有人教，但自学非常刻苦。又如晋朝人车胤晚上读书，没有油灯，便用白丝袋装一些萤火虫来照明，晋朝人孙康因家贫，冬天夜晚读书，没有油灯，便借助雪的反光看书，他们家里贫穷点不起油灯，但仍然坚持勤苦学习。汉代朱买臣少年时卖柴为生，一面担柴卖，一面坚持读书，隋末李密，替人放牧，骑牛时，把《汉书》挂在牛角上，边走边看，他们虽然苦累，仍然艰苦卓绝地读书。宋人苏老泉（苏洵），二十七岁时，才开始发奋读书，他年老了，还后悔学得太迟。你们这些后生，应该趁早考虑好努力学习。北宋梁灏八十二岁了，一生矢志追求，勤学不止，宋太宗召他入朝面试，中了进士第一，他成功了，大家都称赞他。你们这些后生，应当立下读书的志愿。南朝的祖莹八岁时，就能读《诗》《书》，亲属都称赞他，唐人李泌七岁能做文章，曾当着唐玄宗的面，写了一篇棋赋，被人称为奇童。他们聪明过人，人人称他们为神童。你们这些小孩子，应该效法他们。东汉蔡邕的女儿蔡文姬，擅长音乐。东晋谢玄的女儿谢道韫，能吟雪诗。她们都是女孩，尚且这样聪明超人，你们好男儿，应该自觉警醒。唐人刘晏七岁考中了神童科，八岁写了颂扬唐玄宗的文章，玄宗任命他做正字官，他们年龄虽小，但都已经能够做官干事了，你们从小努力读书，也能做到。有作为的人，都一样勤奋。狗晚上看门，鸡凌晨报晓，如果人不读书，就不是人。蚕可吐丝，蜂可酿蜜，人如果不学习，连这些小动物都不如。年轻时好好学习，壮年时做官，上为皇帝效命，下为百姓谋福。这样就可名声远扬，显荣父母，光宗耀祖，造福后代。别人遗留给子孙的，是满箱满筐的黄金，我教给儿子的，唯独就是一本经书。勤奋就会成功，嬉戏没有益处。你们要警惕人生的惰性，引以为戒，好好努力啊！

尔等更能蕴蓄培养，较之寒素子弟，加倍勤苦力学，则读书世泽①，或犹可引之弗替，不至一日渐灭殆尽也！世俗中见人家兴旺，辄生忌嫉，无所施，则谀谄逢迎以求济其欲。为子弟者，以寡郊游，绝谐谑为第一要务、不可稍涉高兴，稍露矜持[2]，其源头仍在"勤苦力学"四字。勤苦则奢淫之念不禁自无，力学则游惰之念不禁自无，而学业人品乃可与寒素[3]相等矣。尔在诸子中，年稍长，性识颇易于开悟，故我望尔自勉以勉诸弟。都中境况，我亦有所闻，仕习人才均未见如何振奋。而时局方艰，可忧之事甚多，非问方面亦极乏人才。尔此后且专意读书，暂勿入世[4]为是。古人经济学问，都在萧闲、寂寞中练习出来，积之既久，一旦事权到手，随时举而措之，有一二桩大事办得妥当，便足名世。同乡人称之为才子，为名士，为佳公子，皆谀词[5]，不足信，即令真是才子、名士、佳公子，亦极无足取耳！识之！

（清）左宗棠：《左宗棠全集·家书·与孝威》

注释：① 世泽：世世代代加恩惠于人。② 矜持：拘谨，放不开。③ 寒素：出身寒门的子弟。也指贫苦人家。④ 入世：投身现世社会。与佛教所谓的"出世"相对应。⑤ 谀词：拍马屁的话。谀，读音同"鱼"。用甜言蜜语来奉承人。

思想内涵：你们要努力培养自己，要有学识、修养方面的积累。同一般寒门子弟相比较，你们更要努力学习。这样，我们这个世代书香之家留下的恩泽，才会世世代代延续而不至于中断啊！世俗人看到别人家业兴旺，往往顿生妒忌，便无办法了，就又去迎奉献谄，以求达到目的。作为富贵人家的子弟，要尽量少去郊游，杜绝嬉戏玩笑，不要流露出得意扬扬或自高自大的样子，也不要假意拘谨，缩手缩脚。要做到这些，归根结底还是四个字："勤苦力学"。勤苦，就不会产生淫靡奢侈之心，对于铺张浪费的恶行就更用不着去加以禁止了；力学，自然不会产生游玩情怠的念头和情绪，更用不着去禁止游手好闲、无所事事的行为了。这样，在人品上、学业上，就可以同寒门子弟一样可观了。你在兄弟中，年龄稍大，脑子也容易开窍，因此我希望你能够自我勉励，并对弟弟们加以引导和策励。在京城，所见所闻，没有什么令人振奋的。时局越发艰难，很多事情令人挂怀，尤其是缺少人才理事。你从此后更要专心读书，暂且不要考虑做官的事情。古人关于治国救世的学问，都是在清闲、寂寞中做出来的。学问积累得厚实了，有机会出来做官了，就可以施展自己的志向和才能；如果办成了一两件非常之事，就可以名扬天下。如今一些人被人们称为才子、名士、佳公子，都是一些不着边际的奉承话，千万不要当真。即使真是才子、名士、佳公子，也没有一点值得得意的！一定要记住这些话啊！

儿自去国至今，为时不过四月，何携去千金，业皆散尽？是甚可怪！汝此去，为求学也。求学宜先刻苦，又不必交友酬应，即稍事阔绰①，不必与寒酸子弟相等，然千金之资，亦足用一年而有馀，何四月未满，即已告罄②，汝果用在何处乎？为父非吝此区区③，汝苟在理应用者，虽每日百金，力亦足以供汝，特④汝不应若是耳。求学之时，即若是奢华无度，到学成问世，将何以继？况汝如此浪费，（必非饮食之豪，起居之阔，必另有所销耗。一方之所销耗，则于学业一途，必有所弃。否则用功尚不逮，何有多大光阴，供汝浪费？）故为父于此，即可断汝决非真肯用功者，否则必不若是也。且汝亦尝读《孟子》乎？大有为者，必先苦其心志，劳其筋骨，饿其体肤，空乏其身，困心衡虑之后，而始能作。吾儿恃有汝父庇荫⑤，固不需此，然亦当知稼穑之艰难，尽其求学之本分。非然者，即学成归国，亦必无一事能为，民情不知，世事不晓。晋帝之何不食肉糜⑥，其病即在此也。况汝军人也，军人应较常人吃苦尤甚，所以备僇力王家⑦之用，今汝若此，岂军人之所应为？

（清）张之洞：《张文襄公全集·复子书》

注释：① 阔绰：阔气豪华。绰，读音同"辍"，宽裕。② 告罄：用完了。③ 区区：表示微小。④ 特：只是。⑤ 庇荫：在专制社会里因先代的官爵而子孙受到封赏。⑥ 何不食肉糜：见《晋书·惠帝纪》。晋惠帝养尊处优，昏庸无知，时天下荒乱，百姓饿死，帝曰"何不食肉糜？"⑦ 僇力王家：僇力，合力，尽力。僇，读音同"陆"，王家，国家。

思想内涵：你自从离开国家到现在，不过四个月，为何带去的千金，这么快就花完了？这十分奇怪！你此次去日本，是为了求学。求学应该首先在生活上刻苦，又不必交友应酬，即使稍稍花费，也不必像出身寒门的子弟那样，但千金之资，也够用上一年还有结余，为什么四个月未过完，就已全部用完了，你都花在哪里呢？我并不是吝啬这小小的千金，如果是理所应当的花费，即使是每日百金，也有能力供应给你，主要是你不应该这样大手大脚啊。求学的时候，如果就像这样奢华无度，将来学业成就问世时，又用什么来继续维持呢？

况且你如此浪费，必定不是花在衣食住行上，必然另有不可告人的花销。在另一个方面花费太多，必定怠弃学业，不然的话，就是用功不够；否则，哪有那么多的时间，供你花销？所以，我由此断定，你决不是真正用功读书，否则必然不会如此。你不是曾经读过《孟子》吗？孟子说：大有作为的人，必先苦其心志，劳其筋骨，饿其体肤，空乏其身，心意困苦，思虑阻塞，尔后才能起而振奋，产生奇计异策。你拥有父亲的庇荫，固然不需要这样，然而也应当稍微懂得种田的艰难，能够尽你求学的本分。不然的话，即使学成回国，也必定没有一件事可以做，民情不知，世事不晓。晋惠帝的"何不食肉糜"的典故，其弊端就在这里。何况你作为一名军人，军人应该比常人更能吃苦；之所以如此，是为了将来努力效命朝廷。现在像你这样，难道是军人应该有的行为吗？

5. 纸上得来终觉浅，绝知此事要躬行

夫学之所益浅①，体之所安者深②。闲习礼度③，不为式瞻仪型④；讽味遗言⑤，不若亲承音旨⑥。王参军⑦，人伦之表⑧，汝其师之⑨！

（南朝·宋）刘义庆：《世说新语》

注释：① 夫学之所益浅：夫，语气词，用于句首表示引发议论。益，增强，提高。② 体之所安者深：体，身体力行；安，适应，习惯。以上两句话的意思是：学习知识收效很肤浅；身体力行，形成习惯，持久难忘。③ 闲习礼度：闲习，熟练，熟习。闲，通"娴"，熟习。礼度，礼节、法度。④ 式瞻仪型：式瞻，仰望。式，用作动词。仪型，典型，堪称典范的人。以上两句是说，熟习礼节，比不上经常接近君子，观察他的举止言行，受益更大。⑤ 讽味遗言：讽味，诵读体味；遗言：古代圣贤留下的教导，即儒家经典。⑥ 音旨：教导，言谈意旨。以上两句是说：诵读古代圣贤留下的教导，比不上亲自聆听君子的言谈，接受他的教诲。⑦ 王参军：即王导，字茂弘，晋临沂（今山东省临沂市）人，少有才名，曾为东海王越参军，元帝即位，任丞相，官至太傅。⑧ 人伦之表：人伦，封建礼教关于人际关系（君臣、父子、夫妇、朋友、兄弟）的道德规范。表，表率，榜样。⑨ 汝其师之：汝，你；其，表示祈使句；师，用作动词，拜为师。

思想内涵：学习知识，收效很肤浅；身体力行，形成习惯，持久难忘。熟习礼节法度，不如经常接近君子，观察他的言行举止，这样收获就会更大。体会古代圣贤留下的经典，不如亲自聆听君子的言谈，接受他的教诲。王参军，堪称道德规范上的典范，你要拜他为师啊！

古人学问无遗力，少壮工夫老始成。纸上得来终觉浅，绝知此事要躬行。圣师①虽远有遗经，万世犹传旧典刑。白首自怜心未死，夜窗风雪一灯青。读书万卷不谋食，脱粟在傍书在前。要识从来会心处，曲肱饮水也欣然。世间万事有乘除，自笑羸然②七十余。布被藜羹③缘未尽，闭门更读数年书。

（南宋）陆游：《剑南诗稿·冬夜读书示子聿》

注释：① 圣师：指孔子。孔子被封号为至圣先师。② 羸然：瘦弱的样子。羸，读音同"雷"。③ 藜羹：藜草煮成的羹汤。泛指粗劣的食物。

思想内涵：古人做学问不遗余力，年轻时下一番苦功夫，老来才会有所成就。仅从书本上得来的知识终究觉得浅薄，要透彻理解还要到实践中去体验。圣师孔子虽然离我们太远了，但他有流传下来的经典。典范还在，万世犹传。可怜我满头白发，渐渐衰老了，即便如此，但壮心不死，风雪交加的夜晚，我仍在灯下读书。读书万卷，不是为了谋食。吃着糙米饭，苦读圣贤书。只要从中领会圣贤的道理，曲着手臂做枕头，素食饮水，我也感到高兴愉快。世上万事有兴衰，自笑我已经成了七十多岁的瘦弱老头。布被藜羹的因缘未了，还要关起门来再读几年书呢。

尔等读书，须求识字。或曰：焉有读书不识字者？余曰：读一"孝"字，便要尽事亲之道；读一"弟①"字，便要尽从兄之道。自入塾时，莫不识此字，谁能自家身上，一一体贴，求实致于行乎？童而习之，白首不语，读书破万卷，只谓之不识字。王汝止②讲良知，谓不行不算知。有樵夫者，窃听已久，忽然有悟，歌曰："离山十里，柴在家里；离山一里，柴在山里。"如樵夫者，乃称所识字者也。

（清）孙奇逢：《孙夏峰全集·孝友堂家规》

注释：① 弟：通"悌"。② 王汝止：明代著名学者王艮，字汝止，尝从王守仁学习，泰州学派的创始人，世称心斋先生。

思想内涵： 你们读书，必须追求认字。有人不禁要问：哪有读书不认字呢？我认为：读一"孝"字，便要孝顺父母；读一"悌"字，便要敬爱兄长。从上学时起，没有不认识"孝""悌"这两个字的，但是又有谁能够在自己身上认真体会，切实实行呢？如果像这样，即使从幼年开始学习，到年老说不出话为止，读书破万卷，还是不能称之为识字。王艮讲良知，认为"行是知之成"，不行不能算真知。有一个砍柴的樵夫，经常偷听王艮讲课，忽然有悟，唱道："离山十里，柴在家里；离山一里，柴在山里。"像樵夫这样的人，才称得上是真正识字的人。

　　文字为思想之代表，思想为文字之基础，故二者之研练，相为表里者也。且夫思想为事实之母，今日学者所积之思想，他日皆将见诸事实者也。思想有不宜于事实者，则立身处世，安保无自误误人之虑？是以读文宜先读记叙文字，作文亦宜先作记叙文字，参以文家法律①，而平日要宜随时留心事物之实际。为此循序奋进，虽愚必明、虽柔必强，可预决②焉。读文之选择，既以真确为标准，则八股既行以后，不为八股未行以前（更细别之：道咸③以前尚佳，道咸以后，乃每况愈下矣）。唐宗以后，尤不如汉魏以前。盖古之文字，于事实较切；后世之文字，于事实多疏，不足为表示思想之模范。而汉唐以上，文字抑又为本国人素④所尊信。择其尤切于世者，阐明之，于全国人精神之联贯，大有关系也。读文之法，可择爱熟诵之。每季必以能背诵若干篇为目的，则字句之如何联合？每段之如何布置？行思坐思，便可取象于收视文听之间。精神之研习既深，行文自极熟而流利。故高声朗诵，与俯察沈吟⑤种种功夫，万不可少也。

（清）李鸿章《李鸿章全集·家书·谕文儿》

注释：① 文家法律：文章家的规则。法律，方法和律条，总括为原则。② 预决：事先做出判断。决，决断。③ 道咸：清代年号。清宣宗爱新觉罗·旻宁年号道光，清文宗爱新觉罗·奕詝年号咸丰。④ 素：一向。⑤ 沈吟：深思。沈，通"沉"。

思想内涵：在一篇文章中，文字是思想的表达，思想则是文字的灵魂。研读文章，一定要注意文字与思想的表里关系。它们作为文章的形式和内容，互相依存。思想是事实的母体，今天人们积累起来的思想，将来总有一天会通过事实而表现出来。如果人的思想有不适宜用思想来表现的；那么，他立身处世的思想和行为，就难免不会误己误人。因此，阅读文章要先从记叙性文字开始。写作也要从记叙文开始。这时，才可以参照文章家所说的写作方法、技巧和原则；同时，也要善于观察身边事物的发展变化。如此循序渐进，即使天资愚笨也会开化，慢慢变得聪明起来；即使天性柔弱，也会得到改变，慢慢变得刚强起来。这是可以预测的。选择阅读的文章，既然以真实表达为标准，那么就要了解到，八股文推行以后的文章是大不如前的（如果要详细地加以区别和说明；那么，可以明确地说，清朝道光、咸丰以前的文章还可以；此后的文章就越来越差了）。唐宋以后的文章，更不如汉魏以前的。这大概是由于古代的文章比较切近事实的缘故；而后代的文章，就往往背离了客观事实，因此不能作为范文供后人学习。汉、唐以前的文章，一向为国人推崇、学习。选择其中切近社会的文章深入学习，加以阐发，对于统一国人思想，大有益处。阅读文章，可以选择自己喜欢的文章加以反复吟诵。每个季度都要有一个学习的目标，并能够背诵几篇。长此以往，自然会弄清楚范文的内在结构，以及作者布局谋篇的精妙之处。无论是行走，还是坐卧，都反复思索作文之道，在阅读和揣摩中体会文章的写作规律和技巧。这样，做文章也就自然熟练畅达了。因此说，高声朗诵和低头沉思是读书必备的功夫，这是千万不能缺少的。

6. 幼而学者，如日出之光；老而学者，如秉烛夜行

人生小幼，精神专利①，长成已后②，思虑散逸，固须③早教，勿失机④也。吾七岁时，诵《灵光殿赋》，至于今日，十年一理⑤，犹不遗忘；二十之外，所诵经书，一月废置，便至荒芜矣。然人有坎壈⑥，失于盛年，犹当晚学，不可自弃。孔子云："五十以学《易》，可以无大过矣。"魏武、袁遗，老而弥笃⑦，此皆少学而至老不倦也。曾子⑧七十乃学，名闻天下；荀卿⑨五十，始来游学，犹为硕⑩儒；公孙弘⑪四十余，方读《春秋》，以此遂登丞相；朱云亦四十，始学《易》《论语》；皇甫谧⑫二十，始受《孝经》《论语》；

皆终成大儒，此并早迷而晚寤也。世人婚冠⑬未学，便称迟暮，因循面墙，亦为愚耳。幼而学者，如日出之光；老而学者，如秉烛夜行，犹贤乎瞑目而无见者也。

（北齐）颜之推：《颜氏家训·勉学》

注释：① 精神专利：精神专一。② 已后：以后。③ 固须：本来应该。④ 机：机会，关键。⑤ 理：温习。⑥ 坎壈：壈，读音同"揽"。困穷，不得志。⑦ 弥笃：更加坚定。弥，更加，愈益。魏武，即魏武帝曹操。指《三国志·魏志·武帝纪》对他终生勤学、手不释卷的记述。袁遗，字伯业，三国时期人，袁绍堂兄，时为长安令。⑧ 曾子：生活于前505—前436年间，春秋末期鲁国人，孔子学生。名参，字子舆。以孝著称。后世封建统治者尊他为"宗圣"。⑨ 荀卿：又称荀子，名况（约前313—前238），时人尊而号为"卿"。战国时期赵国人。游学于齐、楚，著书终老于楚兰陵（今山东省苍山县兰陵镇）。著有《荀子》一书。李斯、韩非都是他的学生。⑩ 硕：大。⑪ 公孙弘：字季（前200—前121），西汉颍川（今山东省寿光市南）人。少为狱吏。年四十余始治《春秋公羊传》。以布衣为丞相，自公孙弘始，开汉武帝时代一代仕风。⑫ 皇甫谧：幼名静，字士安（215—282），自号玄晏先生，定安朝那（今甘肃省平凉西北）人。年少时从坦席学儒，中年以后学医，著有《甲乙经》，阐明了人体经络理论，发明了针灸取穴法，总结了晋以前的针灸学成就。另著有《帝王世纪》《高士传》《烈女传》《玄晏春秋》等。⑬ 婚冠：即成年。

思想内涵：人在少年时，专心一致；长大以后，注意力分散，所以要及早教育，不失时机，我七岁时能背诵《灵光殿赋》，十年温习一次，至今不忘。二十岁以后背诵经书，丢开了一个月就荒废了。万一错过学习的机会，也不可自暴自弃。孔子五十岁时学《易经》，曹操、袁遗老年时学习更加关注。曾子到七十岁时才学习，名闻天下；荀子五十岁上才到齐国游学，终于成了饱学之士；公孙弘四十多岁才学《春秋》，因此做了丞相；朱云也是四十岁才开始学《易经》《论语》的，皇甫谧二十岁才从师学《孝经》《论语》：他们都成为大儒。这些都是早年未学而晚年才明白学习重要性的例子。平常人到成年时学习就晚了，因此疲沓松动，如面墙而立，寸步不前，这是很愚蠢的。年幼而学，如初升的太阳，不断进步；老年求学，如持烛夜行，仍然比闭着眼睛一无所见要好啊。

近村远村鸡续鸣，大星已高天未明。床头瓦檠灯煜爜①，老夫冻坐书纵横。暮年于书更多味，眼底明明②见莘渭③。但令病骨尚枝梧，半盏残膏未为费。吾儿虽戆④素业存，颇能伴翁饱菜根。万钟一品⑤不足论，时来出手苏元元⑥。

（南宋）陆游：《剑南诗稿·五更读书示子》

注释： ① 檠：读音同"情"。灯架。这里指灯。煜：读音同"欲"。照耀。爜，读音同"越"。光亮耀眼。② 明明：分明，很清晰。③ 莘渭：这里是指耕种于莘地的商代宰相伊尹和在渭水垂钓的周代尚父姜尚的典故。④ 戆：读音同"酣"。呆痴。⑤ 万钟一品：指高官厚禄。万钟，万钟爵禄，指多；一品，一品高官，指官大。⑥ 苏元元：使老百姓得到休养生息。苏，困顿后得到恢复；元元，老百姓。

思想内涵： 远近各村的鸡陆陆续续地打鸣了，启明星高高悬挂空中，天还未亮。床头瓦灯光亮得耀眼，我在寒冷中坐着翻阅书籍。人的年纪大了，读书更有味道，眼里清晰见到了在莘地耕忙的伊尹和在渭水垂钓的姜尚。只要抱病的身子骨还挺得住，为读书而花费半盏灯油也不算破费。我儿虽然忠厚愚直，还能守住清白，能吃苦耐劳，陪我一起吃菜根充饥。高官厚禄算不了什么，我只希望有朝一日能有一个显示才能的机会，为减轻百姓的负担做一点事。

人方少年时，精神意气即足鼓舞，而身家之累尚未切心，故用力颇易。迨其渐长，世累日深，而精神意气亦日渐以减，然能汲汲①奋志于学，则犹尚可有为。至于四十五十，即如下山之日，渐以微灭，不复挽②矣。故孔子云："四十五十而无闻焉，斯亦不足畏也。"又曰："及其老也，血气即衰，戒之在得。"吾亦近来实见此病，故亦切切③预为弟辈言之。宜及时勉力，毋使过时而徒悔也。

（明）王守仁：《王文成公全书·寄诸弟》

注释： ① 汲汲：行动急迫的样子。② 挽：挽回来，挽回。③ 切切：十分诚恳的样子。

思想内涵： 人在少年的时候，精力充沛，意志和勇气容易鼓舞，身家之累还轻，所以用功就很容易有收效。等到渐渐长大，家累日深，精力和勇气也逐渐减少，然而如果能够积极地奋发，立志于学，则还可以有所作为。到了四五十岁的时候，就像西下的夕阳，锐气逐渐地消失，已经没有办法挽回了。所以，孔子说："如果人在四五十岁时，还没有什么声名，那么这个人已不值得敬畏了。"又说："人等到老了，血气都衰弱了，这时候就不要争强好胜了。"我近来确实感觉到了这些弊病，所以恳切地预先告诉你们，应该珍惜时光，努力用功，不要等时间过去了，再徒自伤悲。

　　凡读书，二十岁以前所读之书，与二十岁以后所读之书迥异。幼年知识未开，天真纯固，所读书，虽久不温习，偶尔提起，尚可数行可诵。若壮年所读，经月则忘，必不能持久。古六经秦汉之文，词语古奥，必须幼年读，长壮后，虽倍蓰①其功，终属影响。自八岁至二十岁，中间岁月无多，安可荒弃，或读不急书。此时时文固不可不读，亦须择典雅醇正，理纯辞裕，可历二三十年无弊者读之。如朝花夕落，浅陋无识，诡僻失体，取悦一时者，安可以珠玉难换之岁月，而读此无益之文。何如诵得《左》②、《国》③一两篇，及东西汉典贵华腴④之文数篇，为终身受用之宝乎。且更可异者，幼龄入学之时，其父师必令其读《诗》《书》《易》《左传》《礼记》、西汉、八家⑤文；及十八九，作制义，应科举时，便束之高阁，全不温习。此何异衣中之珠，不知探取，而向途人乞浆乎？且幼年之所以读经书，本为壮年扩充才能，驱驾古人，使不寒俭，如蓄钱待用者然。乃不知寻味其义蕴，而弁髦，弃之⑥岂不大相刺谬乎？我愿汝曹将平昔已读经书，视之如拱璧⑦，一月之内，必加温习。古人之书安可尽读，但我所已读者，决不可轻弃，得尺则尺，得寸则寸，毋贪多，毋贪名，但读得一篇，必求可以背诵，然后思通其义缊，而运用之于手腕之下，如此则才气自然发越。若曾读此书，而全不能举其词，谓之画饼充饥；能举其词，而不能运用，谓之食古不化；二者其去枵腹⑧无异。汝辈于此，极宜猛省。

（清）张英：《聪训斋语》

　　注释：① 蓰：读音同"喜"。倍数。②《左》：《春秋左氏传》，简称《左传》。③《国》：《国语》，与《左传》的编年体裁不同，《国语》是我国最早的国别史。④ 典贵华腴：指文章有典据而雅正，有文采而华美。腴，读音同"余"。丰满。⑤ 八家：指唐宋八大家，韩愈、柳宗元、苏洵、苏轼、苏辙、王安石、欧阳修、曾巩。⑥ 弁髦：读音同"变冒"。比喻无用之物。⑦ 拱璧：大玉石。形容珍贵的宝物。⑧ 枵腹：空腹，指饥饿。枵，读音同"消"，空虚。

思想内涵：凡是读书，二十岁以前所读之书与二十岁以后所读之书是完全不一样的。幼年的时候，知识未开，天真纯朴，所读过的书，虽然很长时间没有温习，偶尔提起，还可以背诵几行。如果壮年时候读过的书，过一个月就忘了，不能持久。古代的六经和秦汉时候的文章，词语古奥，必须幼年的时候读，长大后，虽加倍用功，还是靠不住。从八岁到二十岁，中间岁月不多，怎可浪费，或者读一些无关紧要的书。此时八股文固然不可不读，但也必须选择那些典雅纯正，理纯辞裕，可影响二三十年的文章诵读。那些浅陋无知，诡僻失体，取悦一时的文章，朝花夕落，怎么可以用如此宝贵的青春年华去读这些无用的文章？还不如背诵《左传》《国语》一两篇，和西汉东汉典雅华彩的文章数篇，作为终身受用的宝藏。而且更奇怪的是，幼龄入学的时候，他们的父亲老师必令他们诵读《诗经》《尚书》《周易》《左传》《礼记》、西汉和唐宋八大家的文章。但到了十八九岁，作八股文应科举的时候，便将幼年所学束之高阁，全不温习。这与衣中有宝贝不知道探取，反而向路人乞讨稀饭又有什么两样呢？况且年幼之时诵读经书，本来就是为了长大后增长才干，驾驭古人，不致知识贫乏，就像存钱是为后来使用一样。不知道怎样体会它的意思，将幼时所学全部丢弃，这岂不是自相矛盾？我希望你们将平时读过的书，当宝贝一样看待，一月之内，一定要加以温习。古人的书怎么可能全部读完啊！但我已经读过的书，是决不会轻易丢弃的。得尺则尺，得寸则寸，日积月累，不可贪多，不可贪取浮名，只要读过一篇，就要达到能够背诵的程度，然后想通寓于其中的道理，并且能够运用于作文之中。像这样，才气就自然越来越高。如果曾经读过这本书，但不能举出其中只言片语，只能称作是画饼充饥；能举出其中词句却不能运用，只能称作是食物不化。此二者与腹中空空没有什么两样啊！你们对于这些，一定要深刻反省。

7. 读书有道，掌握要诀

朕自幼龄学步能言时，即奉圣祖母慈训，凡饮食、动履、言语，皆有矩度，虽平居独处，亦教以罔敢越轶。少^①不然，即加督过，赖是以克有成。八龄缵承^②大统^③，圣祖母作书训诫冲子曰："自古称为君难，苍生至众，天子以一身居临其上，生养抚育，无不引领而望，必深思得众则得国之道，使四海之内咸登康阜，绵历数于无疆惟休。汝尚其宽裕、慈仁、温良、恭敬，慎乃威仪，谨尔出话，夙夜恪勤，以祗承乃祖考遗绪，俾予亦无疚厥心。"朕仰戴斯言，大惧勿克遵兹丕训^④，惟曰："庶其自强不息，以日新厥德。益思学问者，百事根本，不能学问，则渐即于非凡。"以故自少读书，深见夫为学之要，在于穷理致知，天德王道，本末该贯，存心养体，非此无以立体、齐治、均平，非此无以达用。于是孜孜焉^⑤日有课程，乐此忘疲。虽帝王之学不专事篡组章句，顾由博而约，往哲遗训，惟能网罗记载，搜讨艺文，斯足增长见闻，充益神智。朕机务之暇，讲肄诸经，参稽《易》学，于《太极》《西铭》之义，《河图》《洛书》之旨，往往潜心玩味。以次历观史乘^⑥，考镜得失，旁及古文诗赋、诸子百家。《说命》言"念终始典于学"，《周颂》言"学有缉熙于光明"，朕所以朝斯夕斯至今弗辍^⑦者也。

书亦六艺之一，朕每念心正笔正之说，作字自来未敢轻易。喜临摹古法书，考其源委。又《礼记·射义》称事之尽礼乐而可数为，以立德行者莫若射。故圣王务焉。《易大传》言："弧矢之利以威天下。"朕自少习射，亦如读书作字之日有课程，久之心手相得辄命中，用率虎贲羽林以时试肄。念祖宗以来，以武功定暴乱，文德致太平，岂宜一日不事讲习？朕凡此既以自勉，还用督率汝曹。

《周书》曰："不学墙面，莅事惟烦。"孔子曰："少若天性，习贯如自然。"盖蒙以养正，盛年力学，如朝日舒光。元良国之根本，支庶国之藩附。朕深惟列后付托之重，谕教宜早，弗敢辞劳。未明而兴身，亲督课东宫及诸子以次上殿，背诵经书，至于日昃^⑧。还令习字、习射、覆讲，犹至宵分^⑨。自首春以及岁晚，无有旷日。每思进修之益，必提撕警诫，斯领受亲切。汝曹生长深宫，未离阿保，熏陶涵养正在此时，尚其爱日惜阴，黾勉^⑩勿怠，故复谆谆^⑪欲令汝曹皆知吾心也。木受绳则直，金就砺则利。穷理格物，多识前言往行，是惟作圣之功。汝曹今日为子弟，他日为人父兄，取资匪^⑫远，当思吾言。

（清）爱新觉罗·玄烨：《圣祖仁皇帝御制文·庭训》

注释：①少：稍。②缵承：继承。缵，读音同"纂"，承续。③大统：皇帝位。④丕训：大训。丕，大。⑤孜孜焉：勤勉努力的样子。⑥史乘：记载历史的书。一般指史书。乘，读音同"胜"。春秋时期晋国史书名，后泛指史书。⑦辍：停止。⑧日昃：太阳偏西。昃，读音同"仄"。⑨宵分：夜半。⑩黾勉：努力。黾，读音同"勉"。尽力。⑪谆谆：诲人不倦的样子。⑫匪：不。

思想内涵：我从幼年学走路能说话的时候开始，就奉祖母教训，凡饮食、行动、言语，都有规矩法度，虽平时独处一室时，也不敢违反。稍不这样，就被严加督责，靠着这样的严格要求，才能有所成就。八岁即帝位，祖母作书训诫道："自古称做皇帝难，天下百姓很多，生养抚育，都伸着脖子望着皇帝，要深思得民心即得国的道理，使天下百姓都能安居富庶，皇统能永远延续下去。你应该宽容、仁慈、温良、恭敬，举止庄严，说话谨慎，日夜辛勤，以继承祖宗未完成的功业。你能做到这些，我也就不感到内疚了。"我听了这些话，唯恐不能遵循教训，只是说："我只有自强不息，使德业日新。我感到学问是百事的根本，没有学问恶行就会潜滋暗长。"因此，自少读书，就深知为学之要，在于探究事物的道理，以求获得知识，使上天之德、帝王之道，本末贯通，以培育自己的内心和本性。不这样就无从立身、齐家、治国、平天下，不这样就无从致道理于实用。于是努力不懈，每天都热爱学习课程，而且乐此忘倦。虽然帝王之学不必专事怎样去组织章节和句子，但由博览而至专精，原是先哲的遗训，能网罗古籍上的记载，搜访研讨艺文，才能增长见闻，充实自己的精神智慧。我在处理国事的余暇，讲习儒家经典，研究《易》学，对《太极》《西铭》的意蕴，《河图》《洛书》的微旨，往往专心细细玩味。依朝代次序历观史籍，考求其得失，旁及古文诗赋、诸子百家。《尚书·说命》说："要始终不忘专心于学。"《诗经·周颂》说："学习可以使人得到光明。"这也就是我朝夕勤学、绝不停顿的原因。

书法也是六艺之一，我每想到心正才能笔正之说，写字从来未敢轻易下笔，喜欢临摹古代名家法帖，考究其本末。又《礼记·射义》认为习射，能够达成礼乐之道，因此，要经常从事这些活动。培育德行莫过于习射，所以圣王都对习射显得很专心啊。《易大传》说："因弓矢之利可以威震天下。"我自少习射，就像读书写字一样，每天有课程，练习久了，心手配合得好，每射都能命中，以此来率领皇宫卫戍部队将领们按时习射。每念祖宗以来，以武功平定暴乱，文教德政致太平，怎么应该有一天间断操习呢？我既以此自勉，还要用它来督率你们。

《周书》说："人若不学，就像面墙而立，处理事情就一定烦琐无方。"孔子说："少成若天性，习惯如自然。"童蒙时养成好的品德，少壮时努力学习，如早晨的太阳放出光芒。元辅良臣乃国家根本，宗室是国家的藩屏。我深感列位太后托付之重，对后辈教育宜早，不敢辞劳。天未亮就起身，亲自督教太子和诸皇子依次上殿背诵经书，直到太阳西斜，还命他们习字习射，复述经书，直到晚上。从年头到年尾，无一天耽搁。每想到进德修业的益处非常之大，必定提醒告诫，使你们能够深刻体会。你们生长在深宫，从来未离保育，熏陶品学，涵养性情，正是时候，要爱惜时光，努力勿懈啊！因此，我再三谆谆告诫，让你们知道我的心意。木受绳则直，金就砺则利。探究事物的道理，多学习前贤的嘉言懿行，这是使自己进入圣贤境界的有效方法。你们今年为子弟，将来为人父兄，不必远求，要经常想想我话中的道理。

大志非才不就，大才非学不成。学非记诵云尔，当究事所以然，融于心目，如身亲履之。南阳①一出即相，淮阴②一出即将，果盖世雄才，皆是平时所学，志士读书当如此。

（明）郑晓：《戒庵堂老人漫笔·训子语》

注释：①南阳：古地名，在今湖北襄阳市北。三国时期蜀汉丞相诸葛亮曾隐居于此，故此处借指诸葛亮。②淮阴：古地名，在今江苏省淮安市。西大将军韩信被封为淮阴侯，故此处借指韩信。

思想内涵：有大的志向没有大的才干是不会取得成功的，而大的才干只有从学习中得来。学习不是仅仅停留在记诵上面，而是要探究事物的所以然，融会贯通，如亲身实践。隐居在南阳的诸葛亮一出山就做丞相，淮阴侯韩信一出道就被拜为大将军，这固然是因为他们具有盖世雄才，但他们的才干都是平时善于学习的结果。有远大抱负的人，读书就应当如此。

初读古书，切莫惜书；惜书之甚，必至高阁。便须动圈点为是，看坏一本，不妨更买一本。盖惜书是有力①之家藏书者所为，吾贫人未遑②效此也。

譬如茶杯饭碗，明知是旧窑③，当珍惜，然贫家止有此器，将忍渴忍饥作珍藏计乎？儿当知之。

（清）孙枝蔚：《溉堂文集·示儿燕》

注释：① 力：指财力。② 遑：遑急。③ 窑：陶瓷器的代称。

思想内涵：初读古书，对书本不要过于爱惜；否则，必然会束之高阁。在学习过程中要加以圈点，看坏一本，不妨再买一本。惜书是那些有财力的藏书家们的事，我们贫寒人不能学着这样做。譬如茶杯饭碗，明知是古瓷，应当珍惜，但穷人家只有这点器物，难道忍饥忍渴地把它们珍藏起来吗？你应当懂得这个道理。

来书云：欲于古人诗中寻究有得，然后作诗，此意极是。近人每云：作诗不可摹拟，此似高而实欺人之言也。学诗文不摹拟，何由得人？须专摹拟一家已得①以后，再易一家。如是数番之后，自能熔铸古人，自成一体。若初学未能逼似②，先求脱化③，必全无成就。譬如学字，而不临帖可乎？

（清）姚鼐：《惜抱轩全集·与伯昂从侄孙》

注释：① 已得：已经成功。得，得到。② 逼似：极为相似，像它（他）那样。逼，接近。③ 脱化：超越。脱，离开。化，转化。

思想内涵：来信说，你想从学习古人诗中探究写作技巧，然后作诗，这个想法很对。现在有人常说：作诗不可模拟。这话表面上听起来似乎很高明，而实际上却是欺人之谈。学做诗文不模仿，怎样入门？必须专门模仿一家，等到学有所得，再换一家。这样连续模仿几家以后，就能融化古人的东西，自成一家风格。如果初时学得不像，就想超越古人，必然全无成就。就好像学习书法一样，不临摹字帖，能学好吗？

近世类书颇多，又诸文集亦多有注释笺解，然则读书之易，宜莫如今日；然吾以为殚见洽闻①之助，不在是也。盖已经剪裁割裂，于事之始末，语之原委，必有不能通贯晓析者矣。今以掌丝之资性，日力计之，吾不必諆②以高远难行之事，六经之外，如《尔雅》《说文》《史记》《汉书》，皆所当读也，然后博览群书，其不解者鲜矣。此言初听若迂，然吾为掌丝细审之，事无有捷③于此者。且不必遽为程限，但日日读之一卷毕，则此一卷之事与言见于他书者，自一览而得也，推而数卷至数十卷莫不然。初可以省问一二，继可以省问之五六，又继可以省问之八九矣。苟若是，则其用安有穷哉？然此犹为记诵言之也，若夫以之明理，以之处事，则所得者益不可以数计。此事逸而功倍之道也。

（清）卢文弨：《抱经堂文集·与从子掌丝世纶书》

注释：① 殚见洽闻：形容见闻广博。殚，读音同"单"，全，都；洽，用遍。② 诛：读音同"序"。恫吓。③ 捷：便捷，捷径。

思想内涵：近世类书颇多，而且很多文集也都有注释笺解，然而读书之方便，还是比不上今天。但是，我却认为这些书籍对于广见博闻并没有什么帮助。因为类书已经剪裁割裂，它对于事情的始末、话语的原委，必定有一些不能像原著那样前后通贯、清楚明白。现在以你的资质，以每天计算，我不必用高远难行的事吓唬你，六经之外，如《尔雅》《说文解字》《史记》《汉书》，都是应当熟读的，然后再去博览群书，其中不能理解的就非常少了。这话初听起来，似乎有点迂腐，但通过详细地分析，你就明白没有比这更快的捷径。开始暂且不要制订很大的计划，只要每天读完一卷，则这一卷上所记的事情与话语，在其他的书上看见，自然就一目了然了。推之数卷到数十卷，莫不如此。起初可以减少十之一二的疑问，继之可以减少十之五六的疑问，再继之又可以减少十之八九的疑问。如果确实是这样，那么，它的作用就是无止境的。然而这只是就记诵而言，如果以此方法去明白其他很多道理，为人处世，那么，所得到的益处就是不可胜计的。这就是事半功倍的道理啊。

读书须先论其人，次论其法①。所谓法者，不但记其章句②，而当求其义理。所谓人者，不但中举人进士要读书，做好人尤要读书。中举人进士之读书，未尝不求义理③，而其重究竟只在章句。做好人之读书，未尝不解章句，而其究竟只在义理。先儒谓今人不会读书，如读《论语》，未读时，是此等人；读了后，还是此等人，便是不会读。此教人读书识义理之道也。要知圣贤之书，不为后人中举人进士而设。是教千万世做好人，直至于大圣大贤。所以读一句书，便要反之于身。我能如是做一件事，便要合之于书中古人是如何，此才是读书。若只浮浮泛泛④，胸中记得几句古书，出口说几句雅话，未足为佳也。所以又要论所读之书。

（清）朱柏庐：《劝言·读书》

注释： ① 法：方法，途径。② 章句：中国古代学术的专有名词。特指古书的章节和句子。③ 义理：蕴含在文章中的思想和主张。这是古人做文章的其中之一种功夫，其他如考据、辞章等都是。④ 浮浮泛泛：游移不定。浮浮，动荡的样子；泛泛，漂浮不定的样子。

思想内涵： 读书要先考虑做人的问题，然后再琢磨读书的方法。所谓读书方法，不只是记住书中的章节和句读，而且还要理解书中的含义。所谓做人，是说不只是为了中举人、进士而读书，为了成为好人尤其要读书。为了中举人、进士而读书，未尝不求理解其中含义，而重点却在记住章节和句读。为做好人而读书，未尝不理解章节和句读，但其重点却在理解书中的道理。先辈们曾说今人不会读书，比如读《论语》，未读时是这种人，读了之后还是这种人，没有一点进步和提高，这就是不会读书的表现。这就是教人读书要掌握书中道理的深刻见解。要知道，品格高尚、智慧超群的人所写的书，并不是专门为了后人中举人、进士而准备的，而是为了教育人们成为好人，以至成为圣贤而预备的。所以，每读一句书，都要落实在行动上。我若能做一件事，就要像书中所说的古人那样，这才是真正的读书。假如只是泛泛地读，肤浅地读，心里只记住了书中的几句话，能说出几句高雅的话，这不算是好的读书方法。因此，我们又要讨论一下读什么书的问题。

读书之法，看读写作四者，每日不可缺一。看者，如尔去年看《史记》《汉书》、韩文、《近思录》，今年看《周易折中》之类是也。读者，如《四书》《诗》《书》《易经》《左传》诸经、《昭明文选》、李杜韩苏之诗，韩欧曾王之文，非高声朗诵则不能得其雄伟之概，非密咏恬吟则不能探其深远之韵。譬之富家居积，看书则在外贸易，获利三倍者也；读书则在家慎守，不轻花费者也。譬之兵家战争，看书则攻城略地，开拓土宇者也；读书则深沟坚垒，得地能守者也。看书如子夏之"日知所亡"相近，读书与"无忘所能"相近①，二者不可偏废。至于写字，真行篆隶，尔颇好之，切不可间断一日。既要求好，又要求快。余生平因作字迟钝，吃亏不少。尔须力求敏捷，每日能作楷书一万则几矣。至于作诸文，亦宜在二三十岁立定规模；过三十后，则长进极难。作四书文②，作试贴诗③，作律赋，作古今体诗，作古文，作骈体文，数者不可不一一讲求，一一试为之。少年不可怕丑，须有狂者④进取之趣，过时不试为之，则后此弥不肯为矣。

（清）曾国藩：《曾国藩全集·家书·谕纪泽》

注释：① 日知所忘，无忘所能：见《论语·子张》："子夏曰：日知其所亡，月无忘其所能，可谓好学也已矣。"意思是说，每天能知道一些原来不知道的东西，每月都能不忘记已经学到的东西，就可以算是好学的了。② 四书文：明清科举考试，都从《四书》中出题，因此考场中所作之文称四书文，亦称时文。这种文章有一定的格式，一定要分为八个小节，因此又称八股文。③ 试贴诗：科举考试所作的诗，内容主要以为统治阶级歌功颂德为主。④ 狂者：追求上进的人。狂，气势猛烈。

思想内涵：读书之法，看、读、写、作四样每天缺一不可。所谓"看"，如你去年看《史记》《汉书》、韩愈之文、《近思录》，今年看《周易折中》之类就是。所谓"读"，像《四书》《诗经》《尚书》《易经》《左传》等经书、《昭明文选》、李白杜甫韩愈苏轼的诗、韩愈欧阳修曾巩王安石的文章，若不是高声朗诵就无法领会它雄伟的气概，若不是细吟慢咏就无法探求它深远的韵味。这就好比富人家积聚财富，看书等于是在外面做生意以获取高额的利润，读书就等于是在家里谨慎守持不轻易花费；这又好比兵家打仗，看书是攻城掠地、开拓疆土，读书则是深沟坚垒，坚守阵地。看书和子夏所说的"日知所亡"相仿佛，读书和"无忘所能"相接近，两者不可偏废。至于说写字，你对真、行、篆、隶都很爱好，切不可中断一天，既要求好，又要求快。我平生因为写字迟钝而吃了不少亏，你必须力求敏捷，每天能写楷书一万个字就差不多了。至于做各种文章，也应该在二三十岁时打下基础，过了三十岁以后要想再长进就极难了。作四书文、作试贴诗、作律赋、作古今体诗、作古文、作骈体文，这几样都必须一一讲求，一一尝试。少年人不能怕丑，应该有一种勇猛精进的劲头，现在不去努力尝试，那以后就更不肯做了。

读书要目到、口到、心到。尔读书不看清字画偏旁，不辨明句读①，不记清头尾，是目不到也。喉、舌、唇、牙、齿五音，并不清晰伶俐，朦胧含糊，听不明白，或多几字，或少几字，只图混过，就是口不到也。经传精义奥旨②，初学固不能通，至于大略粗解，原易明白。稍肯用心体会，一字求一字下落，一句求一句道理，一事求一事原委；虚字审其神气③，实字测其义理，自然渐有所悟。一时思索不得，即请先生解说；一时尚未融渐④，即将上下文或别章别部义理相近者反复推寻，务期了然于心⑤，了解于口，始可放手。总要将此心运在字里行间，时复思绎⑥，乃为心到。

（清）左宗棠：《左宗棠全集·家书·致孝威、孝宽》

注释：① 句读：标点、读通文章。句，指句末的停顿；读，读音同"逗"，指句中语气的停顿。② 奥旨：深奥的道理。奥，幽深。③ 神气：这里是指虚字在具体的语境中所表达的语气作用，也传达了作者的情感。④ 融渐：融会贯通。渐，疏导以致通达。⑤ 了然：明白的样子。⑥ 思绎：在思考中探寻其中道理。绎，寻求事理。

思想内涵：读书要眼到、口到、心到。你读书不看清字的笔画偏旁，不辨明句读，不记清头尾，是眼没有到。喉、舌、唇、牙、齿五音，不是清晰伶俐，而是朦胧含混，听不清楚，有的多几个字，有的少几个字，只图蒙混过关，是口没有到。圣经贤传义理深奥，初学固然不能领会，但大概的意思，是比较容易明白的。只要稍肯用心体会，每个字弄懂它的用法，每句话弄懂它的意思，每件事弄懂它的原委；虚字要弄明白它的语气，实字要探究它的意义，自然就逐渐有所领悟。一时想不明白，就请老师解说；一时尚未理解老师的解释，就将上下文或别的章节或别的书里意义相近的词句反复推敲，一定要做到了然于心，了解于口，才可放手。关键是要将心思集中在字里行间，经常反复思考推敲，这才是心到。

学问之道，水到渠成。但不间断，时至自见。

（近代）严复：《严复集·与四子严璿书》

思想内涵：学问之道，如水到渠成。只要用功不间断，到时候自然有所成就。

第五章　经世应务

一、为政以德

中国传统社会所弘扬的理想人格是修身、齐家、治国、平天下。修身是基础，是对自己进行的人格锤炼；齐家是手段，是学会管理社会的途径和渠道；而治国平天下，为政才是最终目的。因此，与修身齐家相连贯的为政问题，是古代圣贤教育子女的重要内容。

如何为政？在他们看来，无论是做人君，还是做人臣，都应该自律正己，清正廉洁，尽忠职守，有刚有柔，亲贤近能，勤政爱民。如果治理国家离开了这些优良品性和职业追求，就会政治不修，吏治腐败，乃至天下大乱。

在古代思想家、政治家看来，为官用人要亲贤任能，不能私己厚亲；臣子服务朝廷要忠节于国，司其所司，存心尽公，以天下事自任；在利害得失上要戒利勿得，不受贿赂，保持清廉之风；在对待部下和老百姓问题上，要力戒骄狂，不要作威作福，而是眼睛向下，注意了解老百姓的疾苦，倾听老百姓的呼声，要礼待部属，采纳好的建议；做官是管理别人的人，要求别人，并要别人做到的事，自己须先做到，正人先正己，自律正己，才有威信，政令才能畅达。总之，类似上述的劝诫教化，充满了为政的智慧，它是中国古代政治思想宝库中的一面镜子，至今还光亮照人。

1. 亲贤任能，尽忠职守

祁奚辞 ① 于军尉，公问焉，曰："孰可?"对曰："臣之子午可。人有言曰：

'择臣莫若君，择子莫若父。'午之少也，婉② 以从令，游有乡，处有所，好学而不戏③。其壮④ 也，强志而用命⑤，守业⑥ 而不淫。其冠⑦ 也，和安而好敬，柔惠⑧ 小物，而镇定大事，有直质而无流⑨ 心，非义不变，非上不举。若临大事⑩，其可以贤于臣。臣请荐所能择⑪ 而君比义焉。"公使祁午为军尉，殁平公，军无秕政⑫。

《国语·晋语七》

注释：① 辞：请求告老。② 婉：温顺。③ 戏：戏弄。④ 壮：未满二十岁。⑤ 志，识。命，父命。⑥ 业：所学事业。⑦ 冠：二十岁。⑧ 柔惠：柔，仁。惠，爱。⑨ 流：放。⑩ 大事：军事。⑪ 所能择：父能择子。⑫ 秕：读音同"比"。坏，不好。

思想内涵：祁奚请求辞去军尉之职，回家养老，晋平公问他，说："谁可以接你的班？"回答说："我的儿子祁午可以。俗话说：'择臣莫若君，择子莫若父。'祁午年少时，温顺而听从父命。游玩有乡，居处有所，好学习而不戏弄。长大之后，博闻强记而听从父命，坚守自己所学的事业而不淫。成年后，和安而好敬，柔惠小物，能安定大事，有直朴之质而无放任自流之心，非义不变，非上不举。若面临军事，他做得会比我好。我请求推荐我所选择的让您挑选任用。"晋公任命祁午为军尉，平公之世，军政无秕。

"王后亲织玄紞①，公侯之夫人加之以纮、綖，卿之内子② 为大带，命妇③ 成祭服④，列士⑤ 之妻加之以朝服⑥，自庶士⑦ 以下，皆衣其夫。社⑧ 而赋事，蒸⑨ 而献功，男女效绩，愆则有辟⑩，古之制也。君子劳心，小人劳力，先王之训也。自上以下，谁敢淫心舍力？今我，寡也，尔又在下位⑪，朝夕处事，犹恐忘先人之业。况有怠惰，其何以避辟！吾冀而朝夕修⑫ 我曰：'必无废先人'。尔今曰：'胡不自安。'以是承君之官，余惧穆伯之绝嗣也。"

《国语·鲁语下》

注释：① 紞：读音同"胆"，古代冠冕上用以系填的带子。② 内子：卿之妻。③ 命妇：大夫之妻。④ 祭服：玄衣、纁裳。⑤ 列士：元士。⑥ 朝服：天子之士皮弁素积，诸侯之士玄端委貌。⑦ 庶士：下士。⑧ 社：春分时的祭祀。⑨ 蒸：冬祭。⑩ 愆：读音同"千"，差错。辟：罪过。⑪ 下位：大夫。⑫ 冀：希望。而：你。修：敬。

思想内涵：文伯之母接着说："王后亲自织玄纮，公侯夫人加上纮、纨，卿夫人制作缩带，大夫夫人制作祭服，元士的夫人们还要增加制作朝服，下士以下至庶人，都衣其夫。春分祭祀事农桑之属，冬祭献五谷、布帛之属，男女效绩，有差错就是罪过，这是沿袭下来的制度。君子劳心，小人劳力，这是先王的遗训。自上而下，谁敢好逸恶劳？我现在是个寡妇，你又只是一个大夫，朝夕处理事务，还是恐怕忘记先人的事业。何况有所怠慢懒惰，那怎么躲避罪过啊！我希望你早晚告诫自己：'一定不要让祖先蒙羞。'你今天说：'怎么能不绩而自安。'这是以怠惰之心承君官职，我害怕穆伯要断绝后嗣了。"

今寿春、汉中、长安①，先欲使②一儿各往督领之，欲择慈孝不违吾令，亦未知用③谁也。儿虽小时见④爱，而长大能善⑤，必⑥用之。吾非有二言⑦也。不但不私⑧臣吏，儿子亦不欲有所私。

《曹操集·诸儿令》

注释：①寿春、汉中、长安：寿春，今安徽寿县；汉中，郡名，治所在南郑县，故城址在今陕西省汉中县东；长安，今西安市。②使：委任。③用：任用。④见：被。⑤能善：有本领。⑥必：一定。⑦二言：两种说法。⑧私：用作动词，讲私情。

思想内涵：现在，我想先派儿子分头去督率寿春、汉中、长安，要选择慈善孝顺不违背我的命令的人，但不知道任用谁。儿子们小时候被我抚爱，而长大后又很有本领，我一定要任用他们。我是说一不二的，对部属不徇私情，对儿子也不偏爱。

世之取①士，曾不招未齿于丘园②，索良才于緫猥③。所誉④依已成，所毁⑤依已败，此吾所以⑥叹息也。

（晋）陈寿：《三国志·虞翻传》

注释：①取：录用。②曾不招未齿于丘园：曾不，不曾；招，录用；未齿，没有被录用的平民百姓；丘园，乡野，民间。丘，丘墟；园，园圃。③索良才于緫猥：索，寻找；良才，有才干的人；緫猥，卑贱之人。緫，读音同"总"，聚合；猥：卑贱。④ 所誉：所肯定的事。所，指代词。⑤ 毁：毁谤。⑥ 所以：表示原因。

思想内涵：现在录用人才，未曾在乡野选择未被录用的平民百姓，未曾在卑贱者中寻找有才干的人。肯定一个人或事，依据已经取得成功的实绩，否定一个人或一件事，依据失败的事实，这就是我叹息的原因了。

行矣 ①，戒之！古之君子，入则致孝于亲 ②，出则致节于国 ③，在职司其所司 ④，在义思其所立，不遗 ⑤ 父母忧患而已。军旅之间，可以济 ⑥ 者，其惟仁恕乎！汝其慎之。

（晋）陈寿：《三国志·辛毗传》注

注释：① 行：远行，这里指参军。② 入则致孝于亲：入，回家；亲，双亲。③ 出则致节于国：出，出仕，做官；节，节操，尽忠。④ 司其所司：尽忠职守。⑤ 遗：留给。⑥ 济：帮助。

思想内涵：你要走了，可要谨慎啊！古时的圣贤，回到家里则孝顺父母，出仕则尽忠国家，在位时尽忠职守，遇到事情时，考虑采取什么态度，不使父母感到忧虑。在军队中，可以济世避免祸难的，只有仁爱和宽容了，你要谨慎从事啊！

引世子 ① 儁 ②，属 ③ 以后事曰："今中原未平，方经建世，务委贤任指，此其时也。恪 ④ 智勇兼济，才堪任重，汝其委之，以成吾志。"又曰："阳士秋 ⑤ 志行高洁，忠贞于国，可托大事，汝善待之。"

（北魏）崔鸿：《十六国春秋》卷二五《前燕》三

注释：① 世子：古代称皇位继承人为世子。② 儁：人名，即慕容儁，十六国时前燕国君慕容皝之子。③ 属：通"嘱"，嘱托。④ 恪：人名，即慕容皝之四子慕容恪，字玄慕，封太原王，累迁大司马。⑤ 阳士秋：人名。

思想内涵：召来皇位继承人慕容儁，向他嘱托后事，说："现在中原还未平定，正处在开创基业的时期，一定要委任贤能的人，任用聪明的人主政，这正是时务呵。你的弟弟恪智谋和胆量俱备，才能可以胜任重要的事务，你要任用他，完成我的事业。"又说："阳士秋的志向和行为高远、正派，忠贞可靠，能够托付大事，你要好好地对待他。"

　　有学艺者，触地而安①。自荒乱已来②，诸见俘虏。虽百世小人③，知读《论语》《孝经》者，尚为人师④；虽千载冠冕⑤，不晓书记者，莫不耕田养马。以此观之，安⑥可不自勉耶？若能常保数百卷书，千载终不为小人也。夫明《六经》之指⑦，涉百家之书，纵⑧不能增益德行，敦厉风俗，犹为一艺，得以自资⑨。父兄不可常依，乡国不可常保，一旦⑩流离，无人庇荫，当自求诸身⑪耳。谚曰："积财千万，不如薄伎在身。"伎之易习而可贵者，无过⑫读书也。世人不问愚智，皆欲识人之多，见事之广，而不肯读书，是犹求饱而懒营馔⑬，欲暖而惰裁衣也。夫读书之人，自羲、农已来⑭，宇宙之下，凡识几人，凡见几事，生民之成败好恶，固不足论⑮，天地所不能藏，鬼神所不能隐也。

（北齐）颜之推：《颜氏家训·勉学》

　　注释： ① 触地而安：安，安身。随处而安。② 已来：以来。③ 百世小人：百世，古时称这十年为一世；百，谓之多；小人，平常人，低贱者。与后文"千载冠冕"相对应。④ 尚为人师：还可以做别人的老师。尚，还；师，老师，师傅。⑤ 千载冠冕：千载，千年；冠冕，戴着帽子。指当官的人。⑥ 安：哪里，怎么。⑦《六经》之指：六经，指《礼》《乐》《书》《诗》《易》《春秋》。《史记·滑稽列传》载孔子曰："六艺于治一也，《礼》以节人，《乐》以发和，《书》以道事，《诗》以达意，《易》以神化，《春秋》以道义。"指，通"旨"，要旨，主要意思。⑧ 纵：纵然，即使。⑨ 自资：自己帮助自己。资，帮助。⑩ 一旦：一日，有朝一日。⑪ 求诸身：求之于身。诸，之于。⑫ 无过：莫过于，不超过。⑬ 营馔：做饭菜。⑭ 羲、农已来：羲，指伏羲，传说中的古代上古皇帝之一；农，神农，传说中的上古人物。已来，以来。⑮ 固不足论：本来不值得评论。固，本来；足，值得。

　　思想内涵： 有学问技艺的人，则可随处安身。自从灾荒战乱以来，很多人被俘虏了。即使是千百年来的小人物，只要熟读了《论语》《孝经》，还可以为人之师；即使是千百年来的大贵戚，不通晓《诗》《书》的，没有不去从事体力活的。由此看来，能够不努力学习吗？如果能够终生阅读上百卷书，即便是任何朝代都不会沦为下流社会的草民。通晓六经的意旨，广泛地阅读诸子百家的著作，即使不能提高道德修养，促使风俗敦厚，但仍不失为一种技艺，作为谋生之资。父兄不可能长久地依赖，家国不可常保无事，一旦无人庇护，就只能依靠自己。俗话说："积财千万，不如薄技在身。"想有技能，见多识广，而又不肯读书，就像想吃饱而懒得去做饭菜，想穿暖而懒得去裁衣一样荒谬。且说读书人，自从伏羲、神农以来，天地之间，总计有多少人，多少事，关涉老百姓的成败好恶，本来也不值得议论，天地不能将他藏起来，鬼神不能将他隐蔽起来。

夫王者高居深视，亏聪阻明，恐有过而不闻，慎有阙而莫补。所以设鼗①树木，思献替之谋；倾耳虚心，伫忠正之说。言之而是，虽在仆隶刍荛②，犹不可弃；言之而非，虽在王侯卿相，未必可容。其议可观，不责其辩；其理可用，不责其文。至若折槛坏疏，标之以作戒；引裾却坐，显之以自非。故忠者沥其心，智者尽其策。臣无隔情于上，君能遍照于下。昏主则不然。说者拒之以威，劝者穷之以罪。大臣惜禄而莫谏，小臣畏诛而不言。恣暴虐之心，极荒淫之志，其为雍塞③，无由自知。以为德超三皇④，才过五帝⑤。至于身亡国灭，岂不悲矣！此拒谏之恶也。

（唐）李世民：《帝苑·纳谏篇》

注释：① 鼗：读音同"陶"。乐器名。这里是指鼓。② 仆隶：奴仆。刍荛：粗野人。刍，读音同"除"。割草。荛，读音同"饶"，割柴草的人。③ 雍塞：被堵住，不畅通。雍，读音同"庸"，堵塞。④ 三皇：指上古时代传说中的人物伏羲、神农、黄帝。⑤ 五帝：黄帝、颛顼、帝喾、尧、舜。

思想内涵：帝王高住深宫，耳目闭塞，唯恐有了过失而听不到别人的意见，有了缺点而得不到及时改正，所以设鼓树木，便于臣下进谏，提出建议批评。自己则虚心倾听，接受正确的意见。只要是说得对的，即使是奴仆、打柴的人，也不可不听；说得不对的，即使是王侯卿相，也不一定接受。议论有道理，不要求他分析得怎样；道理实在可用，不要求文字写得优美。朱云进谏攀折殿槛，汉成帝用保留原槛以表彰他直言劝谏。师经进谏投瑟撞坏了窗子，魏文侯特地留着坏窗户让人引为鉴戒。辛毗劝谏魏文帝曹丕，不惜扯拉着他的前襟，袁盎劝谏汉文帝，不让慎夫人与皇后同坐，使人主能看到自己的过错。这样的忠臣肝胆相照，竭忠尽智，不会在人主面前隐瞒真情，人主随时都可以了解到全国各地的情况。昏庸的君主就不是这样啊。他摆出威严的架势将劝谏者拒之门外，甚至追穷罪责。大臣害怕失去俸禄而不进谏，小臣害怕诛杀而不敢多说。昏君便恣行残暴，极尽荒淫，耳目闭塞，却毫无所知。还认为自己德行高于三皇，才能超过五帝。结果导致身亡国灭，这道不可悲可叹吗！这就是拒绝纳谏的恶果啊！

政可守，不可不守。吾去岁中言事得罪，又不能逆道苟时，为千古罪人也。虽贬居远方，终身不耻。汝曹当须会吾之志，不可不守也。

（唐）颜真卿：《颜鲁公集·守政帖》

思想内涵：从政应当恪守职责，不可不守职责。我去年因直言政事获罪，但是终究不能违背道义，附和时俗，成为千古罪人。虽然被贬到远方，但终身不以为耻。你们应当领会我的意愿和志向，不可不恪守自己的职责啊。

欧阳氏自江南归朝，累世蒙朝廷官禄，吾今又被荣显，致汝等并列官裳①，当思报效。偶此多事，如有差使，尽心向前，不得避事。至于临难死节，也是汝荣事，但存心尽公，神明也自佑汝，慎不可避思事也。昨书中言欲买朱砂②来，吾不缺此物。汝于官下宜守廉，何得买官下物？吾在官所，除饮食物外，不曾买一物，汝可安此为戒也。

（北宋）欧阳修：《欧阳永叔集·与十二侄》

注释：① 官裳：指官袍，朝服。表明当官的身份。② 朱砂：红色或棕红色的一种无毒矿石，可以入中药，也可以做颜料。另名为丹砂、表砂。

思想内涵：欧阳氏从江南归来，世代承蒙朝廷赐给官禄爵位，我现在又被授以荣耀显赫的高官，使你们也都得到了官职，要时常想着报效国家。值此多事之秋，如有差使，要尽心向前，不可逃避。至于临难死节，也是你的光荣。只要一心为公，神明自然会保佑你的，千万不要想着逃避差使。昨日你在信中说想买朱砂来，我不缺这种物品。你做官应该清廉自守，怎么能买公家的东西呢？我工作在官署，除日常饮食物品外，不曾买过一件公家的东西，你应当以此为戒。

汝在郡，当一日勤如一日，深求所以牧民①共理之意，勉思其未至，不可忽也。若不事事②，别有觊望③，声绩一塌了④，更整顿不得，宜深自警省，思远大之业。

（南宋）胡安国：《戒子通录·与子寅书》

注释：① 牧民：管理老百姓。牧，治理。② 事事：做事情。③ 觊望：希求。觊，读音同"寄"，愿望。④ 一塌了：崩塌，破败。

思想内涵：你在郡上做官，应当一天比一天勤勉，要探求治民之道，想想还有什么没有做到的，切不可有所疏忽。如果有事不办，而想着别的，声望业绩一旦败塌下来，就无法重整旗鼓了。你要兢兢业业，时时刻刻警惕自己，想着更远大的事业。

范仲淹做秀才时，即以天下事自任。况今南北告警，旱魃①连年，天变人灾，四方迭见。当此之时，不可为无事矣！汝等不能出一言，道一策，以为朝廷国家；只知寻章摘句，雍容于礼度之间，答谓责任不在于我。因循岁月，时至而不为，事失而胥溺②，则汝等平生之所学者，更亦何益！

（明）沈炼：《青霞集·给子襄书》

注释：① 魃：读音同"拔"。传说中能造成旱灾的鬼怪。② 胥溺：互相受难。胥，读音同"须"，互相。溺，陷入困境。

思想内涵：范仲淹在做秀才时，就把天下的忧乐兴亡看作自己的责任。何况现在南北边境都不断传来警报，干旱连年，天灾人祸，各地接连出现不断。在这种时候，不能说是太平无事了。你们不能进一言，提出一个计策，报效朝廷和国家；只知道在书本中寻章摘句，从容不迫地讲求烦琐的礼节，认为国家弄到这个地步，责任不在自己。虚度岁月，当做的事情不去做，等到国事败坏，大家都要受害。那么，我问你们，你们平时学习的那些圣经贤传，又有什么用呢？

2.清正廉洁，勤政爱民

周公戒伯禽曰：“我文王之子，武王之弟，成王之叔父，我于天下亦不贱矣。然我一沐①三捉发，一饭三吐哺②，起以待士，犹恐失天下之贤人。子之③鲁，慎无以国骄人。”

（西汉）司马迁：《史记·周鲁公世家》

注释：①沐：洗头发。②哺：读音同“卜”。口中所含的食物。③之：到。

思想内涵：周公告诫伯禽说：“我是文王的儿子，武王的弟弟，成王的叔叔，在这个国家我的地位应该是非常高的，但我一沐三捉发，一饭三吐哺，起身来接待士人，还恐怕失去天下的贤良之辈。你去鲁国，务必谨慎，不要凭着治理国家的地位来傲视他人。”

齐田稷母，齐田稷子之母也。田稷子相齐，受下吏货①金百镒②，以遗其母。母曰：“子为相三年矣，禄未尝多若此也，岂修③士大夫之费哉，安所得此。”对曰：“诚受之于下。”其母曰：“吾闻士修身洁行，不为苟得竭情尽实，不行诈伪，非义之事不计于心，非理之利不入于家，言行若一，情貌相副。今君谈官以待子，厚禄以奉子，言行则可以报君。夫为人臣而事其君，犹为人子而事其父也，尽力竭能、忠信不欺，务在效忠，必死奉命，廉洁公正，故遂而无患，今子反是远忠矣。夫为人臣不忠，是为人子不孝也。不义之财非吾有也，不孝之子非吾子也，子起。”田稷子惭而出，反④其金，自归罪于宣王，请就诛焉。宣王闻之，大赏其母之义，遂舍稷子之罪，复其相位，而以公金赐母。君子谓稷母廉。

《古列女传》

注释：①货：行贿。②镒：读音同“义”。古代重量单位，二十四两为一镒。③修：增加。④反：通“返”，返还。

思想内涵：齐田稷母，是齐国田稷子的母亲。田稷子担任齐国的宰相，接受下级官吏行贿的黄金百镒，并把它送给母亲。他母亲问道：“你担任宰相三年了，俸禄还从未比这多过，难道是增加了士大夫们的薪俸？是怎样得到了这么多钱的？"田稷子回答说："确实是接受下级官员的赠送。"他的母亲说："我听说士大夫要修身洁行，不去做欺诈虚伪的事情，不是正义的事情不在心里计较，没有道理的钱财不让进入家庭，言行一致，情貌相副。现在君王用官位来任用你，用厚禄来笼络你，因此，你的一言一行都应该是报答君王的。作为臣子来侍奉他的君主，就好像作为儿子侍奉他的父亲一样，尽心竭力，讲信用不欺诈，首先是要忠诚为本，以死来执行命令，廉洁公正，故此才无后患，现在你反过来的行为，是远离忠诚的啊。作为臣子而不忠诚，这是作为儿子不孝顺父母，不义之财不是我应该有的，不孝之子也不是我的儿子，你起来吧。"田稷子惭愧地出去了，把贿金还给了行贿者，自己去向宣王说明此事并请求治罪，予以处罚。宣王听说此事后，非常赞赏他母亲的正义，于是赦免田稷子的罪过，恢复了他的相位，并从国库中拿出黄金来赏赐他的母亲。君子说田稷的母亲廉洁。

楚将子发之母也。子发攻秦绝粮，使人请于王，因归问其母。母问使者曰："士卒得无恙乎？"对曰："士卒并分菽粒而食之。"又问："将军得无恙乎？"对曰："将军朝夕刍豢①黍粱。"子发破秦而归，其母闭门而不内，使人数②之曰："子不闻越王勾践之伐吴，客有献醇酒一器者，王使人注江之上流，使士卒饮其下流，味不及加美而士卒战自五③也。异日有献一囊糗糒④者，王又以赐军士并分而食之，甘不踰嗌⑤而战自十⑥也。今子为将，士卒并分菽粒而食之，子独朝夕刍豢黍粱，何也？《诗》不云乎：'好乐无荒，良士休休，'言不失和也。夫使人入于死地，而自康乐于其上，虽有以得胜，非其术也。子非吾子也，无入吾门。"子发于是谢其母，然后内之。

《古列女传》

注释：① 刍豢：指家畜。豢，读音同"换"。② 数：数落。③ 五：五倍。④ 糗糒：读音同"求"（三声）被，干粮。⑤ 嗌：读音同"意"，咽喉。⑥ 十：十倍。

思想内涵：楚将子发的母亲。子发率兵攻打秦国而食粮断绝，派人向楚王求救，顺便去看望他的母亲。子发的母亲问使者说："士兵们都还好吧？"回答说："士兵们一起分菽粒吃。"又问："将军还好吧？"回答说："将军一天到晚美味佳肴。"子发攻破秦国胜利归来后，他的母亲关住门不让他进去，派人面数

其罪说："你难道没有听说过越王勾践讨伐吴国的时候，有客人献上美酒，越王派人把酒倒在江的上游，让士兵们在下流饮水，味道虽不鲜美，但士兵们的士气提高了五倍。过了不久又有一人送来一袋干粮，越王又让士兵们分着吃，虽然干粮少得不能果腹，但士兵们的士气还是提高了十倍。现在你领兵作战，士兵们分菽粒吃，你独自早晚美味佳肴，这是为什么？《诗》不是说过，'好乐无荒，良士休休'，就是说不要失去和睦。你让别人出生入死，而你自己独自享乐，虽然取得了胜利，但并非其应有的方法。你不是我的儿子，就不要进入我的家门呢。"子发于是向母亲谢罪，其母亲才让他进门。

夫居敬而行简①，可以临民②；爱人多容③，可以得众。

（晋）陈寿：《三国志·吴书·宗室第六》

注释：① 夫居敬而行简：典出《论语·雍也》："居敬而行简，以临其民，不亦可乎？"夫，语气词，用于句首，引发议论。居，处；敬，严肃认真；行，施行；简，简要。意思是说，存心要严肃认真，办事要简要利索。② 临民：统治老百姓。③ 容：容纳。

思想内涵：存心要严肃认真，办事要简要利索，这样就能统治老百姓；宽厚爱仁，善于容纳人。这样，就可以获得老百姓的支持。

谓太子兴夷曰："吾自禹①之后，承元常之德②，蒙天灵之祐、神祇之福③，从④穷越之池，藉⑤楚之前锋以摧吴王⑥之干戈。跨江涉淮，从晋齐之地，功德巍巍⑦。自致于斯⑧，其可不诚乎？夫霸⑨业之后，难以久立，其慎之慎！"

（东汉）赵晔：《吴越春秋》卷十

注释：① 禹：大禹，夏王朝的开创者。② 元常之德：大德。③ 神祇：天地之神。④ 从：通"纵"，纵横。⑤ 藉：凭借。⑥ 吴王：指吴王夫差。纵横。⑦ 巍巍：巍峨，高大的样子。⑧ 斯：这。⑨ 霸：通"伯"，方伯。

思想内涵：对太子兴夷说："我从大禹以后，秉承大德，赖神福佑，纵横吴越之境，借用楚国军队，摧毁了吴国。如今越国的地盘，占有江淮，兼并齐晋，建立了伟大的功业。能够达到今天的景象，多不容易啊，你们要借鉴啊！但自从建立霸业后，保持这种强大的局面，却又是件难事哩。你们要谨慎啊！"

节①酒慎言，喜怒必②思，爱而知恶，憎而知善，动念③宽恕，审而后举④。众之所恶⑤，勿轻承信。详审人，核⑥真伪，远佞谀⑦，近忠正。蠲⑧刑狱，忍烦扰，存⑨高年，恤⑩丧病，勤省⑪案，听讼诉。刑法所应，和颜任理⑫，慎勿以情轻加声色。赏勿漏疏，罚勿容亲⑬。耳目⑭人间，知外患苦；禁御左右，无作威福。勿伐善施劳⑮，逆诈亿必⑯，以示己明。广加咨询，无自专用，从⑰善如顺流，去恶如探汤⑱。富贵而不骄者至难也，念此贯心⑲，勿忘须臾⑳。僚佐邑宿㉑，尽礼承敬，晏飧馔食，事事留怀。古今成败，不可不知，退朝之暇㉒，念观㉓典籍，面墙㉔而立，不成人也㉕。

（晋）王隐：《晋书·李玄盛传》

注释：①节：节制。②必：一定。③动念：产生一个主意，决定一件要办的事。④审而后举：审，审察，弄明白；举：行动。⑤恶：读音同"务"，憎恨，厌恶。⑥核：审核，考究。⑦佞谀：奉承，拍马屁。⑧蠲：读音同"捐"，免除，除去。⑨存：慰问。⑩恤：怜悯，救济。⑪省：审。⑫和颜任理：与下句的以情轻加声色相对应。颜面和悦，节制感情而依事理下结论。⑬容：宽容，这里是指包庇。⑭耳目：用作动词。耳，用耳朵听；目，用眼睛看。⑮伐善施劳：伐，夸耀；善，好的，长处；施，施加，引申为散布；劳，功劳。⑯逆诈亿必：逆，抵触，违背；诈，欺骗；亿，通"臆"，主观揣测；必，一定。自己主观猜疑别人一定叛逆了自己。⑰从：接受，顺从。⑱汤：热水，开水。⑲贯：贯穿。这里作牢记讲。⑳须臾：片刻，一会儿。㉑僚佐邑宿：僚佐，下属，部下；邑宿，民间贤达。㉒暇：空闲。㉓念观：阅读。㉔面：对着。㉕成人：有作为的人。

思想内涵：饮酒要节制，言语要谨慎。遇到高兴和愤怒时要冷静下来思考，喜爱一个人但要了解他的过失，讨厌一个人但要了解他的优点。决定办一件事要心存宽恕，经过认真审查后再付诸实施。众人厌恶的人，不要轻易信任。用人要详加考核，遇事要查明真伪。疏远那些阿谀奉承的小人，亲近那些诚实正直的君子。除去严刑峻法，耐心对待烦琐事务，慰问老年人关心病丧之家；留心察看案件，倾听老百姓的讼诉。法所应加，和颜审理，不能感情用事，疾言厉色。赏赐不要疏漏和自己疏远的人，刑罚不要包庇和自己亲近的人。要倾听民间的疾苦，了解老百姓的思想。严禁左右亲近在外面作威作福。不要夸耀自己的长处，表白自己的功劳；不要随意猜想别人虚伪欺诈，以显示自己聪明。遇事要广泛咨询，不能独断专行。从善如流，疾恶如仇。一个人富贵了而不骄狂，这是最难做到的，你时刻都不要忘记。对于下属和地方上有名望的人，要尊敬礼遇；宴会酒食，事事留心。古今兴亡成败之事，不能不了解。公事办完后，要认真阅读古书，无所事事，就不能成为一个有作为的人。

尔为吏①，以官物遗我②，非惟不能益吾③，乃以④增吾忧矣。

（晋）王隐：《晋书·列女传》

注释：① 尔为吏：尔，你；为，担任；吏，小官，古时称职位低微的官员为吏。② 官物遗我：官物，当官用的物什；遗，读音同"喂"，赠送。③ 非惟不能益吾：非惟，不仅；益吾，使我获益，益，用作动词，获益。④ 乃以：反而。

思想内涵：你担任官吏，拿官物送我，不但对我没有好处，反而会增加我的忧虑。

吾家世清廉，故常居贫素，至于产业之事，所未尝言①，非直不经营而已②。薄躬③遭逢，遂④至今日，尊官厚禄，可谓备⑤之。每念叨窃若斯⑥，岂由才致，仰藉⑦先代风范及以福庆，故臻⑧此耳。古人所谓"以清白遗子孙，不亦厚乎"。又云："遗子黄金满籯⑨，不如一经。"详求⑩此言，信非徒语⑪。吾虽不敏，实有本志，庶得遵奉斯义⑫，不敢坠失⑬。所以显贵以来，将⑭三十载⑮，门人故旧⑯，亟荐便宜，或使创辟田园，或劝⑰兴立邸店，又欲舳舻⑱运致，亦令货殖聚歛。若此众事，皆距而不纳⑲。非谓拔葵去织⑳，且欲省息纷纭。

（唐）姚思廉：《梁书·徐勉传》

注释：① 未尝言：不曾说。尝，曾经；言，说。② 直：通"只"。③ 薄躬：谦称，我。④ 遂：于是，就。⑤ 备：俱备。⑥ 每念叨窃若斯：每，常常；念叨，顾念，想到；窃，谦词，私下，指自己；若，像；斯，这，这样。⑦ 仰藉：仰，向上看；藉，凭借。这里指继承。⑧臻：达到。⑨遗子黄金满籯：遗，留给；籯，盛黄金的盒子。⑩详求：仔细琢磨。⑪信非徒语：确实不是随便说的。信，实在。⑫庶：差不多。⑬坠失：坠，落下来；失，丢失。⑭将：接近。⑮载：年。⑯门人故旧：门人，门生；故旧，过去的僚属或朋友。⑰劝：建议。⑱舳舻：船尾和船头。这里泛指船。舳，读音同"竺"，船尾；舻，读音同"卢"，船头。⑲皆距而不纳：皆，都；距，通"拒"，拒绝；纳，采纳。⑳拔葵去织：典出《汉书·董仲舒传》。是说当官不与民争利。拔葵，拔起田园葵花树；去织，让妻子不要纺织。

思想内涵：我家世代清白廉洁，所以常常过着清贫简朴的生活。至于家产上的事，不仅是不经营的，而且从来也不曾提起过。我今天的高官厚禄，哪里是由于自己的才能，而是仰仗祖先的风范和福泽获得的。古人说："把清白家风传给子孙，不是很厚的一笔遗产吗？"又说："留给子孙满满一盒黄金，不如送他一部经典。"我也想这样。自从我做高官以来，将近三十年了，一些门生和老朋友向我建议，或叫我买田置地，或劝我开设行栈，或要购置船舶搞水运，或要我经商赚钱，我都一一拒绝了，这不仅是表白我不与民争利，而且是还想省掉一些杂事来，专心做好自己的事情。

谓太子兴曰："有毁此诸公①者，慎勿受之。汝抚骨肉②以仁，接大臣以礼，待物以信，遇民以恩。四者不失，吾无恨矣。"

（北魏）崔鸿：《十六国春秋》卷五五《后秦》

注释：①诸公：指姚苌（十六国时期后秦的创业者）身边的人，特别是那些临终受托者。②骨肉：指父母、兄弟、姊妹、子女等直系亲人。

思想内涵：后秦国君姚苌对太子兴说："如果有人诋毁我身边的大臣，你不要轻信。你对待骨肉至亲要仁厚，对待大臣要依照礼仪，处理事情要诚信，对待老百姓要广施恩惠。依照这四条原则来处理国家大事，我就没有什么好担心的了。"

吾非怒汝①，乃愧汝家耳。吾为汝家妇，获奉洒扫，如汝先君，忠勤之士也。在官清恪②，未尝问私③，以身殉国，继之以死，吾亦望你副④此心。汝既年小而孤⑤，吾寡妇耳，有慈无威，使汝不知礼训，何可负荷⑥忠臣之业乎？汝自童子⑦承袭茅土⑧，位至方伯，岂汝身致之耶？安可不思此事而妄加瞋怒⑨，心缘骄乐，堕于公政！内则坠尔⑩家风，或亡失官爵，外则亏天子之法，以取罪戾⑪。吾死之日，以何面目见汝先人于地下乎？

（唐）魏征：《隋书·郑善果母传》

注释：① 怒：发脾气。② 清恪：清，清正廉洁；恪，奉职恪守。③ 问私：想私利。④ 副：符合。⑤ 既：已经。⑥ 负荷：负、荷，担负。⑦ 童子：未成年男子。⑧ 茅土：土地，封地。⑨ 瞋怒：瞋，读音同"称"，发怒时睁大眼睛。发怒。⑩ 尔：你的。⑪ 罪戾：罪过。戾，读音同"丽"，罪过。

思想内涵：我不是生你的气，而是觉得有愧于你们家。自我到你们家作媳妇，就了解你死去的父亲是一位忠诚勤奋的人，为官清廉谨慎，从不过问家事，把身心奉献给国家，直到为国战死为止。我希望你能像他一样做官为人。你年小就失去了父亲，我成为一个寡妇。因而我只有慈爱而无威仪，使你从小就不知道庄敬礼节，这怎么能让你担负忠臣留给你的事业？你仅凭着一个毛孩子就受封土地，位至一方长官，难道是你的能力努力的结果吗？你怎么不想一想这件事却任意使性子？这是因为骄傲纵乐，对政事懒散，内则损坏你的家风，或者丢掉官爵；外则未执行皇帝的法令，以致获罪。这样，我死了以后，又有何面目到地下去见你的先人啊？

人皆因禄富，我独以①官②贫，所遗③子孙，在于清白耳。

（唐）魏征：《隋书·房彦谦传》

注释：① 以：因。② 官：用作动词，做官。③ 遗：读音同"喂"。送给，留给。

思想内涵：别人都因为得到俸禄而富有，唯独我做了官还是贫穷，所能留给子孙的，只有"清白"二字而已。

吾见姨兄屯田郎中辛玄驭云："儿子从宦者，有人来云贫乏不能存，此是好消息。"若闻资货充足，衣马轻肥，此恶消息。吾常重此言，以为确论。比见亲表中仕宦者，多将钱物上其父母，父母但知喜悦，竟不问此物从何而来。必是禄俸余资，诚亦善事；如其非理所得，此与盗贼何别？纵无大咎，独不内愧于心？孟母不受鱼鲊①之馈，盖为此也。汝今坐食禄俸，荣幸已多，若其不能忠清，何以戴天履地？孔子云："虽日杀三牲之养，犹为不孝。"又曰："父母惟其疾之忧。"持宜修身洁己，勿累吾此意也。

（后晋）刘昫：《旧唐书·崔玄暐传》

注释：① 鱼鲊：经过加工的鱼制品。

思想内涵：我听姨兄屯田郎中辛玄驭说："儿子是做官的人，却有人来说他贫困得无法生活，这是好消息啊。如果说他财货充足，轻裘肥马，便是坏消息哩。"我很重视这些话，以为是非常正确的议论。近来看见亲表中做官的，多将钱物送给他的父母，父母只知道高兴，竟不问财物从何而来。如果是薪俸剩下来的钱，当然是好事；如果是从不正当途径得来的，这与盗贼有什么区别呢？即使没有大的过错，难道心里不感到惭愧吗？三国时孟仁的母亲不接受儿子送给他的腌鱼，大概就是这个道理。你现在坐食国家俸禄，已经够荣幸的了，但如果不能做到忠诚清廉，凭什么在世上做人呢？孔子说："即使每天杀牛、羊、猪来奉养父母，仍然算不上孝敬。"又说："做父母的只知道担心儿子的疾病。"你要修养身心，保持廉洁，不要违背我的这番心意啊。

后世子孙仕宦，有犯赃者，不得放归本家，死不得葬大茔①中。不从吾志，非吾子若②孙也。

（元）脱脱：《宋史·包拯传》

注释：① 茔：读音同"迎"。墓地。② 若：和，与。

思想内涵：我的后代子孙做官，有犯贪赃罪的，不得回到本家，死后不得葬于家族墓地中。不遵从我的意愿，就不是我的子孙。

今诲汝等，居家孝，事君忠，与人谦和，临下慈爱。众中语涉朝政得失，人事短长，慎勿容易①开口。仕宦之法，清廉为最，听讼务在详审，用法必求宽恕。追呼决讯，不可不慎。吾少时见里巷中有一子弟，被官司呼召证人晉语②，其家父母妻子见吏持牒③至门，涕泗不食，至暮放还乃已。是知当官莅事，凡小小追讯，犹使人恐惧若此，况刑戮所加，一有滥谬，伤和气、损阴德莫甚焉……复有喜怒爱恶，专任己意。爱之者变黑为白，又欲置之于青云；恶之者以是为非，又欲挤之于沟壑。遂使小人奔走结附，避毁就誉。或为朋援，或为鹰犬，苟得禄利，略无愧耻。吁，可骇哉！吾愿汝等不厕④其间。

（北宋）贾昌朝：《戒子通录·戒子孙》

注释：① 容易：轻易。② 詈语：责怪的话。詈，读音同"利"，责骂。③ 牒：诉讼文书。④ 厕：置身。

思想内涵：现在我教诲你们：居家要孝顺父母，事君要忠心耿耿，待人要谦和，对下要慈爱。在公众场合，凡是有人议论朝政得失，人事短长，千万别轻易开口。做官最为重要的是清正廉洁，办案务必仔细慎重，用法务必宽恕体谅。传讯证人，也一定要慎重。我小时候看见里巷中有一子弟被官府传去做证人，他家父母妻儿见官吏拿着文书到家门口，痛哭不已，饭也不吃，直到晚上被放回为止。由此可见当官的办事，连一个小小的传讯，都使人恐惧到这样的程度，何况处以死刑，万一有误滥和差错，就极大地伤害了和气，损害了阴德……还有的人，喜怒爱恶，自己一人说了算。爱的人，可以变黑为白，尽量提拔，捧至天上；恨的人，可以变是为非，设法排挤他，直至推下沟壑之中。这样一来，就迫使小人奔走结党，录求靠山，听不进坏话，专听好话。或者结成朋党，或者为人鹰犬，以求禄利，竟然毫不感到羞耻。唉，可怕啊！我希望你们不要同流合污，混进这种人里面去。

汝父为吏，廉而好施与，喜宾客。其俸禄虽薄，常不使有余，曰："毋以是为我累。"故其亡也，无一瓦之覆，一垅之植，以庇而为生。吾何恃而能自守耶？……汝父为吏，尝夜烛治官书，屡废①而叹。吾问之，则曰："此死狱也，我求其生不得尔。"吾曰："生可求乎？"曰："求其生而不得，则死者与我皆无恨也，矧②求而有得邪！以其有得，则知不求而死者有恨也。夫常求其生，犹失之死，而世常求其死也。"回顾乳者，抱汝而立于旁，因指而叹曰："术者③谓我岁行④在戌⑤将死。使其言然，吾不及见儿之立也。后当以我语告之。"其平居教他子弟常用此语，吾耳熟焉，故能详也。其施于外事，吾不能知。其居于家无所矜饰⑥，而所为如此，是真发于中者耶！呜呼！其心厚于仁者耶！此吾知汝父之必将有后也，汝其勉之！夫养不必丰，要于孝；利虽不得博于物，要其心之厚于仁。吾不能教汝，此汝父之志也。

（北宋）欧阳修：《欧阳永叔集·泷冈阡表》

注释：① 废：中途停止。② 矧：读音同"审"，何况，况且。③ 术者：算命先生。术，本义是技艺的总称。④ 岁行：人生行年。⑤ 戌：天干地支纪年的戌年。⑥ 矜饰：矜夸虚饰。

思想内涵：你的父亲为官清廉，又好施舍，喜欢宴请宾客，收入虽少，却常不使之有积余，他说："不要让钱财来加重我的负担。"所以，他死后，没有留下一间房，一块田地，可以给我靠此维持生活。我依靠什么来守节呢？……你的父亲做官时，经常在夜里处理文书，见他多次搁下文书叹息。我问他为何叹息？他说："这是一个死刑案件，我想给罪犯留一条生路却不可能啊！"我说："有生路可求吗？"你父亲说："想给他一条生路却不可能，那么死者与我都没有怨恨。况且有时还真能给死者找到一条生路。因为能够求得生路，就知道如果轻率处死一个人，死者是有怨恨的。想为死囚寻找生路，还是有失误被处死的，何况有的人总是想方设法要把人处死。"他回过头看见乳母抱着你站在旁边，就指着你叹息说："算命先生说我将在戌年死，如果真是这样的话，我就不会看到儿子长大成人了。等他以后懂事了，请你把我的这些话告诉他。"你父亲平时常用这些话教育其他子弟，所以我听熟了，都能记在心里。他在社会上的活动，我不大知道。在家里没有一点虚假做作的地方，言行都发自内心深处，他有一颗深厚的仁爱之心。所以我知道你的父亲必定有好的后代，希望你以这些来勉励自己。奉养父母不一定要衣食丰厚，重要的是孝顺。为百姓谋利的事虽然不能遍及每一个人，关键在于要有深厚的仁爱之心。我没有什么可教导你的，上面这些都是你父亲对你的要求和希望，你可要记住啊！

凡在仕宦，以廉勤为本。人之才性各有短长，固难勉强。唯廉勤二字，人人可至。廉勤，祈① 以处己；和顺，所以接物。与人和则可以安身，可以远害矣。

（南宋）赵鼎：《戒子勤廉》

注释：① 祈：读音同"奇"。向鬼神祷告恳求。这里是请求的意思。

思想内涵：凡是做官的人，都要以廉洁、勤政为根本。人的才能和气质各有长短，不可勉强。只有廉和勤两个字，是人人都可以做到的。廉洁勤政，这是对待自己的准则；通情达理，这是对人的准则。与人和气就可以安身，就可以避开祸患了。

判司比唐时，犹幸免笞箠①。庭参亦何辱，负职乃可耻。汝为吉州吏，但饮吉州水。一钱亦分明，谁能肆谗毁②？……衣穿听露肘，履破从见指。出门虽被嘲，归舍却睡美③。益公名位重④，凛若乔岳峙⑤。汝以通家故⑥，或许望燕几⑦。得见已足荣，切勿有所启⑧。又若杨诚斋⑨，清介⑩世莫比。一闻俗人言，三日归洗耳⑪。但汝问起居，余事勿挂齿。希周有世好⑫，敬叔⑬乃乡里。岂惟能文辞，实以坚操履⑭。相从⑮勉讲学⑯，事业在积累。仁义本何常，蹈⑰之则君子。

（南宋）陆游：《剑南诗稿·送子龙赴吉州掾》

注释：① 笞箠：鞭打。笞，读音同"痴"。古代的一种刑罚，用竹板或荆条打犯人的脊背或臀部。② 谗毁：背地里说人的坏话。③ 睡美：睡得安稳香甜。④ 益公：宋孝宗时任左丞相的周必大，今江西省吉安县人，封为益国公。⑤ 乔岳峙：像高山那样巍然耸立。⑥ 通家：两家世代交好。⑦ 望燕几：看望人的敬辞。燕几，一种放在内室的坐椅。⑧ 启：请求。⑨ 杨诚斋：即当时的著名诗人杨万里，号诚斋，与陆游是好朋友。⑩ 清介：清高而又耿直。⑪ 洗耳：这里是传说许由听说帝尧要传位于他，认为弄脏了自己的耳朵，赶忙去洗耳朵的典故。表示厌听某事。⑫ 希周：即陈希周，曾做过县令之类的小官，陆游与他及其父是好朋友。⑬ 敬叔：即杜敬叔，在这之前陆游答应给他写过诗。⑭ 操履：操守行为。⑮ 相从：与朋友交往。⑯ 勉讲学：全力听人讲解道理或知识。⑰ 蹈：实践。

思想内涵：与唐朝相比，在宋朝做个小吏还可以免受责打。公堂拜见长官，没有什么羞辱。玩忽职守，才是可耻的。你身为吉州的官吏，只饮吉州的水，一枚小钱也要公私分明，谁能诋毁你呢？衣服破了，无非露出肘子，鞋子破了无非让人看见脚，这样虽被人嘲笑，回家却可睡个好觉。益国公周必大位高名重，像高山一样巍然矗立，你凭着世交，或许能够拜见他，切不要向他提出什么要求。又如杨万里，清正廉洁举世无双。一听到俗人议论，就认为污染了他的耳朵，回家要洗耳三天，你去拜见他时，只可问问起居的事，其他的事都不要涉及。陈希周是世交旧好，杜敬叔是同乡，他们不但能诗善文，而且都有高洁的操行。可跟随他们与朋辈一起研讨学问，事业的成功在于积累。仁义本无常道，能够坚持实践，就可以成为君子了。

汝守官处小心不得欺事，与同官和睦多礼，有事只与同官议，莫与公人商量，莫纵乡亲来部下兴贩，自家且一向清心做官，莫营私利。汝看老叔自来如何，不曾营私否？自家好，家门各为好事，以光祖宗。

（北宋）范仲淹：《范文正公集·告诸子及弟侄》

思想内涵：你为官要小心谨慎，不得玩忽职守，与同事和睦相处，注重礼节，有事只与同僚商量，不可与公差役人商量，不要纵容乡亲到辖区来兴贩取利，我家一向为官清廉，不可营私舞弊。你看我的一贯表现如何？为自己谋私利没有？自己带头做个好的表率，家门人人跟着做好事，以此来光宗耀祖。

尔在官，不宜数问家事。道远鸿稀①，徒乱人意，正以无家信为平安耳。尔向家居本少，二老习以为固然，岁时伏腊②，不甚思念。今遣尔妻子赴任，未免增一番怅恋，想亦不过一时情绪，久后渐就平坦，无为过虑。山僻知县，事简责轻，最足钝人志气，须时时将此心提醒激发，无事寻出有事，有事终归无事。今服官年馀，民情熟悉，正好兴利除害。若以地方偏小，上司或存宽恕，偷安藏拙，日成痿痹③，是为世界木偶人，无论将来不克大有作为，即何以对此山谷愚民，且何以为无负师门指授？

见《答黄孝廉札》，有"为报先生春睡熟，道人轻撞五更钟"句，此大不可，诗曰："夙兴夜寐，无忝尔所生。"④居官者，宜晚睡早起，头梆靧漱⑤，二梆视事；虽无事亦然。庶几习惯成性，后来猝然到任繁剧，不觉其劳，翻为⑥受益。

（清）聂继模：《乐庵集·诫子书》

注释：①鸿稀：来往的书信少。鸿：书信。②伏腊：指夏天和冬天。在古代，夏祭为伏；冬祭为腊。③痿痹：指肢体因病痛而丧失部分功能。文中指能力下降。④夙兴夜寐，无忝尔所生：语见《诗·小雅·小宛》，意思是：早起睡晚，不要辜负了生命。⑤靧漱：洗脸和漱口。靧，读音同"会"，洗脸。⑥翻为：反过来，反而。

思想内涵：你现在在官任上，不应该多问家中的事。路远信少，徒乱人意，正应该以没有家信为平安。你向来在家就少，我们已习以为然，过年过节，也不是很思念你了。现在，让你妻子儿女来到任上，不免要增添许多麻烦，想必只是你一时的冲动，过一段时间就会平息的，不要过分思虑。

作僻远地方的知县，事情少责任轻，最容易消磨人的志气，你必须经常提醒激发自己，从无事中寻出有事，使有事终归于无事。现在上任已一年多了，民情已经熟悉，正好兴利除害。如果因为地方偏小，上司有意体谅，就苟且偷安，得过且过，就会变成一个木头人，不要说将来不能大有作为，对不住这山里的忠厚百姓，就连老师的辛勤教诲你又怎么对得起啊？

我看见你写给黄孝廉的信中，有"为报先生春睡熟，道人轻撞五更钟"的句子，这种想法不对头。《诗经》说："夙兴夜寐，无忝尔所生。"做官的人应该晚睡早起，天不亮就应该起床，天一放亮就应该办事；即使没有事情也要求这样做。时间一长，习惯成自然，即使后来突然担任繁重的差事，也不会觉得疲劳，因此受益无穷。

谕珪子：汝自瘠区，量以繁剧，凡贪墨狂谬之举，汝能自爱，余不汝忧；然所念念者，患汝自恃吏才，遇事以盛满之气出之，此至不可。凡一人为盛满之气所中，临大事，行以简易；处小事，视犹弁髦；遗不经心之罅，结不留意之仇，此其尤小者也。有司为生死人之衙门，偶凭意气用事，至于沉冤莫雪，牵连破产者，往往而有，此不可不慎。故欲平盛气，当先近情。近情者，洞①民情也。胥役之不可寄以耳目，以能变乱黑白，察官意之所不可，即以是为非；察官意之所可，复以非为是，故明者恒轻而托之绅士。然吾意绅不如士，士不如耆②。绅更事多，贤不肖半之，士得官府询问，亦有尽言者。然讼师亦多出于士流中，无足深恃；惟耆民之纯厚者，终身不见官府。尔下乡时，择其谨愿者，加以礼意，与之作家常语；或能倾吐俗之良楛③，人之正邪。且乡老有涉讼应质之事，尔可令之坐语，不俾长跽④，足使村氓⑤悉敬长之道。死囚对簿，已万无生理，得情以后，当加和平之色，词气间，悯其无知见戮，不教受诛，此即夫子所谓"哀矜勿喜"者也。监狱五日必一临视，四周洒扫粪除，必务严洁，庶可辟祛疫气。司监之丁，必慎其人，黠者⑥可以卖放，愿者或致弛防。此际用人宜慎，宽严均不可过则，衙役既无工薪，却有妻子，一味与之为难，既不得食，何能为官效力？此当明其赏罚，列表于书室中。夫廉洁不能责诸彼辈，止能录其勤惰，加以标识。其趋公迅捷者，则多标以事；凡迁延迟久，不能速两造到案者，必有贿托情事，则当加以重罚，不必另标他役；一改差，则民转多一改差之费矣。胥役以外，家丁之约束最难。荐者或出上官，或出势要，因荐主之有力，曲加徇隐，则渐生跋扈；严加裁抑，则转滋谗毁。要当临之以庄，语之以简，喜愠不形，彼便不能测我之深浅，当留者留之，宜遣者以温言遣之足矣。教民健讼，务在必胜，轻躁之官，恒左教而右民；庸碌之官，又左民而右教；实则皆非也。士大夫惟不与教士往来，故无籍之民，恃教为符，因而鱼肉乡里。若有司与主教联络，剖析以民情之曲直。教中宗旨，博爱而信天，吾即以天动之；彼迷信久，或可少就吾之范围。吾有《新旧约全书》一部，尔暇时翻阅，择书中语可备驳诘耶稣教之犯律违例者，类抄而熟记之。彼为教中人，乃不省教书，即以矛攻盾之意，庶免为教焰所慑。且判决教案，以迅捷为上；有司往往以延宕为得计，久乃被其口实，至不可也。下乡检验，务随报即行，迟到尸变，且防两造久而生心，故不若立即遣发之为愈。尸场以不多言为上，彼围观者，恃人多口众，最易招侮。此等事，尔已经过，可毋嘱。披阅卷宗，宜在人不经意处留心，凡情虚之人，弥纶必不周备，仔细推求，自得罅隙⑦，更与刑幕商之，亦不可师心自用。凡事经两人商榷，虽不精审，亦必不至模糊。其馀行事，处处出以小心，时时葆我忠厚。谨慎须到底，不可于不经意事掉以轻心；慈祥亦须到底，不能于不惬意人出以辣手。

　　吾家累世农夫，尔曾祖及祖，皆浑厚忠信，为乡里善人，馀泽及汝之身，职分虽小，然实亲民之官。方今新政未行，判鞫⑧仍归县官。余故凛凛戒惧，敬以告汝。不特驾驭隶役丁胥，一须小心；即妻妾之间，亦切勿沾染官眷习气。凡事须可进可退，一日在官，恣吾所欲；设闲居后，何以自聊？余年六十矣，自五岁后，每月不举火者可五六日。十九岁，尔祖父见背，苦更不翅⑨。己亥，客杭州陈吉士大令署中，见长官之督责唬吸属僚，弥复可笑。余宦情已扫地而尽。汝又不能为学生，作此粗官，余心胆悬悬⑩，无一日宁贴⑪。汝能心心⑫爱国，心心爱民，即属行孝于我。尔曾祖父以下，至尔嗣父，及尔生母，凡六大忌，用银十二两。此十二两，余欲以汝所得者，市⑬鱼肉报飨。余随时尚有训迪。此书可装潢，悬之书室，用为格言。

（清）林纾：《畏庐文集·示儿书》

注释：①洞：深透，明澈。②耆：读音同"齐"。老人。③楛：读音同"苦"。粗劣。④俾：读音同"比"，使。跽：读音同"忌"，长跪，两膝着地，上身挺直。⑤氓：读音同"萌"，平民。⑥黠者：狡猾人。黠，读音同"霞"。⑦罅隙：空隙。罅，读音同"下"，缝隙。⑧鞫：读音同"菊"。审问。⑨翅：通"啻"。止。⑩悬悬：飘忽不定的样子，形容不安心，不安神。⑪宁贴：安宁稳定。⑫心心：真心。⑬市：买。

思想内涵：你公务繁重，贪赃枉法的事，我知道你不会去做。所不放心的是，你自恃有做官的才能，遇事骄傲自满，碰到大事情，以简单轻率的态度对待；处理小事，视为无足介意。留下不注意的漏洞，留下未留心的怨仇。这还是小事。更为重要的是，县官身居生死人的衙门，偶凭意气用事，使人沉冤莫雪、牵连破产的，往往而有，因此不可不特别谨慎。要去掉盛满之气，首先在洞察民情。下乡时要找那些忠厚老实的老人谈家常，以了解风俗的好坏，人的正邪。老人涉讼来对质的，让他坐着讲话。死刑犯案情弄清后，要加以和平之色。监狱每隔五天要去巡视一次，打扫清洁，去掉疫气。狱吏要选择得人。对衙役要赏罚严明，对家丁要善于约束。碰到信天主的教民和普通老百姓打官司，要和主教联系，说明案件的是非曲直，用耶稣教的教义去打动他们，处理要迅速及时。下乡检验，要随报即行，现场说话要少。看案卷要在别人不经意处留心，找出其漏洞，再与幕僚商酌。总之，要处处小心，心存忠厚。

我们家几代都是农夫，浑厚忠信，为乡里所称道。你为官虽小却是接近老百姓的官，家属切勿沾染官场习气，要尽职尽责。我年已六十，从五岁时起，家中每月有五六天不能生火煮饭，十九岁时你祖父去世，生活更苦。我在杭州曾看到上官盘剥僚属，感到可笑，我做官的心情已扫地而尽，只是时时记挂念，你能心心爱国，心心爱民，即是对我的行孝。这封信可装裱挂在书室，作为你的格言。

3. 严于律己，宽猛相济

夫圣代之君，存乎节俭。富贵广大，守之以约①；睿智聪明，守之以愚。不以身尊而骄人，不以德厚而矜物。茅茨不剪，采椽不斫②，舟车不饰，衣服无文，土阶不崇③，大羹不和④。非憎荣而恶味，乃处薄而行俭。故风淳俗朴，比屋⑤可封，此节俭之德也。

斯二者荣辱之端，奢俭由人，安危在己。五官近闭，则令德⑥远盈；千欲内攻，则凶源外发。是以丹桂抱蠹，终摧曜⑦日之芳；朱火含烟，遂郁凌云之焰。故知骄出于志，不节则志倾；欲生于身，不遏则身丧。故桀纣肆情而祸结，尧舜约己而福延。可不务乎！

（唐）李世民：《帝范·崇俭篇》

注释：①约：节俭。②斫：读音同"酌"。砍。③崇：高。④和：用佐料调和。⑤比屋：家家户户。比，并列，并排。⑥令德：美好的品德。⑦曜：读音同"耀"。明亮。

思想内涵：政治清明的朝代，其国君都有节俭的美德。富贵荣华，一统天下，全靠节俭来维护；智慧聪明，全靠戒骄戒躁来取得。不因为地位高贵而傲视他人，不因为恩德广厚而居功自傲。他们很注重日常生活细节，比如盖屋子的茅草不加修剪，屋顶的椽子不加雕饰，所乘的车舆不加装饰，衣服不添加花纹，土筑台阶不加高，肉汁不加调料。他们之所以这样做，并不是憎恶荣华，不喜欢美味，而是要倡导简朴节俭。人君如此，民风也因而淳朴，家家户户都可受封赏，这就是提倡节俭的效果啊！

诚盈和崇俭，是荣辱的开端。奢俭由人们自己决定，安危也同样取决于自己。耳、目、口、鼻、身的情欲得到收敛，就会使美德远扬；千种欲望从内部攻心而得不到抑制，就会招来灾祸。丹桂里的蛀虫虽小，终究会摧垮荣芳；朱火内的烟尘虽微，一定会阻挠火焰的旺盛。由此可知，骄奢由人的意志决定，如果不加以节制，就必定使人的志气消沉；情欲生于自身，如果不加以遏制，就毁了自身。所以，桀、纣放纵自己的情欲，终于酿成大灾祸；尧、舜约束住自己的心志，而福泽绵延。由此看来，不努力崇俭行吗？

丈夫遇权门须脚硬，在谏垣须口硬，入史局须手硬，值肤受之愬 ① 须心硬，浸润之谮 ② 须耳硬。

（明）《尺牍新钞·示儿》

注释：① 愬：今写作"诉"，倾诉。② 谮：诬谤别人。"浸润之谮"简为"谮润"，诬陷诽谤别人。

思想内涵：大丈夫遇权贵之家脚跟要硬，当谏官嘴要硬，入史局修史手要硬，听到利害切身的诉说心要硬，听到谗言耳要硬。

你读书若中举，中进士，思我之苦，不做官也是。若是做官，必须正直忠厚，赤心随分报国。固不可效我之狂愚，亦不可因我为忠受祸，遂改心易行，懈了为善之志，惹人父贤子不肖 ① 之笑。

（明）杨继盛：《杨忠愍集·与子应尾、应箕书》

注释：① 不肖：不成器。

思想内涵：你读书若是考中举人和进士，想到我所受的苦，不做官也罢。若是做官，必须正直忠厚，赤心报国。固然不可仿效我的狂愚，但也不可以因我为忠受祸，就改变了心志和行为，松懈了为善的志向，惹别人讥笑父贤而子不肖。

抵家，疾笃，以《天文书》授子琏曰："亟上之，毋令后人习也。"又谓次子璟曰："夫为政，宽猛如循环。当今之务在修德省刑，祈天永命。诸形胜要之地，宜与京师声势联络。我欲为遗表，惟庸 ① 在，无益也。惟庸败后，上必思我，有所问，是以密奏之。"

（清）张廷玉等：《明史·刘基传》

注释：① 惟庸：指胡惟庸，明初丞相。

思想内涵：刘基回到家里，病情恶化，将《天文书》交给长子琏，说："赶快呈给朝廷，不要让后人学习天文。"又对次子璟说："为政之道，宽猛相济，一宽一猛，互相循环。当今之务在于修德省刑，向上天祈求才能长命。各个地势险要的地方，应该与京师互相联络。我想写遗表，但胡惟庸还在，没有用处。等到胡惟庸败亡后，皇上必定思念我，如果皇上有所询问，就将此言密奏皇上。"

二、交友得贤

人生在世，有亲情，有友情；有亲人，也有友人。立身处世，不能无友。因此，朋友也是一种重要的社会关系。

在中国古代有识之士看来，交友的目的是为了对自己有所帮助补益，是为了提高自己。因此，他们主张同贤能之士打交道，与贤能之士做朋友；同他们交朋友，便于学习他们的长处，便于得到他们的帮助，也使自己成为贤能之士。正是在这个意义上说，他们认为要做一个好人、有用之人，一定要交一批贤能的朋友。由于人从本质上讲是社会关系的总和，每个人都不断地受到社会关系的影响，因而在建立朋友这种社会关系时，一定要十分慎重，择友慎交。一旦看错了人，交错了友，就会后悔莫及，悔之晚矣。朋友对自己的言行思想，有重大影响和陶染力，接近好人，就会接受好的影响，使自己受教益；接近坏人，就会接受消极的影响，使自己受到损害。因此，交友之先，一定要仔细考察他的思想言行，不要同虚伪的人、险恶的人、贪利的人、忘义的人交朋友。中国古代思想家认为，朋友在自己一生的成长、作为乃至一世人生中，都有重要的影响，因此，他们反复强调慎交、择友。他们的这些思想，是从人的社会性角色这个视角点来讨论的，因此很有思想的深度和论证的力度，对于人们处理朋友这样一重社会关系来说，有启发性，精彩论述更能催人警醒。

1.交友之美，在于得贤

夫交友之美①，在于得贤，不可不详②。而世之交者，不审③择人，务合党众，违先圣交友之义，此非厚己④辅仁⑤之谓也。吾观魏讽⑥不修德行，而专以鸠合为务，华⑦而不实，此直⑧搅世⑨沽名⑩者也。卿⑪其慎之；

勿复与通^⑫。

（晋）陈寿：《三国志·刘廙传》

注释：① 美：好。② 详：周详，引申为慎重。③ 审：察看。④ 厚己：对己厚，对自己有帮助。⑤ 辅仁：对仁者辅，对别人有帮助。⑥ 魏讽：三国时期魏国相国钟繇西曹掾，谋袭邺都，事败被杀。⑦ 华：通"花"，用作动词，开花。⑧ 直：通"只"。⑨ 撽世：招摇过市。⑩ 沽名：骗取名声。⑪ 卿：古时对亲友的客气称谓。⑫ 通：来往。

思想内涵：交友的可贵，在于与贤能的人结为朋友，这不能不慎重啊。一些人不慎重择友，只是结党成群，违背了古时圣人所说的交友原则，对自己没有益处，对别人也没有帮助。我看魏讽这个人不注意品德修养，只知和一些人纠合在一起，华而不实，简直是一个招摇过市、沽名钓誉的人。你可要慎重呵，不要再与他来往了。

吾受国厚恩，志报以命^①。尔辈^②在都，当念恭顺，亲贤慕善^③，何故与降虏^④交，以粮饷^⑤之？在远^⑥闻此，心震面热^⑦，惆怅累旬^⑧。疏^⑨到，急就往使^⑩，受杖^⑪一百，便责^⑫所饷。

（晋）陈寿：《三国志·潘濬传》

注释：① 志报以命：志，用作动词，立志，发誓；报，回报，报答；以命，用生命。② 尔辈：你们。辈，类。③ 亲贤慕善：接近贤能，爱慕好人。④ 降虏：投降的敌人。指归降东吴的隐蕃。⑤ 饷：用作动词，馈赠。⑥ 在远：在外地。⑦ 心震面热：内心震惊，脸上发烧。⑧ 惆怅累旬：惆怅，伤感；累旬，几十日。旬，十天为一旬。⑨ 疏：家信。⑩ 急就往使：急，紧急，赶忙；就，走近，来到……跟前；往使，派去使者。⑪ 受杖：接受杖刑。杖，古代刑具，用荆条、竹板或棍棒打人。⑫ 责：要回。

思想内涵：我得到了国家赐予的优厚恩惠，发誓用生命回报。你们住在都城，应当牢记恭顺处世，接近贤能，爱慕好人，为什么与降将交友，并向他的军队提供粮饷呢？我在外地听到这个消息，内心震惊，脸上感到羞愧，伤感了几十天啊。接到我的信后，你要赶忙派使者去降将那儿，接受杖刑一百，敦促他退回粮饷，一下都不要犹豫了。

今汝先人①，世有冠冕②，惟仁义为名，守慎为称，孝悌于闺门③，务学于师友。吾与时人从事④，虽出处⑤不同，然各有所取。颍川郭伯益⑥，好尚通达⑦，敏而有知⑧，其为人弘旷⑨不足，轻贵⑩有馀，得其人重之⑪如山，不得其人忽之如草⑫。吾以所知⑬亲之昵之，不愿儿子为之。北海徐伟长⑭，不治名高⑮，不求苟得⑯，澹然自守⑰，惟道是务⑱。其有所是非⑲，则托古人以见其意⑳，当时无所褒贬。吾敬之重之，愿儿子师之㉑。东平刘公干㉒，博学有高才，诚节有大意㉓，然性行不均㉔，少所拘忌㉕，得失足以相补㉖。吾爱之重之，不愿儿子慕㉗之。乐安任昭先㉘，淳粹㉙履道，内敏外恕㉚，推逊恭让㉛，处不避洿㉜，怯而义勇㉝，在朝忘身㉞。吾友之善之㉟，愿儿子尊㊱之。若引而伸之㊲，触类而长之㊳，汝其庶几举一隅耳。㊴

（晋）陈寿：《三国志·王昶传》

注释： ① 先人：祖先。② 冠冕：本来是指古代帝王公卿戴的礼帽，借指官爵名位。③ 孝悌于闺门：孝悌，孝敬父母，敬爱兄长。孝，指父母而言；悌，指兄长而言。闺门，内室之门，借指家里。闺，内室。④ 时人从事：时人，当时的人；从事，办事。⑤ 出处：出，出仕；处，隐居。⑥ 颍川郭伯益：颍川，汉代郡名，郡治阳濯（今河南禹县）。郭伯益，名奕，曹操的重要谋士郭嘉之子。⑦ 好尚通达：好尚，喜爱，崇尚；通达，通脱旷达。⑧ 有知：知，通"智"，智慧。有智慧。⑨ 弘旷：弘，大；旷，空阔。胸怀大度。⑩ 轻贵：轻浮，骄傲。⑪ 得其人重之：得，相得，合得来。得其人，跟那个人合得来。重之，以之为重，看重，尊重。⑫ 忽之如草：忽之，以之为忽，轻视，小看。忽，古代最小重量单位之一，借指极轻微。如草，像草一样。⑬ 所知：知己，朋友。⑭ 北海徐伟长：北海，东汉诸侯王国，郡治在剧县（今山东省寿光市）。徐伟长，名干，三国时人，以文学著称，为"建安七子"之一，著有《中论》。⑮ 不治名高：不治，不讲求；名高，声望高。⑯ 苟求：苟，马虎，不讲原则。以不正当手段窃取爵禄。⑰ 澹然自守：淡然，恬静淡泊，看轻名利；自守，坚持自己一向的态度，不随外物变迁。⑱ 惟道是务：动词宾语前置，即如：惟务是道。⑲ 是非：用作动词，评议是非。⑳ 则托古人以见其意：则托古人，即"借古喻今"；见，通"现"。㉑ 师之：师，用作动词。以他为师。㉒ 东平刘公干：东平，汉代诸侯王国，在今山东省东平县。刘公干，名桢，为"建安七子"之一，五言诗有名，曹操任之为丞相掾属。㉓ 大意：远大志向。㉔ 然性行不均：性，性格品行；均，平、正。不均，即指刘公干在太子曹丕宴会上窃视曹丕夫人甄氏之事。㉕ 少所拘忌：少，用作动词，少有；拘忌，拘束顾忌。意思是说，刘公干行为轻佻放纵，很少约束自己，很少顾忌而失礼。㉖ 相补：互相补救。㉗ 慕：仰慕，向往。㉘ 乐安任昭先：乐安，汉代县名，属千乘郡，在今山东博兴县。任昭先，名嘏，幼年博学，号为神童。曹操召为监蓝国庶子，魏文帝时为黄门侍郎，旋迁河东太守。㉙ 淳粹：朴实完美。㉚ 内敏外恕：内，指内心；外，指，态度，对外。心性聪敏，待人宽厚。㉛ 推逊恭让：虚心谦让，恭敬有礼。㉜ 处不避洿：洿，通"污"，屈辱卑贱。意思是说，愿意把名誉、利禄让给别人，自己不怕吃亏，甘居下位。㉝ 怯而义勇：义勇，用作动词，见义勇为。这是说，平时做事谨慎小心，多所畏惧，但是遇到正义的事。勇于上前，无所顾忌。㉞ 忘身：不顾性命，大公无私。㉟ 友之善之：友、善，同意词，交好。㊱ 尊：通"遵"，遵循。㊲ 引而伸之：典出《易经·系辞上》，是说由本义推演扩展，及于他义。弄清一个道理，再加以引申发挥，融会其他道理。㊳ 触类而长之：典出《易经·系辞上》，即触类旁通的意思。长，读音同"涨"，增长，扩大。遇到同类事物，能把已经学到的东西加以灵活运用，扩大知识领域。㊴ 庶几举一隅耳：庶几，也许可能；举一隅，典出《论语·述而》，孔子说，"举一隅不以三隅反，则不复也"。意思是说，教给他一个方面，他却不能由此推知有关的三个方面，便不教他了。这里是说，拿出一个例证讲清楚，就能明白许多有关的事物。

思想内涵：你的祖先，曾经做过大官，以仁义守慎著称，在家里孝敬父母、尊敬兄长，努力向师友求教。和我同时的人，虽有做官或退隐不同，但各有所得。颍川的郭伯益，崇尚洒脱，不拘小节，聪明有智慧，但为人胸怀狭窄，过分轻浮骄傲，与某人合得来就把他看得过重，而与某人合不来就把别人看轻得很，甚至如小草一样。我同他关系亲近，但不希望儿子们像他那样。北海人徐伟长，不讲求名声大，不依靠非正当手段谋取爵禄，坚持自己的一向态度，不随外物变迁，看轻名利，只追求做人的道理。他评议是非，就以古喻今，表达他的看法，别人对他没有非议。我敬重他，希望儿子们以他为老师。

东平人刘公干，博学有十分突出的才华，谨守节操，有远大志向，但是品行不正，很少约束自己，得与失正好相抵消。我喜爱他，但不希望儿子们仰慕他。乐安人任昭先，朴实完美，循规蹈矩，心性聪敏，待人宽厚，愿意把名利让给别人，自己不怕吃亏，甘居下位，但遇到正义的事，勇于承担，没有顾忌，我同他交友，并希望儿子们向他学习。如果要从中弄清一个道理，并能触类旁通；那么，你们大概就可以举一反三了。

古人云："千载一圣，犹旦暮也①；五百年一贤，犹比髆也。"言圣贤之难得，疏阔如此……人在年少，神情未定②，所与款狎，熏渍陶染，言笑举动，无心于学，潜移暗化，自然似之；何况操履艺能③，较明易习者也？是以④与善人⑤居，如入芝兰之室，久而自芳也；与恶人居，如入鲍鱼⑥之肆⑦，久而自臭也。墨子⑧悲于染丝，是之谓矣！君子必慎交游焉。孔子曰："无友不如己者。"颜、闵之徒⑨，何可世得，但优于我，便足贵⑩之。

（北齐）颜之推：《颜氏家训·慕贤》

注释：① 犹旦暮：犹，好比；旦，早晨；暮，傍晚。形容快。早晚之间。② 定：固定下来。③ 操履艺能：操，手的动作；履，脚的行动；艺，手艺，技巧；能，才能，能耐。④ 是以：所以。⑤ 善人：好人，贤士。⑥ 鲍鱼：发臭的鱼。⑦ 肆：市场。⑧ 墨子：墨子名翟（约前468—前376），相传为宋国人，长期生活在鲁国。春秋时期著名的思想家，墨家学派的创始人。著有《墨子》一书。主张节俭，兼爱，非攻，节用，节葬等。⑨ 颜、闵之徒：颜回、闵损那些人。颜回，鲁国人，字子渊，又称颜渊，孔子学生。闵损，字子骞，孔子学生。⑩ 贵：用作动词，以……为贵。

思想内涵：古人说：千年出一位圣人，就像早晚之间那么短暂；五百年出一位贤者，就像一步连着一步那样快速。讲的是圣人贤明之士的难得，疏远相隔如此而已……一个人在年轻的时候，精神性格还没有固定下来，他所交往的人，很容易对他产生影响。言笑举止，用不着刻意模仿，潜移默化，就很自然地同对方相似了。更何况手势步履技能，较之更容易学习呢？所以和好的人生活在一起，就像同芝草兰花相处一样，久而自香；而和坏人在一起，就像受到臭鱼的熏陶，久而自臭。墨子悲叹丝织品被染色的情怀，讲的就是这个道理啊！君子一定十分慎重地交友。孔子说："不要和不如自己的人交朋友。"颜渊、闵子等一类的人怎么可以世世得到呢？只要他比我优秀，我就要崇敬他。

　　与人交游，宜择端雅之士，若杂交终必有悔，且久而与之俱化，终身欲为善士，不可得矣。谈议勿深及他人是非，相与①意了②，知其为是为非而已。棋弈雅戏，犹曰无妨，毋及妇人，嬉笑无节，败人志意，此最不可也。既不自重，必为有识所轻，人而为人所轻，无不自取之也，汝等志之。

（宋）江端友：《自然庵集·家训》

　　注释：① 相与：相互交往。② 了：明了。指彼此了解对方的言论立场。
　　思想内涵：与他人交游往来，应该选择正派优雅的人，如果胡乱交往，最终必定会后悔，而且时间一长，免不了被他同化，最终想做好人，也来不及了。交谈、议论不要深入地触及他人的是非，相互之间心领神会，知道其为是为非就行了。下棋游戏，都没有妨碍，只是不要与女人没有节制地嬉笑，败坏自己的意志，这样最不可取。既然自己说话做事都不自重，必定会被有识之士所轻视，人之所以为人所轻视，没有不是咎由自取的。这些话，你们要记在心里啊。

　　你两个年幼，恐油滑人见了，便要哄诱你。或请你吃饭，或诱你赌博，或以心爱之物送你，或以美色诱你，一入他圈套，便吃他亏，不惟荡尽家业，且弄你成不得人。若是有这样人哄你，便想我的话来识破他和你好是不好的意思，便远了他。拣着老成忠厚，肯读书，肯学的人，你就与他肝胆相交，语言必信，逐日与他相处，你然成个好人，不入下流①也。

（明）杨继盛：《杨忠愍文集·与子应尾、应箕书》

　　注释：① 下流：末流。指做人的品德，最差的一个层次。

　　四者①立身行己之道，已有崖岸②，而其关键切要，则又在于择友。人生二十内外，渐远于师保之严，未跻于成人之列，此时知识大开，性情未定，父母之训不能入，即妻子之言亦不听，惟朋友之言，甘如醴而③芳若兰。脱④有一淫朋匪友，阑入其侧⑤，朝夕浸灌，鲜有不为其所移者。从前四事，遂荡然⑥莫可收拾矣。此予幼年时知之最切⑦。今亲戚中倘有此等之人，则足迹常会疏远，不必亲密，若朋友则直以不识其颜面，不知其姓名为善。比之毒草哑泉⑧，更到远僻。芸圃有诗云："于今道上揶揄鬼，原是尊前妩媚人。"盖痛乎其言之矣。择友何以知其贤否？亦即前四件能行者为良友，不能行者为非良友。

（清）张英：《聪训斋语》

注释：①四者：指作者在书中反复强调的立品、读书、养身、俭用。②崖岸：有着落的意思。崖，山崖；岸，堤岸。都是指边际。③甘如醴：甜如酒。醴，读音同"里"，甜酒。④脱：假如。⑤阑入其侧：使他在身边。阑，通"栏"。⑥荡然：空的样子。⑦切：深切。⑧哑泉：用作动词，使人致哑的泉水。

思想内涵：我所说的立品、读书、养身、俭用等四个方面的立身行己之道，都有明确的看法，其中最为关键的是，选择朋友。人成年的时候，逐渐要脱离老师的严格管教，可是终究还没有进入成年人的行列。这时候，他的知识眼界已经开阔起来，但性情还不太稳定，父母的教训往往听不进去，即便是妻子的忠告也不易听取。只有朋友的话，才听得顺耳，就像喝了甜酒，闻到芳香那样，马上被打动了，觉得很舒服。倘使有一个坏人成了他的朋友，每天从早到晚向他灌输一些不好的东西，那就很少有不受负面影响的。前边所说的立身行己的四个方面，虽然在我的思想深处不大留上印记，但是，交朋友这件事，我却是最看重的。在亲戚中间，假若有强盗一类的坏人，不要和他来往，更不能过于亲密。如果已交的朋友中有这样的人，就要同他断交了。这种人比遇上毒草和喝上哑泉的水还要可怕。因此，要躲得越远越好，一定不要同他沾上边。古代有这句诗值得记住："今天在路边遇到的恶鬼，原来是尊长面前姿色美好的女人。"人们都深恶痛绝这类坏人。那么，怎样才能知道你选择的朋友是不是好人呢？这倒不难，只要用我说的四条标准去考察，就知道是不是交对了朋友。

2. 欲做好人，须求好友

与君子游①，芷②乎如入兰芷之室，久而不闻，则与之化矣；与小人游，贷③乎如入鲍鱼之次④，则与之化矣；是故，君子慎其所去就⑤。

《大戴礼记·曾子疾病》

注释： ① 游：交游，交朋友。② 芯：读音同"必"，芳香。形容远处就能闻到的强烈香味。③ 贷：通"忒"，失误。④ 次：肆。⑤ 去就：举止，取舍。

思想内涵： 曾子又说："和君子交游，所得就如走入放置香草的室中，芳香浓郁，时间一久就闻不到香味，那么嗅觉就被香草同化了；和小人交游，所失就像走进鲍鱼的市场，腥臭四溢，时间一久就闻不到臭味，那么嗅觉就被臭鱼同化了。因此，君子对于离开或交结朋友这件事，是很看重、很谨慎的。"

"与君子游，如长日加益①，而不自知也；与小人游，如履薄冰，每履而下，几何而不陷乎哉？吾不见好学盛而不衰者矣，吾不见好教如食②疾③子者矣，吾不见日省而月考④之其友者矣！吾不见孜孜而与来⑤而改者矣！"

《大戴礼记·曾子疾病》

注释： ① 长日加益：冬至之后，白昼逐日加长。② 食：乳养之意。③ 疾：患痛。④ 考：考察。这里是指向朋友征询意见。⑤ 与来：与，许的意思。来，指来学的人。

思想内涵： 曾子最后说："和君子交游，如冬至后的白昼天天加长，而自己不觉得便进步了；和小人交游，好像在薄冰上走路一般，每踏一步冰层便下沉一点，哪会不掉到冰层里面去呢？我没看到过好学而不怠惰下去的人啊！我没看到过喜欢教学生像乳养病子那么懂慎的人啊！我没看到过天天自省而每月就正于朋友的人啊！我没看到过勤于来学而肯改过的人啊！"

若与是非之士①，凶险之人②，近犹不可，况与对校乎③？其害深矣。夫虚伪之人，言不根④道，行不顾⑤言，其为浮浅，较⑥可识别；而世人惑焉，犹不检⑦之以言行也。近济阴魏讽⑧、山阳曹伟⑨，皆以倾邪败没⑩。荧惑⑪当世，挟持奸慝⑫，驱动后生⑬。虽刑于铁钺⑭，大为炯戒⑮。然所污染⑯，固以众矣⑰。可不慎与⑱？若夫山林之士⑲，夷叔之伦⑳，甘长饥于首阳㉑，安赴火于绵山㉒，虽可以激贪励俗㉓，然圣人不可为，吾亦不愿也。

（晋）陈寿：《三国志·王昶传》

注释：① 是非之士：喜欢搬弄是非的人。② 凶险之人：邪恶的人。③ 况与对校乎：况，何况；校，读音同"叫"，较量；对校，计较。④ 根：依据。⑤ 顾：顾及。⑥ 较：明显。⑦ 检：考查，审察。⑧ 济阴魏讽：济阴，汉代郡名，原为诸侯王国，西汉元帝时改郡，治所在今山东省定陶县。魏讽，为相国钟繇西曹掾，谋袭邺都，事发被杀。⑨ 山阳曹伟：山阳，汉代县名，属河内郡，因在太行山之南，故称山阳，故址在今河南省修武县西北。曹伟，魏文帝时被派往吴国，曾向孙权索取物品，以便交结京师权臣，因此被处斩。⑩ 倾邪败没：倾邪，偏颇不正；败没，失败死亡。⑪ 荧惑：迷惑。⑫ 扶持奸慝：扶持，凭藉；奸慝，奸邪。慝，读音同"特"，邪恶。⑬ 驱动后生：驱动，唆使；后生，青年人。⑭ 刑于鈇钺：刑于，被……刑；鈇钺，指残酷的死刑。鈇，读音同"夫"，铡刀，古代腰斩的刑具；钺，读音同"越"，古代的兵器，长柄大斧。⑮ 炯戒：明白的鉴戒。炯，明亮。⑯ 污染：牵累。⑰ 以众：太多。以，通"已"，太，甚。⑱ 与：通"欤"。表示反诘句的语气词。⑲ 若夫山林之士：若夫，至于，说到。山林之士，隐居山林不愿出仕的人。⑳ 夷叔之伦：夷叔，伯夷、叔齐。商代末孤竹君的两个儿子。孤竹君遗命次子叔齐继承王位，他死后，兄弟二人互相推让，不肯即位，先后逃往周国。武王伐纣，他们认为以臣攻君是不正当的，曾经挡住武王的马谏阻。纣王灭亡，他们兄弟二人拒食周朝俸禄，饿死在首阳山中。之伦，之流、之类，这一类的人。㉑ 首阳：山名，又名首山，在今山西永济市南。㉒ 安赴火于绵山：安，甘心，乐意；赴火，进火海；绵山，又名介山，在今山西省介体县南。相传春秋时介之推隐居山中，并被烧死。晋献公晚年，宠信骊姬，杀害太子申生，公子重耳（即晋文公）被迫带领近臣逃亡国外。历十九年，在秦穆王派兵援助下，回国即位。于是赏赐随他流亡的大臣，介之推被遗漏因而没有获赏，他也不愿主动报功请赏，就和母亲一起隐居绵山。晋文公发现行赏遗漏了他，派人在山上放火，逼他出来，母子一起被火烧死。㉓ 激贪励俗：激起贪婪的人醒悟，振奋衰败没落的风气。

思想内涵：譬如搬弄是非的人，邪恶的人，接近它尚且不行，何况是你还与他计较呢？否则，就受害太深了。虚伪的人，说话没有依据，做事不顾及自己所说过的话，这种人轻浮肤浅，明显地容易识别他；可是人们还是受到迷惑，是因为人们不用他所说与所做的检审他。最近济阴人魏讽，山阳人曹伟，都因为偏颇不正而死。迷惑现世，凭藉奸邪，煽动青年人，即使是遭受残酷的死刑这种严厉的惩戒也不为过，但是，奸人对人们造成的危害，却已经很严重了。对此，能够不谨慎吗？譬如像隐居山林的高人，伯夷、叔齐之类，甘愿饿死在首阳山，介之推自焚于绵山，他们的行为虽然可以激起贪婪的人醒悟，振奋没落的士风，但是，他们的行为连圣人也不容易做到，我当然也不希望你们像他们那样啊！

吾欲汝曹①闻②人过失，如闻父母之名，耳可得闻，口不可得言也。好议论人长短，妄是非正法③，此吾所大恶④也。宁死不愿闻子孙有此行也。汝曹知吾恶之甚矣，所以复言者：施衿结褵⑤，申⑥父母之戒，欲使汝曹不忘之耳。

龙伯高敦厚周慎⑦，口无择言⑧，谦约节俭，廉公有威。吾爱之重之，愿汝曹效之。杜季良⑨豪侠好义，忧人之忧⑩，乐人之乐⑪，清浊无所失，父丧致客，数郡毕⑫至。吾爱之重之，不愿汝曹效也。效伯高不得，犹为谨敕之士⑬，所谓刻鹄不成尚类鹜⑭者也；效季良不得，陷为天下轻薄子⑮，所谓画虎不成反类狗者也。讫今⑯季良尚未可知，郡将下车⑰辄切齿，州郡以为言⑱。吾常为寒心⑲，是以不愿子孙效也。

（南朝·宋）范晔：《后汉书·马援传》

注释：①汝曹：你们。指马严、马敦兄弟俩。马严，字威卿，官至五官中郎将，太中大夫，将作大匠。马敦，字孺乡，官至虎贲中郎将。俩人均为东汉名将马援子。②闻：听说。③是非正法：是非，用作动词，肯定或否定的意思；正法，正，通"政"，指政治法令。④恶：读音同"务"，憎恶。⑤施衿结褵：施衿，衿，读音同"晋"，系。古代女子许婚，有衿缨的仪式，母亲为女儿系上香袋，表示已经定婚，并对女儿有所嘱告。结褵，系上佩巾。褵，读音同"离"，佩巾。古代女子出嫁，有结褵的仪式，母亲为女儿系上佩巾，并对女儿有所嘱告。这里是比喻，指长辈对子女的反复告诫。⑥申：反复说明。⑦龙伯高敦厚周慎：龙伯高，名述，字伯高，东汉京兆（今陕西长安县人），累官至零陵太守。敦厚，纯朴厚道。周慎，严谨慎重。⑧口无择言：语出《孝经》："口无择言，身无择行。"指语言合乎法度。⑨杜季良：名保，字季良，东汉京兆（今陕西长安县）人，曾任越骑都尉，后被免。⑩忧人之忧：即以人之忧为忧，前一忧，用作动词，后一忧用作名词。⑪乐人之乐：即以人之乐为乐，前一乐，用作动词，后一乐，用作名词。⑫毕：全，都。⑬谨敕：敕，通"饬"。恭谨整肃，严肃约束。⑭刻鹄不成尚类鹜：鹄，读音同"胡"，天鹅；鹜，读音同"务"，鸭子。这是古时成语，是说不能求得上乘，还可取其中。⑮轻薄子：轻浮放荡者。⑯迄今：迄，至，到。到如今，到现在的意思。⑰郡将下车：郡将，郡守。因为汉代郡守既是行政长官，又掌军事，故称郡守为郡将。下车，新官上任。⑱以为言：把某人的话作为判断是非、好坏的标准。⑲寒心：害怕，恐惧。

思想内涵：我希望你们听到别人的过失时，就像听到父母的名字一样，耳朵可以听，嘴里不要说。喜欢议论别人的长短是非，随意肯定或否定国家的法令，这是我最讨厌的，宁死也不要听到子孙有这种行为。现在重复这些话，就像女子出嫁，母亲为她系上彩带、结上佩巾、反复叮嘱一样，让你们不要忘记。

龙伯高这个人，为人厚道，周密谨慎，口中没有褒贬他人的话，谦虚节俭，廉洁奉公，威望很高。我喜欢他并尊重他，希望你们学习他。杜季良这个人，豪侠讲义气，忧他人之忧，乐他人之乐，不论好人坏人，他都结交。父死，附近几个郡的人都来吊丧，我也喜欢他，敬重他，但是不希望你们效法他。学龙伯高学不好，还不失为一个恭谨严正的人，这就是取上不成，尚居其中。学杜季良不成，就会变成一个名臭天下的轻薄子弟，这叫画虎不成反类犬。如今杜季良的结局尚不可知，郡守到任，对他总是咬牙切齿，州郡都把他作为口实，我常替他担心，所以不愿子孙辈效法他啊。

人之平居，欲近君子而远小人者。君子之言，多长厚端谨，此言先入于吾心，及乎临事，自然出于长厚端谨矣。小人之言，多刻薄浮华，此言先入于吾心，及乎临事，自然出于刻薄浮华矣。且如朝夕闻人尚气好凌①人之言，吾亦将尚气凌人而不觉矣。朝夕闻人游荡不事绳检②之言，吾亦将游荡不事绳检而不觉矣。如此非一端，非大有定力，必不免渐染之患也。

（南宋）袁采《袁氏世范·处己》

注释：① 凌：欺侮。② 绳检：约束。

思想内涵： 人们在日常生活当中，一定要同正人君子打交道，而疏远那些奸恶小人。正人君子说话朴实谨慎，你受到他的影响，等到你做事的时候，自然会把他好的影响表现出来，做到朴实谨慎。奸恶小人，说话刻薄，做事浮华，受到他的影响，你会表现出一些不好的东西来，等到你做事的时候，就会像他一样刻薄浮华。这就像从早到晚整天听到的是盛气凌人的话，你自己也会在不知不觉中说话变得盛气凌人。又好比每天听到那些不受约束的放荡子的话，自己也会变成放荡子那样行为乖谬。在这样的环境中，除非你自己很有主见，有很高的素养，才会很坚定，免遭不端言行的影响。

3.交友须择友，交友须谨慎

京师交游，慎于高议，不同当言责之地。且温习文字，清心洁行，以自树立平生之称。当见大节，不必窃论曲直，取小名招大悔矣。

京师少往还，凡见利处，便须思患。老夫屡经风波，惟能忍穷，故得免祸。

（北宋）范仲淹：《范文正公集·告诸子及弟侄》

思想内涵： 京师交游往来，要十分谨慎自己的言论，京师不同于一般可以讲谴责话的地方，并望温习书籍文字，清心洁行，树立起自己平日的形象。应当从大节处着眼，不可在暗地私下议论他人曲直，不可因得小名而招来大的悔恨。

在京师少与人来往，凡是有利可图时，一定要想到后患。我屡经风波，因为能够忍住穷困，所以能够免除祸患。

交游之间，尤当审择。虽是同学，也不可无亲疏之辨。此皆当请于先生，听其所教。大凡敦厚忠信，能攻 ① 吾过者，益友也；其谄谀 ② 轻薄，傲慢亵狎 ③，导人为恶者，损友也。推此求之，亦自合见得五七分。更问以审之，百无所失矣。但恐志趣卑凡 ④，不能克己从善，则益者不期疏而日远，损者不期近而日亲，此须痛加检点而矫革 ⑤ 之，不可荏苒 ⑥ 渐习，自趋小人之域。

（南宋）朱熹：《朱文公文集·与长子受之》

注释：① 攻：指责，抨击。② 谄谀：读音同"产娱"，谄媚奉承，拍马屁。③ 亵狎：读音同"谢霞"。轻佻玩忽。④ 卑凡：平庸。⑤ 矫革：纠正某种行为。矫，把弯曲的东西弄直；革，改变。⑥ 荏苒：读音同"忍染"。渐进，推移。

思想内涵：结交朋友，与朋友往来，尤其应当谨慎选择。即使是同学，也不可没有亲疏之辨。这些都应当向老师请教的事，要听从老师的教导。同学中凡是朴实厚重，待人忠诚，讲信用，能指出自己过错的人，是有益的朋友；而那些逢迎巴结，轻佻浮薄，对人傲慢，行为放荡，诱人作恶的人，则是对自己有害的朋友。按照这个标准去寻求朋友，自己就可以掌握个大概，再加上多方面的了解，就可以百无一失。只是恐怕你自己志趣卑下凡庸，不能严格要求自己，那么有益的朋友，即使你不想疏远，他也会一天天地疏远你；对自己有害的朋友，即使你不想亲近他，他也会一天天地亲近你。这就必须要求你自己痛加检点，决心纠正，不可逐渐沾染恶习，使自己走向小人之流的圈子。

故将欲慎言，必须省事，择交每务简静，无求于事，令则自然不入是非毁誉之境。所以游者，皆善人端士，彼也自爱己防患，则是非毁誉之言亦不到汝耳。汝不得已而友纯质者，每致其思则而无轻信；友疏快者，每谨其戒而无轻薄，则庶乎其免矣。

（南宋）叶梦得：《石林家训》

思想内涵：因将要谨慎说话，就必须弄清事情的原委；交结朋友务必量少，不要求别人办事，这样自然不会陷于是非之地。来往结交的人，都要是善良正直的人，这些人也很自爱自重，防患于未然，那些是非不清、随意毁誉的话也就不会传到你的耳朵里。不得已的话，你要与纯朴的人交友，不要轻信人家的话。不要与嘴快的人交往，时刻提醒自己，不得轻浮，这样方可基本上免祸吧。

言语最要谨慎，交游最要审择。多说一句，不如少说一句；多识一人，不如少识一人。若是贤友，愈多愈好。只恐人才难得，知人实难耳。语云："要作好人，须寻好友。引醯若酸，那得酒甜。"又云："人生丧家亡身，言语占了八分。"皆格言也。

（明）高攀龙：《高子遗书·家训》

思想内涵：说话最要谨慎，交游最要慎重选择。多说一句话，不如少说一句话；多结识一个人，不如少结识一个人。如果是贤友，当然是结交得愈多愈好。只恐人才难得，了解一个人并不容易。俗话说："要做好人，须寻好友。引酵如酸，哪得甜酒。"又说："人生丧家亡身，言语占了八方。"这都是至理名言啊。

南方风气秀拔，岂无雄俊才杰之士邪！吾愿汝亲之，敬之。其^①阿庸^②无识^③之徒，愿汝疏之，远之。

（明）沈炼：《青霞集·给子襄书》

注释：① 其：代词，那些人。② 阿庸：平庸之辈。③ 无识：愚劣之辈。

思想内涵：南方风气秀拔，难道没有英雄豪俊的杰出人才？希望你亲近尊敬这样的人。至于那些阿谀平庸、无识之徒，则希望你疏远他们。

人生以择友为第一事。自就塾以后，有室有家，渐远父母之教，初离师傅之严。此时乍得朋友，投契缔交，其言如兰芷^①，甚至父母兄弟妻子之言，皆不听受，惟朋友之言是信。一有匪人厕^②于间，德性未定，识见未纯，断未有不为其所移者，余见此屡矣。至仕宦之子弟尤甚。一入其彀中^③，迷而不悟。脱有关尊长诫谕，反生嫌隙，益兹乖张。故余家训有云：保家莫于择友，盖痛心疾首其言之也。汝辈但于至戚中，观其德性谨厚，好读书者，交友两三人足矣。况内有兄弟，互相师友，亦不至岑寂。且势利言之，汝则饱温，来交者，岂皆有文章道德之切劘^④。平居则有酒食之费，应酬之扰，一遇婚丧有无，则有资给称贷之事。甚至有争讼外侮，则又有关说救援之事。平昔既与之契密，临事却之，必生怨毒反唇，故余以为宜慎之于始也。况且嬉游征逐，耗精神而荒正业，广言谈而滋是非，种种弊端，不可纪极，故特为痛切发挥之。昔人有戒："饭不嚼便咽，路不看便走，话不想便说，事不思便做。"洵^⑤为格言。予益之曰："友不择便交，气不忍便动，财不审便取，衣不慎便脱。"

（清）张英：《聪训斋语》

注释：① 兰芷：即兰草和白芷，都是香草。② 厕：间杂。③ 彀中：箭的射程范围之内。彀，读音同"够"。张弓。④ 切劘：切磋。劘，读音同"磨"。磨砺。⑤ 洵：确实，实在是。

思想内涵：选择朋友是人生最重要的事情。自从在私塾读书以后，成家立业，就逐渐远离父母的教诲，初次离开了老师的严格要求。此时突然交到朋友，非常投机，朋友的话就如兰如芷，十分中听，甚至连父母兄弟妻子的话都听不进去，唯朋友之言是信。如果一旦误交坏人，因为德性还未稳定，思想还未成熟，所以，很容易被带坏，像这样的事情我见得多了。那些官宦人家的子弟尤其如此。一旦入了坏人的圈套，就容易执迷不悟。如果受到有关长辈的劝诫，反生嫌隙，就更加乖张。所以，我在家训中说：保家莫过于择友，就是因为对上述事情痛心疾首而说的。你们只在至亲中，选择那些德性谨厚，爱好读书的人两三个作为朋友就足够了。况且家中还有兄弟，可以互相交流切磋，也不会太寂寞。从势利的角度讲，你们家境很好，来结交的人，不一定都是来切磋文章道德的。平时则有招待朋友酒食的费用和应酬的烦扰。遇到朋友家婚嫁娶丧缺钱，就有资助借贷的事情发生。甚至有的朋友遭了官司受了欺侮，还有托人说情和搭救援助之类的事情。平时既然与他关系密切，遇事退却，那些人必然产生怨毒以至反过来害你，所以我认为必须从开始就小心谨慎。况且在一起嬉戏游玩，既耗费了精神又荒费了正业。在一起畅言，言多必失，以致招惹是非。种种弊端，不胜枚举。所以，我特地为你们痛切地分析择友的重要性。古人曾经劝诫："饭不嚼便咽，路不看便走，话不想便说，事不思便做。"诚为人生箴言。我增加说："友不择便交，气不忍便动，财不审便取，衣不慎便脱。"你们也要记住啊。

尔初入世途，择交宜慎，友直、友谅、友多闻，益矣。误交真小人，其害犹浅；误交伪君子，其祸为烈矣。盖伪君子之心，百无一同，有拗揆① 者，有黑如漆者，有曲如钩者，有如荆棘者，有如刀剑者，有如蜂虿② 者，有如狼虎者，有现冠盖形者，有现金银气者，业镜高悬，亦难照彻。缘其包藏不测，起灭无端，而回顾其形，则皆岸然道貌，非若真小人之一望可知也。并且此等外貌麟鸾③ 中藏鬼蜮④ 之人，最喜与人结交，儿其慎之。

（清）纪昀：《纪晓岚家书·训大儿》

注释：① 拗捩：扭曲，工于心计。拗，读音同"袄"，弯曲；捩，读音同"猎"，扭折。② 蜂虿：毒蜂与蝎子，都是毒性很大的小动物。比喻恶毒。虿，读音同"柴"的去声。③ 麟鸾：指麒麟和凤凰类的神鸟。④ 鬼蜮：鬼和蜮。蜮，传说中一种含沙射人的动物。比喻阴险害人的人。

思想内涵：你初入社会，交友应当谨慎。结交那些正直、诚实、见多识广的朋友，必将得益不小。假如误交真小人，危害还不大；如果误交伪君子，危害就严重了。这些人心性不一，有性情乖张的，有心黑如漆的，有心曲如钩的，有心如荆棘的，有心如刀剑的，有毒如蜂蝎的，有狠如虎狼的，有想升官的，有想发财的，你就是把阎王爷能照众生善恶的明镜高悬，也难以照透他们的心。因为他们包藏祸心，深不可测；看他们的外表，个个道貌岸然；不像那些真小人一望而知。而且，这些貌似方正善良而心怀鬼胎的人，最喜欢和别人结交，你可要千万谨慎啊。

三、涉世周全

人的重要特征，是他的社会性。人要同人打交道，同整个社会相处。如何处理人和社会的关系呢？中国古代思想家也有很多有见地的看法。他们认为，待人接物，要谦和诚实，以礼相交，人与人之间，要戒除慢心、伪心、妒心、疑心，戒除骄狂傲慢的作风。这样做，治家则家和，处世则修睦。在人与人相处中，要能容人，团结人，要善于戒己之短，扬人之长，不要对人的是非随便议论，同族人、家里人、朋友故旧、平常一般人交往，要言顺气和，这样才能被人认同，讨人欢喜。在处理事情上，要留有余地，设身处地，灵活机智，思想周密而行动端庄。这样，就能把事情办好，取得事半功倍的效果。这些论述，对于人们处理复杂的社会关系和事务，还是有所帮助的。

1. 谦下诚实，以礼相待

吾自 ① 惟文武才艺、门望姻援不胜 ② 他人，一旦位登 ③ 侍中、尚书，四历九卿，十为刺史，光禄大夫、仪同、开府、司徒、太保，津今复为司空者，正由忠谨慎口，不尝④论人之过，无贵无贱⑤，待之以礼，以是故⑥至此耳。闻汝等⑦学时俗人，乃有坐待客者，有驱驰⑧势门⑨者，有轻论⑩人恶⑪者，及见贵胜则敬重之，见贫贱则慢易⑫之，此人行之大失，立身之大病也。汝家仕皇魏以来，高祖以下乃有七郡太守、三十二州刺史，内外显职，时流⑬少比。汝等若能存礼节，不为奢淫骄慢，假⑭不胜人，足免尤诮⑮，足成名家。吾今年始七十五，自惟气力，尚堪⑯朝觐天子，所以孜孜求退者，正欲使汝等知天下满足之议，为一门法⑰耳，非是苟求千载之名。汝等能记吾言，吾百年后⑱终无恨矣。

（唐）李延寿：《北史·杨椿传》

注释：①吾自：我自己。②不胜：比不上。③位登：仕宦。④尝：曾经。⑤无贵无贱：没有贵贱的区别。⑥以是故：因为这个原因。以，因为；是，这，这个；故，缘由。⑦汝等：你们。等，之类。⑧驱驰：奔走。⑨势门：权宦之门，豪族之家。⑩轻论：随便议论。⑪人恶：别人的短处。恶，读音同"饿"。⑫慢易：怠慢。⑬时流：眼前这一般人。⑭假：倘若，假设。⑮诮：诮摘，讥讽。⑯尚堪：还能够。⑰门法：家规。⑱百年后：指死后，身后事。

思想内涵：我自己深感文武才能、门望地位、亲族支援等都不比别人优越，所以能官至侍中、尚书等要职，弟弟杨津现在又做了司空，原因在于我们忠于皇上，勤恳谨慎，不曾背地里议论他人。对人不论贵贱，都能以礼相待。听说你们学时下那些俗人，有的坐着接待客人，有的奔走于权势之门，有的随便议论他人的过失，有的见贵家权要就敬重，见贫穷地位低下的人就轻慢无礼，这是品行极度堕落的表现，是立身处世的大缺点。我们家自从在魏朝为官以来，历任内外显要职务，你们如能坚持对人以礼相待，不奢侈骄傲怠慢，即使不能超过别人，也可避免被人指摘。我今年已经七十五岁了，自己感到气力尚足，还可以朝见天子，之所以急于求退，是要让你们懂得天下事应知满足的道理，使全家有一个好的家规可供效法。你们能够记住我的话，我死后也就没有什么遗恨了。

　　轮、辐①、盖、轸②，皆有职乎车，而轼独若无所为者。虽然，去轼，则吾未见其为完车也。轼乎，吾惧汝之不外饰也。

天下之车莫不由辙，而言车之功者，辙不与焉。虽然，车仆马毙，而患也不及辙。是辙者，善处乎祸福之间也。辙乎，吾知免矣！

（北宋）苏洵：《嘉祐集·名二子说》

注释：① 辐：凑集在车轮中心圆木毂上的直木。② 轸：车箱底部四面的横木。

思想内涵：车轮、车辐、车盖、车轸，对车都有重要功能，设在车前供人凭倚的轼好像没有什么用处。虽然这样，如果去掉轼，我们看见的车子就不是一部完整的车子了。苏轼儿啊，我就怕你不讲究外在的文采啊！

天下的车子没有不顺着车辙向前的，但是讲到车子的功劳时，却没有辙的份。虽然这样，但车翻马死，其灾祸也不会波及辙。看来这个辙，在祸福之间还是很善于自处啊。苏辙儿啊，我希望你懂得避免祸患的道理啊！

处己接物，常怀慢心、伪心、妒心、疑心者，皆自取轻辱于人，君子不为也。慢心者，自不如人，而好轻薄人。见敌己以下之人，及有求于我者，面前既不加礼，背后又窃讥笑。若能回省其身，则愧汗浃背矣。伪心者，言语委曲，若甚相厚，而中心乃大不然。一时之间，人所信慕，用之再三，则踪迹露见，为人所唾去矣。妒心者，常欲我之高出于人，故闻有称道人之美者，则不以为然。闻人有不如己者，则欣然笑快，此何加损于人，只厚怨耳。疑心者，人之出言，未尝有心，而反复思绎，曰此讥我何事，此笑我何事。与人缔怨，常萌于此。贤者闻人讥笑，若不闻焉，此岂不省事？

（南宋）袁采：《袁氏世范·处己》

思想内涵：待人接物，如果常常怀着慢心、伪心、妒心、疑心的话，那么，就会导致别人轻视自己。我看君子是不做这种事的。慢心，就是自不如人，却好轻视别人。看到比自己差的人和有求于自己的人，当面既不讲礼貌，背后又暗暗讥笑别人。如果这种人好好反省一下自己，就会惭愧得汗流浃背。伪心，就是说话拐弯抹角，看上去好像很厚爱，其实心中完全不是这样。一时之间，别人都很信任仰慕。时间一长，就会原形毕露，被人唾弃。妒心，就是常常希望自己强于别人，所以听到称赞别人好的话，就不以为然，而听说别人不如自己时，就沾沾自喜。这样其实对别人没有害处，只会结怨于人。疑心，就是别人说一句话，本来没有这个意思，却在心中反复思量，认为这是在讥笑我什么事。与人结怨，常常从这里开始。贤德的人听到别人讥笑自己，就像没有听见一样，这难道不就省事了吗？

亲戚故旧，因言语而失欢①者，多是颜色辞气暴厉，能激人之怒。且如谏人之短，语虽切直，而能温颜下气，纵不见听，亦未必怒。若平常言语，无伤人处，而词色俱厉，纵不见怒，亦须怀疑。古人谓怒于室者色于市②，方其有怒，与他人言，必不卑逊。他人不知所自，安得不怪？故盛怒之际，与人言语，尤当自警。前辈有言，诫酒后语，忌食时嗔③，忍难忍事，顺自强人。常能持此，最得便宜。

（南宋）袁采：《袁氏世范·处己》

注释：①欢：友好，交好。②色于市：在大街上表露自己的情绪。色，脸上的表情。市，集市。③嗔：读音同"琛"。生气。

思想内涵：在亲戚和朋友、熟人中间，因为言语不当而伤了和气，常常是由于说话的态度不好，引起对方不快。就拿批评别人的缺点来说，虽然是直截了当地指出了他的缺点，但是态度诚恳，语气温和，纵然忠言逆耳，他不爱听，但也不会因此恼怒。如果只是一些家常话，虽无伤人之恶，但是声色俱厉，即使听者强忍下去，不发怒，但也容易怀疑说话人的用心是否善良。古人说，在家里生了气，在外边会有所流露，正是余怒未消之际，与别人说话，一定情绪不稳定，语气不恭敬。但是别人不知道你在生谁的气，一定会感到莫名其妙，容易由此误会。因此，人在气头上，与人言谈，一定要注意自己的态度和语气。前人说得好，酒后不胡言乱语，吃饭时不生气胡说，遇事能够克制忍耐，这是意志坚强的人。能够经常地这样约束自己，最有益处。

与人相处之道，第一要谦下诚实。同干事则勿避劳苦，同饮食则勿贪甘美，同行走则勿择好路，同睡寝则勿占床席。宁让人，勿使人让我；宁容人，勿使人容我；宁吃人之亏，勿使人吃我之亏；宁受人之气，勿使人受我之气。

人有恩于我，则终身不忘；人有仇于我，则即时丢过。见人之善，则对人称扬不已；闻人之过，则绝口不对人言。有人向你说某人感你之恩，则云："他有恩于我，我无恩于他。"则感恩者闻之，其感益深。有人向你说某人恼你谤你，则云："彼与我平日最相好，岂有恼我谤我之理？"则恼我者闻之，其怨即解。人之胜似你，则敬重之，不可有傲忌之心；人知不如你，则谦待之，不可有轻贱之意。又与人相交，久而益密，则行之邦家可无怨矣。

（明）杨继盛：《杨忠愍集·与子应尾、应箕书》

思想内涵：与人相处的方法，最重要的是要谦逊诚实。同别人一起做事勿要躲避劳苦，同别人一起吃饭勿要尽挑好吃的吃，同别人一起走路勿要尽择好路走，同别人一块寝睡勿要抢占床席。宁可让人，不要让别人让我；宁可宽容别人，不要让别人宽容我；宁可吃别人的亏，不要让别人吃自己的亏；宁可受别人的气，不要让别人受自己的气。别人有恩于我，应当终身不忘；别人与我结怨，应当随时忘掉。见到别人的优点，要向大家称赞不已；听到别人的过失，要绝口不对别人说。有人向你说某人非常感激你，你应该说："他有恩于我，我无恩于他。"那么感恩的人听了，益发感激。有人向你说起某人恼恨你并说你的坏话，你应该说："我和他平时最要好，岂有恨我说我坏话的道理？"那么恼恨你的人听了，他的怨恨马上就消解了。别人比你强，你就应该敬重他，不可骄傲嫉妒，别人不如你，应该谦逊对待，不可瞧不起他。与别人交往，时间长了就要更加亲密。按照这些准则去为人处世，无论是做官还是治家，都不会与人结怨。

已有过不当讳。朋友有过，决①当为之讳。讳者，正所以劝其改，玉成②其改也。故曰："君子成人之美，不成人之恶。"③彼以过失相规为名，而亟亟④于成人之恶者，真刻薄小人耳。故于子贡曰："恶讦以为直者。"⑤

（明）陆世仪：《思辨录》

注释：①决：一定。②玉成：成全，表示恭敬。③"故曰"句：语出《论语·颜渊》。意思是，君子成全别人的好事，不促成别人的坏事；而小人则相反。④亟亟：急速的样子。⑤"子贡曰"句：语出《论语·阳货》。意思是，憎恶那种以揭发别人的隐私为个性直率的人。子贡,孔子的学生。姓端木,名赐,字子贡,以外交见长。讦,读音同"结",揭发别人的隐私或过失。

思想内涵:自己有过错不应当隐讳。朋友有缺点,一定要替他遮掩。之所以不随便揭朋友的短,是为了暗地里规劝朋友改正,并加以督促。所以孔子说:"君子成全别人的好事,而不促成别人的坏事。"那种以规劝别人改过为名,而实际上是在急切地揭人之短,坏人好事的人,是真正的刻薄小人。因此,孔子的学生子贡说,"我憎恶那种貌似直率,而实际是在揭发别人隐私的人"。

处世固以谦退为贵,若事当勇往而畏缩深藏,则丈夫而妇人矣。古人言若不出口,身若不胜衣,及义所当,虽孟贲①不能夺也。

(清)孙奇逢:《孙夏峰全集·孝友堂家规》

注释:① 孟贲:战国时期的勇士。

思想内涵:处世固然以谦逊忍让为好,但如果有的事应该勇往直前却畏缩深藏,就不像一个男子汉大丈夫了。古人即使口里讲不出话来,身体虚弱到不能承担衣服的重量,但义所当为,即使像孟贲那样的勇士也是不能改变他坚强意志的。

2. 雅量容人方能得人

与人相与,须有以我容人之意,不求为人所容。颜子犯而不校,孟子三自反,此心翕聚处,不肯少动,方是真能有容。一言不如意,一事少拂心,即以声色相加,此匹夫而未尝读书者也。韩信受辱胯下,张良纳履桥端,此是英雄人以忍辱济事。静修①之言曰:"误人最是娄师德②,何不春生未唾前。"学人当进此一步。

(清)孙奇逢:《孙夏峰全集·孝友堂家规》

注释:① 静修:明朝人曹端,字静修,著有《家规辑略》一卷,流传颇广。② 娄师德:唐朝宰相和名将,为人极有涵养,曾说:如有人把唾沫吐到我脸上,我让它自己干掉。

思想内涵：与人相处，必须有宽容别人的雅量，不要求别人的宽容。颜回受到冒犯丝毫不计较，孟轲每天多次反省自己，像这样心情稳定，一点不受影响，才是真正有容人雅量。如果一句话不如意，一件事不称心，就勃然大怒，这是那些没有读过书的匹夫之辈。韩信受胯下之辱，张良在桥头给人穿鞋，这是英雄们忍辱负重以成大业的真切写照。曹静修曾说："娄师德'唾而自干'的鬼话最是害人，何不在别人未吐唾沫脸上之前春风满面呢？"所以学习别人要比别人更进一步。

处宗族、乡党、亲友，须言平而气和。非意相干①，可以理遣，人有不及，可以情恕，若子弟僮仆与人相忤，皆当反躬自责，宁人负我，无我负人。彼悻悻然②怒发冲冠，讳短以求胜，是速祸也。若果横逆难堪，当思古人所遭，更有甚于此者，惟能持雅量而优容之，自足以消其狂暴之气。

（明）庞尚鹏：《庞氏家训·崇厚德》

注释：① 干：冒犯。② 悻悻然：怨恨愤怒的样子。

思想内涵：与宗族、乡里和亲友相处，言语要心平气和。如果人家不是有意冒犯你，就要用道理去排遣；如果别人忘记了礼节，你可以用感情去宽恕。如果子弟仆人与别人发生冲突，你们都应该反躬自责，宁人负我，我不负人。那些怒气冲冲，护短以求一时之胜的人，他们是要立马招来祸害的。如果因对方横蛮不讲理而使自己感到十分难堪，应当想一想古人的遭遇，他们遇到比这还要过分的事时，仍然能够以雅量来优容，那么自己的狂暴之气就自然而然地消失了。

利亦训①通②。通则利③，不通则不利。以义为利者，通于人者也。以利为利者，专于己者也。通于人者，财散则民聚。专于己者，财聚则民散。

（明）陆世仪：《思辨录》

注释：①训：通"顺"，顺应。② 通：通畅，通向。③ 利：用作动词。获利。

思想内涵：利益也顺应通向。顺通就能获利；否则，就无利可图。以义理为利益，就通向众人；以私利为中心，就会一心为自己。通向众人，就有公心，财物虽然有所分散，但人心却能聚积在一起；一心只为自己，就只有私心，财物虽然积聚在个人手中，但却导致人心离散，最后也就失去了根本利益。

3.是为人处，即为己处

愚兄为秀才时，检家中旧书簏①，得前代家奴契券，即于灯下焚去，并不返诸其人。恐明与之，反多一番形迹，增一番愧恧②。自我用人，从不书券③，合则留，不合则去。何苦存此一纸，使吾后世子孙借为口实，以便苛求抑勒乎！如此存心，是为人处，即是为己处。若事事预留把柄，使入其罗网，无能逃脱，其穷愈速，其祸即来，其子孙即有不可问之事、不可测之忧。试看世间会打算的，何曾打算得别人一点，直是算尽自家耳！可哀可叹，吾弟识之。

（清）郑燮：《郑板桥集·杭州韬光庵中寄舍弟墨》

注释：① 簏：读音同"鹿"，竹箱子。② 恧：读音同"衄"，惭愧。③ 书券：订立合同。

思想内涵：我做秀才的时候，翻检家中的旧书箱，发现前代留下的家奴契券，就在灯下烧掉了，而不是返还给本人。我恐怕当面给他，反而增加了别人的怀疑，增添了他自己的惭愧。自从我用人，从不与别人签订契约；合则留，不合则去。我何苦留下这样一张空纸，使我后代子孙作为借口，去苛求勒索别人呢？如果存这样的心思，看起来是为别人着想，实际上也是为自己着想。如果事事都预先留下把柄，使别人处在自己的罗网中，不能逃脱，那么穷途来得就愈快，马上就会招来祸害，子孙就会有预想不到的祸患发生。试看世间会打算的那些人，何曾为别人打算一点，全是为自己打算，真是可哀可叹！你应该记住。

论人惟称其长，略其所短，切不可扬人之过，非惟自处其厚，亦所以寡怨而弭祸也。若有责善之义，则委曲道之，无为已甚。

（明）庞尚鹏：《庞氏家训·崇厚德》

思想内涵：议论别人只应称赞别人的优点长处，而对别人的短处则简略地一笔带过。切不可张扬别人的过失啊。这样，不仅可以使自己修身养德，而且还可以少招怨恨，消弭灾祸。你如果想规劝别人，也只能委婉地对他讲，就不能做得太过分了，反而引他不快哩。

以孝弟① 为本，以忠义为主，以廉洁为先，以诚实为要。临事让人一步，自有余地；临财放宽一分，自有余味。善须是积②。今日之积，明日积，积小便大。一念之差，一言之差，一事之差，有因而丧身亡家者。岂不可不畏也。

（明）高攀龙：《家训》

注释：① 弟：通"悌"。② 善须是积：语出《荀子·劝学》："积善成德，而神明自得，圣心备焉。"

思想内涵：以孝敬、友爱为根本，以忠信仁义为灵魂，以廉洁为首要，以诚实为要求。遇事能够谦让别人，自己便有回旋余地；遇财能够放宽一分，自己便会感到轻松。美德需要日积月累。今天积累，明日积累，积小变大，积少成多。一个念头，一句话语，一件事情上有所疏忽，往往会造成丧身亡家的灾难。因此，你要时刻警惕啊！

4.凡事留有余地

言语忌说尽，聪明忌露尽，好事忌占尽。不独奇福难享，造物恶盈，即此三事不留，余人便侧目矣。

（清）孙奇逢：《孙夏峰全集·孝友堂家规》

思想内涵：为人处世，说话最忌讳毫无保留，聪明最忌讳全部显露，好事最忌讳样样占尽。不仅意外之福难以享受，上天也忌讳过分圆满，就是上述三件事，如不留有余地，旁人也要侧目而视了。

见富贵而生谄容者，最可耻；遇贫穷而作骄态者，贱莫甚。居家戒争讼，讼则终凶；处世戒多言，言多必失。勿恃势力而凌逼孤寡，毋贪口腹而恣杀生禽。乖僻①自是，悔误必多；颓惰自甘②，家道难成。狎昵恶少③，久必受其累；屈志老成④，急则可相依。轻听发言，安知非人之谮诉⑤，当忍耐三思；因事相争，焉知非我之不是，需平心暗想。施惠无念，受恩莫忘。凡事当留余地，得意不宜再往。人有喜庆，不可生妒忌心；人有祸患，不可生欣幸心。善欲人见，不是真善；恶恐人知，便是大恶。见色而起淫心，报在妻女；匿怨⑥而用暗箭，祸延子孙。家门和顺，虽饔飧⑦不继，亦有余欢；国课早完，即囊橐⑧无余，自得至乐。安分守命，顺时听天，为人若此，庶乎近焉。

（清）朱柏庐：《治家格言》

注释：① 乖僻：即怪僻，性情古怪，难合常人。② 颓惰自甘：颓废懒惰，沉溺不悟。③ 狎昵恶少：同品行恶劣、胡作非为的年轻人亲近。④ 屈志老成：恭敬自谦，虚心地与那些阅历多而善于处世的人交往。⑤ 谮诉：诬蔑人的坏话。⑥ 匿怨：对人怀恨在心，耿耿于怀，而面上不表现出来。⑦ 饔飧：读音同"拥孙"。饔，早饭；飧，晚饭。⑧ 囊橐：橐，读音同"驼"。口袋，袋子。

思想内涵：见到比自己富贵的就现出巴结奉承神态的人，最为可耻，遇到比自己贫穷的就显出骄矜之态的人，最是卑贱。居家最戒与人发生争讼，讼则终凶；处世最戒多言，言多必失。勿恃势力欺凌孤寡，毋贪口腹之欲而乱杀生禽。刚愎自用，悔误必多；颓废懒惰，家道难成。与那些恶少交往密切，时间久了必定受到他们的牵连；虚心地与老成持重的人交往，遇到事情可以作为依靠。听信别人的话，怎么知道不是别人挑拨是非的话，所以应当忍耐三思；因事与人相争，怎么知道不是自己的错，所以需要平心暗想。施惠于人不要经常念叨，受别人之恩千万不要忘记。凡事当留余地，得饶人处且饶人。人家有喜庆，不可产生嫉妒之心；别人有祸患，不可幸灾乐祸。做了好事希望别人看见，便不是真善；做了坏事还不让别人知道，便是大恶。见色而起淫心，报应在自己妻女身上；怀恨于人而用暗箭伤人，祸患必延及子孙后代。家门和顺，即使三餐不继，仍有余欢；早点纳完国家的赋税，即使口袋里没有多少余粮，也自得其乐。安分守己，听天由命，像这样做人，才差不多可保平安吧。

5. 智圆行方驶得万年船

胆欲大，心欲小；智欲圆，行欲方。

（明）郑晓：《戒庵堂老人漫笔·训子语》

思想内涵：一个人做事要有魄力，但考虑事情要细心周密；思想要圆通灵活，但行为要刚直端正。

小善小恶，最易忽略。凡人日用云为①，小小害道，自谓无妨，不知此"无妨"二字种祸最毒。今之自暴自弃，下愚不肖，总只此"无妨"二字，不知不觉，积成大恶。故古之君子，克勤小物，非是务②小遗大。盖小者犹③不可忽，况大事乎！

（明）陈确：《示儿帖》

注释：① 云为：行为，作为。② 务：致力，专心从事于。③ 犹：尚且。

思想内涵：人做点小的好事或者坏事，最容易被人忽略。大凡人们在日常言行中有些闪失，往往自以为无关紧要，因此，不把它放在心上。但是，人们却不知道"无妨"这两个字最容易种下祸根，毒害也最大。如今一些自暴自弃、愚蠢不肖之徒，总是习惯于用这"无妨"二字宽容自己的不良行为，但在不知不觉中，却积小恶成了大害。所以，古代贤明的人，都能从小事着眼，也并不会因小失大。你对于小事尚且如此重视，对大事当然就更不会轻易忽视了。

进学莫如谦，立事莫如豫①，持己莫如恒，大用莫如畜②。
才能知耻，即是上进。
男儿七尺，自有用处，生死寿夭，亦自为之。
人心止此方寸地，要当光明洞达③，直走向上一条路。
岂可使我动一念。此七字真经也。
功名之上，更有进步，义利关头，出奴入主，间不容发④。
多读书达观今古，可以免状。
器量须大。心境须宽。

竹帛青史⑤，岂可让人？

家用不给，只是从俭，不可搅乱心绪。

待人要宽和，世事要练习。

忧贫言贫，便是不安分，为习俗所移处。

世变日多，只宜杜门读书，学做好人，勤俭作家保身为上。

早完钱粮，谨持门户。

家如事小，门户事大。

一念不慎，败坏身家有余。

（明）吴麟征：《家诫要言》

注释：①豫：事先准备。②畜：通"蓄"。这里是指心胸开阔。③洞达：光明畅达。④出奴入主，间不容发：出则为奴，入则为主，做奴做主之间没有绝对不可逾越的界限。间不容发，形容距离像头发丝那样小，很近很近的样子。⑤竹帛青史：古代的文字刻在竹简上，秦朝时开始写在丝帛上。古人将竹帛概称写作的用具。青史，古代以竹简记事称杀青，后世因此称史册为青史。

人视瞻须平正。上视者傲，下视者弱，偷视者奸①，邪视者淫。惟圣贤则正瞻平视，所谓存乎人者，莫良于眸子②也。

（明）陆世仪：《思辨录》

注释：①奸：邪恶。②眸子：眼珠子。眸，读音同"谋"。

思想内涵：人的视线要平正。眼睛朝上看的人傲慢，眼睛朝下看的人软弱，眼睛偷看的人邪恶，眼睛斜看的人淫荡。只是圣贤的人正眼平视。要判断一个人的心灵，最好是通过观察他的眼神来判断。

凡处事，须视小如大，又须视大如小。视小如大，见①小心。视大如小，见作用②。昔人所谓胆欲大而心欲小也。或谓与倾险人③处甚有害，曰："甚有益。"或问故，曰："正使人言语动作，一毫轻易不得。岂惟过失可少，于敬字工夫上，亦甚增益。"

（明）陆世仪：《思辨录》

注释：① 见：体现出。② 作用：作为。③ 倾险人：邪僻险作的人。

思想内涵：大凡处理事务，应当把小事当做大事来对待，把大事当做小事来对待。把小事看做大事，可以使自己谨慎做事；把大事看做小事，可以显示自己的作为。古人说，胆子越大而心越细，就是这个意思。有人说，与心术不正的人相处，很有害处。我则说："很有益处。"要问其中的道理，我就说："这样使自己说话做事，一丝一毫不能大意。不仅可以使人减少过失，就是在强化恭敬笃行的修养方面，也是大有益处的。"

后　记

古人说：“人事有代谢，往来成古今。”① 从古到今，人们一代一代地交替，老朽的作古了，新生的成长了，人类就是这样从古到今毫不中断地繁衍，一代又一代地接续发展，这其中除了像遗传密码、姓氏、宗派我们可见以外，更为强大地、常常不为人们所见的则是，一代一代地为家庭，甚至是家族成员所世代遵循、世代弘扬的文化。在家族、家庭文化中，上代留传给下一代，甚至是世世代代流传的族规、家规、祖训、家教等，就成为家族家庭文化中最有约束力、最有影响力、最有认同感的因素，除了社会管理的皇权圣旨、法律规范和行政力量的强制性以外，盛行于家族的家训，它就是至高无上的权威了。自古以来，无论人们漂泊何处，扎根哪里，都有两条始终是亘古不变、坚定不移的：一是“行不更名，坐不改姓”，这是对自己所由来的血缘血亲的守护；二是无论走到哪里，都会把家规家训带到哪里，这是对家族文化的坚守。家训，可以说是家族家庭的文化遗传密码，一代一代的先辈各自因时因地对生活经验的总结，形成有益的生活启示和处世智慧，也就形成了各宗各派、各家各户的家风、风范和特征。因此，研究中国社会变迁的内在规定，讨论中国文化的内涵特征，不能不深入到秘藏于千家万户的家训之中。

家训作为一种深藏于家庭的意识形态，对于家庭成员的人生观、世界观和方法论具有强劲的指导作用，它是“修身、齐家、治国，平天下”人生模式的家庭教科书，是有别于官方意识形态而更有文化张力的通俗文化、大众文化、底层文化，因此很有影响力。历史地看，这自古而然。收入本书的一篇出自先秦春秋时期鲁国贤母敬姜之口的《戒淫逸，防懈怠》，就起到了教育儿子

① 孟浩然：《与诸子登岘山》，载蘅塘退士编：《唐诗三百首》卷五，第 18 页。后收入清末民初的蒙童读物《增广贤文》。

472

为人处世、做官做事的作用，她的儿子公父文伯后来成为贤臣，与这篇家训是密不可分的。因此，这篇家训受到了孔子的表彰："弟子志之，季氏之妇不淫矣。"①孔子赞赏敬姜作为一名贵妇人不图安逸享乐，对自己也对做大官的儿子要求严格，值得尊敬。因此，这篇家训不仅世代流传，而且流传很广。有内涵、有指向、有可操作性的家训，有利于护佑家庭福德绵长、兴旺发达。顺着历史往下看，北宋诗词家、书法家、政治家黄庭坚的家训，也是如此。据今江西省修水县双井村"黄氏家谱"所记《黄氏家训》载：

> 庭坚丫角读书，及有知识，迄今四十年。时态历观，曾见润屋封君，巨姓豪右，衣冠世族，金珠满堂。不数年间复过之，特见废田不耕，空囷不给。又数年复见之，有缧系于公庭者，有荷担而倦于行路者。问之曰：君家昔时蕃衍盛大，何贫贱如是之速也！有应于予者曰：嗟呼！吾高祖起自忧勤，唯噍类数口，叔兄慈惠，弟侄恭顺！为人子者告其母曰：无以小财为争，无以小事为仇，使我兄叔之和也。为人夫者告其妻曰：无以猜忌为心，无以有无为怀，使我弟侄之和也。于是共邑而食，共堂而燕，共库而泉，共禀而粟。寒而衣，其被同也，出而游，其车同也。下奉以义，上奉以仁。众母如一母，众儿如一儿。无你我之辩，无多寡之嫌，无思贪之欲，无横费之财。仓箱共目而敛之，金帛共力而收之，故官私皆治，富贵两崇。迨其子孙蕃息，妯娌众多，内言多忌，人我意殊，礼义消衰，诗书罕闻，人面狼心，星分瓜剖。处私室则包羞自食，遇识者则强曰同宗。父无争子而陷于不义，夫无贤妇而陷于不仁。所志者小而所失者大。庭坚闻而泣之曰：家之不齐遂至如是之甚也，可志此而为吾族之鉴。因之常语以劝焉。吾子其听否？

黄氏家族起自毫末，累世经营，秉持"忧勤""和家""不贪""守义""读书"，成为著名的"耕读世家"，此后人才辈出，仅在宋代就出了48位进士，其中4人官至尚书，被誉为"华夏进士第一村"。在古代，这样的典型个案史不绝书，不胜枚举。

家训的文化魅力和人生引领力，岂止是在古代如此巨大，就是在当代社会，它对家风的形成和影响，对生命个体的培育指导，也是强大而有力的。任

---

① 《国语·鲁语下》，中华书局2013年版，第222页。

何一个人的成长，都离不开家庭，都是从家庭起步的。对于那些人生无悔，实现了人生价值的人来说，他们的成长、成功，本身就诠释了家训的文化感召力。在20世纪八九十年代，我给时任湖北省社会科学院党组书记、院长、著名经济学家夏振坤老师当了几年学术助手，工作之余，他对我常有教诲，对我铭心刻骨的是，他经常给我讲述和回味他的家训："让人非我弱。"夏老师说，人在年轻的时候，血气方刚，容易与人争长论短，如果懂得"藏拙"，懂得"退一步"，就避免了很多缺点和失误，就少走了很多人生的弯路；特别是在人的年轻阶段，容易激动激怒，人所难免，但我在激愤时，一想到我家的家训，意气就平复了；一个人，不只是年轻时要懂得"让人"，其实一辈子都应该是如此！他还说，"让人"本身就不显示你弱小，是因为你有自信、有底气，你才会让人，你看，我们说"流水无情吧"，流水很强大，但它本质上是柔弱的、退让的，因此有"柔弱似水"这句成语；即便如此，柔弱的本性对于强大的流水有何损害呢！夏老师对"夏氏家训"经常讲，我经常听，我是常听常新；我认为"夏氏家训"具有人生方法论的意义和价值，原来"退让""谦卑""自守"也是积极的人生态度，这对我启发教育很大。因此，多年来，我都将"夏氏家训"牢记在心，时时体会。

后来，我读博士研究生，导师章开沅老师也讲到他家的"章氏家训"对人生成长的要求、引导和帮助。在他九十岁之际，他在办公室将新修订的获港"章氏族谱"拿出来，翻开"章氏家训"给我看，让我幸福地回忆、重温了"章氏家训"中的人生智慧和强大力量：

> 传家二字，曰读与耕；兴家两字，曰俭与勤；安家两字，曰让与忍；
> 防家两字，曰盗与奸；亡家两字，曰嫖与赌；败家两字，曰暴与凶。

他说，获港老章家人才辈出，人文兴盛，与这几句"家训"的深刻思想影响，实在有太大的关系！

两年前，我的博士后导师冯天瑜先生专门将他的"冯氏家训"整理成文，发表出来，让更多的人从"冯氏家训"中吸取人生智慧。冯老师在《未成文的家训》中说：

> 父母曾经讲过什么立身做人的教言，我已失去记忆，但他们"远权贵，拒妄财"的处事风格，却至今历历在目，且对我们兄弟影响深远。……在嗜权逐钱之风日盛的当下，冯氏"远权贵，拒妄财"的家教

尤具价值。①

冯老师多次在对我的教育中讲到他家的家训,这次专门写成文章,可见家训对他成长的重要影响意义和作用。

家训对于人生的意义、价值、影响,也不仅仅见诸我在文中提到的几位导师,还有一些我所交往、熟识的前辈,他们对于自己家庭的家训教育、启发,并由此实现人生的梦想,也是心存感念和充满幸福感的。譬如,我在北京大学资深教授汤一介先生生前领导下,从事国家社科基金重大攻关项目"《儒藏》精华整理与研究"的子课题"'礼部之属'整理与研究"工作,有幸多次向汤先生请益。汤先生总是讲他为何不顾高龄病体,要集中组织全国的专家整理研究中华儒藏,其中的使命感和精神动力,就来自于他自小受到"汤氏家训"的影响,"事不避难,义不逃责"②,一息尚存,就要奋斗!每每听他将自己的责任感、担当精神与他的家训联系起来,我就无比心向往之。相对于其他教育形式而言,家训家教总是潜移默化、润物无声的,没有强迫、强制,而容易入脑入耳入心,一旦进入了人的心灵世界,它就牢固不移了,就会外化于行,成为人生的行为模式了。可见,从家庭讲,以家训为核心,形成了家庭、家风、人生成长的逻辑链;从社会讲,以家风为核心,又形成了家风、民风、社风的逻辑链。正是这两条逻辑链,成为人的社会关系的重要内容。

这就是我为什么要重视和研究中华家训的一个视点和思想考量。对于社会而言,其构成有三大要素:个人、家庭和国家。过去,我们在历史研究和文化研究中,过多地观照国家和社会的历史文化状况,过多地重视国家和社会的意识形态和思想文化状况,忽略了个人和家庭的意识形态,不太重视个人和家庭的思想文化内容。但是,常识性的问题却是:"家是最小国,国是千万家。"没有人,哪有家?没有家,哪有国、哪有社会?因此,深入到个人和家庭的深处和底层,研究其意识形态、思想文化,对于深入研究国家、民族和整个社会的思想文化发展,是大有益处的。我从讲读历代名篇到概述整个中华家训的全貌(思想面貌),就是为了方便人们认识、了解并掌握中华家训的梗概、重点和关

---

① 冯天瑜:《未成文的家训》,载《月华集》,湖北人民出版社 2018 年版,第 177 页。

② 张艳国:《德懿风范 山高水长——深切怀念汤一介先生》,载北京大学《儒藏》编纂与研究中心编:《汤一介与〈儒藏〉》,北京大学出版社 2017 年版,第 256 页。

键。要了解它，掌握它，转化它，就必须先读懂它。读懂是进入、深化、掌握、消化、吸收的基础。从讲读的体裁设定上，就是为了人们易读易懂其话语内涵、指向和思想，就是为了把传统的话语体系转化为现代甚至是当代话语体系，实现古代（传统）与现代的思想共鸣和文化融通。

将中华家训纳入我的研究视野，多年依依不舍，不离不弃，甚至成为我研究之余的一种人生乐趣，我还要特别感谢湖北大学原正校级领导、著名明史专家和中国文化史专家周积明教授。他是我这项研究的领路人之一。20 世纪 90 年代之初，积明兄邀我和他共同主编《影响中国文化的 100 人》这本列为武汉出版社的重点选题书目。在名目拟定中，我们共识很多，但也有像颜之推等少数几个历史人物入列，我不甚理解。积明兄以颜之推为例，引经据典，特别是从家训在中国历史发展尤其是在文化演进中的角色、地位、价值和意义等方面，进行了深入说明，使我很受教益。颜之推作为中华家训史上的代表人物，当然能够入列"具有引领性的历史巨人系列"之中①。通过这次交流，我对颜之推及其《颜氏家训》有了新的更高更多的认识，并由此关心关注中华家训研究起来。在他的指导下，我先后出版了《家训选读》《家训辑览》等相关图书，为本书的研究深化打下了基础。在此研究中，还有支持、帮助我的学友们（如参与《家训辑览》部分编写工作的黄长义、万全文、雷家宏教授等），我深深地感激他们！饮水思源，不禁感慨系之！

非常感谢武汉大学"珞珈杰出学者"特聘教授、湖北省政协原副秘书长、著名的中国社会经济史专家陈锋教授慷慨应允为拙著作序，他在很短的时间、牺牲休假立马一挥而就，在 2020 年 2 月 2 日通过邮箱和微信将序文发给我，令我既高兴而又感动！高兴的是，这天是农历正月初九，是我的生日（遵循我母亲的要求，我一般过农历生日）。陈锋教授以他一向具有的高义送给我一个特别的生日礼物！令我感动的是，他是在一个特殊的冬春之际处在疫情的中心位置，边艰苦战疫，边抒发他的才情而写就的。春节以后，武汉封城，意味着"按下了暂停键"，这正是战疫抗疫的最艰难时刻，不能下楼，更不要说走出小区了。生活的艰难可想而知！处在这样的面对生死环境之中，任何人都会产生

---

① 参见周积明、张艳国：《对影响中国文化发展的历史巨人的文化学分析》，载周积明、张艳国主编：《影响中国文化的 100 人》，武汉出版社 1992 年版。

巨大的心理压力，情绪的焦虑也在所难免。我虽不在武汉，处于湖北仙桃，情形与感受也大体相当。当时的情势危急，有我的一首《感事》诗为证：

　　　感事填新词，欲说几时休？慷慨歌壮士，愁思涌心头。恨不马蹄疾，飞奔黄鹤楼。死生安足论，争先献余遒！

陈锋教授素来具有临危不惧的淡定风度，在高压环境下为我写出了这篇支持我、激励我的序文，也为我们的友谊续写了难得的佳话，留下了特别的学术印记。

最后，感谢人民出版社的编辑老师们在这个特殊时期的坚守，为本书的出版所作的艰苦努力。三本书的照片由我的好朋友、摄影家董江洪先生摄制，专此致谢。

感恩师友一路同行。"幸赖有你，一切安好！"好在我们即将看到春天，即将迎来祖国处处繁花似锦的时节！

张艳国

2020 年 2 月 5 日于湖北仙桃

责任编辑：赵圣涛

责任校对：吕　飞

封面设计：胡欣欣　王欢欢

图书在版编目（CIP）数据

中华家训讲读／张艳国　著 . —北京：人民出版社，2020.11

ISBN 978 - 7 - 01 - 022194 - 6

I. ①中… 　II. ①张… 　III. ①家庭道德 - 中国 - 古代 　IV. ① B823.1

中国版本图书馆 CIP 数据核字（2020）第 095416 号

中华家训讲读

ZHONGHUA JIAXUN JIANGDU

张艳国　著

人 民 出 版 社 出版发行

（100706　北京市东城区隆福寺街 99 号）

北京盛通印刷股份有限公司印刷　新华书店经销

2020 年 11 月第 1 版　2020 年 11 月北京第 1 次印刷

开本：710 毫米 ×1000 毫米 1/16　印张：31.25

字数：500 千字

ISBN 978 - 7 - 01 - 022194 - 6　定价：89.00 元

邮购地址 100706　北京市东城区隆福寺街 99 号

人民东方图书销售中心　电话（010）65250042　65289539